uni—texte

Lehrbücher

G. M. Barrow, Physikalische Chemie I, II, III
W. L. Bontsch-Brujewitsch / I. P. Swaigin / I. W. Karpenko / A. G. Mironow,
Aufgabensammlung zur Halbleiterphysik
L. Collatz / J. Albrecht, Aufgaben aus der Angewandten Mathematik I, II
W. Czech, Übungsaufgaben aus der Experimentalphysik
H. Dallmann / K.-H. Elster, Einführung in die höhere Mathematik
M. Denis-Papin / G. Cullmann, Übungsaufgaben zur Informationstheorie
M. J. S. Dewar, Einführung in die moderne Chemie
N. W. Efimow, Höhere Geometrie I, II
A. P. French, Spezielle Relativitätstheorie
J. A. Baden Fuller, Mikrowellen
D. Geist, Halbleiterphysik I, II
W. L. Ginsburg / L. M. Levin / S. P. Strelkow, Aufgabensammlung der Physik I
P. Guillery, Werkstoffkunde für Elektroingenieure
E. Hàla / T. Boublik, Einführung in die statistische Thermodynamik
J. G. Holbrook, Laplace-Transformationen
I. E. Irodov, Aufgaben zur Atom- und Kernphysik
D. Kind, Einführung in die Hochspannungs-Versuchstechnik
S. G. Krein / V. N. Uschakowa, Vorstufe zur höheren Mathematik
H. Lau / W. Hardt, Energieverteilung
R. Ludwig, Methoden der Fehler- und Ausgleichsrechnung
E. Meyer / R. Pottel, Physikalische Grundlagen der Hochfrequenztechnik
E. Poulsen Nautrup, Grundpraktikum der organischen Chemie
L. Prandtl / K. Oswatitsch / K. Wieghardt, Führer durch die Strömungslehre
J. Ruge, Technologie der Werkstoffe
W. Rieder, Plasma und Lichtbogen
D. Schuller, Thermodynamik
F. G. Taegen, Einführung in die Theorie der elektrischen Maschinen I, II
W. Tutschke, Grundlagen der Funktionentheorie
W. Tutschke, Grundlagen der reellen Analysis I, II
H.-G. Unger, Elektromagnetische Wellen I, II
H.-G. Unger, Quantenelektronik
H.-G. Unger, Theorie der Leitungen
H.-G. Unger / W. Schultz, Elektronische Bauelemente und Netzwerke I, II, III
B. Vauquois, Wahrscheinlichkeitsrechnung
W. Wuest, Strömungsmeßtechnik

Skripten

J. Behne / W. Muschik / M. Päsler,
Ringvorlesung zur Theoretischen Physik, Theorie der Elektrizität
H. Feldmann, Einführung in ALGOL 60
O. Hittmair / G. Adam, Ringvorlesung zur Theoretischen Physik, Wärmetheorie
H. Jordan / M. Weis, Asynchronmaschinen
H. Jordan / M. Weis, Synchronmaschinen I, II
H. Kamp / H. Pudlatz, Einführung in die Programmiersprache PL/I
G. Lamprecht, Einführung in die Programmiersprache FORTRAN IV
E. Macherauch, Praktikum in Werkstoffkunde
P. Paetzold, Einführung in die allgemeine Chemie
E.-V. Schlünder, Einführung in die Wärme- und Stoffübertragung
W. Schultz, Einführung in die Quantenmechanik
W. Schultz, Dielektrische und magnetische Eigenschaften der Werkstoffe

Paul Guillery

Werkstoffkunde für Elektroingenieure

Lehrbuch für
Studenten der Elektrotechnik
ab 1. Semester

3., überarbeitete Auflage

Mit 100 Bildern

Friedr. Vieweg & Sohn · Braunschweig

uni—text

Verlagsredaktion: *Alfred Schubert*

1974

Library of Congress Catalog Card No. 71–140890

Satz: Friedr. Vieweg + Sohn GmbH, Braunschweig

Umschlaggestaltung: Peter Kohlhase, Lübeck

ISBN-13: 978-3-528-23508-6   e-ISBN-13: 978-3-322-86420-8
DOI: 10.1007/978-3-322-86420-8

Vorwort zur 3. Auflage

Dieses Buch ist im wesentlichen die Niederschrift einer einsemestrigen Vorlesung von zwei Wochenstunden, die seit einigen Jahren an der Technischen Universität in München gehalten wird. Sie will in erster Linie dem Studierenden der Elektrotechnik — unabhängig von seinem speziellen Ausbildungsziel — zeigen, welche Rolle der richtige Einsatz verfügbarer Werkstoffe bei Funktion und Gestaltung aller elektrotechnischen Erzeugnisse spielt und wie stark Tempo und Richtung des technischen Fortschritts durch Weiterentwicklungen auf der Materialseite beeinflußt werden. Denn beim Bemühen um die Verwirklichung erfinderischer Gedanken stehen ja in zunehmendem Maße werkstoffkundliche Überlegungen im Vordergrund, soweit sie nicht überhaupt den Anstoß geben. Nicht selten erweist es sich dementsprechend auch als lohnend, technische Projekte, die als unrealistisch ad acta gelegt wurden, von Zeit zu Zeit aus der Sicht einer veränderten Werkstoffsituation von neuem durchzudenken und zu erörtern.

Die geringe Anzahl der geplanten Vorlesungsstunden und der nach gemeinsamer Absicht von Verlag und Verfasser in gleichem Maße begrenzte Umfang dieses Buches zwangen zu entsprechender Beschränkung in der Auswahl der zu behandelnden Teilgebiete und zu einer bewußten Lückenhaftigkeit in der Aufzählung von Einzelheiten. Dadurch mögen — hier und da auch etwas willkürlich — gewisse Unterschiede in der Breite und Ausführlichkeit der Darstellung entstanden sein. In jedem Fall soll weniger durch Erlernen von Tatbeständen als durch Einblick in Zusammenhänge die Vielzahl und Verschiedenartigkeit der Gesichtspunkte erkennbar werden, nach denen häufig aus der Fülle verfügbarer Stoffe die günstigste Auswahl zu treffen ist, möglichst mit Ausblicken auf die weitere Entwicklung. Je reichhaltiger das Bild ist, das dabei entsteht, umso sicherer wird es zu der Einsicht führen, daß im akuten Einzelfall auf die Beratung durch den jeweiligen Werkstoffachmann nicht verzichtet werden kann. Das hier vermittelte Wissen soll im Gegenteil zu einer solchen Befragung anregen, andererseits aber ausreichen, um vernünftige Fragen zu stellen und die Antwort in richtigem Zusammenhang auszuwerten. Für das Studium von Spezialgebieten, dem dieses Buch nichts vorwegnehmen will, findet sich am Schluß ein Verzeichnis einschlägiger Literatur, das zugleich die Quellenangabe für die einzelnen Kapitel darstellt. Allerdings wäre es zu umfangreich geworden, wenn es alles Lesenswerte aus einem runden Dutzend sehr verschiedenartiger Fachbereiche hätte aufführen sollen. Da es also auf jeden Fall unvollständig sein muß, beschränkt es sich auf diejenigen zusammenfassenden Darstellungen und Originalarbeiten, denen tatsächlich Einzelheiten entnommen wurden.

Bei der Verwendung von Begriffen, Bezeichnungen, Dimensionen und Einheiten galten im allgemeinen die DIN-Normen und VDE-Bestimmungen als Richtlinien.

Für Rat und Hilfe beim Zusammentragen und Sichten des Stoffes ist der Verfasser Mitarbeiterinnen, Mitarbeitern und Kollegen aus den verschiedensten Bereichen der Siemens AG zu aufrichtigem Dank verpflichtet. Wertvolle Hinweise bei der Überarbeitung der 2. und 3. Auflage gaben insbesondere die Herren Dipl. phys. H. Keuth, Dr. M. Meyer, Dipl. met. H. W. Rotter, Dr. P. Rupp, Dr. F. Weigel sowie Dipl.-Ing. H. K. Sebastian, Professor an der Fachhochschule Düsseldorf. Dem Vieweg-Verlag sei herzlich gedankt für die Initiative zur Herausgabe dieser Vorlesung, die ansprechende Ausstattung des Buches und die angenehme Zusammenarbeit während seiner Herstellung; nicht zuletzt meiner Frau für die unendliche Geduld, die sie in dieser Zeit mit mir haben mußte.

Paul Guillery

Inhaltsverzeichnis

Bildnachweis

Bild 92. *F. Aßmus:* Technische weichmagnetische Werkstoffe auf der Basis Nickel-Eisen, Teil II, Archiv für Technisches Messen, Blatt Z 913-7 (1968) S. 255

Bild 23. *H. Borchers:* Metallkunde I, Sammlung Göschen, Band 432, de Gruyter, Berlin 1968.

Bild 6. *C. W. Correns:* Einführung in die Mineralogie, Springer-Verlag, Berlin, Göttingen, Heidelberg 1949. Wiedergegeben und zitiert bei *H. G. F. Winkler:* Struktur und Eigenschaften der Kristalle, Springer-Verlag, Berlin, Göttingen, Heidelberg 1950

Bild 94. *W. Deck:* Magnetische Werkstoffe, in: Fischer Lexikon Technik, Band III, Fischer Taschenbuchverlag, Frankfurt/Main 1963.

Bild 100. Nach Unterlagen von *W. Deck:* Magnetische Werkstoffe, in: Fischer-Lexikon Technik, Band III, Fischer Taschenbuchverlag, Frankfurt/Main 1963 und *C Heck:* Magnetische Werkstoffe und ihre technische Anwendung.

Bild 66. *B. Gänger:* Der Elektrische Durchschlag von Gasen, Springer-Verlag, Berlin, Göttingen, Heidelberg 1953.

Bild 15. *N. J. Grant* und *A. G. Bucklin:* Trans. Amer. Soc. Metals 45, 151 (1933). Wiedergegeben und zitiert in Kupfer-Nickel-Legierungen, Herausgeber: Nickel-Informationsbüro, Düsseldorf 9/1963.

Bild 56. *W. Hänlein:* Halbleiter-Kühlelemente, Bull. SEV 55 (1964) 4, S. 142.

Bild 77. *U. Haier:* Langfristige Entwicklung bei elektrischen Maschinen, Siemens-Zeitschrift 40 (1966) 9, S. 649.

Bild 82. Handbuch Weichmagnetische Werkstoffe, Herausgeber: Vacuumschmelze GmbH, Hanau 1967.

Bild 93, 100. *C. Heck:* Magnetische Werkstoffe und ihre technische Anwendung, Hüthig-Verlag, Heidelberg 1967.

Bild 55. *E. Hofmeister:* Halbleiter in: Fischer Lexikon, Physik, Fischer Taschenbuchverlag, Frankfurt/Main, 1960.

Bild 36 b. Institut für Film und Bild in Wissenschaft und Unterricht, München.

Bild 28, 39. *K. Koch* und *R. Reinbach:* Einführung in die Physik der Leiterwerkstoffe, Verlag Franz Deuticke, Wien 1960.

Bild 93. *M. Kornetzki:* Meßergebnisse an hochpermeablen Ferritkernen, Z. angew. Physik 3 (1951) Nr. 1, S. 5-9. Wiedergegeben und zitiert bei *C. Heck:* Magnetische Werkstoffe und ihre technische Anwendung.

Bild 71. *R. C. Krueger* und *A. B. Ness:* The Electrical, Physical and Chemical Properties of "Mylar" Polyester Films. Wiedergegeben und zitiert bei *Wijn/Dullenkopf:* Werkstoffe der Elektrotechnik.

Bild 57. *F. Kuhrt* und *K. Maaz:* Messung hoher Gleichströme mit Hallgeneratoren, ETZ-A 77 (1956) 487-490. Wiedergegeben und zitiert bei *H. Weiss:* Neuere Fortschritte auf dem Gebiet der halbleitenden III-V-Verbindungen.

Bild 30. Kupfer, Herausgeber: Deutsches Kupferinstitut 1961.

Bild 41. Kupfer-Nickel-Legierungen, Herausgeber: Nickel-Informationsbüro, Düsseldorf 1964.

Bild 3, 7, 12-14, 17b, 18-20a, 21, 22, 24, 32, 33, 35. *H. Lüpfert:* Metallische Werkstoffe, C. F. Winter'sche Verlagshandlung, Basel/Braunschweig 1966.

Bild 83. *R. W. Pohl:* Einführung in die Physik. Elektrizitätslehre, Springer-Verlag, Berlin, Göttingen, Heidelberg 1964.

Bild 75, 76. *C. Reimer:* Kunststoffe 45 (1955) S. 367–377, und 46 (1956) S. 149–154.

Bild 65. *L. Roth* und *M. Treu:* Einführung in die Physik, Buchners-Verlag Bamberg 1951.

Bild 20b. *H. Schreiner:* Pulvermetallurgie elektrischer Kontakte, Springer-Verlag, Berlin, Göttingen, Heidelberg 1964.

Bild 45, 50, 54, 59, 60-62, 67. Siemens AG, München.

Bild 44, 46, 47. *E. Spenke:* Elektronische Halbleiter, Springer-Verlag, Berlin, Heidelberg, New York 1965.

Bild 80. *F. Trendelenburg:* Siemens-Zeitschrift 36, 6/7 (1962). Nach Unterlagen von *H. Fleischmann.*

Bild 57, 58. *H. Weiss:* Neuere Fortschritte auf dem Gebiet der halbleitenden III-V-Verbindungen, Scintia Electrica, VI (1960) Heft 4, Fabag-Fachschriften-Verlag Buchdruckerei AG Zürich.

Bild 10, 16, 17. *K. Wellinger* und *P. Gimmel:* Die metallischen Werkstoffe, Verlag Konrad Wittwer, Stuttgart 1950.

Bild 31. Werkstoffhandbuch Nichteisenmetalle, herausgegeben von der Deutschen Gesellschaft für Metallkunde und vom VDI, bearbeitet von *H. Steudel,* VDI-Verlag, Düsseldorf 1960 und Saarivirta, Trans, Am. Institut.

Bild 98. *H. P. J. Wijn* und *P. Dullenkopf:* Werkstoffe der Elektrotechnik, Springer-Verlag, Berlin, Heidelberg, New York 1967 (nach *K. J. DE Vos,* Philips Res. Rep. 18 (1963) 411)

Einleitung

**Aufgabenbereich und Stoffgebiet einer elektrotechnischen Werkstoffkunde.
Die chemischen Elemente**

Die Elektrotechnik beschäftigt sich bekanntlich mit elektrischen und magnetischen
Feldern, Strömen und Flüssen, ihrer Erzeugung aus mechanischer, thermischer oder
chemischer Energie, ihrer Ausbreitung und gegenseitigen Wechselwirkung sowie
schließlich mit ihrem Verbrauch, d. h. ihrem Übergang bzw. Rückweg in die genannten anderen Energieformen. Am Anfang einer *Werkstoffkunde* der Elektrotechnik
steht demnach die Frage, wie sich die Anwesenheit von *Materie* mannigfacher Art
auf diese Zusammenhänge und Vorgänge auswirkt, wie sie also das Entstehen und
Vergehen, die Gestaltung und gegenseitige Verknüpfung der Felder und Ströme beeinflußt. Nicht minder interessieren zugleich die vorübergehenden oder bleibenden
Veränderungen, die die beteiligte Materie selbst dabei erleidet, in Anbetracht der in
ihr auftretenden elektrischen, mechanischen und thermischen Beanspruchungen oder
elektrochemischen Prozesse.

Der unmittelbare Einfluß der Materie findet bei der mathematischen Formulierung
physikalischer, insbesondere elektrotechnischer Zusammenhänge bekanntlich dadurch
seinen Ausdruck, daß in den Gleichungen irgendwelche Parameter erscheinen, die
die Eigenschaften der beteiligten Stoffe in die Betrachtung einbeziehen. Solche, die
Materialeigenschaften kennzeichnenden Größen sind z. B. die Dielektrizitätskonstante[1]) (Permittivität), die elektrische Leitfähigkeit u. a. m., wie sie etwa bei der Berechnung der Verluste in einem Kondensator oder im Eisenkern einer stromdurchflossenen Spule, der Dämpfung elektromagnetischer Schwingungen in irgendeinem
Medium, der Stromverteilung in einem Leitersystem und bei zahllosen anderen Beispielen auftreten. Aufgabe einer elektrotechnischen Werkstoffkunde ist es demnach,
zu untersuchen und zu lehren, wie diese Parameter mit dem inneren Aufbau der Stoffe zusammenhängen, in welchen Grenzen sie sich durch gezielte Eingriffe abwandeln
lassen oder auch durch Umgebungseinflüsse, Temperatur, Feuchtigkeit usw. verändern. Zu diesen Einwirkungen kommen dann noch solche hinzu, die direkt oder indirekt durch die Felder und Ströme in Form von elektrischen, mechanischen, thermischen oder elektrochemischen Beanspruchungen entstehen. Dabei sind dann weitere Parameter und Randbedingungen zu berücksichtigen, von denen die theoretische
Elektrotechnik nicht spricht und die auch gar nicht elektrotechnischer Natur sind,
wie der thermische Ausdehnungskoeffizient, der Elastizitätsmodul, der Schmelzpunkt,
die Zerreißfestigkeit, die Korrosionsbeständigkeit und manche andere, gegebenenfalls unter Beachtung der dazugehörigen Prüf- und Meßmethoden. Nicht zuletzt spie-

---

[1]) Nach neuerer Übereinkunft wird das Wort Dielektrizitätskonstante ersetzt durch „Permittivität".

1 Guillery

len dann auch das Gewicht, die Verarbeitbarkeit und sogar so banale Gesichtspunkte
wie der Marktpreis und die Beschaffungsmöglichkeit eine entscheidende Rolle.
Gegenüber dieser Vielzahl von verschiedenartigen Merkmalen, nach denen die Praxis
bei der Auswahl eines Werkstoffes im konkreten Falle fragt, bietet die Natur in dem
uns zugänglichen Teil der Erdrinde und der Atmosphäre rund 100 chemische Elemente an, die wir entweder in reiner und reinster Form oder miteinander kombiniert als
Werkstoffe verwenden könnten. Die meisten von ihnen sind in Tabelle 1 nach der
Häufigkeit ihres Vorkommens zusammengestellt:

Tabelle 1. Häufigkeit der Elemente in der Erdkruste in g/t [1])

Nr	El	Wert	Nr	El	Wert	Nr	El	Wert	Nr	El	Wert
1	O	466000	21	Rb	120	41	Hf	5	61	Hg	0,5
2	Si	277200	22	V	110	42	Dy	5	62	I	0,3
3	Al	81300	23	Ni	80	43	Sn	3	63	Sb	0,2
4	Fe	50000	24	Zn	65	44	B	3	64	Bi	0,2
5	Ca	36300	25	N	46	45	Yb	3	65	Tm	0,2
6	Na	28300	26	Ce	46	46	Er	3	66	Cd	0,2
7	K	25900	27	Cu	45	47	Br	3	67	Ag	0,1
8	Mg	20900	28	Y	40	48	Ge	2	68	In	0,1
9	Ti	4400	29	Li	30	49	Be	2	69	Se	0,09
10	H	1400	30	Nd	24	50	As	2	70	A	0,04
11	P	1180	31	Nb	24	51	U	2	71	Pd	0,01
12	Mn	1000	32	Co	23	52	Ta	2	72	Pt	0,005
13	F	700	33	La	18	53	W	1	73	Au	0,005
14	S	520	34	Pb	15	54	Mo	1	74	He	0,003
15	Sr	450	35	Ga	15	55	Cs	1	75	Te	0,002
16	Ba	400	36	Th	10	56	Ho	1	76	Th	0,001
17	C	320	37	Sm	7	57	Eu	1	77	Re	0,001
18	Cl	200	38	Gd	6	58	Tl	1	78	Ir	0,001
19	Cr	200	39	Pr	6	59	Tb	0,9	79	Os	0,001
20	Zr	160	40	Sc	5	60	Lu	0,8	80	Ru	0,001

Bemerkenswert erscheint darin beispielsweise, daß das Aluminium (Al) als das meist-
verbreitete Metall noch vor dem Eisen (Fe) steht, während das z. Zt. noch wichtigste
Leitmetall der Elektrotechnik, das Kupfer (Cu), um drei Größenordnungen dahinter
liegt, so daß die Gefahr einer Erschöpfung seiner Lagerstätten sich abzeichnet. Im
übrigen ist aber die Reihenfolge der Elemente in Tabelle 1 natürlich kein eindeutiges
Kennzeichen für ihre Beschaffungsmöglichkeit, sondern die *Art* des Vorkommens
und die mehr oder minder großen Schwierigkeiten bei der Gewinnung und Reindar-
stellung spielen wesentlich mit hinein.

Die ersten klareren Umrisse von den vielfältigen Möglichkeiten, die dieser Vorrat
an elementaren Werkstoffen uns bietet, zeichnen sich ab bei einem Blick auf das
bekannte *Periodische System*. Die Darstellung in Bild 1 zeigt sehr deutlich, daß

---

[1]) nach *B. Mason*, Principles of Geochemistry (1958)

die Zahl der *Metalle* die der *Nichtmetalle* weitaus überwiegt. Dabei wollen wir die Frage nach einer exakten Definition des metallischen und des nichtmetallischen Zustandes hier zunächst großzügig überspringen und sie späteren Kapiteln dieses Buches überlassen. Versteht man darunter bis auf weiteres einmal alle nach landläufigen Begriffen der Elektrotechnik gut leitenden Elemente, so füllen sie also die I. und II. Hauptgruppe mit den 8 Nebengruppen; dazu, wenn man vom Bor (B) absieht, auch die III. Hauptgruppe. Die Grenze dieser großen metallischen Gruppen links und in der Mitte gegenüber den relativ wenigen Nichtmetallen auf der rechten Seite (VII und VIII) ist nicht durch eine klare Linie zu ziehen. In den Spalten III bis VI stehen auf den oberen Plätzen eindeutige Nichtmetalle, von denen einige eine gewisse elektrische Leitfähigkeit haben wie das Bor (B), andere praktisch nichtleitend sind wie der Schwefel (S). Der für die belebte und unbelebte Natur wie auch für die Technik gleich wichtige Kohlenstoff (C) kann wechselnd jede dieser beiden Eigenschaften haben, indem er entweder in einer leitenden Modifikation als Graphit oder als nahezu isolierender Diamant auftritt. Demgegenüber herrscht auf den unteren Plätzen der genannten Gruppen III bis VI der metallische Charakter vor. Dazwischen fehlt es nicht an Übergängen in Form von Elementen, die entweder sowohl in einer metallischen wie in einer nichtmetallischen Modifikation vorkommen, wie z. B. Zinn (Sn), oder je nach der Betrachtungsweise mehr als das eine oder als das andere erscheinen. In dieser Nachbarschaft befinden sich auch die halbleitenden Elemente Silicium, Germanium und Selen (Si, Ge, Se). Von hier, aber auch

| | | Metalle | | | | | | | | | | Nichtmetalle | | | | | |
I	II	3	4	5	6	7	8	8	8	1	2	III	IV	V	VI	VII	VIII
1 H																	2 He
3 Li	4 Be											5 B	6 C	7 N	8 O	9 F	10 Ne
11 Na	12 Mg											13 Al	14 Si	15 P	16 S	17 Cl	18 Ar
19 K	20 Ca	21 Sc	22 Ti	23 V	24 Cr	25 Mn	26 Fe	27 Co	28 Ni	29 Cu	30 Zn	31 Ga	32 Ge	33 As	34 Se	35 Br	36 Kr
37 Rb	38 Sr	39 Y	40 Zr	41 Nb	42 Mo	43 Tc	44 Ru	45 Rh	46 Pd	47 Ag	48 Cd	49 Jn	50 Sn	51 Sb	52 Te	53 J	54 X
55 Cs	56 Ba	57-71 siehe unten	72 Hf	73 Ta	74 W	75 Re	76 Os	77 Jr	78 Pt	79 Au	80 Hg	81 Tl	82 Pb	83 Bi	84 Po	85 At	86 Rn
87 Fr	88 Ra	89- siehe unten															

57 La	58 Ce	59 Pr	60 Nd	61 Pm	62 Sm	63 Eu	64 Gd	65 Tb	66 Dy	67 Ho	68 Er	69 Tm	70 Yb	71 Cp
89 Ac	90 Th	91 Pa	92 U	93 Np	94 Pu	95 Am	96 Cm	97 Bk	98 Cf	99 Es	100 Fm	101 Mv	102 No	

Bild 1. Periodensystem der Elemente (in „Langschreibweise"). Die römischen Ziffern I–VIII bezeichnen die Hauptgruppen, die arabischen Ziffern 1–8 die Nebengruppen.

aus anderen Bereichen des Periodischen Systems, ist in den letzten zwei Jahrzehnten manches in den täglichen Gebrauch des Ingenieurs gekommen, was er früher kaum dem Namen nach kannte, wie das Germanium (Ge), das Gallium (Ga), das Zirkon (Zr), das Niob (Nb) und noch einiges mehr. Im einzelnen wird hierüber später zu sprechen sein.

Auf diese rund hundert, meist metallischen, Elemente gründet sich eine unübersehbare Fülle von denkbaren und auch von tatsächlich angewandten Werkstoffkombinationen. Nimmt man die Vielzahl und Verschiedenartigkeit der bei ihrem Einsatz zu beachtenden Gesichtspunkte hinzu, so bietet sich wenig Aussicht für den Versuch einer systematischen und übersichtlichen Darstellung, aus der etwa zu jedem Material die Möglichkeit seiner Anwendung und die günstigste Verarbeitungsweise sowie umgekehrt für jeden technischen Bedarfsfall die optimale Werkstoffauswahl zu entnehmen wäre. Jedenfalls entspräche das auch nicht der Absicht dieses Buches, das sich darauf beschränken will, aus beiden Richtungen gewisse Einblicke zu suchen, nämlich einmal von den *Stoffen und ihren Eigenschaften* ausgehend und zum anderen von der *elektrotechnischen Aufgabe* her. Entsprechend dem Vorherrschen metallischer Charakterzüge innerhalb des Periodischen Systems wird dabei die Metallkunde einen besonders breiten Raum einnehmen.

Der erste Teil dieses Buches (Kapitel 1 bis 9) beschäftigt sich daher zunächst mit allgemeinen Grundzügen im Aufbau und in den Eigenschaften fester Körper, insbesondere der Metalle, sodann im einzelnen mit den meistverwendeten metallischen Werkstoffen, nämlich Eisen, Kupfer und Aluminium, jeweils zusammen mit ihren wichtigsten Legierungen. Einige sie alle gemeinsam berührende Fragen der Korrosion und des Korrosionsschutzes sowie der Verbindungstechnik werden in einem besonderen Kapitel behandelt. Eine Reihe gebräuchlicher Analysen- und Prüfverfahren zur Kontrolle allgemeiner Materialeigenschaften schließt diesen ersten Teil ab. Die übrigen Metalle sowie die nichtmetallischen anorganischen und organischen Werkstoffe kommen dann — soweit sie nicht schon im Kapitel über Korrosion und als Lötmetalle behandelt wurden — von speziellen elektrotechnischen Gesichtspunkten aus im zweiten Teil zu ihrem Recht. Dieser gliedert sich nämlich von der umgekehrten Betrachtungsweise her nach den elektrotechnischen Anwendungsbereichen. Er versucht demgemäß zunächst, die Einblicke in den Aufbau der Materie von elektrophysikalischen Gesichtspunkten aus zu vertiefen und enthält sodann in seinen neun Kapiteln 11 bis 19 der Reihe nach: Leiter- und Widerstandswerkstoffe, Halbleiterwerkstoffe, elektrische Kontaktwerkstoffe, Isolierstoffe und magnetische Werkstoffe.

I. Grundlagen. Ausgewählte Kapitel aus der allgemeinen Werkstoffkunde

1. Einiges vom Aufbau und den Eigenschaften fester, insbesondere metallischer Werkstoffe

1.1. Amorphe und kristalline feste Körper

In der Gesamtheit unserer festen Werkstoffe finden sich *zwei* Gruppen mit äußerlich erkennbaren Unterscheidungsmerkmalen, die auf zwei Arten des inneren Aufbaus fester Materie hinweisen. Das wird deutlich, wenn man z. B. eine Glimmerplatte und eine Glasscheibe vergleichend betrachtet. Der Glimmer hat dem Glas eine Eigenschaft voraus, die in diesem Zusammenhang interessant und für die Art seiner technischen Verwendung vielfach sehr wichtig ist: seine Spaltbarkeit. Er ist offenbar in ebenen Schichten aufgebaut, die sich fast mühelos voneinander trennen lassen. In Richtung dieser Trennungsebenen dagegen hat er eine recht hohe Zerreißfestigkeit. Der Glimmer zeigt also in den Spaltebenen einerseits und den dazu Senkrechten andererseits ganz verschiedene Bindungskräfte. Diese auf eine bestimmte innere Struktur hindeutende Richtungsabhängigkeit der Eigenschaften bezeichnet man als *Anisotropie*. Ganz anders dagegen verhält sich die Glasplatte oder ein Glaswürfel. Glas ist bekanntlich nicht spaltbar, sondern bildet bei mechanischer Zerstörung strukturlos unregelmäßige, splittrige oder muschelartige Bruchflächen. Dabei deutet sich keinerlei Bevorzugung bestimmter Richtungen an, die Glasmasse ist in weiten Bereichen *isotrop*. Ähnlich wie der Glimmer verhält sich wiederum beispielsweise der Graphit, der ebenfalls eine Schichtstruktur aufweist, wobei die einzelnen Flächenelemente wie Schuppen in den durch diese Schichtung gegebenen Gleitebenen leicht gegeneinander verschieblich sind. Hierauf beruht die Eignung des Graphits als Lagermaterial und als Schmiermittel, aber auch die Tatsache, daß er in Richtung der Schichtebenen z. B. eine andere elektrische Leitfähigkeit hat als senkrecht dazu. Viele feste Körper sind darüber hinaus nicht nur in einer, sondern in mehreren zueinander senkrechten oder gegeneinander geneigten Ebenen spaltbar, so daß sich durch vorsichtige Zertrümmerung Würfel, Quader, Prismen, Rhomboeder oder sonstige regelmäßig geformte und durch ebene Flächen begrenzte Körper — *Kristalle* — herauspräparieren lassen. Bekannte Beispiele sind Steinsalz, Kalkspat, Schwefel und zahlreiche andere chemische Verbindungen und reine Elemente.

Diese Beobachtungen führen zu der Vorstellung, daß es feste Stoffe gibt, deren Atome, wie beim Glas, sich ohne Bevorzugung irgendwelcher Richtungen regellos zu größeren Verbänden aneinanderlagern, die nach außen isotrop und gestaltlos — *amorph* — wirken, andererseits aber solche, in deren Aufbau, wie bei Glimmer und

Kalkspat, sich bestimmte Ebenen und Richtungen abzeichnen, so daß sie aus Schichten oder aus Bausteinen von mehr oder minder regelmäßiger Gestalt zusammengefügt erscheinen. Hier liegt also offenbar stets eine innere *Struktur* vor, ein über weite Bereiche sich erstreckendes Ordnungsprinzip, aufgrund dessen die Atome zu Würfeln, Quadern, Rhomboedern und anderen stereometrischen Figuren zusammentreten, in deren Eckpunkten und Seitenflächen sie nach festen Gesetzmäßigkeiten verteilt sind. Die bei diesen *kristallinen* Stoffen schon in ihrem Aufbau erkennbare Bevorzugung bestimmter Richtungen findet dann auch in ihren anderen physikalischen Eigenschaften ihren Ausdruck, z. B. in einer Richtungsabhängigkeit (Anisotropie) der mechanischen Festigkeit, des optischen Brechungsindex (z. B. zu beobachten im Polarisations-Mikroskop), der Leitfähigkeit, der Magnetisierbarkeit usw.

Die anorganische Natur besteht in ihren festen chemischen Elementen und Verbindungen vorwiegend aus solchen Kristallen. Bemerkt sei, daß auch beim Glas, ebenso wie bei anderen amorphen Stoffen und bei Flüssigkeiten, in *molekularen* Bezirken gewisse Strukturen auftreten, die aber über kleinste Mirkobereiche nicht hinausgehen und nicht zu stabilen makroskopisch erkennbaren Konfigurationen führen.
Sehr anschaulich offenbart sich der Unterschied zwischen amorphen und kristallinen Stoffen, wenn wir die Entstehung eines festen Körpers aus seiner *Schmelze* heraus beobachten. Läßt man beispielsweise geschmolzenes Glas langsam abkühlen, so wird mit sinkender Temperatur die Masse allmählich immer dickflüssiger, bis sie schließlich so zäh geworden ist, daß das Ganze als ein strukturlos einheitlicher Klumpen, als „überviscose Flüssigkeit", vorliegt. Grundsätzlich anders verläuft die Erstarrung einer Wasserfläche zu Eis: sie vollzieht sich bekanntlich nicht in der Weise, daß das Wasser als ganzes immer dickflüssiger und zäher wird, sondern es erscheinen schlagartig auf der sonst noch unverändert beweglichen Wasserfläche spontan kleine Kristalle. Diese werden mehr oder weniger schnell größer, wobei sie die umgebende Flüssigkeit sozusagen aufzehren und an sich anbauen, bis sie aneinander stoßen, sich dadurch gegenseitig beim Weiterwachsen behindern und schließlich gemeinsam ein festes Kristallhaufwerk bilden.

In gleicher Weise geht die Bildung von Salzkristallen aus einer übersättigten Lösung oder insbesondere von *Metallkristallen* aus einer Schmelze vor sich. An kleinen und kleinsten Verunreinigungen bilden sich mit sinkender Temperatur bei Erreichen des Erstarrungspunktes die ersten *Kristallkerne* in Form von Würfeln, Prismen oder einer anderen für das betreffende Metall charakteristischen Gestalt. Sie wachsen so lange weiter, bis sie an zufälligen Grenzflächen ohne eine bestimmte Orientierung aneinanderstoßen und ihr Wachstum gegenseitig blockieren. Daher entsteht im allgemeinen kein dem eigentlichen Kristalltypus gemäßer fehlerfreier Einzelkristall, sondern ein Konglomerat unregelmäßig begrenzter und zusammengewachsener kleinerer oder größerer Kristallpartikel. die man *Kristallite* oder *Körner* nennt. Infolge des Fehlens einer gemeinsamen Orientierung verschwinden dabei nach außen alle

Anzeichen einer Kristall-Anisotropie: der Körper ist „quasi-isotrop". Ob man dabei ein feinkörniges Material mit vielen kleinen oder ein grobkörniges aus wenigen großen Kristalliten erhält, ist primär eine Frage der Homogenität der Schmelze. Nur bei extremer Reinheit und bei sehr sorgfältiger Führung des Abkühlungsvorganges läßt sich erreichen, daß die ganze Masse in Form eines einzigen großen Kristalles, eines *Einkristalles,* erstarrt. Als Kristallisations*kern* wird in solchem Fall nicht eine beliebige Verunreinigung, sondern ein bereits ausgebildeter kleiner Kristall aus dem gleichen Material eingesetzt, den man ungestört weiterwachsen läßt. Da der ideale Einkristall frei von Fremdeinschlüssen, Störstellen oder irgendwelchen inneren Grenzflächen ist, treten manche physikalische Vorgänge hier in einer Reinkultur auf, wie sie am polykristallinen Material nicht zu beobachten sind. Das ist natürlich für vielfältige Forschungsaufgaben der Festkörperphysik von Bedeutung, vor allem aber gehört die Züchtung und Verwendung von Einkristallen aus Germanium, Silizium und einer Reihe von Verbindungen zu den Grundlagen der modernen Halbleitertechnik.

1.2. Untersuchungsmethoden

Exakt zeigt sich der Unterschied im Erstarrungsvorgang bei einem Glasklumpen einerseits und bei Wasser oder Metallen andererseits, wenn man die sogenannte *Abkühlungskurve* aufnimmt, d. h. den Verlauf der langsam sinkenden Temperatur über der Zeit aufträgt. Im Falle des Glases haben wir entsprechend dem allmählichen Übergang vom flüssigen in den zähen und schließlich in den festen Zustand eine monotone Kurve ohne Knick wie Kurve a in Bild 2. Die Kurve b (reines Metall) zeigt dagegen beim Einsetzen der Erstarrung einen *Haltepunkt* (A), d. h. ein Abknicken in horizontale Richtung. Bei dieser Temperatur wird nämlich durch die Bildung der Kristalle, also durch den plötzlichen Übergang vom energiereicheren flüssigen in den energieärmeren kristallinen Zustand, Wärme frei, die ein weiteres

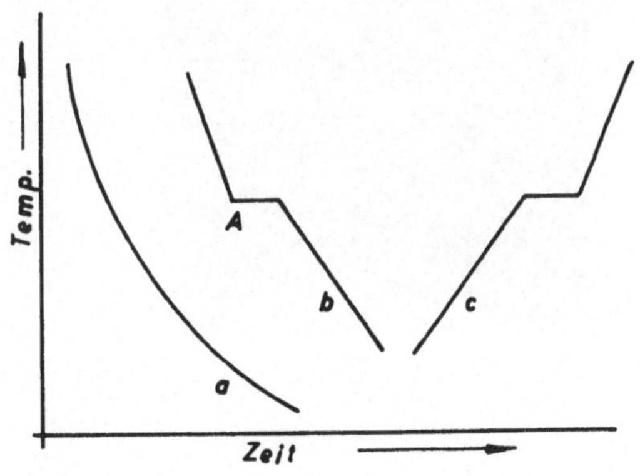

Bild 2

Abkühlungs- und Erwärmungskurven beim Erstarren bzw. Schmelzen

a) Abkühlung von Glas
b) Abkühlung und
c) Erwärmung vom reinem Metall

Absinken der Temperatur hintanhält. Erst wenn nach gewisser Zeit alle Flüssigkeit
zu festen Kristallen geworden ist, zeigt ein neuer Knick an, daß die Masse nun völlig
erstarrt ist und sich als fester Körper allmählich weiter abkühlt. Das entsprechende
Bild ergibt sich natürlich, wenn man den Vorgang in umgekehrter Richtung sich abspielen läßt, also die *Erwärmung* einer schmelzenden oder sonstwie sich umwan-
delnden Masse über der Zeit verfolgt (Kurve c). Kurven dieser Art sind ein wichtiges
Hilfsmittel der Werkstoffkunde, um Übergänge von einem energetisch höheren in
einen niedrigeren Zustand (oder umgekehrt), also z. B. von flüssig in fest oder von
einem Kristalltyp in einen anderen, zu beobachten. Sie werden uns im folgenden
an entsprechender Stelle des öfteren begegnen.

Metallographische Verfahren machen das kristalline Gefüge von Metallen in mikrosko-
pischen Bereichen sichtbar, indem man die Metalloberfläche sorgfältig poliert und
mit passend ausgewählten Säuren oder sonstigen Ätzmitteln behandelt. Dabei werden die groben Körner je nach ihrer Struktur oder Orientierung zur Schlifffläche
verschieden stark angegriffen. Insbesondere zeichnen sich die *Korngrenzen* ab, wo
der Angriff in der Regel noch intensiver wirkt, da die Korngrenzensubstanz meist
mehr oder weniger verunreinigt und durch das Aneinanderstoßen verschieden orien-
tierter Kristallite leichter anätzbar ist. In Bild 3a erkennt man deutlich ein auf diese
Weise sichtbar gemachtes Gefüge einer Eisenfläche in 150-facher Vergrößerung.
Noch eindrucksvoller zeigt das Schliffbild eines *Stahls* in Bild 3b ein Gemenge von
zwei Gefügebestandteilen: zum einen dem praktisch kohlenstofffreien *Ferrit*, zum
andern (in dunklerer Tönung, weil durch das Ätzmittel in diesem Fall stärker angegriffen) dem kohlenstoffhaltigen *Perlit*. (Näheres hierzu siehe Kapitel 4.3.)

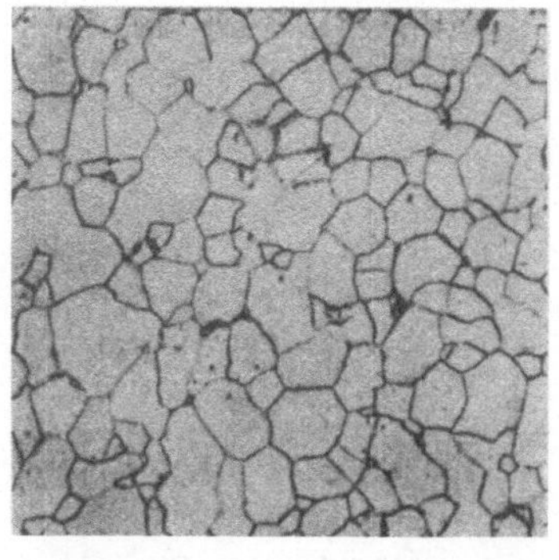
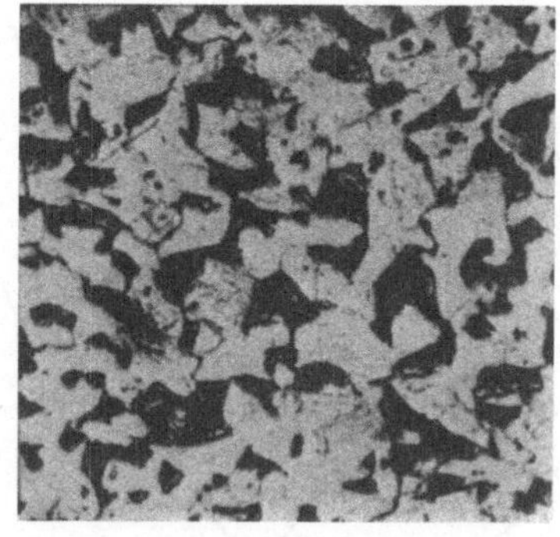

a)   b)

Bild 3. Gefüge von a) reinem Eisen, b) Stahl

Unmittelbaren Einblick in den Aufbau der Kristalle und den sichtbaren Beweis für die Richtigkeit aller darauf bezüglichen Vorstellungen liefern vor allem die Feinstruktur-Untersuchungen mittels der Beugung kurzwelliger Strahlung *(Röntgen, γ, Elementarteilchen)*, wie aus dem allgemeinen Physikunterricht als bekannt vorausgesetzt werden darf. Sie ermöglichen exakte Angaben über die räumliche Anordnung der Atome im Gitter und ihre gegenseitige Entfernung, d. h. über die jeweilige Gestalt der „Elementarzelle" (s. unten) und ihre charakteristischen Kantenlängen („Gitterkonstanten", s. Bild 5). Letztere liegen in der Größenordnung von 10^{-7} mm (= 1 Å).

1.3. Kristallstrukturen

Die Regelmäßigkeit in der Gestalt der Kristalle, vor allem das Auftreten ebener Begrenzungsflächen sowie die im Vorstehenden kurz skizzierten Untersuchungsmethoden führen zu dem Schluß, daß die Atome kristalliner Stoffe ein Gerüst bilden, in dem sie schon in kleinsten Elementarbereichen die Eckpunkte mehr oder minder einfacher stereometrischer Figuren einnehmen; aus diesen baut sich das weitere Gefüge in periodischer Wiederholung gitterförmig auf. Bild 4 zeigt das Schema eines besonders einfachen derartigen *Raumgitters*; die Atome der *Elementarzelle* sitzen hier in den Ecken eines Würfels oder Quaders, aus dem man sich durch fortgesetzten Anbau nach allen drei Koordinatenrichtungen hin den ganzen Kristall entstanden denken kann. Natürlich gibt es eine Menge anderer Strukturen, beispielsweise solche, die sich aus sechseckigen Prismen, schiefwinkeligen Parallelepipeden usw. zusammensetzen, bei denen unter Umständen die Atome nicht nur in den Eckpunkten, sondern auch im Inneren oder auf den Flächen der betreffenden Figur angeordnet sind. In die Vielgestaltigkeit der in der Natur vorkommenden Kristalle, die

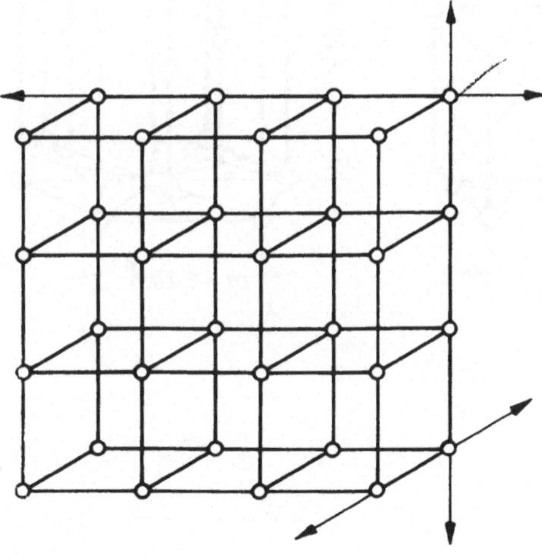

Bild 4
Kristallgitter, schematisch

bei den festen chemischen Elementen und Verbindungen auftreten, hat man Ordnung gebracht durch Einteilung in eine größere Anzahl von Kristallklassen, die innerhalb von 6 *Kristallsystemen* untergebracht sind. Unterscheidungsmerkmal ist dabei das *Längenverhältnis* und die *gegenseitige Neigung* der drei *Achsen,* die im Aufbau der Elementarzelle als Vorzugsrichtungen erkennbar sind.

Die beiden im Bereich der Metalle am häufigsten auftretenden Kristallsysteme seien im folgenden kurz skizziert, das *reguläre* oder *kubische* und das *hexagonale*. Ersteres kommt in zwei Varianten vor, die Bild 5 darstellt; dabei zeigt zunächst Bild 5a eine Elementarzelle des „*kubisch-raumzentrierten*" Gitters, bei dem außer den 8 Eckpunkten des Würfels auch noch der räumliche Mittelpunkt durch ein Atom besetzt ist. In diesem Typ kristallisieren z. B. die Metalle *Chrom* (Cr), *Wolfram* (W), *Molybdän* (Mo), *Vanadium* (V) und vor allem das Eisen im Temperaturbereich unterhalb von 900 °C, das sogenannte α-Eisen. Als zweite Variante des kubischen Systems haben wir „*kubisch-flächenzentrierte*" Gitter, bei denen die räumliche Mitte des Würfels frei ist, dafür aber in den Mittelpunkten der 6 Würfelflächen sich je ein zusätzliches Atom befindet (Bild 5b). In diesem Typ kristallisieren u.a. *Kupfer* (Cu), *Silber* (Ag), *Gold* (Au), *Aluminium* (Al), *Nickel* (Ni), *Blei* (Pb), *Palladium* (Pd), *Platin* (Pt) und außerdem das Eisen bei Temperaturen oberhalb von 900 °C, das sog. γ-Eisen.

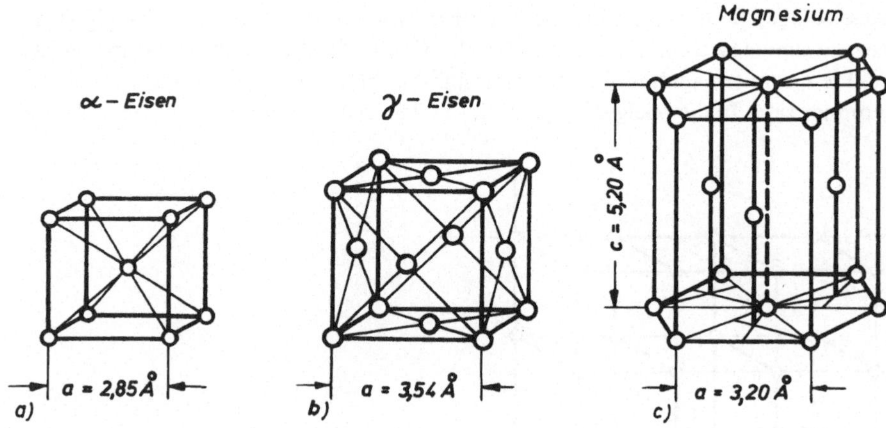

Bild 5. Gittertypen

a) kubisch-raumzentriert (Beispiel α-Eisen)

b) kubisch-flächenzentriert (Beispiel γ-Eisen)

c) hexagonal (Beispiel Magnesium)

Das *hexagonale* System, dessen Elementarzelle Bild 5c darstellt, finden wir z. B. beim *Magnesium* (Mg), *Cadmium* (Cd), *Zink* (Zn) und *Beryllium* (Be).

Ein gelegentlich in der Metallkunde vorkommendes Kristallsystem ist sodann das *tetragonale* mit drei aufeinander senkrechten Achsen, von denen aber eine sich in der Länge von den beiden anderen unterscheidet (Quader mit quadratischer Grundfläche). Typischer Vertreter ist das metallische *Zinn* (Sn). Erwähnt sei schließlich noch das *rhomboedrische* System, bei dem die drei Achsen zwar gleich lang sind, aber keine rechten Winkel miteinander bilden. Dieses Kristallgitter finden wir z. B. beim *Wismut* (Bi) und *Antimon* (Sb). Weitere denkbare und auch tatsächlich in der Natur auftretende Systeme mit Variation von Achsenverhältnis und Neigungswinkeln mögen hier außer Betracht bleiben.

Durch Ineinanderschachtelung einiger vorgenannter Gittertypen können kompliziertere Strukturen entstehen, wie beim *Silicium,* beim *Germanium* und anderen für die Elektrotechnik besonders interessanten Kristallen. In Einzelfällen wird später darauf zurückzukommen sein.

Bei Beschreibung des kubischen Systems wurde bereits bemerkt, daß das Eisen in zwei verschiedenen Gittertypen kristallisiert, einmal kubisch-raumzentriert (α-Eisen) und einmal kubisch-flächenzentriert (γ-Eisen). Der Übergang der ersteren Struktur in die letztere erfolgt bei Erwärmung auf etwa 900 °C, also in *festem* Zustand durch Platzwechselvorgänge und Umgruppierungen innerhalb des Gitters. Diese Änderung des Gitteraufbaues beim Überschreiten oder Unterschreiten bestimmter Temperaturen *(Polymorphie)* findet man bei zahlreichen Elementen und Verbindungen, unter den Metallen vielfach in der Form eines Übergangs vom kubischen in das hexagonale System oder umgekehrt, z. B. beim Chrom, Calcium, Nickel, Titan, Zirkon und vielen anderen; auch der *Kohlenstoff* wird uns später in Form des *Diamantgitters* und des *Graphitgitters* beschäftigen. Er zeigt dabei als besonders eindruckvolles Beispiel, wie weitgehend sich die Eigenschaften fester Elemente bei solchem Strukturwandel verändern, trotz gleichbleibender chemischer Natur.

Die übliche, auch in Bild 5 gewählte Darstellung des Kristallinneren könnte zu der Ansicht verleiten, daß es größtenteils aus leeren Räumen bestehe, in denen die Atome als fast punktförmige Gebilde in relativ großen Abständen angeordnet seien. Tatsächlich ist hier aber nur eine Art *Skelett* aufgezeichnet, bei dem die kleinen Kreise lediglich die Schwerpunkte der Gitterbausteine andeuten. Ein richtigeres Bild von den Größenverhältnissen und der Raumfüllung gewinnt man von der Vorstellung aus, daß jedes einzelne Atom einen nahezu kugelförmigen Bezirk einnimmt, in dem sich Kern und Elektronenhülle, also Ladungen und Kraftfelder von endlicher Ausdehnung befinden. Die Physik gibt hierfür wohldefinierte und nach verschiedenen Methoden meßbare *Atomradien* an, die in der gleichen Größenordnung wie die mit Röntgenstrahlen ermittelten Abstände im Gitter, nämlich bei etwa 10^{-7} mm liegen. Diese *Atomkugeln* füllen also das Innere der Kristallstruktur so aus, daß sie

mit den Grenzen ihrer Wirkungssphären mehr oder minder eng aneinander stoßen.
Die Bilder 6a und 6b zeigen eine in diesem Sinn wirklichkeitsnähere Darstellung
eines kubisch-flächenzentrierten und eines hexagonalen Gitteraufbaues. Zur Ver-
vollständigung des Bildes hat man sich dabei vorzustellen, daß dieses Kugelpaket
sich nicht in Ruhe, sondern in einer ungeordneten Wärmebewegung befindet, bei
der die einzelnen Atome dreidimensionale Schwingungen um ihre Ruhelage ausführen, gelegentlich auch ihre Plätze völlig wechseln. Schließlich können sie natürlich durch äußere Kräfte aus ihrer Lage verschoben und damit das Gitter verzerrt
werden; je nach dem, ob diese Verschiebungen reversibel oder irreversibel sind, wird
man dabei von elastischer oder plastischer Verformung sprechen.

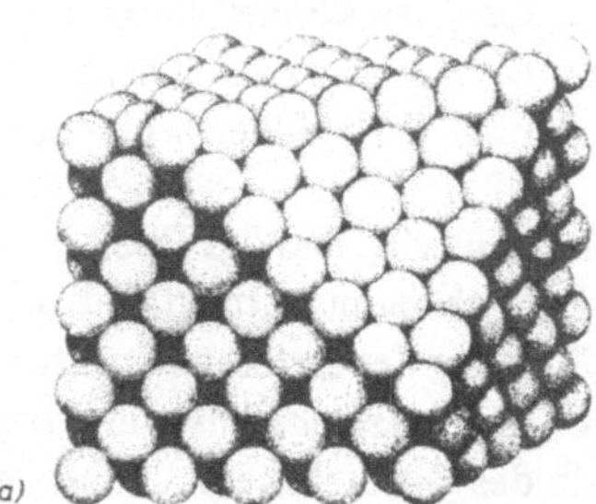

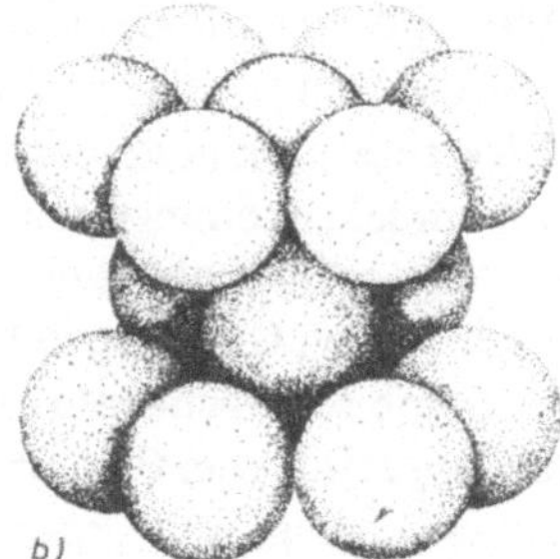

Bild 6. Dichteste Kugelpackungen
a) Kubisch dichteste Kugelpackung als kubisch flächenzentriertes Gitter aufgestellt. Die
    Oktaederfläche ist die dichteste ebene Kugellage
b) Hexagonal dichteste Kugelpackung, aufgebaut aus ebenen dichtesten Kugellagen

1.4. Einfluß von Kristallstruktur und -Gefüge auf die Werkstoffeigenschaften. Kaltverformung und Rekristallisation

Art und Größe der Atome eines Stoffes, Stärke und Richtungsabhängigkeit der
zwischen ihnen wirkenden Kräfte und die dadurch bedingte Gitterstruktur sind be-
stimmend für von außen erkennbare Materialeigenschaften. Das Merkmal der Spaltbarkeit war Ausgangspunkt unserer Betrachtungen über kristalline feste Körper;
aber auch durch andere ins Auge fallende Kennzeichen kommen die jeweiligen Besonderheiten der interatomaren Bindung, des Kristallsystems und des Gefüges zum
Ausdruck: So zeigt z. B. das Eisen, wenn es bei Erwärmung auf 911 °C sein kubisch-
raumzentriertes Gitter umbaut in ein kubisch-flächenzentriertes, neben anderen Veränderungen einen sprunghaften Anstieg seiner Dichte (Volumenkontraktion). Denn
in der flächenzentrierten „kubisch dichtesten Kugelpackung" finden mehr Atome
in der Raumeinheit Platz als bei raumzentrierter Anordnung (vgl. Bild 5a und b).

Weiterhin beobachtet man, daß Metalle des kubisch-flächenzentrierten Typs, wie Kupfer, Aluminium, Silber u. a., meistens ohne Vorbehalt weitgehend verformbar (duktil) sind, während die kubisch-raumzentrierten (z. B. α-Eisen) und die hexagonalen (Magnesium, Cadmium u. a.) bei tiefen Temperaturen mitunter auffallend verspröden.

Diese und viele andere Besonderheiten in den Werkstoffeigenschaften gründen sich auf die unterschiedliche Platzverteilung und Bindung der Atome im Gitter. In den späteren Kapiteln wird auf solche Zusammenhänge, z. B. im Hinblick auf Härte, elektrisches Leitvermögen und Magnetisierbarkeit, etwas näher eingegangen. Anschaulich verständlich ist aber schon hier, daß ganz allgemein mechanische Härte und Verformbarkeit weitgehend davon abhängen, ob der Werkstoff in Form eines *größeren oder eines feineren Gefüges* von Kristalliten vorliegt. Grobkörnige Stücke ein und desselben Materials sind unter sonst gleichen Bedingungen meist weicher als feinkörnige; denn je ungestörter und einheitlicher der kristalline Körper aufgebaut ist, umso leichter lassen sich die Gitterbausteine, z. B. entlang bestimmter, durch die Struktur gegebener Gleitebenen verschieben. Bei Bearbeitungsvorgängen wie Biegen, Hämmern, Strecken, Walzen und dergl. werden aber durch Zertrümmerung der eventuell vorhandenen größeren Kristallite die Gleitebenen unterbrochen; es entstehen innere Spannungen, indem Atomgruppen aus ihrer regulären Stellung verdrängt und gegeneinander versetzt werden, wobei sich sich verhaken und verklemmen, also in ihrer Verschiebbarkeit blockieren. Der Stoff erscheint demnach härter. Bei starker gewaltsamer Verformung, z. B. beim Zerreißen von Stäben bis zum Bruch, äußert sich der wachsende Verformungswiderstand in zunehmender Erwärmung.

Diese mechanische *Kaltverfestigung* tritt naturgemäß besonders eindrucksvoll hervor, wenn man vom möglichst ungestörten Kristallgitter ausgeht. Ein Einkristall aus Kupfer z. B. von 10 cm Länge und 1 cm Dicke läßt sich wie eine Stange Kuchenteig um den Finger biegen. Aber schon beim ersten Versuch, diese Krümmung rückgängig zu machen, stoßen wir auf Schwierigkeiten; denn der Kupferstab hat nun plötzlich die Festigkeit, die man normalerweise bei diesen Abmessungen von ihm erwartet, er ist bereits im Zuge der oben geschilderten Vorgänge kaltverfestigt. Daß sich im übrigen bei solcher Kaltverformung auch der elektrische Widerstand sowie gegebenenfalls die magnetischen Eigenschaften verändern, wird uns in späteren Abschnitten beschäftigen[1].

Ein zertrümmertes, gewaltsam verspanntes und mit Störstellen durchsetztes Gefüge kann sich bei anschließender Lagerung bis zu einem gewissen Grad *erholen;* vor al-

---

[1] Abweichend von dem geschilderten Verhalten des einkristallinen Kupferstabes zeigen *extrem dünne*, fadenförmige Einkristalle metallischer und nichtmetallischer Werkstoffe überraschend hohe Festigkeitswerte. Solche „Whisker" finden in der modernen Werkstoffkunde in zunehmendem Maß Interesse.

lem kehrt es bei Erwärmung auf eine bestimmte Mindesttemperatur in einen weitgehend ausgeglichenen und geordneten Zustand zurück. Bei dieser „Rekristallisation" bilden sich von den Störzentren ausgehend neue Kerne, die unter Aufzehrung umliegender kleinerer Bereiche wieder zu groben Kristalliten anwachsen. Die Kaltverfestigung geht dabei mehr oder minder verloren, der Werkstoff wird wieder weicher und verformbar, er wird *entfestigt*. Zahl und Größe der neugewachsenen Kristallite hängt von Art und Ausmaß der vorausgegangenen Kaltverformung, dem *Verformungsgrad,* ab, den man z. B. als die beim Stauchen oder Strecken eingetretene prozentuale Längenänderung definiert. Schwache Verformung vor der Rekristallisation bedeutet eine geringe Zahl von Störstellen, also wenige Kerne und bei anschließender Erwärmung entsprechend wenige große neue Kristallite. Starke vorausgegangene Verformung gibt dagegen infolge der zahlreich entstandenen Störstellen ein feinkörniges Rekristallisationsgefüge. Man hat also durch Wechsel zwischen Kaltverformung verschiedenen Grades und anschließender Wärmebehandlung weitgehende Möglichkeiten, das Gefüge zu variieren und es in seinen Eigenschaften bestimmten Anwendungszwecken anzupassen. Allerdings können unter Umständen bei einem ganz bestimmten, meist relativ kleinen Verformungsgrad extrem grobkristalline Einlagerungen entstehen, die unerwünscht sind, da sie besonders ausgeprägte Korngrenzen haben, die zu Schwachstellen im Gefüge führen (Sprödbrüchigkeit). Diesen *„kritischen" Verformungsgrad,* der bei den einzelnen Metallen unterschiedlich ist, sucht man daher meistens zu vermeiden, indem man ihn durch eine hinreichend starke Vorverformung überspringt.

Die Rekristallisationstemperatur eines Stoffes läßt sich im allgemeinen nicht exakt angeben, da etwa vorhandene Verunreinigungen die Bereitschaft zur Bildung neuer Kerne in einem schwer erfaßbaren Ausmaß erhöhen, andererseits auch die Kristallite in ihrem Wachstum behindern können. Als Mindesttemperaturen für beginnende Rekristallisation finden wir in der Literatur folgende Zahlen:

Wolfram	1100 °C	Eisen, Platin	450 °C
Molybdän	1000 °C	Kupfer, Silber, Gold	150 ... 200 °C
Titan	800 °C	Aluminium, Magnesium	150 ... 200 °C
Nickel	660 °C	Zink, Cadmium, Blei, Zinn	unter 20 °C

Aus dieser Aufstellung ist beispielsweise zu entnehmen, warum Zink, Blei, Cadmium und Zinn sich bei Raumtemperatur nicht kaltverfestigen lassen; denn noch während der Verformung und unmittelbar daran anschließend setzt Entspannung und Rekristallisation ein, die zum grob-kristallinen weichen Zustand zurückführt. Andererseits stellt z. B. die relativ hohe Rekristallisationstemperatur des Nickels in Aussicht, daß feinkörnige nickelreiche Legierungen ihre Festigkeit bis zu hohen Temperaturen beibehalten werden. Diese einfachen Betrachtungen führen zu einer Definition des Begriffes *Kaltverformung:* sie liegt dann und nur dann vor, wenn der Werkstoff sich dabei unterhalb seiner Rekristallisationstemperatur befindet; jede Verformung oberhalb dieser Grenze stellt dagegen eine *Warmverformung* dar, die durch gleichzeitige bzw. unmittelbar anschließende Erholung und Neubildung gekennzeichnet ist. In ersterem Fall tritt Verfestigung auf, in letzterem natürlich nicht.

1.5. Künstlich herbeigeführte Anisotropie, insbesondere als Folge von Bearbeitungsvorgängen (Textur)

Durch die vorstehend betrachteten Prozesse des Kristallisierens, Verformens und Rekristallisierens entstehen Gefüge von regellos, ohne Vorzugsrichtungen neben- und übereinanderliegenden Kristalliten. In einem solchen polykristallinen Haufen können sich nach außen Anzeichen einer Anisotropie, einer Richtungsabhängigkeit irgendwelcher Eigenschaften, nicht mehr bemerkbar machen. Sie treten jedoch auch hier bis zu einem gewissen Grade wieder auf, wenn dem Werkstoff durch den Bearbeitungsvorgang eine gerichtete Verformung oder bestimmte Vorzugsrichtungen für die gleichzeitig oder anschließend einsetzende Entspannung und Rekristallisation eingeprägt werden: das geschieht z. B. beim Walzen von Blechen oder Ziehen von Drähten und dgl. Eine solche Ausrichtung der Kristallkörner bezeichnet man als *Textur*. Sie ist mitunter unerwünscht, wird aber auch in manchen Fällen, vor allem bei magnetischen Werkstoffen, absichtlich herbeigeführt. Der Zustand sei durch ein

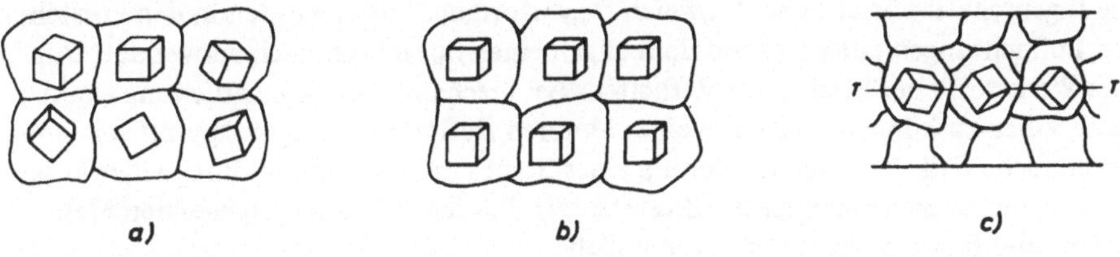

Bild 7. Texturen
a) Keine Textur; völlig ungeordnete Achsenlage; quasi-isotroper Zustand
b) Scharfe Textur; genau gleiche Achsenlage
c) Textur eines gezogenen Aluminiumdrahtes; je eine Raumdiagonale parallel zur Ziehrichtung

schematisches Bild veranschaulicht. In Bild 7 ist als Beispiel eine kubische Kristallstruktur angenommen; die Masse, z. B. Eisen, besteht also idealisiert aus kleinen Würfeln, eingebettet in eine aus Mikrokristalliten bestehende Korngrenzensubstanz; a) ist der Zustand statistischer Unordnung, bei dem sich alle einzelnen Kristallanisotropien nach außen gegenseitig aufheben, das Material demnach isotrop erscheint; b) und c) zeigt Ausrichtung der Kristallite, also Texturen, wie sie etwa in einem gewalzten Blech oder einem gezogenen Draht zu einer auch äußerlich erkennbaren Anisotropie, einer Richtungsabhängigkeit der mechanischen Festigkeit, der Magnetisierbarkeit usw., führen können. In Bild 8 erkennt man im Schliffbild einer Kupfer-Zinnlegierung die durch den Walzprozeß herbeigeführte Textur, wobei besonders

die gut ausgebildeten Gleitlinien
bemerkenswert sind. Über andere
Verfahren zur Herstellung aniso-
troper Strukturen wird in Kapitel
19 bei Behandlung der Magnetwerkstoffe die Rede sein.

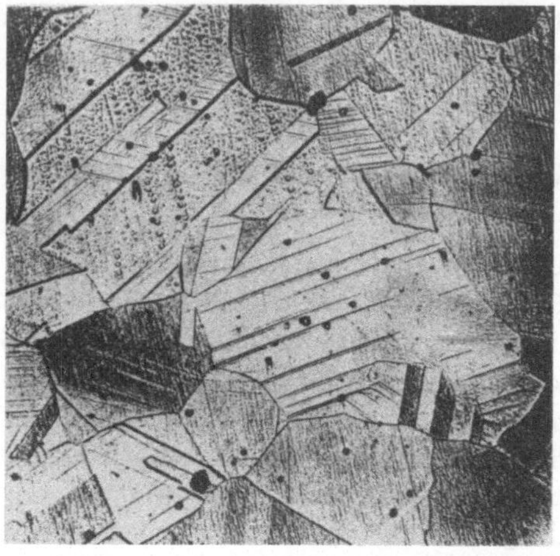

Bild 8
Zinnbronze mit Walztextur

2. Festigkeit und Verformbarkeit

2.1. Das Spannungs-Dehnungs-Schaubild und die dadurch gekennzeichneten Werkstoffeigenschaften

Die Eigenschaftswörter „hart", „weich", „verformbar" usw. wurden in den vorstehenden Betrachtungen entsprechend dem allgemeinen Sprachgebrauch verwendet. Um
aber Werkstoffe bezüglich ihres Verhaltens bei mechanischer Beanspruchung exakt
beschreiben zu können, bedarf es einer klareren Definition. Ausgangspunkt sei dabei
der einfache Fall der Längenänderung eines Stabes unter der Einwirkung einer in seiner Längsachse ziehenden Kraft *(Zugversuch)*. Für die sich dabei ergebenden Meßgrößen sind folgende Bezeichnungen üblich:

$$\text{\textit{Spannung} } \sigma = \frac{\text{Belastende Kraft}}{\text{Querschnitt}} = \frac{F}{q} \text{, gemessen in kp/mm}^2 \text{,}^{[1]}$$

$$\text{Relative Längenänderung} = \textit{Dehnung} \; \epsilon = \frac{\Delta l}{l} \cdot 100 \; (\text{in } \%).$$

Diese durch die *Spannung* hervorgerufene *Längenänderung* kann in gewissen Grenzen *elastisch* sein, d. h. der Stab kann bei Zurücknahme der Beanspruchung auf seine
ursprüngliche Länge zurückgehen. In diesem Bereich gilt mit geringfügigen Abweichungen das *Hookesche* Gesetz, wonach Spannung und Dehnung einander propor-
tional sind: $\sigma = E \cdot \epsilon$. Der Proportionalitätsfaktor E ist der *„Elastizitätsmodul"*,

---

[1] Bis 31.12.1977 kann noch das Kilopond (kp) verwendet werden, dann nur noch das
Newton (N) mit $N = \frac{1}{9,81}$ kp. Im Hinblick auf die vielen noch gültigen Norm-Blätter,
die ihre Angaben in kp machen, wurde in diesem Buch bewußt zunächst das Kilopond
als Einheit beibehalten.

der also das Verhältnis der angelegten mechanischen Spannung zu der dadurch bedingten Längenänderung angibt. Er hat, gemessen in kp/mm^2, für einige gebräuchliche Werkstoffe folgende Zahlenwerte: *Stahl* ca. 20000, *Aluminium* ca. 7000, *Blei* ca. 1600, *Glas* 5000 bis 8000, *Holz* ca. 500.

Mit steigender Belastung treten in zunehmendem Maße bleibende, d. h. *plastische* Verformungen auf. Um eine exakte Grenze des elastischen gegenüber dem plastischen Bereich angeben zu können, spricht man von elastischem Verhalten, solange die bleibende Dehnung kleiner ist als 0,01 % und bezeichnet als *technische Elastizitätsgrenze* die Spannung $\sigma_{0,01}$, bei der gerade diese plastische Verformung von 0,01 % auftritt. (Gelegentlich wird auch $\sigma_{0,005}$ als Grenze angegeben.)

Eine schematische Darstellung der Zusammenhänge, vor allem im Bereich größerer Zugbeanspruchung zeigt Bild 9, wo als Abszisse die Dehnung und als Ordinate jeweils die zugehörige Spannung aufgetragen ist. Dieses *Spannungs-Dehnungs-Schaubild* enthält einige weitere Meßgrößen, die für die mechanische *Festigkeit* und *Ver-*

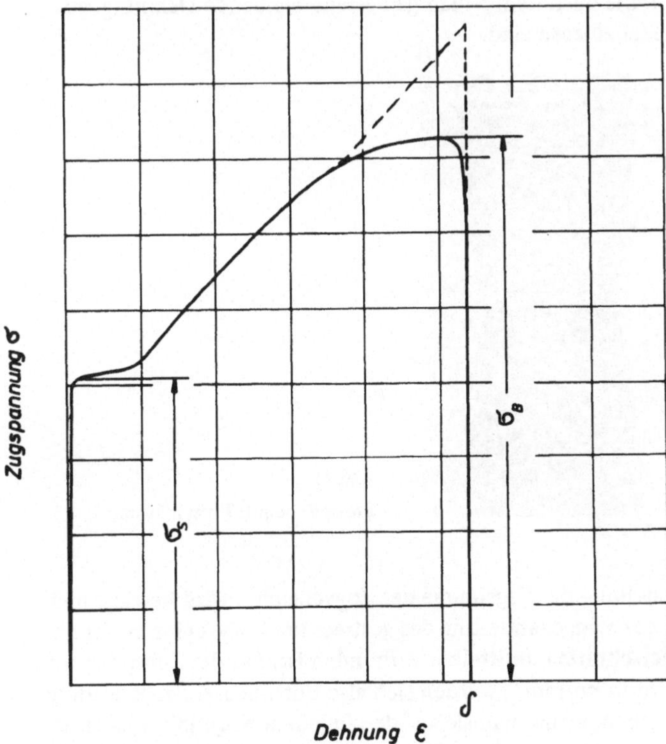

Bild 9. Spannungs-Dehnungs-Schaubild, schematisch

formbarkeit eines Werkstoffes kennzeichnend sind: Zunächst nimmt die Kurve einen steilen, nahezu geradlinigen Verlauf, in dessen unterstem Teil der elastische Bereich mit der Gültigkeit des Hookeschen Gesetzes zu suchen ist; sodann biegt sie in einem mehr oder minder ausgeprägten Knick nach rechts in Richtung wachsender Dehnung ab. Von diesem Punkt an bedarf es offensichtlich zu einer weiter fortschreitenden Verformung zunächst kaum noch einer oder gar keiner Steigerung der Zugspannung, d. h. der Werkstoff beginnt zu *fließen.* Je nach seiner Art ist entweder diese „*Streckgrenze*" an der Kurve als markanter Knick mit der Ordinate σ_S erkennbar oder der Übergang vom steilen zum flachen Verlauf erfolgt allmählich. Im letzteren Falle definiert man nach allgemein anerkannter Übereinkunft an Stelle der Streckgrenze die „*0,2-Grenze*", d. i. diejenige Spannung $\sigma_{0,2}$, bei der eine bleibende Dehnung von 0,2 % der genormten Meßlänge eintritt. σ_S bzw. $\sigma_{0,2}$ stellt dann die Grenze dar, von der ab alle weiteren Verformungen rückfederungsfrei, also plastisch sind.

Eine weitere Steigerung der Beanspruchung führt unter gleichzeitigem Fortschreiten der Dehnung schließlich zum Bruch, wobei die Begriffe „*Zugfestigkeit*" σ_B und „*Bruchdehnung*" δ, d. i. die nach dem Bruch gemessene bleibende Dehnung, aus dem Schaubild in Bild 9 abzulesen sind.

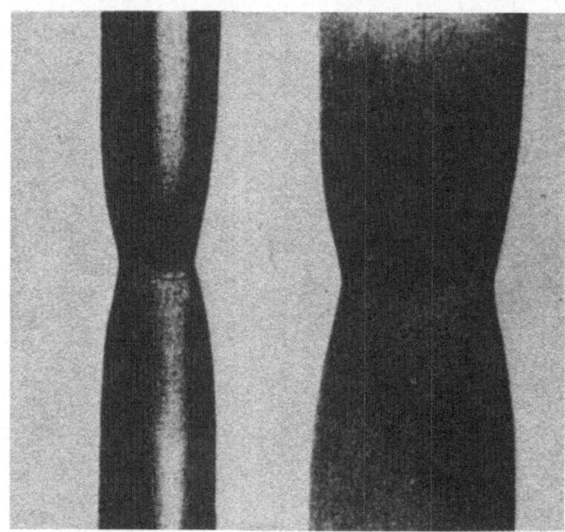

Bild 10
Probestäbe mit Einschnürung

Bei dieser üblichen Darstellung der Ergebnisse des Zugversuches wird bewußt nicht berücksichtigt, daß mit der Längenänderung des gestreckten Stabes eine laufende Verringerung seines Querschnitts unmittelbar verbunden ist. Für die Zugspannungen, definiert als Quotient F/q in kp/mm^2, würden sich also mit wachsender Belastung größere Zahlenwerte ergeben, wenn man sie auf den in jedem Augenblick tatsächlich vorhandenen Querschnitt bezöge. Vor allem in der Phase kurz vor dem Bruch erleidet der Stab eine sichtbare und rasch fortschreitende Einschnürung (s. Bild 10).

Auf den wirklichen, sich dauernd verkleinernden Querschnitt bezogen, müßte die Kurve schematisch etwa den in Bild 9 gestrichelt gezeichneten, in der Praxis meist einen noch viel steileren Verlauf nehmen. Darin kommt zum Ausdruck, daß der Werkstoff bei seiner Dehnung eine Kaltverformung durchmacht und sich dabei laufend verfestigt (schon von der Streckgrenze an). Er mobilisiert gewissermaßen seinen Widerstand gegen die ihm zugemutete Verlängerung, Querschnittsverengung und schließlich das Zerreißen. In der praktischen Werkstoffprüfung verzichtet man aber darauf, die σ-Werte laufend durch Berücksichtigung des sich stetig verringernden Querschnitts zu korrigieren, da das vor allem die automatische Aufzeichnung des Schaubildes auf der *Zerreißmaschine* sehr erschweren würde, ohne seine Aussagekraft für die Beurteilung wesentlich zu verbessern. Vielmehr besteht Übereinkunft, den ursprünglichen Querschnitt bei Beginn des Zugversuches zugrunde zu legen und ihn als unveränderlich zu betrachten. Die Kurve biegt dadurch in ihrem letzten Stück vor dem Bruch nach unten ab und es erscheint das Maximum bei σ_B, das als *Zugfestigkeit* gilt.

Fassen wir die Aussagen des Spannungs-Dehnungs-Schaubildes über das Verhalten eines Werkstoffs bei mechanischer Zugbeanspruchung zusammen, so liefert es also folgende kennzeichnende Größen:

1) *Elastizitätsmodul* E, gemessen in kp/mm^2 (in Zukunft N/mm^2)
2) *Elastizitätsgrenze* $\sigma_{0,01}$, gemessen in kp/mm^2 (in Zukunft N/mm^2)
3) *Streckgrenze* σ_S bzw. $\sigma_{0,2}$, gemessen in kp/mm^2 (in Zukunft N/mm^2)
4) *Zugfestigkeit* σ_B gemessen in kp/mm^2 (in Zukunft N/mm^2)
5) *Bruchdehnung* δ, gemessen in % an einem Stab mit genormten Abmessungen
6) *Brucheinschnürung* ψ, gemessen in % als relative Querschnittsänderung am Bruch

Die Größen 1) bis 4) geben den *Widerstand* an, den der Werkstoff einer Verformung oder Trennung in ihren verschiedenen Stadien entgegengesetzt, die Größen 5) und 6) die *Formänderung* selbst, und zwar ihr größtes Ausmaß, das man dem Werkstoff zumuten kann, bis es zum Bruch kommt. Diese *Grenzen der Verformbarkeit*, die beim Zugversuch durch die Bruchdehnung und die größtmögliche Querschnittsverminderung (Einschnürung) vor dem Bruch gekennzeichnet sind, dienen als Maß für die „*Zähigkeit*" oder „*Duktilität*" des betreffenden Materials.

Was u. a. aus dem Spannungs-Dehnungs-Schaubild bezüglich des mechanischen Verhaltens eines Werkstoffes abzulesen ist, sei an einigen Beispielen erläutert: In Bild 11 sind die Kurven 1 und 2 beim Zugversuch an Stahlblechen verschiedener Qualität aufgenommen worden, außerdem Kurve 3 an Messing und 4 an Aluminium. 1 ist ein gewöhnliches Stahlblech ohne besondere Anforderungen an Qualität. Streckgrenze und Zugfestigkeit liegen hier ziemlich hoch bei relativ kleiner Bruchdehnung. Es ist also nur mit verhältnismäßig starkem Kraftaufwand und sehr begrenzt verformbar. Gesteigerten Ansprüchen an Zähigkeit genügt dagegen das Blech mit der Kurve 2, das bis zu einer wesentlich größeren Bruchdehnung gestreckt werden kann und bei dem

der Bereich der plastischen Verformbarkeit, der mit der Streckgrenze beginnt und
mit dem Bruch aufhört, erheblich breiter ist als bei 1. Das relativ weiche Aluminium (4) hat bei kleinem Verformungswiderstand offenbar eine recht brauchbare
Zähigkeit, während das Messing (3) gute Festigkeit mit weitgehender Dehnbarkeit
verbindet. Das Gegenbeispiel eines extrem *spröden*, d. h. nicht verformbaren Stoffes wäre das Quarzglas, dessen Zugfestigkeit mit ca. 80 kp/mm^2 etwa 10mal so groß
ist wie die des Aluminiums, dessen Bruchdehnung aber praktisch bei Null liegt; d. h.
wenn es tatsächlich dieser Zerreißspannung ausgesetzt ist, kommt es ohne nennens-
werte vorhergehende Verformung schlagartig zum Bruch. Der Widerstand gegen die
Formänderung ist mit anderen Worten größer als die Trennfestigkeit. Das Spannungs-
Dehnungs-Schaubild des Quarzglases würde im Maßstab von Bild 11 praktisch mit
der Ordinatenachse zusammenfallen.

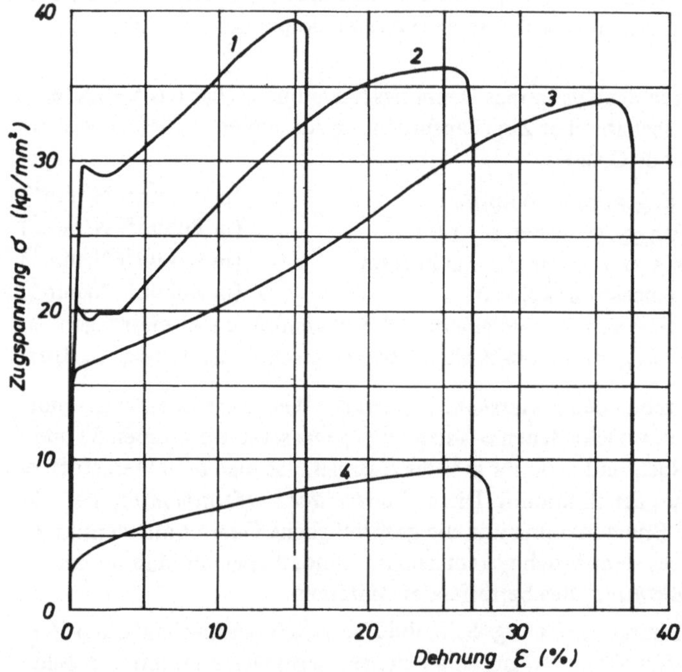

Bild 11

Spannungs-Dehnungs-Schaubilder von Blechen: Stahl (1, 2), Messing (3) und Aluminium (4)

Bei dieser Gelegenheit sei erwähnt, daß man zur Beurteilung der *Tiefziehfähigkeit*
von Blechen im allgemeinen nicht die Festigkeit, sondern z. B. nach dem Verfahren
von *Erichsen* nur die „*Tiefung*" als indirektes Maß für die Bruchdehnung bestimmt.
Dabei wird ein halbkugelförmiger Stempel so weit in das Blech eingedrückt, bis ein

Einriß sichtbar wird, und die Tiefe dieser Einbeulung gemessen. Hier interessiert also weniger die aufzuwendende Kraft, sondern das Ausmaß der Formänderung, das der Werkstoff bis zur Zerstörung verträgt, d. h. die Zähigkeit. Natürlich ist auch eine relativ niedrige Streckgrenze erwünscht, um zur plastischen Verformung nicht zu große Drücke aufwenden zu müssen. Das Erichsenverfahren ist in neuerer Zeit für spezielle Anwendungsfälle durch andere Untersuchungsmethoden ergänzt worden, die z. T. den praktischen Einsatzbedingungen näher kommen. Ihre Betrachtung im einzelnen würde hier zu weit führen.

Die fünf für die Form des Spannungs-Dehnungs-Schaubildes und damit für das mechanische Verhalten eines Werkstoffes bestimmenden Größen E, $\sigma_{0,01}$, $\sigma_{0,2}$, σ_B und δ sind grundsätzlich voneinander unabhängige Variable. Man kann sie durch Wahl der Materialzusammensetzung, Verformung und Wärmebehandlung weitgehend in wechselnden Größenverhältnissen den jeweiligen Forderungen der Praxis anpassen.

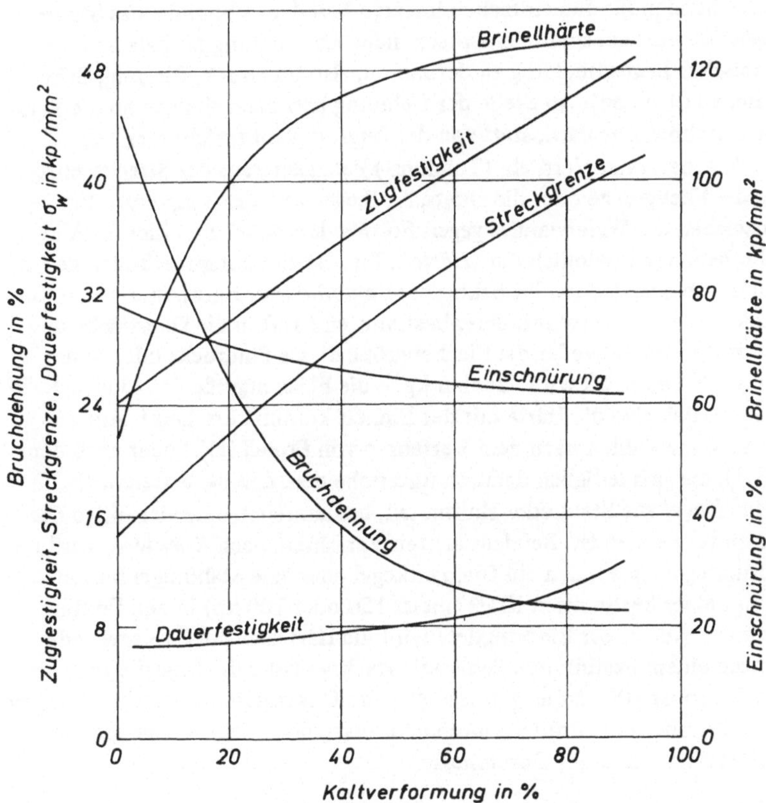

Bild 12. Änderung der Festigkeitseigenschaften von Kupfer durch Kaltverformung

Ein innerer Zusammenhang ergibt sich jedoch bei der Kaltverformung. Hier geht die *Erhöhung* der Festigkeit durch Bildung von Fehlstellen im Gefüge immer Hand in Hand mit einem *Rückgang* der Bruchdehnung, also mit einer gewissen *Versprödung*. Bild 12 zeigt diese Steigerung einiger Festigkeitswerte in Verbindung mit entsprechender Abnahme der Verformbarkeit am Beispiel des Kupfers. In umgekehrter Richtung vollziehen sich die Änderungen bei der Rekristallisation, wo durch erneutes Wachstum der Kristallite der Werkstoff wieder *zäher*, aber gleichzeitig auch *weicher* wird. Will man sich von diesem Zusammenhang, durch den die Eigenschaften miteinander gekoppelt sind, befreien, so bleibt nur der Weg der Legierungsbildung, worüber später zu sprechen sein wird.

2.2. Andere mechanische Werkstoffeigenschaften, insbesondere die Härte

Die Begriffe zur Kennzeichnung der Festigkeit und Verformbarkeit von Werkstoffen, die im Vorstehenden für den einfachen linearen Fall der Dehnung eines Stabes durch Zug abgeleitet wurden, sind in entsprechender Abwandlung für jede andere Art von mechanischer Beanspruchung zu definieren, also für Druck, Biegung, Scherung und Verdrehen (Torsion). An Stelle der Dehnung tritt dann sinngemäß die Stauchung oder die Durchbiegung usw., statt von der Zugfestigkeit spricht man von Druck-, Biege-, Abscher- oder Verdreh- (Torsions-) Festigkeit, aus der Streckgrenze wird allgemein die Fließgrenze oder die Quetsch-, Biege- und Verdrehgrenze. Ein besonderes Kennzeichen des Widerstandes gegen Formänderung sei aber hier noch etwas eingehender behandelt, nämlich die „*Härte*“. Ihre Bestimmungsmethoden gehen im allgemeinen davon aus, daß ein Probekörper von definierter Form, meist eine Kugel, eine Pyramide oder ein Kegel, mit einer bestimmten Kraft in die Oberfläche des Prüflings eingedrückt und entweder die Flächengröße dieses Eindrucks oder seine Tiefe gemessen wird. Die Kraft wird dabei in kp[1]), die Flächengröße des Eindrucks in mm^2 angegeben, so daß also die Härte mit der Einheit kp/mm^2 erscheint. Auf diese Weise erhält man die Zahlen nach dem Verfahren von *Brinell* (HB) oder nach dem von *Vickers* (HV), die sich lediglich dadurch unterscheiden, daß bei ersterem als Probekörper eine *Kugel* aus Stahl oder Hartmetall, bei letzterem eine vierseitige *Diamantpyramide* zu verwenden ist. Bei dem dritten Verfahren, nach *Rockwell*, wird die *Tiefe* des Eindrucks gemessen, den ein Diamantkegel oder eine Stahlkugel hinterläßt, wenn sie mit einer bestimmten Kraft (meist 150 oder 100 kp) in den Prüfling eingedrückt werden. Aus dieser Eindringtiefe wird die Härtezahl *HRC* (Kegel) oder *HRB* (Kugel) nach einem bestimmten Schlüssel errechnet (ist e die Eindringtiefe als Vielfaches von 2μ, so ist 100−e die Härtezahl); wenn Unklarheiten entstehen können, ist bei allen drei Verfahren die Prüflast durch eine zusätzliche Zahl anzugeben, bei Verwendung einer Kugel auch ihr Durchmesser.

---

[1]) in Zukunft in N (Newton)

Den Zusammenhang der Meßwerte, die nach den drei verschiedenen Methoden erhalten werden, zeigt Bild 13. Die Rockwellzahlen sind also rund um den Faktor 10 kleiner als die nach Brinell und Vickers. Daß alle drei Verfahren sich nebeneinander halten, beruht z. T. auf gewissen Unterschieden in ihrer Anwendbarkeit. So ist z. B. Brinell auf den Bereich der unteren Härtegrade bis ca. 500 kp/mm² beschränkt, da sich sonst die Stahlkugel verformt. Vickers und Rockwell sind ohne Wechsel des Eindringkörpers bei allen Härtegraden brauchbar. Zudem richtet die spitze Diamantpyramide nicht so weitreichende Verformungen an wie die Kugel und ist daher z. B. auch bei dünnen Blechen anwendbar. Andererseits setzt aber Vickers, eben wegen der geringen Größe des Eindrucks, gut polierte Flächen voraus, das Verfahren ist also aufwendiger, eignet sich aber wiederum auch für Mikrohärtebestimmung mit Prüflasten von nur einigen Gramm.

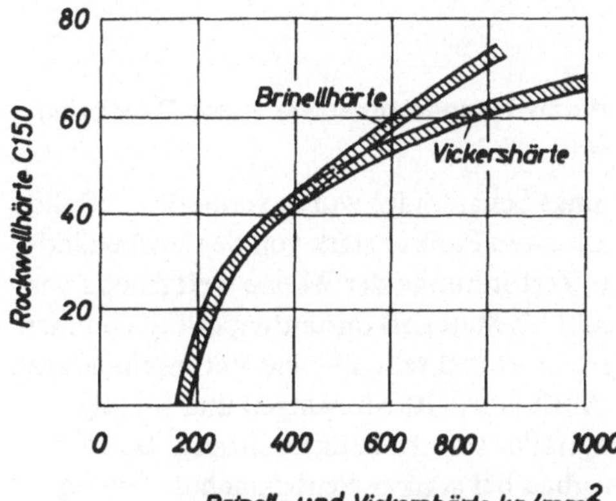

Bild 13

Beziehungen zwischen Rockwell C-, Brinell- und Vickershärte

Eine ungefähre Vorstellung von dem Zahlenbereich, in dem wir uns in der Praxis bewegen, mögen einige Angaben über die Vickershärte gebräuchlicher Werkstoffe bieten: HV in kp/mm² liegt bei (s. Fußnote Seite 16)

Aluminium (unverformt)	$\approx$ 20
Kupfer (unverformt)	$\approx$ 50
Kupfer (verformt)	55– 110
Aluminiumlegierungen	30– 150
Stähle (vergütet oder gehärtet)	300–1000

Wichtig für die praktische Werkstoffprüfung ist ein empirischer Zusammenhang zwischen *Brinellhärte* und *Zugfestigkeit*. Für Stähle, Kupfer, Aluminium und ihre Legierungen gilt nämlich in guter Annäherung: σ_B = 0,35 HB bzw. = 0,40 HB. Man macht davon beispielsweise Gebrauch, wenn nur kleine Probestücke zur Verfügung stehen, die zum Zerreißversuch nicht ausreichen.

Bei gummiartigen Stoffen, in denen kein bleibender Eindruck von definierter Form und Größe zu erzielen ist, bestimmt man die sogenannte *Shore-Härte*, indem ein Stift von bestimmter Länge (ca. 3 mm) bis zum Ende eingedrückt und die dazu benötigte Kraft gemessen wird. Gleichfalls nach *Shore* benannt ist eine dynamische Methode, die einen Hammer mit Diamantspitze auf das zu untersuchende Objekt aufschlagen läßt und seine Rückprallhöhe als Maß angibt, angewandt vor allem bei sehr harten Stoffen, wie *Keramik* und dgl. Andere Verfahren, bei denen die gegenseitige *Ritzbarkeit* von Prüfling und Probekörper, Ritzbreiten usw. zur Kennzeichnung dienen, seien der Vollständigkeit halber erwähnt. So hat man in der Kristallkunde die 10-stufige Härte-Skala nach *Mohs*, bei der die Kristalle nach ihrer Ritzbarkeit durch bestimmte Norm-Kristalle eingeordnet werden. Das weiche Talkum steht dabei an unterster Stelle mit der Mohshärte 1, der harte Diamant ganz oben mit der Mohshärte 10, alle anderen eingestuft dazwischen.

2.3. Beeinflussung der Festigkeitswerte durch Temperatur sowie durch Dauer und Art der mechanischen Beanspruchung

Bei der Erläuterung des Spannungs-Dehnungs-Schaubildes wurde vermerkt, daß die Form seiner Kurve und die Lage ihrer markanten Punkte stark von der Vorbehandlung des Werkstoffes abhängen und durch Verformung oder Wärme weitgehend verändert werden können. Sie dürfen also nicht als Materialkonstanten, mit denen man bedenkenlos arbeiten darf, betrachtet werden, zumal schon kleine Verunreinigungen mitunter eine wesentliche Rolle spielen. Auch Umweltbedingungen und sonstige Besonderheiten des jeweiligen Anwendungsfalles sind zu berücksichtigen. So wird, um nur ein Beispiel zu nennen, im Reaktorbau bei starker Neutronenbestrahlung auf längere Zeit mit einer Versprödung von Metallen, in stärkerem Maße noch von Kunststoffen,zu rechnen sein. Sieht man aber von solchen Sonderfällen ab, so bleibt in erster Linie der grundsätzliche Einfluß der Temperatur sowie der Dauer und Art der Beanspruchung. Die Zusammenhänge lassen sich etwa wie folgt darstellen.

2.3.1. Temperaturbeanspruchung

Mit steigender Erwärmung werden bekanntlich die Bewegungen der Atome innerhalb des Gitters lebhafter, der ganze Verband gerät in zunehmendem Maße in Unruhe. Das muß im Mittel zu einer Lockerung der gegenseitigen Bindungen führen, d. h. die mechanische Festigkeit geht zurück. Bild 14 zeigt diesen Tatbestand am Beispiel des Abfallens der Härte mit wachsender Temperatur bei einigen Metallen. Auch der Zerreißversuch und jede andere mechanische Beanspruchung bei Erwärmung liefert ein entsprechendes Bild absinkender *Warmfestigkeit, Warmstreck-*

grenze etc. Vollends tritt bei Annäherung an die Rekristallisationstemperatur mit
der beginnenden Neubildung der Kristallite Entfestigung ein, wobei dann zugleich
auch die Grenzen der Verformbarkeit erweitert werden. Das ergibt einerseits die
Möglichkeit zur *Warmformgebung*, führt aber andererseits mit steigender Erwärmung zu einem raschen Abfall der mechanischen Belastbarkeit.

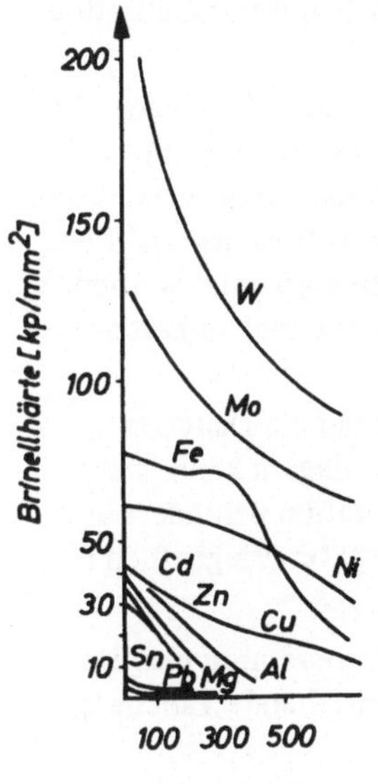

Bild 14
Abfall der Härte bei erhöhter Temperatur

2.3.2. Langzeitbeanspruchung bei erhöhter Temperatur

Während unterhalb der Rekristallisationsgrenze der Werkstoff durch die Verformung
selbst sich laufend kaltverfestigt (gestrichelter Kurvenzug in Bild 9), wird ihm bei
steigender Temperatur diese Möglichkeit der Mobilisierung seiner inneren Widerstands-
kräfte mehr und mehr genommen. Die einsetzende Rekristallisation läßt es zu einer
Kaltverfestigung nicht kommen, macht diese jedenfalls mehr oder minder rasch wieder rückgängig. Hier gewinnt demnach eine zweite Einflußgröße besondere Bedeutung, nämlich die Zeit, also die *Dauer* der Beanspruchung. Bei entsprechend hoher
Temperatur sind es ja zwei Vorgänge, die mit beginnender Verformung hintereinan-
der herlaufen: Zuerst die spontan eintretende *Verfestigung*, dann anschließend die
hinter- und nebenher sich entwickelnde Kristall-Erholung und *Rekristallisation*, die
wieder zur *Entfestigung* führt. Letzterer Vorgang benötigt natürlich etwas Zeit. Bei
kurzer Beanspruchung kommt demnach nur die erste Phase, die der Verfestigung, zur

Geltung, die Warmfestigkeit erscheint dementsprechend noch relativ hoch. Bleibt
aber eine verformende Beanspruchung in der Wärme längere Zeit stehen, so kann Rekristallisation einsetzen und die voraufgegangene Verfestigung mehr oder minder ein-
holen, natürlich umso rascher und vollständiger, je höher die Temperatur ist; das Material erweicht zunehmend, es beginnt zu *kriechen*. Örtliche, durch die Verformung
bedingte zusätzliche Erwärmungen können diesen Vorgang beschleunigen und unter
Umständen bewirken, daß er schon wesentlich vor der eigentlichen Rekristallisationstemperatur beginnt.

Die mechanische Festigkeit erscheint damit als Funktion der beiden Variablen: *Temperatur und Dauer* der Belastung. Allerdings ist das nicht ausschließlich als Folge des
Neben- und Nacheinanders von Verfestigung und Rekristallisation aufzufassen. Vielmehr können z. B. beim Vorhandensein von Verunreinigungen Diffusions- und Platzwechselvorgänge, die durch Verspannungen und Verformungen begünstigt werden,
über kürzere oder längere Zeiträume zu Veränderungen der mechanischen Eigenschaften beitragen.

Die vorstehenden Überlegungen führen zu dem Hinweis, daß man die Dauerstandfestigkeit eines Werkstoffes nach höheren Temperaturen hin verlagern kann, wenn
man eine Legierungskomponente hinzufügt, die die Rekristallisation behindert und
damit die Entfestigungstemperatur heraufsetzt. Hierauf wird später gelegentlich an
Hand praktischer Beispiele Bezug genommen (3.2.5 und 5.2).

Einige Zahlenwerte für die Zugfestigkeit bei verschiedenen Temperaturen und einmal kurzzeitiger, einmal langdauernder Belastung gibt die nachstehende Tabelle 2.

Tabelle 2. Zugfestigkeit bei verschiedener Belastungsdauer
Nach Angaben von *K. Richard*: Eignung metallischer Werkstoffe für Chemie-Apparaturen.
Chemie-Ingenieur-Technik, 34 (1962) H. 2, 109–117. Wiedergegeben und zitiert bei *I. Class*:
Werkstoffverhalten bei Raumtemperatur, höheren und tieferen Temperaturen, Teil II. VDI-Z.
104 (1962) 28, 1431.

Werkstoff	Temperatur	Zugfestigkeit σ_B (kp/mm^2)	
		bei 0,1 h	bei 10^5 h
Kupfer	200 °C	22	5
Aluminium	200 °C	6	1,4
Titan	200 °C	27	16
Titan	20 °C	48	30
Blei	20 °C	1,4	0,25
Nickel	400 °C	40	15

Auffallend ist die Abnahme der Zugfestigkeit mit der Zeit schon bei Raumtemperatur
beim Titan. Sicherlich geht das nicht auf Rekristallisation zurück, sondern auf innere
Diffusionsvorgänge der oben angedeuteten Art.

Zur Kennzeichnung und zahlenmäßigen Erfassung dieser Zusammenhänge kommt man mit den Begriffen *Zeitstandfestigkeit* und *Dauerstandfestigkeit*. Hierauf bezügliche Zahlenwerte müssen grundsätzlich als Funktion beider Variablen, der Temperatur und der Zeit erscheinen, also z. B. mit der Temperatur als Parameter angeben, welche Belastung nach einer bestimmten Erprobungszeit zum Bruch führt bzw. bis zu unendlich langer Belastungsdauer ertragen wird. So würde die Angabe einer *Zeitbruchgrenze* $\sigma_{B/1000\,h/600°} = 20\,kp/mm^2$ besagen, daß hier bei einer Temperatur von 600 °C eine Belastung von 20 kp/mm² nach 1000 Stunden zum Bruch führte. Setzt man diesen Versuch nicht bis zum Bruch, sondern nur bis zu einer bestimmten plastischen Verformung fort, so ergibt sich daraus die *Zeitdehngrenze*. Z. B. wäre $\sigma_{1,0/1000\,h/600°}$ die Beanspruchung, bei der nach 1000 Stunden bei 600 °C eine bleibende Längenänderung von 1,0 % eingetreten ist.

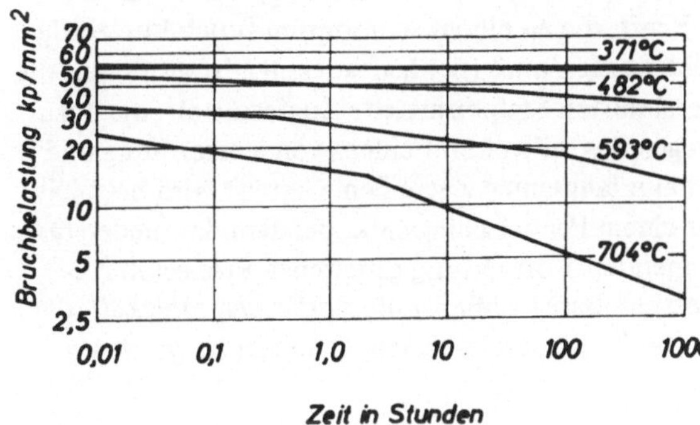

Bild 15
Zeitstandfestigkeit von NiCu30Fe für verschiedene Temperaturen

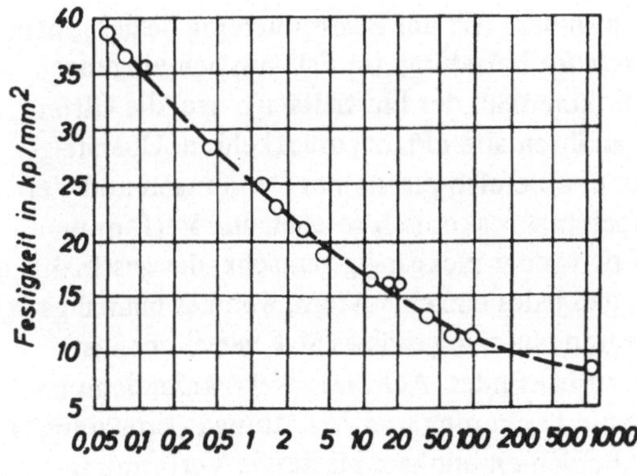

Bild 16
Zeitstandfestigkeit von Zink (kaltgewalzt) bei Raumtemperatur

Als anschauliche Beispiele zeigt Bild 15 Meßergebnisse an einer Ni-Cu-Fe-Legierung, aus denen der Einfluß von Temperatur und Zeit klar erkennbar ist. Bei kaltgewalztem Zink (Bild 16) wird entsprechend seiner niedrigen Rekristallisationstemperatur die Festigkeit schon bei Raumtemperatur mit steigender Belastungsdauer merklich kleiner. Bereits nach etwas über 1000 Minuten liegt sie fast um eine Größenordnung tiefer als zu Beginn des Versuches.

2.3.3. Schlagbeanspruchung

Das Gegenstück zu der über lange Zeit sich erstreckenden Dauerbelastung ist die extrem kurzzeitige Beanspruchung, bei der die Zeit nicht einmal ausreicht, um die erste Phase des Trennungsvorgangs, die Verformung und Kaltverfestigung sich ausbilden zu lassen. Sie führt zum Begriff der *Schlagfestigkeit* und *Schlagzähigkeit*. Erstere ist definiert als die Kraft, die man braucht, um einen Stab mit genormten Abmessungen durch einen kurzen Schlag in zwei Teile zu trennen, letztere als die dabei aufzubringende Arbeit. Die Kraft, die zu einem so abrupten Bruch kurzzeitig auf den vollen Querschnitt ausgeübt werden muß (Schlagfestigkeit), ist größer als die im normalen Zugversuch am eingeschnürten Stab ermittelte Zugfestigkeit, die dazu nötige Arbeit (Schlagzähigkeit) wegen des teilweisen Fehlens von Verformung und Kaltverfestigung aber geringer als beim langsamen Zerreißen. Geprüft wird beispielsweise die *Schlagbiegezähigkeit* mit einem Pendelschlagwerk, bei dem das niederstürzende Pendel den in einer entsprechenden Vorrichtung gehaltenen Probestab zerschlägt. Eine in ähnlicher Weise bestimmbare Größe ist die *Kerbschlagzähigkeit*, die am Probestab mit einem in definierter Weise geschwächten Querschnitt gemessen wird.

2.3.4. Wechselbeanspruchung

Aus der Fülle von weiteren genormten Methoden zur Untersuchung mechanischer Werkstoffeigenschaften durch Falten, Verwinden, Hin- und Herbiegen usw. sei noch eine herausgegriffen, die sich auf eine besondere Art der Beanspruchung bezieht, nämlich auf das Verhalten bei *häufig wechselnder* Belastung. Im Fall von Schwingungen z. B. werden bei kleiner Amplitude, d. h. innerhalb der Elastizitätsgrenze, die Gitterbausteine nach jeder Halbwelle wieder an ihren alten Platz zurückkehren. Übersteigt man jedoch diese Grenze und gelangt in den Bereich plastischer Dehnungen und Verzerrungen, so werden zwar auch hier noch makroskopisch gesehen alle Verformungen bei Umkehren der Belastungsrichtung wieder rückgängig gemacht; das geschieht jetzt aber nicht mehr bis zu dem Grad, daß jedes einzelne Atom, wenn es einmal gewaltsam aus seinen Bindungen entfernt und über ein gewisses Maß verschoben ist, wieder in seine alte Ruhelage im Gitter zurückfindet. Auf diese Weise kann dann im beanspruchten Gefüge eine fortschreitende Lockerung und Zerrüttung („Ermüdung") auftreten, die schließlich meist ohne äußerlich erkennbare plastische Verformung zum Trennungsbruch führt.

Einer Belastung, die der Werkstoff einmal oder zehnmal oder vielleicht auch zehntausendmal ohne weiteres erträgt, ist er demnach möglicherweise im hunderttausendsten oder millionsten Lastspiel nicht mehr gewachsen. Es ist also zu unterscheiden zwischen der Bruchfestigkeit unter statischer und unter dynamischer Beanspruchung mit dauernd wechselnder Richtung. Schematisch zeigt sich das an einem Kurvenzug wie in Bild 17a. Bei Lastwechselzahlen bis zu 10^4 ergibt sich für die Zugfestigkeit hier noch keine bedenkliche Abweichung vom statisch gemessenen Wert σ_B; dann folgt ein Bereich der sogenannten *Zeitfestigkeit,* in dem man bei steigender Lastwechselzahl mit abnehmenden Festigkeitswerten rechnen muß, die schließlich — hier oberhalb von 10^6 Lastspielen — auf einen Restbetrag absinken; damit ist allerdings eine konstante untere Grenze erreicht. Von diesem Punkte ab, von dem die Kurve parallel zur Abszisse verläuft, spricht man von der *Dauerfestigkeit,* die im allgemeinen nach den obigen Überlegungen nicht weit von der Elastizitätsgrenze entfernt sein kann. Denn unterhalb dieser Grenze haben wir ja definitionsgemäß nur reversible Vorgänge, die also nicht zu bleibenden Veränderungen innerhalb des Gitters führen.

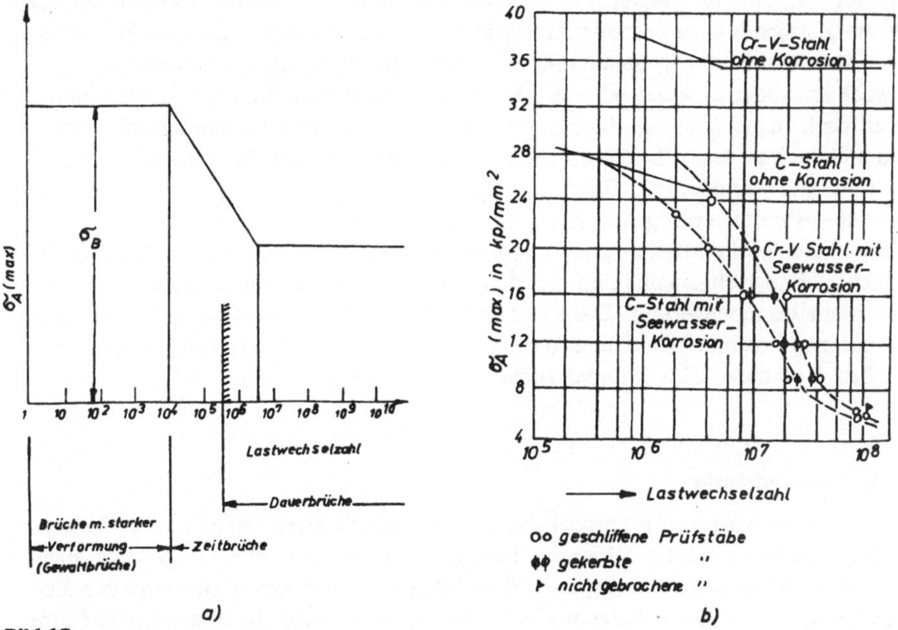

Bild 17

Wechselfestigkeitskurven (Wöhlerkurven) ($\sigma_{A(max)}$ ist die maximale Belastungsamplitude, die bis zum Bruch ertragen wird)

a) Schematisch

b) Biegewechselfestigkeit von 2 Stählen mit und ohne Korrosion

Aufzeichnungen dieser Art, die z.B. die Biegewechselfestigkeit (Schwingfestigkeit) als Funktion der Lastwechselzahl angeben, bezeichnet man als *Wöhler-Kurven;* einige Beispiele aus der Praxis zeigt Bild 17b, z.T. auch mit Hinweis auf den Einfluß gleichzeitiger Korrosionsbeanspruchung.

Die Verschiedenartigkeit der Vorgänge bei einem Bruch nach langdauernder statischer Überlastung gegenüber denen bei verformungslosem Schlag oder schließlich nach häufigem Wechsel der Beanspruchung führt zu einer Verschiedenartigkeit des Aussehens der Bruchstücke, aus dem der Fachmann weitgehend Schlüsse über die Vorgeschichte der Zerstörung und über die mutmaßliche Schadensursache ziehen kann.

3. Verbundstoffe, Legierungen, Intermetallische Verbindungen

Im Gesamtbereich der kristallinen festen Körper, mit deren Aufbau, Festigkeit und Verformbarkeit sich die vorhergehenden Abschnitte beschäftigten, nehmen die Metalle eine Sonderstellung ein. Das gründet sich nicht nur auf die große Anzahl metallischer Elemente im Vergleich zu den Nichtmetallen und auch nicht so sehr auf die Mannigfaltigkeit ihrer besonderen Eigenschaften im einzelnen. Als reine Elemente sind sie nämlich im allgemeinen für den jeweils gerade vorliegenden Verwendungszweck entweder zu weich oder zu hart, sie schmelzen zu tief oder zu hoch, leiten elektrisch zu gut oder zu schlecht, sind zu schwer oder zu korrosionsanfällig usw. oder einfach zu teuer. Durch ihre Fähigkeit, *Kombinationen* der mannigfachsten Art miteinander oder mit Nichtmetallen zu bilden, läßt sich jedoch jene ungeheure Variationsbreite von Eigenschaften erzielen, wie wir sie bei metallischen oder metallhaltigen Werkstoffen kennen und in allen Zweigen der Technik uns zunutze machen. Einige allgemeine und grundlegende Angaben zu diesem Thema seien daher hier zusammengestellt. Dabei soll sich die Betrachtung zunächst auf *binäre* Kombinationen beschränken, d.h. also solche, die aus zwei und nur zwei Partnern bestehen, weil daran alles Grundsätzliche erkennbar wird.

3.1. Verbundstoffe

Will man einen Werkstoff entwickeln, der die Eigenschaften zweier oder mehrerer Komponenten in einer bestimmten, einem vorgegebenen Verwendungszweck angepaßten Weise in sich vereinigt, so ist der nächstliegende Weg, ein *Gemenge* aus diesen Bestandteilen herzustellen und irgendwie zu verfestigen. In allgemeinster Form geschieht das bei den sogenannten *Verbundstoffen.* Soll beispielsweise der elektrische Strom von einem bewegten in einen feststehenden Teil übergeleitet werden (oder umgekehrt), etwa aus dem Rotor einer elektrischen Maschine über Schleifringe zu den Klemmen oder beim Stromabnehmer elektrischer Bahnen vom Fahrdraht zum Wagen, so liegt der Versuch nahe, für den Schleifkontakt die hohe elektrische Leitfähigkeit des Kupfers mit den guten Gleiteigenschaften des Graphits zu kombinieren. Das geschieht z. B. in den bekannten Kohlebürsten, in denen ein Gemenge aus Kupferpulver und Graphit zu entsprechenden Stücken gepreßt und durch *Sintern* verfestigt wird. Dabei ist das Sintern (bekannt vor allem aus der keramischen Industrie) ein Vorgang, der bei hohen Temperaturen, aber *unterhalb* des Schmelzpunktes stattfindet: Durch die Adhäsionskräfte an den Korngrenzen und durch Diffusionsvorgänge, die durch die hohen Temperaturen sehr begünstigt werden, wachsen Kristallite im festen Zustand zusammen und bilden damit Brücken zwischen den einzelnen Pulverkörnern. So entsteht ein mehr oder minder festgefügtes Gerüst, ein „Sinterwerkstoff".

Zu betonen ist, daß dieses Verfahren der Herstellung von Formteilen aus Pulver gelegentlich auch bei homogenen reinen Metallen angewandt wird, sei es weil ein zu hoher Schmelzpunkt oder sonstige Eigenschaften kaum einen anderen Weg zulassen (z. B. bei Wolfram), sei es, weil diese Art der Formgebung unter Umständen wirtschaftlicher ist als das Gießen und nachträgliche Bearbeiten. Dabei hat die „*Pulvermetallurgie*"[1]) es je nach Wahl von Form und Größe der Pulverkörner und der übrigen Verfahrenstechnik weitgehend in der Hand, entweder Stücke von annähernd der gleichen Dichte wie aus geschmolzenem Metall herzustellen oder absichtlich poröse Formteile, denen man durch nachträgliche Imprägnierung mit irgendwelchen Tränkmitteln besondere Eigenschaften verleihen kann. Beispiel ist die Herstellung selbstschmierender Lager aus porösem Werkstoff, der mit Öl getränkt ist. Auf diese Weise entsteht sozusagen ein Verbundstoff aus Metall und Öl.

3.2. Legierungen

Verbundstoffe, die nach der Sintertechnik aus mehreren Komponenten hergestellt werden, führen in den Bereich der *Legierungen*, wenn die *metallischen* Anteile wesentlich überwiegen. Bestehen sie aus relativ grob vermischten verschiedenartigen Pulvern oder aus Einlagerung des einen flüssigen Partners im Gerüst des anderen, so werden solche Verbundmetalle auch hinsichtlich ihrer Eigenschaften einfach eine Mischung aus ihren Komponenten darstellen. Z. B. wird bei einer derartigen Legierung aus Kupfer und Wolfram die gute Leitfähigkeit des Kupfers mit der großen mechanischen Härte und dem hohen Schmelzpunkt des Wolframs kombiniert, wodurch ein hochwertiger Werkstoff für elektrische Kontakte entsteht (Kapitel 16).

Macht man jedoch die Mischung immer feinkörniger und enger und treibt sie — falls das geht — schließlich auf dem Wege über die Schmelze so weit, daß die Partner bis in atomare Bezirke hinein miteinander vermengt, also echt ineinander *gelöst* sind, so können Legierungen mit ganz neuartigen Eigenschaften entstehen, in denen man die

---

[1]) auch als *Metallkeramik* bezeichnet

beiden Komponenten nicht mehr erkennt. Die Zahl der Metallpaare, die in dieser Art ineinander löslich sind, ist allerdings begrenzt. Man denke als Parallele einerseits an das gegenseitige Verhalten von Wasser und Öl, die nur als heterogenes Gemenge grob miteinander vermischbar sind (Öltröpfchen in wässriger Emulsion) und sich bei ruhigem Stehen nach einiger Zeit entsprechend der Verschiedenheit ihrer spezifischen Gewichte wieder voneinander absetzen; dem steht andererseits das Paar Wasser – Alkohol gegenüber, die gemeinsam eine echte Lösung in Form einer homogenen Flüssigkeit darstellen. Im ersteren Falle überwiegt in jeder einzelnen Komponente des Gemenges der Zusammenhalt zwischen den eigenen Molekülen so stark die Neigung zu einer Annäherung an die des anderen Partners, daß sie jede für sich zu einheitlichen Gruppen zusammentreten und geschlossene Grenzflächen gegeneinander bilden. Im zweiten Fall dagegen läßt der Aufbau der beiden Molekülarten die Ausbildung von Brücken und wechselseitigen Bindungskräften zu, die diese inneren Abgrenzungen zum Verschwinden bringen. Im Bereich der Metalle finden sich naheliegende Beispiele für solch unterschiedliche Lösungsbereitschaft u. a. im Verhalten des flüssigen Quecksilbers gegenüber anderen Metallen. Während es nämlich mit Gold, Kupfer, Zinn und Aluminium spontan Legierungen, „Amalgame", bildet, ist es gegenüber Eisen und Wolfram praktisch indifferent. Hierauf beruht die Verwendbarkeit von Eisen- und Wolframelektroden in Quecksilberschaltröhren und anderen mit Quecksilber gefüllten Geräten.

Die Art der Legierungsbildung und die Eigenschaftsänderungen, die damit erzielbar sind, hängen also entscheidend davon ab, ob die Partner sich ineinander lösen oder nur ein mechanisches Gemenge von durcheinanderliegenden ungleichartigen Kristalliten bilden. Es liegt daher nahe, den Grad der gegenseitigen Löslichkeit als Unterscheidungsmerkmal anzusehen, um die unübersehbare Fülle der denkbaren und auch der tatsächlich verwendeten Metallkombinationen irgendwie aufzugliedern. Dabei kann das Lösungsvermögen vom Aggregatzustand abhängen; d. h. es gibt solche Legierungen, die nicht nur in geschmolzener, sondern auch in erstarrter Form weiterhin echte Lösungen darstellen, wie auch solche, deren Bestandteile zwar in gemeinsamer Schmelze eine homogene Flüssigkeit bilden, beim Erstarren aber diesen Lösungscharakter aufgeben und sich entmischen. Demnach ergeben sich *drei Modellfälle* für das gegenseitige Verhalten der Legierungspartner und die durch ihre Kombination zu erwartenden Eigenschaftsänderungen, nämlich:

Die Legierungspartner sind in:

Fall 1:   *Weder im flüssigen noch im festen Zustand ineinander löslich.*
(3.2.1.)

Fall 2:   *Sowohl in flüssigem wie in festem Zustand völlig, d. h. in jedem beliebigen*
(3.2.2.) *Mischungsverhältnis ineinander löslich.*

Fall 3:   *Im flüssigen Zustand ineinander löslich, im festen dagegen unlöslich.*
(3.2.3.)

Für alle drei Fälle und für dazwischenliegende Übergänge (3.2.4.) gibt es eine Fülle von praktisch bedeutsamen Beispielen, von denen uns einige in den folgenden und späteren Kapiteln begegnen werden.

3.2.1. Verbundmetalle

Die Partner sind weder im festen noch im flüssigen Zustand ineinander löslich. Legierungen aus Bestandteilen dieser Art lassen sich nur nach den Verfahren der Pulvermetallurgie als Verbundmetalle herstellen, gegebenenfalls auch mit Einlagerung nichtmetallischer Komponenten. Das heißt also, daß man entweder ein Gemisch aus zwei oder mehr verschiedenartigen Pulvern durch Pressen und Sintern verfestigt oder einen porösen Sinterkörper aus nur einem der Partner als Gerüst verwendet, das man dann in der Schmelze des anderen tränkt. Letzteres Verfahren bietet sich z. B. an bei der bereits genannten Legierung *Wolfram-Kupfer*, ebenso auch bei *Wolfram-Silber*, indem ein zunächst gefertigtes Skelett aus Wolfram nachträglich mit flüssigem Kupfer oder flüssigem Silber gefüllt wird.

Die Eigenschaften solcher Legierungen aus mehr oder minder grobem *heterogenem* Gemenge stellen eine Mischung aus den Merkmalen ihrer Komponenten dar. Sie lassen sich in vielen Fällen vorher in guter Annäherung abschätzen. Hierher gehören als weitere Beispiele auch *Kupferwerkstoffe*, bei denen man durch unlösliche Einlagerungen von *Blei* das Gleitvermögen und die Eignung für elektrische Kontakte verbessert hat. Desgleichen stellen Verbundmetalle aus den beiden Partnern *Silber* und *Nickel*, die sich nur wenig ineinander lösen, Legierungen dieser Art dar, die wir ebenfalls bei den Kontaktwerkstoffen wiederfinden werden (Kapitel 16).

3.2.2. Legierungen mit lückenloser Mischkristallreihe

Die Partner sind im flüssigen und im festen Zustand völlig ineinander löslich. Klassisches Beispiel für diesen Fall sind die Legierungen aus den beiden Komponenten *Kupfer* und *Nickel*, wie sie z. B. unter den Namen Konstantan, Nickelin und anderen bekannt und gerade in der Elektrotechnik viel verwendet sind. Beim Erstarren der Schmelze bleibt hier der Lösungszustand voll erhalten und es bilden sich *Mischkristalle*; d. h. beide Partner treten zu einem gemeinsamen Kristallgitter einheitlicher Struktur zusammen, dessen Gitterplätze zum Teil von Atomen des einen, zum Teil von Atomen des anderen Elementes besetzt sind. Es entstehen also dabei weder Kupferkristalle noch Nickelkristalle, sondern eine *homogene* Masse aus Kristalliter mit einheitlicher Struktur und einheitlichem Mischungsverhältnis von Kupfer- und Nickelatomen. Bild 18 zeigt schematisch einen solchen sogenannten *Substitutions*-Mischkristall. Hier ist eben eine gewisse Anzahl von Atomen des einen Elementes durch Atome des anderen ersetzt und zwar meist in statistischer Unordnung (Bild 18a), gelegentlich auch mit einem zusätzlichen Ordnungsprinzip (Bild 18b „Überstruktur"). Diese Möglichkeit der Mischkristallbildung, bei der die Atome beider

Elemente sich gegenseitig vertreten können, ist umso eher gegeben, je mehr die Partner hinsichtlich ihrer Gitterstruktur, der Größe ihrer Atomradien und ihrer Wertigkeit einander ähneln. Nickel und Kupfer bilden Legierungen dieser Art in jedem beliebigen Mischungsverhältnis. Man spricht in solchem Fall von einer *„lückenlosen"* Mischkristallreihe (vergleiche später den Begriff der „Mischungslücke"). Weitere Beispiele von Metallpaaren mit lückenloser Mischkristallbildung sind *Silber-Gold, Kupfer-Gold, Chrom-Eisen, Eisen-Nickel, Eisen-Mangan* und andere.

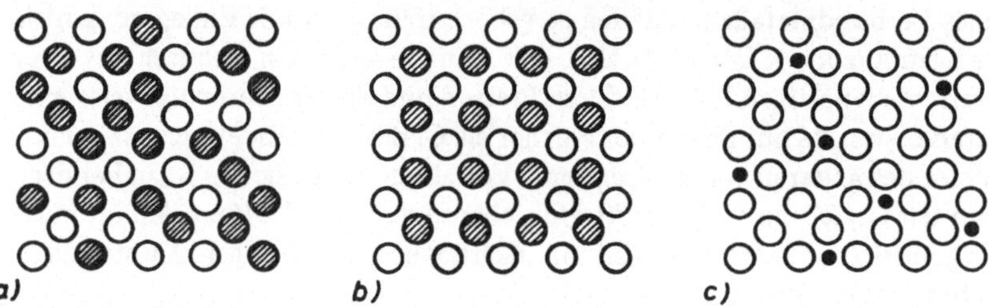

Bild 18. Gitter verschiedener Mischkristalle, schematisch
a) Substitutionsmischkristall, ungeordnet
b) Substitutionsmischkristall, zur Überstruktur geordnet
c) Einlagerungsmischkristall

Es gibt noch eine zweite Art von Mischkristallen, nämlich solche, bei denen die Atome des hinzutretenden Partners keine regulären Gitterplätze besetzen, sondern — meist in kleinen Mengen — sich auf *Zwischengitterplätzen* in der Struktur des Grundmetalls einlagern. Bild 18c zeigt das Schema dieses Typs von Legierungen. Im allgemeinen handelt es sich dabei um eine feste Lösung eines Nichtmetalls (H, B, C oder N) in einem Metall. Voraussetzung für die Bildung eines solchen *Einlagerungs-Mischkristalls* ist, daß die Atome des einen Partners wesentlich kleiner sind als die des anderen. Beispiele von Legierungen dieser Art sind *Eisen-Kohlenstoff, Eisen-Sauerstoff, Eisen-Stickstoff, Palladium-Wasserstoff* usw.

Am Beispiel der Kupfer-Nickel-Legierungen sei das Entstehen der Mischkristalle, also der Erstarrungsprozeß, etwas näher betrachtet. Bild 19 zeigt links einige Abkühlungskurven (vgl. Bild 2), an denen man jeweils Beginn und Ende der Erstarrung von Legierungen verschiedener Zusammensetzung a, b, c und d erkennt, und über deren Deutung noch zu sprechen sein wird. Rechts davon ist das dazugehörige *„Zustandsschaubild"* dargestellt. Dabei ist als Abszisse das Mischungsverhältnis aufgetragen, und zwar von links nach rechts mit steigendem Nickelanteil, also fallendem Kupfergehalt. Auf den zu 100 % Kupfer bzw. 100 % Nickel gehörigen Vertikalen sind als Ordinaten bei C und D die jeweiligen Schmelzpunkte markiert, nämlich der des Kupfers mit 1083 °C und der des Nickels mit 1452 °C. Gefragt ist nach den Schmelz- bzw. Erstarrungstemperaturen in dem dazwischenliegenden Bereich variabler Zusammensetzung.

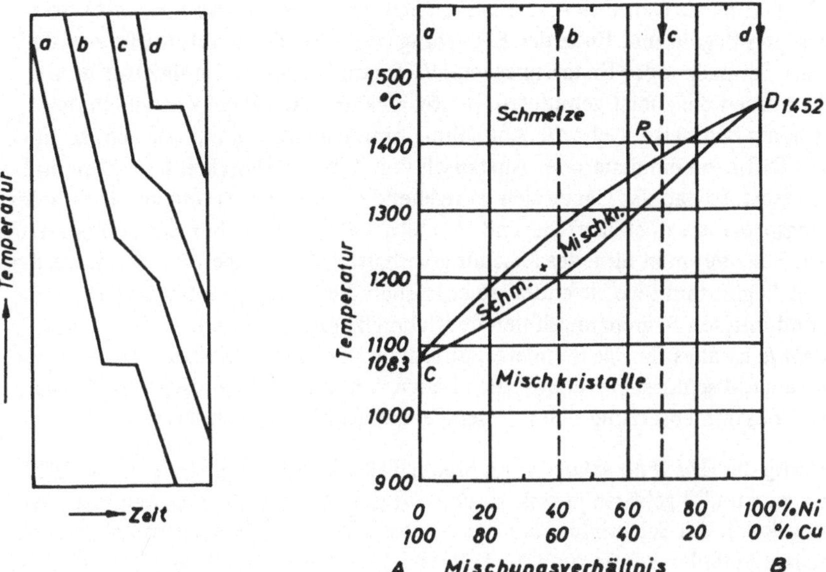

Bild 19. Abkühlungskurven und Zustandsschaubild von Kupfer-Nickel-Legierungen (Cu-Ni)

Zunächst besteht kein Grund, etwas anderes zu erwarten, als daß diese Temperaturen irgendwo zwischen den Schmelzpunkten des reinen Kupfers als unterer und dem des reinen Nickels als oberer Grenze liegen und daß sie mit zunehmendem Nickelgehalt ansteigen werden. Nähere Untersuchung führt zu folgendem: Betrachten wir z. B. die Linie c, die zu einer Legierung von 30 % Kupfer und 70 % Nickel gehört: Bei dieser Angabe der Zusammensetzung ist zu berücksichtigen, daß in der Schmelze sich die Atome in lebhafter Bewegung befinden, so daß nicht zu jedem Zeitpunkt und in jedem kleinsten Volumen-Element exakt das Mengenverhältnis von 30 Kupfer zu 70 Nickel bestehen kann. Dieses ist vielmehr nur ein statistischer, räumlicher und zeitlicher Mittelwert; es wird nickelreichere und kupferreichere Mikrobezirke in zeitlichem Wechsel geben. Da die ersteren, infolge des größeren Anteils an hochschmelzendem Nickel, zweifellos höhere Erstarrungspunkte haben, werden sich bei Abkühlung in der Nachbarschaft der Kristallisationskerne bevorzugt nickelreichere Bezirke ansiedeln. Gehen wir nun entlang der Linie c im Sinne sinkender Temperatur von oben nach unten, so setzt bei irgendeinem Punkte (P) die Erstarrung in Form von relativ nickelreichen Mischkristallen ein. Der dadurch an Nickel verarmende kupferreichere Teil der Schmelze bleibt zunächst noch flüssig; mit fortschreitender Abkühlung aber bilden sich weitere Kristalle mit laufend abnehmendem Nickelgehalt, bis schließlich auch für die kupferreichsten Reste der Erstarrungspunkt gekommen ist. Die Legierung als Ganzes hat also keinen Schmelz- oder Erstarrungs*punkt,* sondern zwischen Beginn und Ende der Erstarrung liegt eine Temperaturdifferenz, der sogenannte Schmelz- oder Erstarrungs*bereich.* Innerhalb dieses Temperaturintervalls schwimmen die zuerst gebildeten, relativ nickelreichen Mischkristalle in der nickelärmeren Schmelze. Geht die Abkühlung hinreichend langsam vor sich, so findet durch Diffusion ein dauernder Austausch von Atomen zwischen Kristallen und Schmelze statt, so daß das Ganze sich weitgehend homogenisiert und am Schluß des Erstarrungsprozesses doch überwiegend Mischkristalle einheitlicher Zusammensetzung vorliegen. Zeichnet man für jedes Mischungsverhältnis die Temperaturen ein, wo die Erstarrung beginnt und wo sie endet, so entstehen die C und D verbindenden, oberen und unteren Begrenzungslinien der Schmelzbereiche; oberhalb der oberen *Liquiduslinie* ist alles flüssige Schmelze, unterhalb der unteren *Soliduslinie* feste Masse homogener Mischkristalle; dazwischen haben wir Schmelze gemischt mit Kristallen, deren Zusammensetzung sich mit der Temperatur laufend ändert.

Die Deutung der *Abkühlungskurven* im linken Teil von Bild 19 ist nun leicht: Die Kurven a, b, c und d gehören jeweils zu den mit dem gleichen Buchstaben bezeichneten Vertikalen des Schaubildes auf der rechten Seite. Demnach entsprechen a und d den reinen Metallen Kupfer und Nickel: Das Erreichen des *Schmelzpunktes* deutet sich bei fortschreitender Abkühlung durch einen scharfen Knick *(Haltepunkt)* an mit einem anschließenden horizontalen geraden Stück, bei dem also die Temperatur konstant bleibt, bis ein zweiter Knick das Ende des Erstarrungsvorgangs anzeigt. Demgegenüber zeigen die Kurven b und c die zu den Legierungen 40/60 bzw. 30/70 gehören, einen Schmelz*bereich;* er ist nicht durch eine konstante Temperatur gekennzeichnet, sondern durch eine obere, bei der die Erstarrung der nickelreichen Kristalle beginnt und eine untere, bei der die der nickelärmeren beendet ist.

Die für die Elektrotechnik besonders wichtigen *Eigenschaftsänderungen,* die bei Legierungen im Vergleich zu ihren reinen Komponenten auftreten, werden im weiteren Verlauf dieses Buches im Zusammenhang mit der jeweiligen elektrotechnischen Anwendung besprochen. Hier sei nur die oben gemachte Andeutung, daß Legierungen mit Mischkristallbildung ganz unerwartete Eigenschaften haben können, die nicht mehr als Kombination aus den Merkmalen der beiden Partner erkennbar sind, etwas näher präzisiert. Bild 20a zeigt das für Mischkristalle typische Bild der Lage der Schmelzbereiche zwischen Liquidus- und Soliduskurve, des spezifischen Volumens, der mechanischen Härte und der elektrischen Leitfähigkeit in Abhängigkeit von der Zusammensetzung. Die beiden Legierungskomponenten sind hier allgemein mit A und B bezeichnet. Schmelzbereiche und spezifisches Volumen ändern sich mit dem Mischungsverhältnis, wie man es unvoreingenommen erwartet, etwa entlang der geraden Verbindungslinie zwischen den entsprechenden Werten der reinen Elemente A und B. Härte und elektrische Leitfähigkeit liegen dagegen in einem weiten Konzentrationsbereich auf einem völlig anderen Niveau als dem der beiden Partner. Dabei wird die Steigerung der Härte in diesem Falle nicht, wie bei der früher behandelten Kaltverfestigung,durch Störung des Kristallgefüges und damit verbundene Versprödung erkauft (vgl. Bild 12), sondern hier kann sich im ungestörten Mischkristallgitter größere Festigkeit mit guter Zähigkeit verbinden. Für die Praxis ist das gegebenenfalls umso wertvoller, als durch den Mischkristallpartner häufig die Rekristallisationstemperatur erhöht, dadurch also auch die Warmfestigkeit des Werkstoffs angehoben wird. Auch die Korrosionsbeständigkeit von Mischkristallen ist meist besser als die ihrer reinen Elemente.

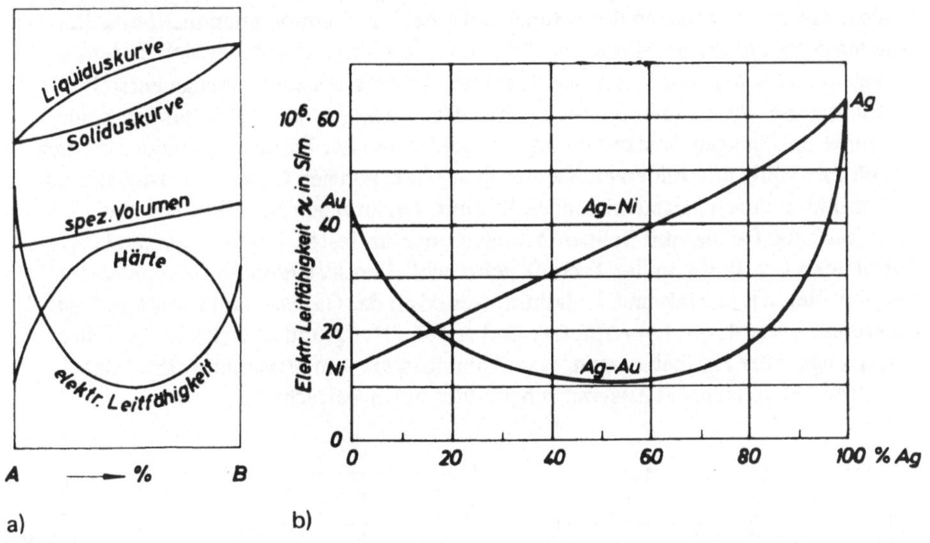

Bild 20

a) Die Eigenschaften von Mischkristallen in Abhängigkeit von der Zusammensetzung, schematisch

b) Leitfähigkeit von homogenen Silber-Gold-Legierungen (Mischkristalle) und Silber-Nickel-Verbundmetallen (heterogenen Legierungen)

Um an einem praktischen Beispiel zu zeigen, wie die elektrische Leitfähigkeit von Legierungen dieser Art im Vergleich zu der von Verbundmetallen sich verändern läßt, gibt Bild 20b eine Gegenüberstellung der beiden Kontaktwerkstoffe *Silber-Gold* (Ag-Au) und *Silber-Nickel* (AgNi). Bei der *lückenlosen Mischkristallreihe* Ag-Au sinkt die Leitfähigkeit schon bei geringen Anteilen des Silbers im Goldgitter erheblich ab, obwohl Silber der besser leitende Partner ist. Letzteres kommt erst bei großem Silbergehalt zum Ausdruck, indem die Werte wieder ansteigen und sich dem des reinen Metalls nähern. Demgegenüber liegt bei den *Verbundmetallen* aus Silber und Nickel, die praktisch keine Mischkristalle miteinander bilden, sondern nur mechanisch vermengt sind, die Leitfähigkeit bei variablem Mischungsverhältnis auf der nahezu geraden Verbindungslinie zwischen den Werten für die reinen Komponenten Silber und Nickel, d. h. sie nimmt im ganzen Bereich mit steigendem Silbergehalt stetig zu.

3.2.3. Legierungen mit Eutektikum

Die Legierungspartner sind im flüssigen Zustand ineinander löslich, im festen dagegen unlöslich. Der kennzeichnende Unterschied gegenüber dem vorhergehenden Fall ist also, daß beim Erstarren der Schmelze die beiden Komponenten nicht eine homogene Masse gemeinsamer Mischkristalle bilden, sondern daß jede für sich in dem ihr eigenen Gittertyp auskristallisiert, so daß ein *heterogenes* Gemenge entsteht. Beispielsweise sind in einer Schmelze von 50 % *Cadmium* und 50 % *Wismut* beide Elemente im flüssigen Zustand ineinander gelöst. Bei der Erstarrung trennen sie sich jedoch fast völlig und bilden ein Gemenge aus hexagonalen Cadmiumkristallen und dem rhomboedrisch kristallisierenden Wismut. Legierungen ähnlicher Art sind — wenn auch die Partner mit kleinen Anteilen noch im festen Zustand ineinander gelöst bleiben — z. B. die in der Technik gebräuchlichen *Weichlote* mit Kombinationen von Blei, Zinn, Zink und Cadmium, weiterhin das *Gußeisen* und sonstige Gußlegierungen, wie *Aluminium-Silicium* und andere. Der grundsätzliche Verlauf ihres Erstarrungs- oder Schmelzvorganges in Abhängigkeit vom Mischungsverhältnis sei im folgenden anhand des Zustandsschaubildes näher betrachtet.

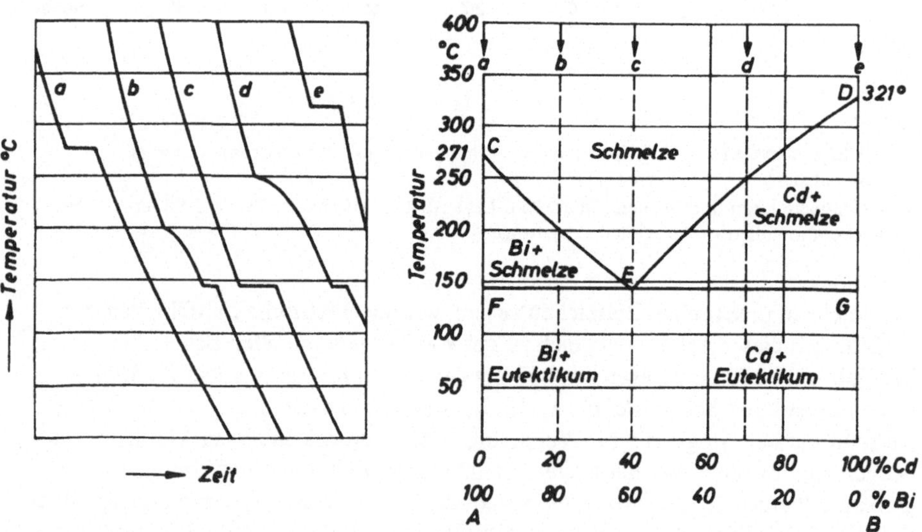

Bild 21. Abkühlungskurven und Zustandsschaubild der Legierung Wismut-Cadmium (Bi-Cd)

Als Beispiel diene die genannte Legierung Wismut-Cadmium aus der Gruppe der tiefschmelzenden Weichlote, die gelegentlich technische Anwendung finden. Da Wismut und Cadmium die Eigenschaften der Löslichkeit im flüssigen und der Unlöslichkeit im festen Zustand fast exakt besitzen, eignen sie sich besonders gut zu einer anschaulichen Darstellung der Verhältnisse. In Bild 21, rechte Hälfte, ist wiederum als Abszisse das Mischungsverhältnis aufgetragen,und zwar von links nach rechts mit steigendem Gehalt an Cadmium und entsprechend abnehmendem an Wismut, als Ordinate die Schmelz- bzw. Erstarrungstemperatur. Demgemäß erscheinen auf der linken und der rechten Vertikalen bei 100 % Wismut und bei 100 % Cadmium die dazugehörigen Schmelzpunkte der beiden Elemente von 271° und 321 °C.

Die in der Schmelze ineinander gelösten Metalle haben zunächst die Neigung, diesen Zustand beizubehalten. Das heißt, wenn sie mit sinkender Temperatur bei der Erstarrung infolge der Verschiedenheit ihrer Kristallstrukturen sich voneinander trennen müssen, so sind dabei die interatomaren Bindungskräfte, die sie in der Lösung miteinander vereinigen, zu überwinden. Dieser Widerstand gegen die Trennung, der also zugleich ein Widerstand gegen die Erstarrung ist, hat zur Folge, daß letztere erst bei tieferen Temperaturen einsetzen kann als beim reinen Metall. Noch deutlicher wird vielleicht die Formulierung, wenn man den Vorgang in umgekehrter Richtung bei steigender Temperatur, also beim Schmelzen, beobachtet: Die gegenseitige Neigung der beiden Partner, in Lösung zu gehen und die dabei freiwerdende Energie wirkt fördernd auf den Schmelzprozeß und läßt ihn bereits bei tieferer Temperatur beginnen als beim reinen Metall.

Geht man von *Punkt C* des Bildes 21 aus, so stellt man demgemäß fest, daß mit zunehmendem Cadmiumanteil zunächst der Widerstand gegen die Trennung sich verstärkt, also der Erstarrungsbeginn entlang der Linie C-E sich nach tieferen Temperaturen hin verlagert. Entsprechendes geschieht auf der rechten Seite, wo der Erstarrungsbeginn der cadmiumreichen Schmelze mit zunehmendem Wismut-Anteil sich gegenüber dem des reinen Cadmiums entlang der Linie D-E nach abwärts bewegt. Die beiden von links und rechts sich absenkenden Kurven müssen sich irgendwo im mittleren Konzentrationsbereich treffen, in diesem Fall im Punkt E. Hier, beim Mischungsverhältnis 40 % Cadmium zu 60 % Wismut, wirkt sich offenbar die gegenseitige Neigung, miteinander in Lösung zu gehen, am stärksten aus, hat also der Schmelz- oder Erstarrungspunkt seine tiefste Lage. Er liegt insbesondere auch unter dem der tiefstschmelzenden Komponente, in diesem Fall des Wismuts. Diese Legierungszusammensetzung, die innerhalb des gesamten Mischungsbereiches den niedrigsten Schmelzpunkt hat, bezeichnet man als eutektische Mischung oder als *Eutektikum.*

Es sei hier an die bekannte Gefrierpunkts- bzw. Schmelzpunkts-Erniedrigung von Salzlösungen erinnert, z.B. bei wässrigen Lösungen von NaCl oder $AgNO_3$. Auch dort haben wir im festen Zustand ein heterogenes Gemenge von Eis- und Salzkriställchen, die aber die Neigung haben, sich ineinander zu lösen. Der energieverzehrende Vorgang des Schmelzens wird daher gefördert durch den energiefreisetzenden Vorgang des Lösens und beginnt deshalb schon bei tieferer Temperatur; dabei gibt es wiederum ein günstigstes Mischungsverhältnis, bei dem der Gefrierpunkt seine tiefste Lage hat, analog dem Eutektikum bei Legierungen.

Den Linienzug C-E-D in Bild 21, oberhalb dessen die ganze Masse flüssig ist, wird man wiederum als *Liquidus-Linie* bezeichnen, die Gerade F-E-G, unterhalb deren alles fest ist, als *Solidus-Linie*. Betrachten wir z. B. den Erstarrungsvorgang entlang der vertikalen Linie b mit dem Mischungsverhältnis 20 Cadmium zu 80 Wismut bei allmählicher Abkühlung, also von oben nach unten: Bei der Temperatur von 200 °C beginnt die Erstarrung, und zwar werden sich bei dem erheblichen Überschuß von Wismut (Bi) bevorzugt Bi-Kristalle bilden, die damit aus der Schmelze ausscheiden. In der Restschmelze wächst daher das Mischungsverhältnis Cadmium zu Wismut von seinem ursprünglichen Wert 20/80 laufend im Sinne einer relativen Anreicherung von Cadmium. Demgemäß sinkt ihr Erstarrungsbeginn laufend von 200 °C ab entlang der Linie CE auf E zu; es scheiden fortgesetzt bevorzugt Wismutkristalle aus, bis bei Punkt E der nun verbleibende, eutektisch zusammengesetzte Rest als Ganzes erstarrt. Entsprechend verläuft der Vorgang, wenn wir ihn im rechten Teil des Bildes bei einer cadmiumreichen Schmelze entlang der Linie D-E verfolgen. In jedem Fall scheidet die im Überschuß vorhandene Komponente durch Kristallisieren aus, die daran verarmende Schmelze strebt damit bei laufendem Absinken ihrer Erstarrungstemperatur der eutektischen Zusammensetzung zu, in der dann die flüssigen Reste der beiden Partner gemeinsam erstarren. Das Ergebnis ist unterhalb der Soliduslinie links von E ein Eutektikum, in dem überschüssige Wismut-Kristalle, rechts ein Eutektikum, in dem Cadmium-Kristalle eingelagert sind. Einen Schmelz- oder Erstarrungs*punkt* hat nur die Legierung mit eutektischer Zusammensetzung; bei allen anderen Mischungsverhältnissen hat sie einen Schmelz*bereich* oder Erstarrungs*bereich*, der bei der Soliduslinie beginnt und bei der Liquiduslinie endet oder umgekehrt.

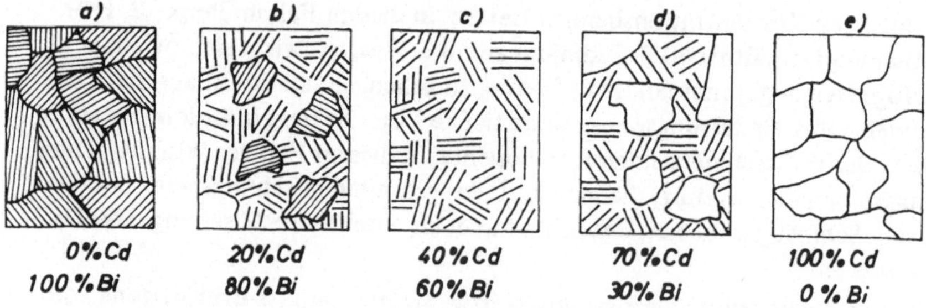

Bild 22. Gefüge der Bi-Cd-Legierungen, schematisch

Die Bezeichnung *Eutektikum* (wohlgefügt) wird hier insofern verständlich, als bei diesem Mischungsverhältnis beide Komponenten gleichzeitig zu festen Kristallen werden und daher besonders gleichmäßig fein miteinander vermengt sind; bei jeder anderen Zusammensetzung ist das eutektische Gefüge mit größeren oder kleineren Kristalliten des überschüssigen Partners durchsetzt; Bild 22 stellt das schematisch dar.

Bei umgekehrtem Verlauf des Vorgangs, beim Schmelzen, verflüssigt sich zuerst bei 144 °C das Eutektikum; jeder bei weiterer Temperatursteigerung schmelzende Kristallit des jeweils überschüssigen Partners reichert die Schmelze entsprechend an, nähert sie also dem Zustand des reinen Metalls und setzt damit den Schmelzpunkt der nächstfolgenden herauf, bis bei Erreichen der Liquiduslinie auch der letzte flüssig wird.

Bild 21 zeigt links die zu diesen Vorgängen gehörenden *Abkühlungskurven*; bei den beiden reinen Metallen (Linie a und e) sowie beim Eutektikum (Linie c) deutet sich die Erstarrung wiederum durch zwei scharfe Knicke und ein dazwischenliegendes geradliniges, horizontales Kurvenstück an; bei den beiden herausgegriffenen Mischungsverhältnissen 20/80 und 70/30 (Linie b und d) machen dagegen drei Knickungen und zwischen ihnen ein längeres gebogenes sowie ein geradlinig horizontales Kurvenstück den allmählichen Übergang vom flüssigen in den festen Zustand innerhalb des Schmelzbereiches erkennbar: der erste Knick die einsetzende Kristallisation des im Überschuß vorhandenen Partners, der zweite und dritte Beginn und Ende der Erstarrung des restlichen Eutektikums.

Da Legierungen dieser Art im festen Zustand als heterogene Gemenge ohne tiefgreifende Bindungen zwischen den Partnern vorliegen, sind im übrigen keine überraschenden Eigenschaften bei ihnen zu erwarten. In der Tat liegen sie in der Leitfähigkeit, der Festigkeit und anderem meist irgendwo im Bereich zwischen den entsprechenden Werten ihrer Komponenten. Die wesentliche Besonderheit, die sie haben, zeigt sich nach Vorstehendem beim Schmelzen und Erstarren, weil dieses zugleich der Übergang vom *ungelösten* in den *gelösten* Zustand ist oder umgekehrt. Der tiefe Schmelzpunkt des Eutektikums ist wichtig bei *Lötmetallen* und bei *Gußlegierungen*, wo man möglichst niedrige Verarbeitungstemperaturen anstrebt. Beispiele und Einzelheiten finden sich später.

3.2.4. Aushärtbare Legierungen mit Mischungslücke

Häufiger als die beiden hier behandelten Modellfälle der lückenlosen Mischbarkeit und der völligen Unlöslichkeit in festem Zustand gibt es dazwischenliegende Übergänge. Das sind solche Metallpaare, die zwar in der Schmelze homogene Lösungen darstellen, bei nur geringen Zusätzen des einen Partners zum anderen auch im festen Zustand noch echte Mischkristalle bilden, bei größeren Mengenverhältnissen aber sich im Erstarrungsvorgang trennen und als heterogene Gemenge Legierungen mit

Eutektikum ergeben. Das wird dann der Fall sein, wenn die Gitterkonstanten und die Atomradien so unterschiedlich sind, daß nur eine begrenzte Anzahl von Atomen des einen Partners im Gitter des anderen Platz finden kann, ohne zu wesentlichen Störungen zu führen. Was diese Grenze übersteigt, muß sich trennen und kristallisiert als heterogener Bestandteil aus.

Beispielsweise nimmt das *Kupfer* (, das ja mit Nickel in jedem Mengenverhältnis feste Lösungen eingeht,) *Silber* nur bis zu 8 Gewichtsprozent unter Mischkristallbildung auf. Umgekehrt finden im Gitter des Silbers Kupferatome nur bis höchstens 8,8 Gewichtsprozent Platz. In dazwischenliegenden Mischungsverhältnissen gibt es keine Mischkristalle, d.h. Anteile, die die genannten Grenzen überschreiten, führen zu heterogenen Gemengen.

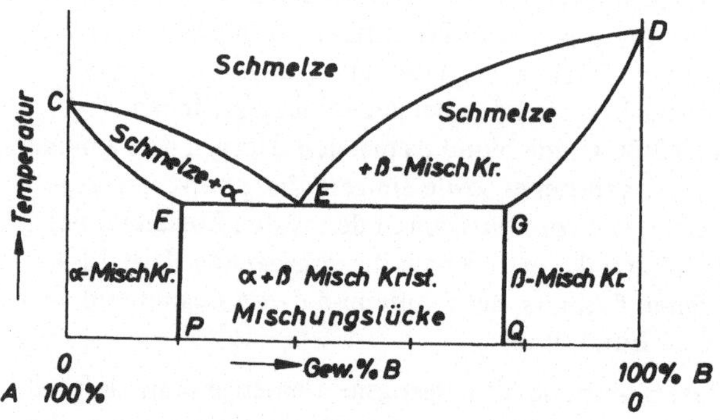

Bild 23. Vollkommene Löslichkeit im flüssigen, teilweise Löslichkeit im festen Zustand. (Legierung mit Mischungslücke), schematisch

Bild 23 zeigt schematisch das Zustandsschaubild einer solchen Legierung aus den Komponenten A und B : Bis zu dem durch Punkt P gekennzeichneten Mischungsverhältnis von ca. 20 % B zu 80 % A bilden sich Mischkristalle mit B-Atomen im A-Gitter, hier als „α-Mischkristalle" bezeichnet. Von Q (75B/25A) an aufwärts gibt es umgekehrt Mischkristalle mit A gelöst in B (maximal 25 %), „ß-Mischkristalle". In der dazwischenliegenden *Mischungslücke* von P bis Q bilden die beiden Partner ein heterogenes Gemenge mit Eutektikum. Allerdings kristallisieren sie dabei nicht als reine Elemente aus, sondern jeder behält so viel von dem anderen in Lösung, wie er als Mischkristall aufnehmen kann : wir bekommen also ein heterogenes Gemenge von *α- und ß-Mischkristallen* mit dem jeweils maximal zulässigen Anteil des anderen Partners, in diesem Falle also 20 bzw. 25 %. Da es sich demnach um eine Kombination der unter 3.2.2 und 3.2.3 besprochenen Fälle handelt, stellt der Verlauf der Solidus- und Liquiduslinien in Bild 23 eine Kombination aus den Bildern 19 und 21

dar: recht und links haben wir die für Mischkristalle typische Form der Schmelzbereiche, in der Mitte die für Eutektikumsbildung. Daß die Liquiduslinien auch in den
beiden Mischkristallbereichen rechts und links hier gleich nach unten abbiegen (im
Gegensatz zu Bild 19) deutet darauf hin, daß es sich in diesem Fall nur um eine *begrenzte,* mehr oder minder erzwungene Löslichkeit im festen Zustand handelt, die
schon fast mit einer gewissen Entmischung verknüpft ist. Hier erfolgt daher auch die
Erstarrung aus der Schmelze zum Mischkristall nur widerstrebend, d.h. der Übergang flüssig — fest wird mit zunehmendem Anteil des zweiten Partners mehr und
mehr nach tieferen Temperaturen hin verlagert (wie in Bild 21).

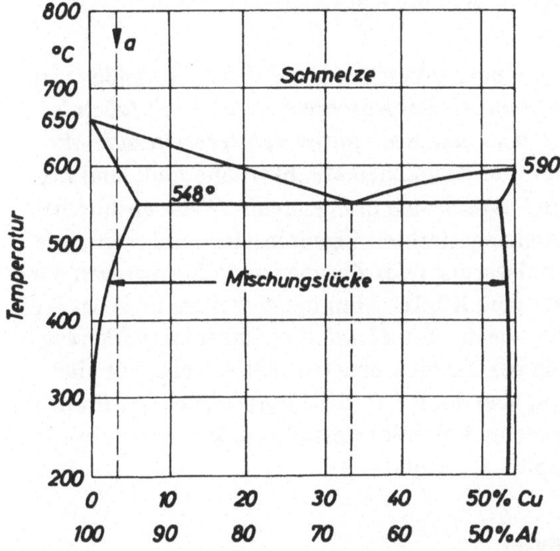

Bild 24
Teilzustandsschaubild der
Aluminium-Kupfer-Legierungen (AlCu)

Legierungen dieser Art sind technisch besonders interessant, wenn die gegenseitige
Löslichkeit der Partner mit sinkender Temperatur infolge Verengung der Gitterabstände abnimmt, die Mischungslücke sich also nach unten verbreitert und die Mischkristallbereiche schmäler werden. Bild 24 zeigt die linke Hälfte des Zustandsschaubildes der wichtigen Legierung von Kupfer in *Aluminium* (die rechte Hälfte interessiert hier nicht): Bei 550 °C können sich Al-Cu-Mischkristalle bilden, die bis zu etwa 5 % Kupfer aufnehmen. Bei 200 °C ist dagegen die Löslichkeit des Kupfers im
Aluminium wegen Verkleinerung der Atomabstände im Al-Gitter praktisch gleich
Null. Kühlt nun eine solche Legierung, von 550 °C ausgehend, allmählich ab, so
scheidet, entsprechend der abnehmenden Löslichkeit, das Kupfer in zunehmendem
Maße aus den Mischkristallen aus in Form der ,,intermetallischen Verbindung"
Al_2Cu (s. a. Kap. 3.3). Nimmt man aber die Abkühlung sehr rasch vor, etwa durch
Abschrecken in Wasser, kann sich im festen Zustand des Materials diese Umgrup

pierung der Partner nicht abspielen. Wir haben den Mischkristall unverändert in das Gebiet der Zimmertemperatur hinübergerettet, in dem er an Kupfer übersättigt ist. Die nun anschließenden Vorgänge bezeichnet man als *Aushärtung*. Sie kommt, z. T. schon als *Kaltaushärtung*, in der Weise zustande, daß die Kupferatome im Laufe der Zeit durch Diffusion an einzelnen Stellen innerhalb des Aluminiumgitters sich zusammenfinden. Dort entstehen also Störstellen, von denen ausgehend die Gitterbausteine sich gegeneinander verspreizen, so daß Bewegungsvorgänge im Innern erschwert werden. Die Folge ist eine Steigerung von Härte und Festigkeit sowie auch eine Erhöhung des elektrischen Widerstandes. Dieser Vorgang, der im allgemeinen geraume Zeit beansprucht, läßt sich beschleunigen durch Erwärmung oder kleine Zugaben von Magnesium, mit dem die Kupferatome zu einer Verbindung Cu_2Mg zusammentreten.

Eine Aushärtung ähnlicher Art läßt sich bei zahlreichen Legierungen anwenden; immer ist die *Voraussetzung für die Wirksamkeit des Abschreckens eine mit fallender Temperatur abnehmende Löslichkeit, d. h. eine nach unten sich verbreiternde Mischungslücke;* die bei hoher Temperatur entstandenen Mischkristalle sind dann nach der raschen Abkühlung übersättigt und müssen sich in irgendeiner Weise entmischen. Je nach der Zusammensetzung und den angestrebten Eigenschaften wird man diese Aushärtung durch Kaltlagerung, Warmlagerung oder Zugabe von Beimengungen vornehmen und steuern. So spielen außer dem Kupfer-Aluminium weitere in dieser Weise härtbare Leichtmetall-Legierungen, wie die aus *Aluminium-Magnesium-Silicium* und *Aluminium-Magnesium-Kupfer* in der Technik eine besondere Rolle, vor allem in der Luftfahrtindustrie; wichtig sind aber auch z. B. die *Kupfer-Beryllium-Bronzen,* die für gut leitende und hoch beanspruchte korrosionsfeste Kontaktfedern verwendet werden und viele andere (vgl. Kapitel 5.2.1 und 6.3).

3.2.5. Dispersionsgehärtete Legierungen

Die Härtung geht bei den im vorigen Abschnitt behandelten Legierungen von „innen" her vor sich, indem die im Gitter eingeschlossenen und zueinanderstrebenden Fremdatome sich sammeln und Verspannungszentren bilden. Sie läßt sich mit ähnlichem Ergebnis auch auf anderem Wege erreichen: In neuerer Zeit werden gehärtete metallische Werkstoffe hergestellt, in denen kleinste Partikel von Oxyden (Al_2O_3, TiO_2 und andere) in geringen Prozentsätzen im Grundmetall feinstverteilt eingelagert *(dispergiert)* sind. Außer der dadurch bewirkten Härtesteigerung setzen sie vor allem durch Behinderung der Rekristallisation die Entfestigungstemperatur hinauf und erhöhen damit wesentlich die *Warmfestigkeit*. Dies umso mehr, als sie mit steigender Temperatur ungelöst bleiben, während z. B. die ausgeschiedenen Cu-Partikel und ihre Verbindungen im Aluminium bei Erwärmung teilweise wieder in Lösung gehen, wobei der Härtungseffekt also schwindet. Von „dispersionsgehärteten" *Kupferlegierungen* für Spezialzwecke wird in Kapitel 5.2. die Rede sein.

3.3. Intermetallische Verbindungen

In der Gesamtheit der in den vorhergehenden Abschnitten besprochenen verschiedenartigen Legierungen kommt die Fähigkeit der Metalle zum Ausdruck, sich in mannigfachen Kombinationen miteinander zu vereinigen und damit Werkstoffe zu bilden, deren Eigenschaften in weiten Grenzen durch Zusammensetzung und Behandlung verändert werden können. Es ist bereits gelegentlich angedeutet worden, daß mitunter auch Nichtmetalle, wie Kohlenstoff, Sauerstoff und andere, an einer solchen Legierungsbildung teilnehmen können. Im allgemeinen aber reagieren die Metalle mit den Nichtmetallen bekanntlich zu chemischen Verbindungen (Oxyden, Sulfiden, Nitraten usw.), ebenso wie diese unter sich (SO_2, P_3O_5 usw.) Schon bezüglich der Zusammensetzung fällt hier als Unterschied zwischen *Legierung und chemischer Verbindung* auf, daß bei ersterer das Mischungsverhältnis zwischen den beiden Partnern in mehr oder weniger weiten Grenzen variabel, mitunter auch beliebig ist, während es in einer chemischen Verbindung immer quantitativ genau festliegt: Cu_2O, Fe_2O_3, $HgNO_3$ etc. Offenbar handelt es sich hier um zwei ganz verschiedene Arten der interatomaren Bindung.

Auf diese Zusammenhänge wird in Kapitel 10 etwas näher eingegangen, sie müssen uns jedoch schon hier beschäftigen; es gibt nämlich auch eine ganze Reihe von *Metall*paaren, die nicht nur in variablen Mengenverhältnissen Legierungen miteinander bilden, sondern innerhalb dieser Legierungen in bestimmten Anteilen auch untereinander zu einer Art chemischer Verbindung, einer sogenannten *intermetallischen Verbindung* zusammentreten können; diese erscheint dann als selbstständiger zusätzlicher Legierungspartner. Häufig — aber nicht immer — ist dabei allerdings die eine Komponente ein Element, dessen metallischer Charakter sowieso zweifelhaft ist (Arsen, Antimon u. a.). Jedenfalls gehen bei diesen Verbindungen die metallischen Eigenschaften, insbesondere die metallische Leitfähigkeit und die Verformbarkeit, weitgehend verloren. Auch zeichnet sich ihre Sonderstellung gegenüber den Legierungen dadurch ab, daß sie in ihrem Gittertyp weder dem einen noch dem anderen Partner gleichen, sondern eine völlig andersartige eigene Struktur bilden. Sie sind meist hart und spröde und deshalb als Einlagerung in technischen Werkstoffen je nach Verwendungszweck teils erwünscht, teils unerwünscht.

Ein Beispiel ist das in der Reihe der Kupfer-Magnesium-Legierungen auftretende Cu_2Mg, das bei der Härtung von Kupfer-Aluminium erwähnt wurde, und das Al_2Cu; man findet solche intermetallischen Verbindungen oder „intermediären Phasen" im Zustandsdiagramm vieler Legierungen. Auch der in der Reihe der Eisen-Kohlenstoff-Legierungen auftretende „Zementit" mit der Formel Fe_3C gehört in gewissem Sinne hierher (vgl. Kapitel 4.2.). Insbesondere werden in Kapitel 13 einige für die Halbleitertechnik wichtige intermetallische Verbindungen zwischen den Elementen der 3. und 5. Gruppe des Periodischen Systems zu besprechen sein, InSb, InAs, GaSb, GaAs und andere.

4. Das Eisen und seine Legierungen

Die drei Elemente Eisen, Kupfer und Aluminium werden jedes für sich hier gesondert behandelt, weil sie in der Elektrotechnik nicht nur die Basis der meisten Konstruktionswerkstoffe, sondern auch fast aller Leiter- und Widerstandsmetalle sind. Das Eisen verdient natürlich wegen seiner magnetischen Eigenschaften zusätzliches Interesse und diese werden daher Gegenstand eines eigenen Kapitels sein. Im folgenden soll es vor allem als Musterbeispiel dienen, um zu zeigen, was man aus einem Metall von der Gewinnung bis zum fertigen Produkt durch *Zusätze oder Warmbehandlung und Kaltverformung* alles machen kann: wie sich in diesem Fall z. B. seine Eigenschaften so variieren lassen, daß die Zerreißfestigkeit von *unter 30 kp/mm²* auf *über 200 kp/mm²* ansteigt, daß entweder völlig *unmagnetische* oder auch besonders hochwertige *magnetische* Werkstoffe entstehen, daß aus dem leicht *rostenden* und in der Wärme stark *zundernden* Eisen weitgehend *rostfreie, säurebeständige* und bis zu 1300 °C fast *zunderfeste* Stähle werden und anderes mehr.

4.1. Gewinnung von reinem Eisen, Stahl und Gußeisen

Ohne auf Einzelheiten einzugehen, sei hier immerhin das Grundsätzliche der verschiedenen Verfahren in Erinnerung gebracht. Denn die Art der Aufbereitung der Erze und der Behandlung des Roheisens ist entscheidend für die späteren Eigenschaften und Anwendungsmöglichkeiten des fertigen Werkstoffes. Außerdem sind die prinzipiellen Verfahrensschritte nicht nur im Hinblick auf das Eisen, sondern auch für die Gewinnung anderer gängiger Metalle lehrreich.

Die Metalle befinden sich im allgemeinen im Erdboden nicht in gediegener Form, sondern als *Erze* in Verbindung mit den übrigen Bestandteilen der Erdrinde und der Atmosphäre, d. h. mit Kohlenstoff, Schwefel und Phosphor sowie mit Sauerstoff, Stickstoff usw., entweder vermengt oder chemisch gebunden. Bevorzugt haben wir sie also als *Oxyde, Carbonate, Sulfide oder dergleichen.* Nach grober mechanischer *Vorreinigung,* sei es beispielsweise durch *Aufschlämmung* oder bei manchen Eisenerzen durch *magnetische Abscheider,* kann man dann die leicht flüchtigen Bestandteile unter Erhitzen *(Rösten)* austreiben, z. B. die Feuchtigkeit, die Kohlensäure und den Schwefel. Was im Fall der Eisenerze dann übrig bleibt, sind in erster Linie die *Eisenoxyde,* die wir nun irgendwie von ihrem Sauerstoff befreien müssen, um das gediegene Metall zu erhalten. Als Reduktionsmittel bietet sich hierzu der *Kohlenstoff* an, zu dem Sauerstoff bei hoher Temperatur eine wesentlich höhere Affinität hat als zum Eisen. Vermengt man also die Eisenoxyde mit Kohle und erhitzt das Gemenge auf ca. 1500 °C, so entsteht eine Reaktion, in deren Verlauf der Sauerstoff das Eisen verläßt und sich an die Kohle und das in den Verbrennungsgasen enthaltene Kohlenoxyd bindet. Kohlenstoff und Sauerstoff entweichen gemeinsam als flüchtiges CO_2 (Kohlensäure) und das Eisen bleibt allein zurück.

Dies ist im Prinzip der *Hochofenprozeß*, der also zunächst aus einem Gemenge von Eisenoxyden und Kohle flüssiges *Roheisen* liefert. Höher schmelzende Metalle und Metallverbindungen, deren Bildung zum Teil absichtlich durch „Zuschläge" herbeigeführt wird, setzen sich in der Schlacke ab. Leider läßt sich jedoch der Hochofenprozeß im allgemeinen nicht so führen, daß die zugegebene Kohle gerade ausreicht, um allen in den Oxyden enthaltenen Sauerstoff an sich zu binden und dabei selbst quantitativ zu CO_2 zu verbrennen. Denn Kohlenstoff hat die Neigung, sich bis zu einem gewissen Grade im Eisen zu lösen. Außerdem muß man ihn sowieso reichlich bemessen, da man ja die Zusammensetzung der Oxyde nur überschlägig kennt. Es entsteht also zunächst immer ein mehr oder minder stark mit gelöstem oder ungelöstem Kohlenstoff angereichertes Roheisen. Um ein rein metallisches Endprodukt zu erhalten, bedarf es daher eines weiteren Prozesses, der in umgekehrter Richtung verläuft wie der erste, des sogenannten *„Frischens"*: durch das geschmolzene Roheisen wird Luft hindurchgeblasen, deren Sauerstoff nun seinerseits den überschüssigen Kohlenstoff bindet und wiederum als flüchtige Kohlensäure abführt. Dabei verbrennen noch andere restliche Verunreinigungen, Phosphor, Schwefel und dergleichen. Natürlich besteht jetzt die Gefahr, daß zuviel Sauerstoff und (mit der Luft) Stickstoff eingeblasen wird, so daß zwar der Kohlenstoff verschwindet, aber dafür wieder ein mit Sauerstoff oder mit Stickstoff angereichertes Eisen entsteht. Je nach dem, wieviel Aufwand man in diesem zweiten Prozeß treibt, um den Sauerstoff möglichst genau zu dosieren und den Stickstoff zu vermeiden, wird das Endprodukt ein teurer, aber hochwertiger Stahl oder ein billiger, aber weniger guter. Mit relativ geringen Kosten arbeitet das *Bessemer-* oder das ihm ähnliche *Thomas*-Verfahren, bei dem ohne exakte Steuerung Luft durch die Schmelze hindurchströmt. Der dabei entstehende *Thomasstahl* enthält dementsprechend eine mehr oder minder große Menge von gelöstem Sauerstoff und Stickstoff und ist dadurch verhältnismäßig brüchig; er neigt vor allen Dingen durch den Einfluß des Stickstoffs zu einer gewissen *Alterungsversprödung*. Demgegenüber liefert das *Siemens-Martin*-Verfahren, bei dem man mit größerem Zeitaufwand nur an der Oberfläche Luft zuleitet, zwischendurch prüft und analysiert, für höheren Preis ein wesentlich besseres Endprodukt.

Eine *dritte Variante* ist in den letzten zwei Jahrzehnten zunehmend in Gebrauch gekommen, bei der anstelle von Luft reiner Sauerstoff zum Frischen verwendet wird. Man vermeidet damit die angedeuteten Mängel des Thomasstahls, die durch den Stickstoff verursacht werden. Diese Art der Stahlerzeugung ist bekannt unter der Bezeichnung *Sauerstoff-Aufblasverfahren* oder „LD-Verfahren".

Ein zusätzliches Mittel zur Bindung des Sauerstoffs und Stickstoffs in der Schmelze ist die Zugabe von kleinen Prozentsätzen von *Aluminium*. Dabei entstehen Aluminiumoxyde und Nitride, die teils der Schlacke zugeführt werden, teils in geringen Beimengungen keinen nachteiligen Einfluß auf die Festigkeitseigenschaften des Stahls haben. Mit solchem Zusatz vergossene Stähle nennt man *beruhigt,* weil das Aluminium die in der Schmelze brodelnden Sauerstoff- und Stickstoffblasen abfängt und dadurch der Schmelzprozeß äußerlich ruhiger abläuft.

Auch *Mangan* und *Silicium* werden in den verschiedenen Stadien der Aufbereitung der Schmelze als *Desoxydationsmittel* zugegeben; sie binden ebenfalls den Sauerstoff und sammeln sich dann als Oxyde in der Schlacke.

Ein mehr äußerliches Kennzeichen des *Thomasprozesses* besteht darin, daß man damit bevorzugt *phosphorreiche* Erze aufbereitet, wobei der verbrennende Phosphor wesentlich zur Erhitzung der Schmelze beiträgt und dadurch das Verfahren noch wirtschaftlicher macht. Dagegen sind die Rohstoffe zur Herstellung des *Siemens-Martin-Stahls* meist reinere Erze; insbesondere fügt man, um leichter ein hochwertiges Endprodukt zu erhalten und mit geringeren Kosten arbeiten zu können, mehr oder minder große Mengen von *Stahlschrott* hinzu, dessen Sauerstoffanteil (Rost) das Frischen ganz oder teilweise überflüssig macht.

In grober *Zusammenfassung* haben wir also folgende zwei *prinzipielle Verfahrensschritte:*

1) Prozeß im *Hochofen:* Die vorgereinigten Erze werden zusammen mit *Kohle* geschmolzen, um aus den Eisenoxyden den Sauerstoff unter Bildung von flüchtigem CO_2 zu entfernen und *flüssiges Roheisen* zu bekommen.

2) Das *Frischen:* Das, was im ersten zuviel geschehen ist, nämlich zu reichliche Beimengung von Kohle zum Eisen, wird im zweiten Prozeß durch Zufuhr von *Sauerstoff* unter abermaligem Entstehen von CO_2 rückgängig gemacht. Das geschieht im *Thomas*verfahren mit relativ einfachen Mitteln billig und schnell, aber unvollkommen; im *Siemens-Martin-*Verfahren dagegen vorsichtig und langsam, also teurer, dafür aber besser. Gutes, insbesondere stickstofffreies Endprodukt liefert auch das *Sauerstoffaufblas-* oder LD-Verfahren.

Gemeinsames Kennzeichen beider Prozesse ist immer die Nutzbarmachung der Tatsache, daß *Sauerstoff und Kohlenstoff* bei den angewandten Temperaturen eine *stärkere Affinität zueinander haben als zum Eisen,* daß also jeder von ihnen in der Lage ist, das Eisen von dem anderen zu befreien. Verbessernde Ausgestaltungen der Verfahrenstechnik seien nur angedeutet: Die Aufheizung der Schmelze durch die unmittelbar mit ihr in Verbindung stehenden Heizgase ist zwar relativ billig, birgt aber in sich die Gefahr der Einschleppung von Verunreinigungen. Frei davon ist natürlich der im Lichtbogenofen oder im Induktionsofen in Luft, Vakuum oder Schutzgas erschmolzene *Elektrostahl.* Durch wechselndes Glühen in sauerstoffhaltiger und wasserstoffhaltiger, also *oxydierender* und *reduzierender* Atmosphäre sowie sinnvolle Beigabe von Desoxydationsmitteln kann man hochreine, kohlenstoff- und sauerstoffarme Stähle herstellen. Da alle diese Verfahrensschritte relativ aufwendig sind, werden sie im allgemeinen nur zur letzten Verfeinerung hochwertiger Endprodukte, z.B. zur Erzeugung von Stählen mit besonderen magnetischen

Eigenschaften angewandt. Das Endergebnis ist also normalerweise ein bewußt oder unabsichtlich mehr oder minder mit Verunreinigungen und Legierungsbestandteilen behaftetes Eisen. Ganz besonderen Einfluß hat dabei der im Eisen noch immer – zumindest in Spuren – verbliebene *Kohlenstoff*. Seine Anwesenheit ist von so großer Bedeutung für die Verarbeitbarkeit und sonstige Werkstoffeigenschaften, daß man den prozentualen Gehalt an Kohlenstoff beispielsweise direkt als Unterscheidungsmerkmal von *Stahl* und *Gußeisen* sowie zur Qualitätsbezeichnung hochwertiger Stähle verwendet. Die Möglichkeiten der Legierungsbildung von Eisen und Kohlenstoff sind daher einer eingehenderen Betrachtung wert.

4.2. Die verschiedenen Modifikationen des Eisens, ihre wichtigsten Eigenschaften und ihr Verhältnis zum Kohlenstoff. Ferrit, Austenit, Zementit

Vor einer Erörterung von Einzelheiten sei daran erinnert, daß das Eisen in verschiedenen Modifikationen auftritt, nämlich einmal im *kubisch-raumzentrierten* und einmal im *kubisch-flächenzentrierten* Gittertyp (siehe Bild 5). Im Temperaturintervall von ca. *700 °C* bis hinauf zum Schmelzpunkt bei *1536°* ändert es zu wiederholten Malen bei bestimmten Temperaturen seine Kristallstruktur. Bild 25 zeigt, wie sich diese Umwandlungsprozesse, die also im festen Zustand vor sich gehen, in der Erhitzungskurve (vgl. Bild 2c) als Haltepunkte bei *769°, 911° und 1392°* andeuten. Beginnen wir zunächst bei *Raumtemperatur*, so finden wir hier das reine Eisen im kubisch-*raumzentrierten* Gittertyp; man bezeichnet es in dieser Form als α-*Eisen*. Es ist ziemlich weich und rostanfällig und von mäßiger elektrischer Leitfähigkeit. Den Elektrotechniker interessiert aber natürlich in erster Linie, daß es *ferromagnetisch* ist. Dieser Ferromagnetismus, über den in Kap. 19 zu sprechen sein wird, geht auf einen zusätzlichen Ordnungszustand im Kristallgitter zurück. Er löst sich auf, wenn das Eisen auf *769 °C*, den sogenannten *Curie-Punkt*, erhitzt wird.

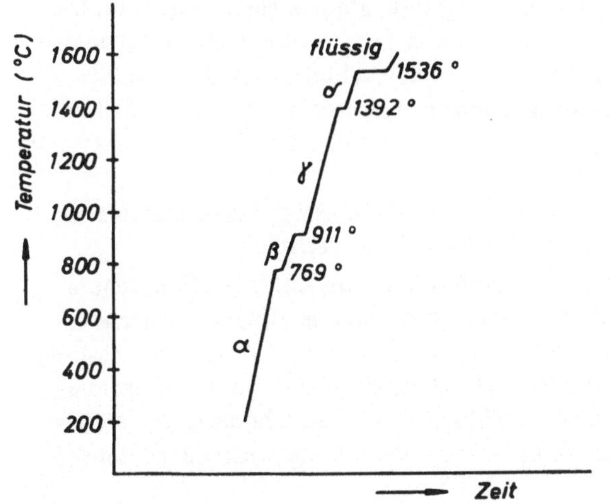

Bild 25
Erhitzungskurve des Eisens

Von da ab trägt es die Bezeichnung *β-Eisen,* das in seiner Elementarzelle noch die gleiche raumzentrierte Würfelstruktur hat wie das α-Eisen, aber nicht mehr die besagte zusätzliche Ordnung (spontane Magnetisierung) und das infolgedessen *unmagnetisch* ist. Es bleibt in dieser Form stabil von *769 bis 911 °C.* Bei 911 °C tritt eine Strukturänderung auf: das kubisch-raumzentrierte Gitter des α- und β-Eisens wandelt sich durch interatomare Platzwechselvorgänge im festen Zustand um in das *flächenzentrierte γ-Eisen.* Da das β-Eisen sich vom α-Eisen nicht in der Struktur, sondern nur durch das Fehlen des Ferromagnetismus' unterscheidet, pflegt man es bei rein gefügemäßigen Betrachtungen nicht zu berücksichtigen, sondern bezeichnet den Vorgang bei *911 °C* als *α-γ-Umwandlung.* Ein nochmaliger Umbau der Struktur tritt bei 1392 °C, also kurz unterhalb des Schmelzpunktes ein; aus dem kubisch-flächenzentrierten γ-Eisen entsteht das wiederum raumzentrierte *δ-Eisen,* das aber hier außer Betracht bleiben mag. Bei 1536 °C endlich setzt die Verflüssigung ein.

Im γ-Eisen sind die Atome dichter gepackt als bei der α-Modifikation, wie leicht zu erkennen ist, wenn man die Kantenlänge der beiden Würfel (Gitterkonstante) in Bild 5 miteinander vergleicht und dabei berücksichtigt, daß im kubisch-flächenzentrierten Gitter offensichtlich wesentlich mehr Atome zu einem Würfel gehören als im kubisch-raumzentrierten. Der Übergang vom α- zum γ-Eisen ist daher mit einer Dichtesteigerung, also einer *Volumenkontraktion* verbunden, der vom γ- zum δ-Eisen umgekehrt mit einer Aufweitung.

Das γ-Eisen unterscheidet sich vom α-Eisen aber nicht nur durch die andersartige Kristallstruktur, die größere Dichte und das Fehlen des Ferromagnetismus', sondern vor allem in seinem Verhältnis zu dem wichtigen Legierungspartner Kohlenstoff, was sich wiederum in anderen Eigenschaften auswirkt. Der *Kohlenstoff* ist nämlich bei hoher Temperatur bis zu etwa 2 % *im γ-Eisen löslich* und bildet *Mischkristalle,* bei denen das relativ kleine Kohlenstoffatom bevorzugt in der freien Mitte des flächenzentrierten Würfels zwischen den Eisenatomen eingelagert wird. Da andererseits im raumzentrierten Würfel des α-Eisens dieser größte Platz zwischen den Atomen durch das zentrale Eisenatom besetzt ist, leuchtet es ein, daß sich hier Mischkristalle dieser Art nicht bilden können; Kohlenstoff ist *im α-Eisen* fast *unlöslich* (maximal 0,02 %).

Die *Mischkristalle des γ-Eisens* mit bis zu ca. 2 % *Kohlenstoff* bezeichnet man als *Austenit,* die fast *kohlenstofffreien α-Eisenkristalle* als *Ferrit.*
Eine weitere Besonderheit im Verhältnis vom Eisen zum Kohlenstoff besteht jedoch noch darin, daß beide nicht nur Mischkristalle und heterogene Gemenge variabler Zusammensetzung miteinander bilden, sondern auch in einem ganz bestimmten Gewichtsverhältnis eine *chemische Verbindung* eingehen: ein Eisencarbid mit der Bezeichnung *Zementit* und der Formel Fe_3C. Es bildet sehr *harte* und spröde Kristalle ohne Ferromagnetismus. In Anbetracht der Atomgewichte des Eisens (56)

und des Kohlenstoffs (12) sagt die Formel Fe_3C, daß 3 x 56 = 168 Gewichtsteile
Eisen mit 12 Gewichtsteilen Kohlenstoff zu insgesamt 180 Gewichtsteilen Zementit
zusammentreten; der *Kohlenstoffanteil* ist hierbei demnach 12 : 180, also ungefähr
6,7 %. Dieser Betrag gilt praktisch überhaupt als obere Grenze für den Kohlenstoffgehalt von technischem Eisen. Geht man darüber hinaus, so ergibt sich nur ein
brüchiges Gemenge. Es ist daher üblich, das im folgenden zu besprechende Eisen-
Kohlenstoff-Schaubild nur bis zu dieser Grenze von 6,7 % Kohlenstoff aufzuzeich-
nen, die also zugleich den reinen Zementit darstellt.

4.3. Das Eisen-Kohlenstoff-Schaubild und die in seinem Rahmen sich abspielenden Vorgänge

Nach Früherem hängen die Eigenschaften einer Legierung entscheidend davon ab,
ob und bis zu welchem Grade ihre Partner ineinander *löslich* sind. Es ist demnach sinnvoll, die Legierungsreihen *α-Eisen + Kohlenstoff* einerseits und *γ-Eisen +
Kohlenstoff* andererseits getrennt voneinander zu betrachten; wir befassen uns daher
im *Eisen-Kohlenstoff–Schaubild*, das Bild 26 in etwas vereinfachter Darstellung
zeigt, zunächst mit den Zuständen oberhalb von ca. 900 °C, wo das Eisen in der
γ-Modifikation,und dann mit denen unterhalb 900 °C, wo es als α-Eisen vorliegt.
Die Existenzbereiche der verschiedenen Modifikationen sind an einer Temperatur-
skala ganz links im Bild nochmals angezeichnet, so wie man sie aus der Erwärmungs-
kurve in Bild 25 abliest.

4.3.1. Oberhalb 900 °C: das γ-Eisen und seine Legierungen mit Kohlenstoff (Austenit, Ledeburit)

Das Bild zeigt hier die typischen Züge einer Legierung mit *Mischungslücke*. Wie in
Kapitel 3.2.4 und Bild 23 behandelt, ist sie dadurch gekennzeichnet, daß der eine
Partner im festen Zustand nur bis zu relativ *kleinem* Prozentsatz in Form von *Mischkristallen* im Gitter des anderen sich löst, während in *größeren* Anteilen die beiden
Komponenten heterogene Gemenge mit *Eutektikum* bilden. Für den speziellen Fall
der Eisen-Kohlenstofflegierung ist dazu folgendes zu erläutern: Auf der linken Seite des Schaubildes erstreckt sich der Bereich der *γ-Mischkristalle*, also des *Austenits*,
bis zur Höchstgrenze von *2,06 % Kohlenstoff* bei 1150 °C (Punkt E); d. h. die Erstarrung einer sich abkühlenden Schmelze mit weniger als 2,06 % Kohlenstoff beginnt an der *Liquiduslinie AC* und endet an der *Soliduslinie AE* unter Bildung eines
Gefüges von γ-Mischkristallen. Beträgt der Kohlenstoffgehalt *mehr* als 2,06 %
(rechts von E), so behält das Eisen bei der Erstarrung, die an der *Soliduslinie EF*
endet, so viel Kohlenstoff, wie es bei dieser Temperatur maximal als γ-Mischkri-
stall aufnehmen kann, es entstehen also *Austenitkristalle mit 2,06 % Kohlenstoff;*
der darüber hinausgehende Kohlenstoffanteil trennt sich und kristallisiert selbständig je nach Abkühlgeschwindigkeit und Reinheit der Schmelze als *Graphit* oder als

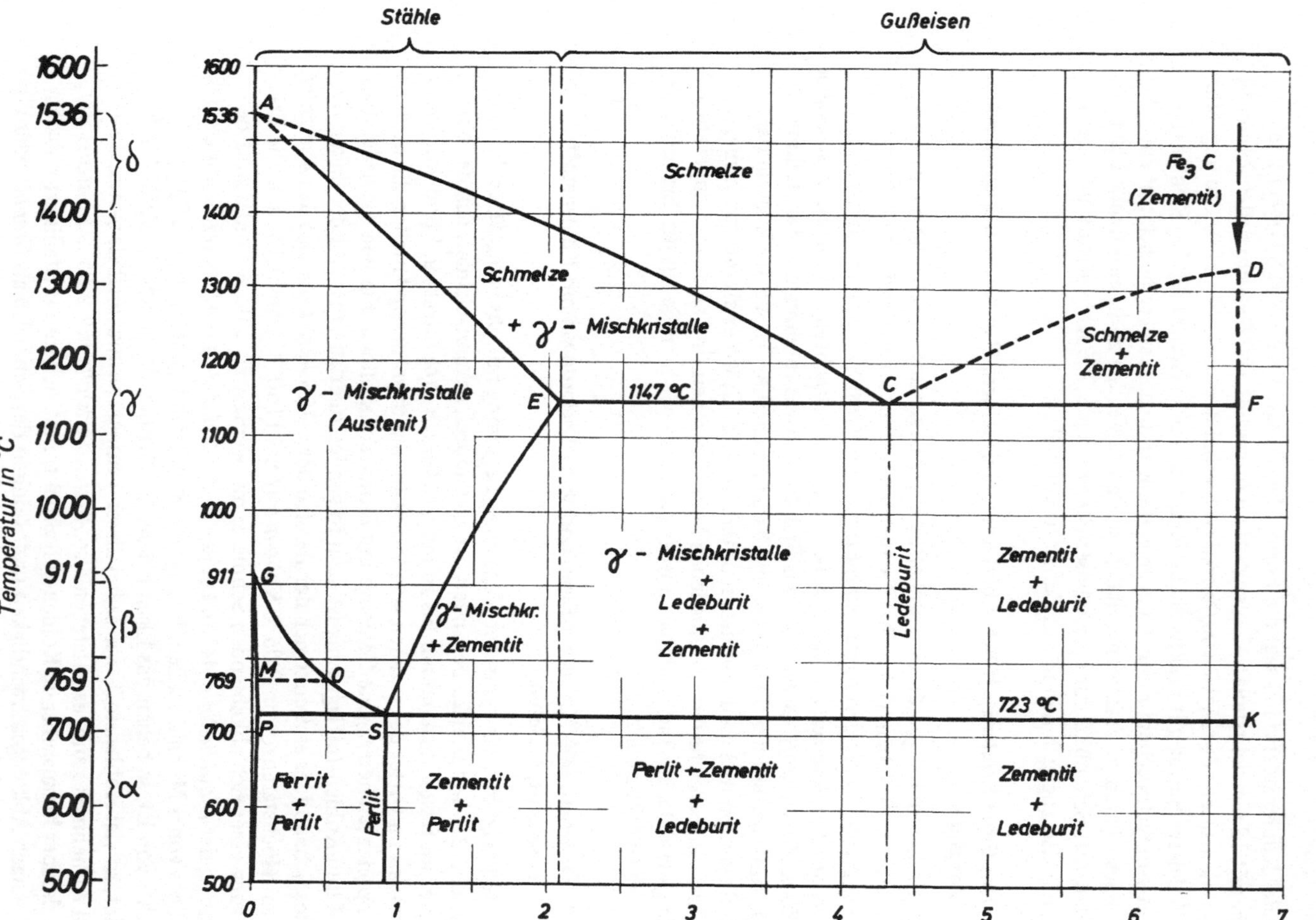

Bild 26. Das Eisen-Kohlenstoff-Schaubild (vereinfachte Darstellung)

Zementit aus. Demnach muß man streng genommen das Eisen-Kohlenstoff-Schaubild in zwei verschiedenen Varianten darstellen: einmal als Eisen-Graphit- und einmal als Eisen-Zementit-Schaubild. Das ist in der Tat auch üblich, die Linien liegen aber so nahe beieinander, daß dieser Unterschied hier außer Betracht bleiben mag.

Das bei Kohlenstoffgehalten von mehr als 2,06 %, also zwischen den Punkten E und F, bei der Erstarrung entstehende heterogene *Gemenge aus Austenit- und Zementit-Kristallen* hat, wie alle Legierungen dieser Art, ein *Eutektikum* (vgl. Bild 23 und 24). Es liegt bei einem Kohlenstoffgehalt von *4,3 %* (Punkt C), hat einen Schmelzpunkt von ca. 1150 °C und trägt die Bezeichnung *Ledeburit*. Links von C haben wir demnach zunächst ein Gemenge aus Ledeburit mit eingelagerten γ-Mischkristallen, rechts Ledeburit mit eingelagertem Zementit (das Bild ähnelt also dem in Bild 22 beim Fall der Wismut-Cadmium-Legierung).

Bei weiterer *Abkühlung bis auf unterhalb 900 °C* spielt sich auch links von E, also bei Kohlenstoffgehalten zwischen 0 und 2,06 %, zunächst nichts anderes ab als z. B. bei den in Kapitel 3.2.4 behandelten Al-Cu-Legierungen, wo bei sinkender Temperatur die *Löslichkeit* des einen Partners im anderen abnimmt, die Mischungslücke also nach unten breiter wird. Im Eisen-Kohlenstoffschaubild zeigt der Verlauf der Linie ES die abnehmende Löslichkeit des Kohlenstoffs im Eisen. Die zunächst mit maximal 2,06 % Kohlenstoff (Punkt E) aus der Schmelze hervorgegangenen Austenitkristalle werden mit sinkender Temperatur übersättigt und müssen einen Teil ihres Kohlenstoffs abgeben. Das geschieht also im festen Zustand und im allgemeinen unter Bildung von Zementit. Diesen unterhalb der Linie ES aus den übersättigten γ-Mischkristallen durch austretenden Kohlenstoff entstehenden Zementit bezeichnet man als *Sekundärzementit* im Gegensatz zu dem im Bereich rechts von C unmittelbar aus der Schmelze auskristallisierten *Primärzementit*.

4.3.2. Zwischen 911 °C und 700 °C: die γ-α-Umwandlung, der Übergang von Austenit zu Ferrit und Perlit

Bei weiterer Abkühlung kommt die erstarrte Masse in den Temperaturbereich, wo die kubisch-flächenzentrierte γ-*Struktur* sich in das raumzentrierte α-*Gitter* umwandelt. Bei *reinem* Eisen geschieht das bei *911 °C* (Punkt G). Mit steigendem Kohlenstoffgehalt wird jedoch die Umwandlung erschwert: Da das α-Gitter als Ferrit fast keinen Kohlenstoff in Lösung aufnehmen kann (maximal 0,02 %), muß sich bei der Umwandlung der im Austenit gelöste Kohlenstoff vom Eisen trennen. Wir haben dann ganz ähnliche Verhältnisse wie bei den Legierungen mit Eutektikum in *Kapitel 3.2.3,* wo die Neigung der beiden Partner, miteinander in Lösung zu bleiben, den Erstarrungsvorgang, der auch hier zugleich Entmischung bedeutet, mit wachsendem Anteil des zweiten Partners nach tieferen Temperaturen hin verlagert. Der einzige Unterschied besteht darin, daß dort der Bereich, in dem die Komponenten ineinander gelöst sind, die *Schmelze* ist und es sich also um einen Übergang *flüssig-fest* handelt, während hier bei den Eisen-Kohlenstofflegierungen die *Lösung* in Form der erstarrten *austenitischen Mischkristalle* vorliegt und der Strukturwechsel $\gamma - \alpha$ mit dem Übergang zur Entmischung sich dementsprechend im festen Gefüge abspielt. In beiden Fällen haben wir eine Umwandlung aus einem Zustand, in dem beide Partner eng miteinander verwachsen sind, in einen solchen, wo sie sich trennen müssen. In Bild 21 ist aus dem Erstarrungs*punkt* des reinen Metalls durch das widerstrebende Ausscheiden des einen Partners und die relative Anreicherung des anderen in der Restschmelze ein Erstarrungs*bereich* geworden. Ebenso wird hier aus dem γ-α-Umwandlungs*punkt* des reinen Eisens (bei G) der Umwandlungs*bereich GSP*, in dem Austenit- und Ferritkristalle in veränderlichem Mengenverhältnis nebeneinander existieren (in der Figur zugunsten der Übersichtlichkeit nicht eingeschrieben). Mit jedem in das α-Gitter überwechselnden und seinen Kohlenstoff freigebenden Austenitkristall wächst der prozentuale Kohlenstoffanteil des restlichen Austenits und sinkt damit dessen Umwandlungstemperatur entlang der Linie GOS. Das muß insofern ziemlich rasch eine Grenze haben, als die Fähigkeit dieses restlichen Austenits, Kohlenstoff zu lösen, mit sinkender Temperatur stark abnimmt. Diese Grenze muß dort liegen, wo die Linie GOS die Linie der abnehmenden Löslichkeit ES schneidet, nämlich in S, wo bei ca. 720 °C das Lösungsvermögen auf *0,9 %* abgesunken ist.

Der Kurvenverlauf GSE und der Vergleich mit dem Kurvenzug CED in Bild 21 zeigt, daß bei S in Bezug auf die γ-α-Umwandlung eine Art Eutektikum vorliegt mit einer Zusammensetzung von etwa 0,9 % Kohlenstoff und einer tiefsten Lage der Umwandlungstemperatur bei etwa 720 °C. Eine solche Legierung mit einer eutektischen Zusammensetzung hinsichtlich eines Strukturwechsels im *festen* Zustand bezeichnet man als *Eutektoid.* Im Falle der Eisen-Kohlenstofflegierungen hat das Eutektoid mit dem Gehalt von 0,9 % Kohlenstoff die Bezeichnung *Perlit.* Es besteht, wie man nach dem Zustandsschaubild erwartet, aus einem feinen („wohlgefügten") *Gemenge von Ferrit und Zementit,* also einer weichen und einer harten Komponente, die ihre Eigenschaften in einer vielfach erwünschten Weise miteinander kombinieren. Der Zementit erscheint hier wieder als *Sekundärzementit,* da er nicht direkt aus der Schmelze, sondern aus den Austenitkristallen stammt. Ähnlich wie bei den Legierungen mit Eutektikum haben wir also auch hier nach Beendigung der Umwandlung unter der Linie PS links von S das Eutektoid (Perlit) mit Überschuß des einen Partners, nämlich des weichen Ferrits (Bild 3) und rechts von S das Eutektoid mit eingelagertem sprödem Zementit und entsprechender Variation der Eigenschaften.

Betrachten wir zur Ergänzung den Vorgang noch einmal in umgekehrter Richtung von unten nach oben, z. B. bei einem Kohlenstoffgehalt von 0,5 %, also links vom Eutektoid: Mit steigender Temperatur beginnt die Umwandlung $\alpha - \gamma$ infolge der Anwesenheit von Kohlenstoff früher, d. h. bei tieferer Temperatur, als bei reinem Eisen, weil die zum Umklappen in das γ-Gitter benötigte Energie zum Teil durch das bereitwillige In-Lösung-Gehen des Kohlenstoffs bei der Austenitbildung geliefert wird. Zunächst werden bei 720 °C aus dem Perlit und Ferrit Austenitkristalle mit dem für diese Temperatur größtmöglichen Anteil an Kohlenstoff, also mit 0,9 %. Dieser Kohlenstoff wird damit der übrigen Masse entzogen, so daß die nächsten sich bildenden Austenitkristalle kohlenstoffärmer werden. Ihr Umwandlungspunkt verschiebt sich dadurch laufend nach höheren Temperaturen hin, bis bei Erreichen von Punkt G nur noch reine α-Kristalle in die γ-Struktur überwechseln und die Umwandlung beendet ist.

Bei Kohlenstoffgehalten von weniger als 0,5 % ist mit steigender Temperatur das ferromagnetische α-Eisen bzw. der Ferrit zwar erst bei Erreichen der Linie OG restlos in das unmagnetische γ-Eisen bzw. in Austenit umgewandelt. Seinen *Ferromagnetismus* verliert es jedoch schon früher, nämlich bei Überschreiten der Temperatur von *769 °C*, dem *Curie-Punkt*, wo es in das *unmagnetische β*-Eisen übergeht, das im übrigen ja unverändert seine kubisch-raumzentrierte Gitterstruktur beibehält. Es bildet in gleicher Weise wie das ferromagnetische α-Eisen mit sehr kleinen Zusätzen von Kohlenstoff Mischkristalle, die ebenfalls als Ferrit bezeichnet werden. Wir haben also *innerhalb* des Kurvenzuges GMO *unmagnetische* Ferritkristalle, *unterhalb* davon *ferromagnetische*, zusammen mit Austenit. Bei Kohlenstoffgehalten von mehr als 0,5 % geht an der Grenzlinie OSK der ferromagnetische Ferrit stets unmittelbar in den unmagnetischen Austenit über. Die β-Phase fehlt also hier, sie existiert nur innerhalb GMO.

Unterhalb der Linie PSK ist im gesamten Bereich allein das α-Gitter die stabile Form; auch auf der rechten Seite sind bei der Abkühlung aus den γ-Mischkristallen entsprechende Ferritanteile des Perlit und des Ledeburit entstanden, aus ihrem überschüssigen Kohlenstoff weiterer Sekundärzementit. (Es sei hier am Rande vermerkt, daß der Zementit als chemische Verbindung Fe_3C in einem ganz andersartigen Gitter kristallisiert als das Eisen und daß dieses Fe_3C-Gitter im ganzen betrachteten Temperaturbereich keine Wandlungen seiner Modifikation durchmacht. Der Zementit ist also von der γ-α-Umwandlung des kubischen Eisengitters nicht in seiner Struktur berührt.)

4.3.3. Unterhalb 700 °C: Stahl und Gußeisen

Der Temperaturbereich unterhalb von 700 °C ist im Schaubild nur bis herab zu 500 °C dargestellt; darunter spielen sich zwar in der Wärme noch gewisse Gefügeänderungen und Ausscheidungsvorgänge bei Rekristallisation, Vergütung usw. ab, die aber nicht mehr an bestimmte, durch Temperatur und Kohlenstoffgehalt definierte Begrenzungslinien gebunden sind. In groben Zügen lassen sich also die Verhältnisse unterhalb der PSK-Linie unter teilweiser Wiederholung des oben Gesagten wie folgt darstellen.

Links haben wir bei Kohlenstoffgehalten *zwischen 0 und 2,06 %* diejenigen Eisen-Kohlenstofflegierungen, die aus dem Austenit im Bereich GSE entstanden sind und sich um das Eutektoid *Perlit* gruppieren. Die Eisen-Kohlenstofflegierungen dieses Bereiches (und nur sie) bezeichnet man als *Stahl.* Ihre Härte und Sprödigkeit nehmen mit steigendem Kohlenstoffgehalt zu, denn bei weniger als 0,9 % dominiert der relativ gut verformbare *Ferrit,* darüber, also rechts davon,der harte und spröde *Zementit.* Im ersteren Bereich liegen also Stähle, die für normale Bauteile geeignet sind, im letzteren z. B. solche für besonders harte und verschleißfeste Werkzeuge.

Rechts anschließend haben wir dann mit Kohlenstoffgehalten *oberhalb von 2,06 %* die Eisen-Kohlenstofflegierungen um das im Vergleich zum Perlit wesentlich zementitreichere Eutektikum *Ledeburit.* Wegen ihrer gegenüber dem reinen Eisen stark herabgesetzten Schmelztemperaturen sind sie besonders gut *gießbar.* Man bezeichnet daher alle diese Eisen-Kohlenstofflegierungen mit mehr als 2,06 % Kohlenstoff als *Gußeisen.* Härte und Sprödigkeit nehmen auch hier von links nach rechts mit steigendem Zementitgehalt zu.

Stähle und Gußeisen unterscheiden sich entsprechend ihren unterschiedlichen Kohlenstoffgehalten und verschiedenartigem Gefüge auch in ihren Werkstoffeigenschaften. Man definiert die Stähle als solche Eisen-Kohlenstofflegierungen, die sich ohne Zwischenbehandlung *schmieden* lassen, während das beim Gußeisen nicht der Fall

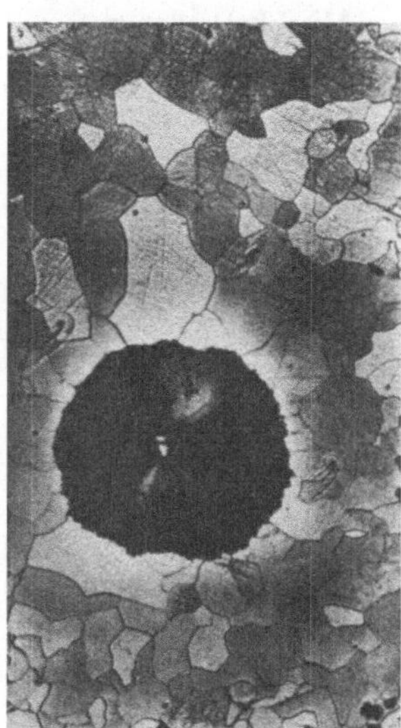

Bild 27. Gußeisengefüge mit Kugelgraphit

ist. Mit letzterem werden wir uns von elektrotechnischen Gesichtspunkten aus nicht weiter befassen müssen. Es sei hier nur die oben gemachte Bemerkung ergänzt, daß nämlich bei der Erstarrung des Gußeisens der Kohlenstoff sowohl als relativ weicher *Graphit* wie auch in Form sehr harter und spröder *Zementitkristalle* auskristallisieren kann. Je nach dem, ob ersteres oder letzteres der Fall ist, erhält man den dunkel gefärbten, mechanisch hochwertigen *Grauguß* oder weißlich helle, spröde Sorten. Auch durch nachträgliche Wärmebehandlung im festen Zustand läßt sich erreichen, daß der Zementit zerfällt und der Kohlenstoff sich als Graphit im Gefüge einlagert. Die Zugabe von Kristallisationskeimen, die dem Zementit (Fe_3C) seinen Kohlenstoff streitig machen und letzterem zur Eigenkristallisation verhelfen, begünstigt diesen Vorgang. Je nach Art dieser Keime (z. B. Silicium bzw. Siliciumverbindungen oder Magnesiumlegierungen) und je nach der Führung des ganzen Prozesses entstehen dann entweder lamellen- oder zeilenförmige oder auch kugelförmige Einlagerungen von Graphit im Eisengefüge. Bild 27 zeigt im Schliffbild ein Gußeisen mit kugelförmigen Graphit, das unter der Bezeichnung *Kugelgraphitguß* oder *Sphäroguß* einen sehr hochwertigen Werkstoff darstellt. Auch auf der Gußeisenseite lassen sich auf solche Weise Festigkeit und Verformbarkeit durch Zusammensetzung und Wärmebehandlung in weiten Grenzen variieren und bei entsprechendem Aufwand an die bei Stählen erreichbaren Werte annähern.

4.3.4. Die Härtung des Stahls durch Bildung von Martensit bei der γ-α-Umwandlung, Abschrecken und Vergüten

Alle im Rahmen des Eisen-Kohlenstoff-Schaubildes unterhalb der Linie AEF dargestellten Strukturänderungen, die Auflösung von Mischkristallen, die Bildung von Zementit usw. vollziehen sich durch interatomare Platzwechselvorgänge im festen Zustand. Sie benötigen dazu u. a. natürlich eine gewisse Zeit, d. h. an den Linien GSE und PSK spielen sie sich exakt nur dann ab, wenn sie in sehr reinem Werkstoff und extrem langsam fortschreiten können. Bei normalen Abkühlungs- und Erwärmungsgeschwindigkeiten macht sich jedoch eine mehr oder minder erhebliche Hysterese bemerkbar. Geht man nun bei Stählen mit hinreichendem Kohlenstoff-Gehalt absichtlich zu hohen Abkühlgeschwindigkeiten über, indem man das Material aus dem Austenitbereich oberhalb der Linie GOS auf unter 300 °C abschreckt, so kommt es zum klassischen *Härtungsprozeß* des Stahls. Bei der Umwandlung aus dem γ- in das α-Gitter kann nämlich dann der im γ-Mischkristall enthaltene Kohlenstoff nicht mehr entweichen. Das entstehende α-Gitter wird also gezwungen, einen Kohlenstoffanteil aufzunehmen, den es aufgrund seiner Struktur gar nicht unterbringen kann; seine ursprünglich kubischen Kristalle werden verzerrt und tetragonal aufgeweitet. Diese Verspannung führt zu einer erheblichen Steigerung von Härte und Zugfestigkeit, und zwar bis auf mehr als das Sechsfache des kohlenstofffreien Zustandes (bis ca. 200 kp/mm^2). Das Härtungsgefüge, das also aus α-Kristallen mit stark überhöhtem Kohlenstoffgehalt besteht, bezeichnet man als *Martensit*. Mit der Martensitbildung sind außerdem folgende Veränderungen verbunden: Teilweiser Verlust an Zähigkeit, Verminderung der Dichte, eine gewisse Einbuße an elektrischer Leitfähigkeit, Herabsetzung der Sättigungsmagnetisierung, auf der anderen Seite Steigerung der magnetischen Koerzitivkraft bei relativ hoher Remanenz.

Die Eigenschaftsänderungen können ganz oder teilweise wieder rückgängig gemacht werden durch *Anlassen* des Martensits, d. h. durch Erwärmung auf 100 . . . 600 °C. Man gibt auf diese Weise dem Kohlenstoff Zeit und Gelegenheit, aus den α-Kristallen, in die er nicht hineinpaßt, auszutreten und sich als Zementit zwischen den Kristalliten abzulagern, um z. B. über verschiedene Zwischenstufen wieder ein Perlitgefüge zu bilden. Diese Kombination des Härtens und Anlassens bezeichnet man als *Vergütung*. Durch geeignete Auswahl der Anlaßbedingungen lassen sich die Eigenschaften weitgehend zwischen denen des gehärteten und des weichgeglühten Zustandes variieren.

Die mit der Martensitbildung erreichte Härtung ist mit einer Minderung der Zähigkeit, also einer Versprödung des Werkstoffes verbunden. Kommt es nur auf eine möglichst harte, verschleißfeste *Oberfläche* an, so beschreitet man bei Stählen häufig den Weg der sogenannten *Einsatzhärtung*: Ein kohlenstoffarmer Stahl, ein „Einsatzstahl", wird in einer ihn dicht umschließenden Masse aus Kohle oder einer Verbindung, die in der Hitze Kohlenstoff abgeben kann, bei ca. 900 °C geglüht. Die Randzone nimmt dabei durch Diffusion Kohlenstoff auf und wird bei anschließendem Abschrecken zu einer glasharten, verschleißfesten Martensitschicht; der Kern des Werkstückes, der kohlenstoffarm geblieben ist und daher an der Martensitbildung wenig oder gar nicht teilnehmen kann, behält dagegen seine ursprünglichen Zähigkeitseigenschaften bei (vgl. auch die *Nitrierhärtung* in Kapitel 4.5.).

4.3.5. Begünstigung oder Unterdrückung der γ-α-Umwandlung durch Legierungszusätze; austenitische Stähle

Durch Legierungszusätze lassen sich die Diffusionsvorgänge im Eisengitter beschleunigen oder verlangsamen, nach höheren oder tieferen Temperaturen hin verlagern. So begünstigen z. B. *Carbidbildner, wie Chrom, Wolfram, Titan, Niob, Silicium* und *Vanadium* den Übergang $\gamma - \alpha$, indem sie den Kohlenstoff aus den Austenitkristallen unter Bildung von Carbiden an sich ziehen; andererseits vermindern Zusätze von *Bor, Mangan* und *Nickel* die Diffusionsgeschwindigkeit. Zur Beherrschung und Steuerung des Härteprozesses ist das gelegentlich von Bedeutung. Die beiden letzteren, *Mn und Ni*, stabilisieren darüber hinaus bei hinreichendem Mengenanteil das kubisch-flächenzentrierte γ-Gitter so weitgehend, daß der Übergang in das kubisch-raumzentrierte α-Gitter bei der Abkühlung völlig unterbleibt und der austenitische Bereich bis herab zu normaler Raumtemperatur und darunter ausgedehnt wird. Darauf gründet sich die Möglichkeit der Herstellung unmagnetischer *austenitischer Stähle,* über die noch zu sprechen sein wird.

4.4. Unlegierte Stähle

Das reinste α-Eisen mit Kohlenstoffgehalten um 0,01 % und darunter ist zwar z. B. als magnetischer Werkstoff und für andere Spezialzwecke wichtig, andererseits aber in vielen Fällen für eine technische Verwendung zu weich. Das Eisen-Kohlenstoff-Diagramm gibt demgegenüber die Grundlage zum Verständnis des ausgedehnten und bunten Spektrums von Eigenschaften, die sich an Eisenwerkstoffen durch Zusammensetzung und Behandlung erzielen lassen. Daß sich gerade hier diese besondere Vielfalt von Möglichkeiten bietet, liegt unter anderem daran, daß jede der beiden Komponenten, sowohl das Eisen wie der Kohlenstoff, in zwei voneinander weitgehend verschiedenen Varianten auftritt: das Eisen in der α- und der γ-Modifikation, der Kohlenstoff als Graphit und als Verbindungspartner im Zementit. Auch ohne zusätzliche Legierungselemente ergeben daher die Kombinationen Eisen — Kohlenstoff eine Fülle von Stahlsorten und verschiedenen Arten von Gußeisen, die je nach Herstellungsverfahren, Zusammensetzung und Vorbehandlung in ihren Eigenschaften einen weiten Streubereich überdecken.

Halten wir uns zunächst im linken Drittel des Schaubildes bei Kohlenstoffgehalten zwischen 0 und 2,06 % auf, also im Bereich der Stähle. Darin finden wir auf der einen Seite z. B. mit Kohlenstoffanteilen um 0,1 % und noch darunter, wo der weiche und verformbare Ferrit weitaus überwiegt, geeigneten Stahl für *Tiefziehbleche* und für magnetisch *weiche Elektroblechsorten,* auf der anderen Seite die bis 1 % und mehr mit Kohlenstoff (Zementit) angereicherten und entsprechend harten oder *härtbaren Werkzeug-* und *Federstähle.*

Tabelle 3 zeigt eine Zusammenstellung gebräuchlicher *Baustähle.*

Tabelle 3. Allgemeine Baustähle nach DIN 17 100 (siehe Fußnote Seite 16)

Bezeichnung	Gewalzt oder geschmiedet				Grenzwerte für gezogene Drähte	
	Streckgrenze mindestens kp/mm^2	Zugfestigkeit kp/mm^2	Bruchdehnung $(l_o = 5d)^{1)}$ % mindestens	C-Gehalt %	Zugfestigkeit kp/mm^2	Bruchdehnung $(l_o = 5d)^{1)}$ %
St 33		33 – 50	18			
St 34	20	34 – 42	28	$<$0,21	80 – 100	5 – 4
St 37	22	37 – 45	25	$<$0,25	90 – 110	5 – 4
St 42	24	42 – 50	22	$<$0,31	120 – 130	4 – 2
St 50	28	50 – 60	20	$\sim$0,35	140 – 160	4 – 2
St 60	32	60 – 72	15	$\sim$0,45	160 – 180	4 – 2
St 70-2	35	70 – 85	10	$\sim$0,60	180 – 190	4 – 2
St 52-3	34	52 – 62	22	$<$0,22		

[1]) Die Länge des Probestabes ist gleich seinem fünffachen Durchmesser

Der einfache Stahl St 33, der als billiger Massenstahl meist nach dem Thomasverfahren erschmolzen wird, hat keine besonderen Analysenvorschriften; bei den etwas besseren liegen immerhin — um einen Begriff von den Größenordnungen zu geben — die Verunreinigungen an Phosphor und Schwefel unter 0,08 %, an Stickstoff unter 0,01 %. Die Kohlenstoffgehalte variieren bei diesen Stählen zwischen 0,2 und 0,6 %. Man beachte in der Tabelle, daß mit steigendem Kohlenstoffanteil die Zugfestigkeit wächst, während gleichzeitig die Bruchdehnung zurückgeht. Sehr ausgeprägt zeigt sich auch der Einfluß der Kaltverformung bei gezogenen Drähten in den beiden letzten Spalten, wo eine eindrucksvolle Steigerung der Festigkeit mit einer erheblichen Abnahme der Bruchdehnung, also mit starker Versprödung, verknüpft ist. Zum Vergleich seien hier die entsprechenden Werte von kohlenstoffarmen Tiefziehstählen genannt, die mit Kohlenstoffgehalten um 0,1 % Zugfestigkeiten zwischen *25 und 30 kp/mm²* und Bruchdehnungen bis *30 %* aufweisen.

Die Bezeichnung der Stahlsorten in Tabelle 3 enthält als einziges Merkmal die Zugfestigkeit. *St 50* beispielsweise ist ein Stahl, für den eine Mindestfestigkeit von 50 kp/mm² vorgeschrieben ist. *Höherwertige Qualitätsstähle* dagegen (hier nicht im einzelnen aufgeführt), deren exakter definierte Eigenschaften an die Einhaltung engerer Toleranzen in der Zusammensetzung gebunden sind, charakterisiert man durch Angabe des Kohlenstoffgehaltes, dessen Prozentsatz, mit dem Faktor 100 multipliziert, zur Benennung dient. C 100 ist also ein unlegierter Stahl mit 1 % Kohlenstoff, bei C 80 und C 60 sind es 0,8 und 0,6 %. Man verwendet sie zur Herstellung einfacher Werkzeuge, Hämmer, Sägen und dgl. Mit abnehmenden Kohlenstoffanteilen setzt sich die Skala der Qualitätsstähle fort in den Bereich der *Vergütungsstähle* (C 45, C 35) und der *Einsatzstähle* (C 15, C 10); sie endet bei den erwähnten Tiefzieh- und Elektroblechen.

4.5. Legierte Stähle

Was durch Reinheit, Kohlenstoffgehalt und Wärmebehandlung an Qualität nicht zu erreichen ist, müssen die Legierungselemente bringen, die in großer Zahl verfügbar sind. Legierte Stähle gibt es daher in einer Menge von Varianten als hochwertige Werkzeugstähle, Federstähle, verschleißfeste Kugellagerstähle, rost-, säure- oder hitzebeständige Stähle; weiterhin auch als Sonderstähle zur Herstellung von elektrischen Widerstandsdrähten und -Bändern, als ferromagnetische Stähle mit mannigfachen magnetischen Eigenschaften von den Permanentmagneten bis zu den besonders verlustarmen weichmagnetischen Sorten für Elektrobleche, andererseits aber auch als völlig unmagnetische Stähle. Dabei läßt sich der verschlechternde oder verbessernde Einfluß der häufigsten Beimengungen und Legierungsbestandteile (außer dem Kohlenstoff) etwa wie folgt darstellen.

4.5.1. Verunreinigungen durch Sauerstoff, Stickstoff, Wasserstoff, Phosphor, Schwefel und Bor

Diese Verunreinigungen machen alle (außer Bor) den Stahl mehr oder minder brüchig und führen in gewissen Temperaturbereichen zur *Versprödung*. In hochwertigen Stählen sind sie daher weitgehend entfernt. Das *Bor* ist speziell im Reaktorbau unerwünscht wegen seines großen Einfangquerschnitts *für Neutronen*. Andererseits haben einige der genannten Elemente auch ihre guten Seiten, die wir entsprechend ausnutzen: So wird *Stickstoff* bei der *Nitrierhärtung* verwendet, indem man durch Glühen im Ammoniakstrom (NH_3) die Oberfläche eines Werkstückes damit anreichert. Dabei bilden sich, vor allem bei Anwesenheit von Aluminium und Chrom, äußerst harte und verschleißfeste Schichten. *Phosphor* macht den Stahl zwar brüchig, aber auch härter und rostbeständiger. *Schwefel* verbessert die Zerspanbarkeit durch Bildung fremder Einschlüsse vor allem in der Form von Mangansulfid. (Es hat hier eine ähnliche Aufgabe wie das Tellur beim Kupfer und das Blei bei Messing- und Aluminiumlegierungen). Geringe Zusätze von *Bor* endlich dienen zur Erleichterung des Härteprozesses, vor allem bei großen Stahlteilen, da sie die Diffusionsvorgänge bei und nach der γ-α-Umwandlung verzögern.

4.5.2. Die meistverwendeten Legierungspartner des Stahls

Die meistverwendeten Legierungspartner des Stahls, die seine Eigenschaften in irgendeiner Richtung verändern sollen, sind Nickel, Kobalt, Mangan, Silicium, Chrom, Aluminium, Wolfram, Molybdän, Vanadium und Kupfer. Das schließt nicht aus, daß wir auch manche andere, wie Titan, Tantal, Niob usw., gelegentlich zur Erzielung besonderer Effekte, z. B. zur Verbesserung der Verarbeitbarkeit, beigefügt finden. Daß sie normalerweise alle den spezifischen elektrischen Widerstand erhöhen, ist je nach dem Anwendungsfall erwünscht oder störend und soll in einem späteren Kapitel in entsprechendem Zusammenhang behandelt werden. Versucht man darüber hinaus, in die schwer übersehbare Fülle von Möglichkeiten eine gewisse Einteilung zu bringen, so wird man in unserem Falle das Hauptgewicht auf die elektrotechnisch interessanteste Eigenschaft des Eisens, nämlich seinen Ferromagnetismus legen. Ohne der Besprechung der Einzelheiten in Kapitel 19 vorgreifen zu wollen, werden dementsprechend hier diejenigen Elemente bevorzugt betrachtet, die unter anderm die magnetischen Eigenschaften in besonderer Weise beeinflussen, gegebenenfalls auch ganz aufheben. Damit stehen im Vordergrund die Elemente Nickel, Kobalt und Mangan sowie in gewissem Sinne auch das Silicium. Alle übrigen dienen vorwiegend der Verbesserung allgemeiner Eigenschaften, z. B. der Festigkeit, Korrosions- und Zunderbeständigkeit sowie der Verarbeitbarkeit. Beide Gruppen sollen im folgenden nacheinander besprochen werden.

4.5.2.1. Nickel, Kobalt, Mangan, außerdem Silicium, als Legierungselemente von Stählen

Die drei Elemente Nickel, Kobalt und Mangan haben als einzige von den gebräuchlichen Metallen die gemeinsame Eigenschaft, daß jedes von ihnen bei hinreichend großem Zusatz als Legierungspartner den Stahl *austenitisch* macht, d. h. das kubisch-flächenzentrierte γ-Gitter bis herab zur Raumtemperatur und darunter stabilisiert. Da also der Übergang zum β- und α-Gitter unterdrückt ist, kann die ferromagnetische α-Modifikation nicht auftreten; solche Stähle sind demnach zunächst *unmagnetisch.* Da andererseits aber *Nickel und Kobalt* selbst ferromagnetisch sind (im Gegensatz zum Mangan), so setzt sich, wenn ihr Legierungsanteil gewisse Grenzen überschreitet, ihr eigener Ferromagnetismus durch und führt in Kombination mit dem Eisen zu besonders hochwertigen *magnetischen Werkstoffen,* über die in Kapitel 19 zu sprechen sein wird. Im einzelnen ist aber an dieser Stelle folgendes zu ergänzen:

Nickel ist zwar ein verhältnismäßig teurer Legierungspartner des Eisens, der aber unter lückenloser Bildung von Mischkristallen besonders vielseitigen Einfluß hat. Der relative Nickelanteil, der den Stahl *austenitisch* macht, hängt vom Kohlenstoffgehalt und anderen Legierungsbestandteilen ab. Bei reinem, kohlenstoffarmen Eisen sind es 30 % Nickel und darüber, bei Anwesenheit von Chrom z. B. auch wesentlich weniger. Solche austenitischen *Chrom-Nickelstähle* (Standardtype 18 % Cr, 8 % Ni) vereinigen in sich die Eigenschaften großer Zähigkeit, Warmfestigkeit, Zeitstandfestigkeit bei erhöhter Temperatur, Rost-, Säure- und Zunderbeständigkeit. Sie dienen also beispielsweise als Werkstoffe für thermisch hochbeanspruchte *elektrische Widerstandsdrähte* und -bänder (siehe Kapitel 12.2.). Eisen-Nickel-Legierungen sind außerdem insofern interessant, als sich ihr *thermischer Ausdehnungskoeffizient* durch Variation der Zusammensetzung weitgehend verändern läßt, insbesondere auch mit *Kobalt* als drittem Legierungspartner. Z. B. kann man den Ausdehnungskoeffizienten solcher Legierungen im Bereich von $1 \cdot 10^{-6}$ bis $10 \cdot 10^{-6}$ dem von Gläsern hinreichend anpassen, so daß Eisen-Nickel-Drähte und Eisen-Nickel-Kobalt-Drähte oder -Bänder zu *Durchführungen und Einschmelzungen* bei der Herstellung von Vakuum- und Gasentladungsröhren, Röntgenröhren, Schaltröhren mit Schutzgasfüllung und dergleichen besonders geeignet sind. Diese Variationsmöglichkeit wird weiterhin ausgenutzt bei der Herstellung der *Bimetalle*; das sind bekanntlich Kombinationen aus zwei mit ihren Flächen aufeinandergeschweißten Blechstreifen, die verschiedene Ausdehnungskoeffizienten haben und sich infolgedessen bei Erwärmung krümmen. Indem sie dabei Kontakte betätigen, dienen sie als Abschaltorgan und Überlastungsschutz von Motoren, auch zur Temperaturregelung und Überwachung von Öfen und Heizgeräten. Als gebräuchliche Kombination verwendet man z. B. für die eine Seite eine Legierung 36 Ni 64 Fe mit dem Ausdehnungskoeffizienten $\alpha = 1 \cdot 10^{-6}$ und für die andere eine solche aus 20 Ni 74 Fe 6 Mn mit $\alpha = 10 \cdot 10^{-6}$. Die praktischen Ausführungen variieren im übrigen je nach Gebrauchstemperatur, verlangter Empfindlichkeit und elektrischem Widerstand, wobei letzterer häufig durch Kupferauflage verkleinert wird.

Kobalt hat als Legierungszusatz zum Stahl ähnliche Einflüsse wie das Nickel; nur kann wegen des noch höheren Preises davon nur in begrenztem Maße Gebrauch gemacht werden; es wird meist als Partner *neben* dem Nickel verwendet. Hinsichtlich seiner Bedeutung als Bestandteil magnetischer Werkstoffe wurde bereits auf Kapitel 19 verwiesen.

Mangan verbessert in Anteilen um 1 % die mechanischen Eigenschaften, vor allem die Verschleißfestigkeit, und führt so zu Stählen für *Schienen, Werkzeuge* und dergleichen; es ist sodann, meist in Verbindung mit Chrom und Silicium, Bestandteil von *Einsatz-* und *Vergütungsstählen*, insbesondere *Federstählen*. Anteile von mehr als 10 % Mangan machen den Stahl *austenitisch*. Der Zusatz von *Chrom* erhöht die *Rostbeständigkeit*, so daß solche Stähle bei geringeren Ansprüchen an die Stelle der teuren Chrom-Nickel-Stähle treten.

Die austenitischen Stähle in ihrer Gesamtheit, seien es nun Legierungen mit Nickel, Kobalt oder Mangan, zeichnen sich durch das *Fehlen des Magnetismus* aus, weiterhin meist durch gute *Festigkeits-* und *Zähigkeitseigenschaften*; sie stellen zudem einen großen Anteil der *rost-, säure- und hitzebeständigen* Stähle. Hinsichtlich ihrer Korrosionsbeständigkeit bedarf es jedoch einer einschränkenden Bemerkung:

Unterliegt der Werkstoff elastischen Spannungen, wie sie z. B. an Schweißnähten oder infolge einer äußeren, mechanischen Beanspruchung auftreten, so kommt es bei *gleichzeitigem chemischem Angriff*, zur sogenannten *Spannungsrißkorrosion*. Austenitische Stähle sind in dieser Hinsicht besonders empfindlich gegen *Chlor-Ionen* (Meerwasser); die entstehenden Risse können dabei je nach Beanspruchungsbedingungen entweder innerhalb der Kristallite oder zwischen ihnen an den Korngrenzen entlang verlaufen. Wir werden ähnliche Erscheinungen später vor allem beim Messing finden, auch bei Aluminium- und Magnesiumlegierungen treten sie gelegentlich auf.

Silicium trägt zwar nicht wie Nickel, Kobalt und Mangan dazu bei, den Stahl austenitisch zu machen, und es hat auch nicht, wie Nickel und Kobalt, in großen Anteilen irgendeinen fördernden Einfluß auf die Magnetisierbarkeit. Trotzdem ist es hier im Anschluß an die beiden letzteren genannt, da es ebenfalls eine für magnetische Werkstoffe besonders interessante Eigenschaft hat: es vermindert nämlich als Legierungspartner von Stählen deren *Ummagnetisierungsverluste* wesentlich und kann dadurch in Elektroblechen das viel teuerere Nickel häufig ersetzen (Kapitel 19). Im übrigen steigert es die mechanische Festigkeit, aber auch die Sprödigkeit. Durch Diffusion in die Oberfläche von Stahl und Gußeisen eingebrachte Schichten von Silicium schützen gegen Korrosion und Verzunderung.

4.5.2.2. *Alle übrigen gebräuchlichen Legierungspartner des Stahls,*

die in erster Linie der Verbesserung der allgemeinen Werkstoffeigenschaften dienen, bewirken dies entweder durch Mischkristallbildung mit den Eigenschaftsänderungen gemäß Bild 20, gegebenenfalls auch durch Heraufsetzen der Rekristallisationstemperatur oder indem sie harte Einlagerungen entstehen lassen — vor allem Carbide in Verbindung mit dem anwesenden Kohlenstoff — oder schließlich ihre Oberfläche mit einer schützenden Oxydschicht überziehen. Daß sie je nach ihrem Verhältnis zum Kohlenstoff auch bei der γ-α-Umwandlung und beim Ablauf der Vergütungsvorgänge eine Rolle spielen können, wurde bereits angedeutet. In grob vereinfachenden Strichen lassen sich die vielfältigen Einflüsse etwa folgendermaßen skizzieren.

Chrom steigert die Härte und Verschleißfestigkeit, ergibt also Stähle für *Messer, Kugellager, hochwertige Werkzeuge, Federn* und dgl., insbesondere in Form von *Einsatz- und Vergütungsstählen* mit erhöhter Warmfestigkeit. Es führt in höherem Legierungsanteil (oberhalb 12 %) bei nicht zu hohem Kohlenstoffgehalt durch Oxydbildung zu einer dichten und festhaftenden Schutzschicht an der Oberfläche und stärkt dadurch die Korrosions- und Zunderfestigkeit (nicht die *Zeitstand*festigkeit in der Wärme); so wirkt es als wesentlicher Partner in den *rost- und säurebeständigen Stählen* sowie auch, vor allem zusammen mit Aluminium, Silicium und Nickel, in den *zunderfesten* elektrischen Widerstands- und Heizdrähten für hohe Temperaturbeanspruchung (Kapitel 12.2.).

Zusätze von Titan, Niob und Tantal können in Chromstählen als Carbidbildner dazu dienen, den Kohlenstoff zu binden und dadurch, vor allem beim Schweißen auftretende störende Korngrenzenablagerungen von Chromcarbiden zu verhindern.

Die mit der Steigerung der mechanischen Härte Hand in Hand gehenden Veränderungen der *magnetischen* Eigenschaften (Vergrößerung der Koerzitivkraft bei relativ hoher Remanenz) waren früher von Bedeutung für die Herstellung von Permanentmagneten aus gehärtetem Chromstahl. Heute stehen hierfür bessere Werkstoffe zur Verfügung. (Kapitel 19).

Aluminium dient nicht nur in Verbindung mit Chrom, sondern auch für sich allein zur Verbesserung der *Zunder- und Korrosionsbeständigkeit* einfacher Stähle, indem man es z. B. in dünner Schicht auf der Oberfläche aufbringt und durch Glühen bei etwa 800 °C eindiffundieren läßt. Die Wirksamkeit der „Nitrierhärtung" bei Anwesenheit von Al und Cr wurde schon erwähnt.

Wolfram und Molybdän steigern Härte und Dauerstandfestigkeit in der Wärme und liefern dadurch *Werkzeug- und Schnellarbeitsstähle, Wolfram* vor allem in Verbindung mit Kohlenstoff durch die Bildung seines sehr harten und hitzebeständigen Carbids *(Hartmetall).*

Vanadium erhöht die *Warmfestigkeit* und dient in diesem Sinne als Zusatz bei Bau- und Werkzeugstählen, insbesondere Schnellarbeitsstählen.

Tabelle 4. Nichtrostende Stähle (DIN 17440) sowie hitze- und zunderfeste Stähle
siehe Erläuterungen auf Seite 66

Bezeichnung	Zusammensetzung % (Rest Fe)					Zugfestigkeit (kp/mm^2)	Bruch- dehnung %	Dauerstand- festigkeit bei 800 °C (kp/mm^2) [1]	Besondere Eigenschaften
	C	Cr	Ni	Si	sonstige				
1 X 10 Cr 13	≤ 0,12	13				60−75	22		ferritisch/rostbeständig
2 X 20 Cr 13	≤ 0,2	13				75−90	14		ferritisch/rostbeständig
3 X 5 CrNi 189	≤ 0,07	17−20	8,5−10	≤ 1		50−70	50−34		austenitisch, rost- und säurefest
4 X 2 CrNi 189	≤ 0,03	17−20	10−12,5	≤ 1		45−70	50−34		austenitisch, rost- und säurefest
5 X 10 CrNiTi 189	≤ 0,1	17−19	9−11,5	≤ 1	Ti ≥ 5 x % C	50−75	40−26		austenitisch, rost- und säurefest
6 X 10 CrAl 7	≤ 0,12	6,5		0,75	0,75 Al	45−60		0,1	zunderfest bis 800 °C
7 X 10 CrAl 18	≤ 0,12	18		0,95	0,95 Al	50−65		0,4	zunderfest bis 1050 °C
8 X 15 CrNiSi 2419	< 0,15	24	19	2,05		60−75		2,0	zunderfest bis 1200 °C
9 X 45 CrNiW 1513	0,45	15	13	1,50	2,8 W	80−100		4,0	zunderfest bis 800 °C

[1]) Statt der Dauerstandfestigkeit wird häufig die „Warmstreckgrenze" bei bestimmter erhöhter Temperatur angegeben; im übrigen ist in der neuesten Angabe von DIN 17440 statt des Kilopond (kp) das Newton (N) als neue Einheit eingesetzt (s. Fußnote auf Seite 16). Im Sinne einer einheitlichen Darstellung wurde in diesem Buch aber auch hier das Kilopond zunächst beibehalten.

Kupfer wirkt *korrosionsschützend*, da es die Neigung zum Rosten zwar nicht verhindert, aber die Weiterbildung der Rostschichten verzögert. Man findet es daher vor allem als Zusatz in Baustählen, aber auch in legierten Stählen wird es zum Schutz gegen die Angriffe gewisser Agenzien beigefügt (Kapitel 7.1).

Von den weit über hundert in den DIN-Normen aufgeführten Stahlsorten zeigt Tabelle 4 eine kleine Gruppe von rost- und säurebeständigen und eine solche von hitzebeständigen und warmfesten Stählen, bei denen einige Einflüsse von Legierungsbestandteilen besonders klar erkennbar werden. Zu ihrer *Bezeichnung* sei erläutert, daß hochlegierte Stähle als ersten Buchstaben ein „X" tragen, dann folgt der Kohlenstoffgehalt (wieder in Prozentsatz mal 100) und anschließend die wichtigsten Legierungspartner mit zahlenmäßiger Angabe ihres Prozentgehaltes. X 5 CrNi 189 ist also beispielsweise ein hochlegierter Chrom-Nickel-Stahl mit etwa 0,05 % Kohlenstoff, 18 % Chrom und 9 % Nickel.

Der Vergleich der Stähle 1 und 2 zeigt, daß der steigende Kohlenstoffgehalt die Festigkeit anhebt (insbesondere nach Vergütung),während er die Bruchdehnung im Sinne einer Versprödung herabsetzt; der Nickelzusatz dagegen bei Stahl 3 und 4 setzt die Bruchdehnung herauf, macht also den Werkstoff zäher. In den Stählen 6 bis 8 erkennt man den Einfluß des zunehmenden Anteils an Chrom (+ Al) in der Erhöhung der Zunderfestigkeit. Er kann aber nicht verhindern, daß die Dauerstandfestigkeit, also die mechanische Belastbarkeit über lange Zeit bei 800 °C, auf wenige Zehntel kp/mm^2 abgesunken ist. Erst die hohen Nickelanteile der Stähle 8 und 9, bei letzterem insbesondere in Verbindung mit Wolfram, erhöhen diese Werte wesentlich.

Zum Abschluß sind im folgenden nochmals die häufigsten Legierungselemente des Stahls schematisch zusammengefaßt in Gegenüberstellung zu der jeweils in besonderem Maße mit ihnen erzielbaren Veränderung der Werkstoffeigenschaften.

Änderung der Werkstoffeigenschaft	Legierungselement
Verbesserung der magnetischen Eigenschaften	Ni, Co, (Si)
Stabilisierung des unmagnetischen Austenitgitters	Ni, Co, Mn
Steigerung der Festigkeit	C, Ni, Mn, Cr, Si, W, Mo
Warmfestigkeit u. Dauerstandfestigkeit (Zeitstandfestigkeit)	Ni, Co, V, W, Mo
Korrosions- und Zunderfestigkeit	Cr, Al, Si, (Cu)
Versprödend wirken:	O_2, H_2, N_2, P, S

4.6. Legiertes Gußeisen

Der Vollständigkeit halber müßte an dieser Stelle nach den legierten Stählen auch der Einfluß der einzelnen Legierungselemente auf das Gußeisen behandelt werden. Da er aber im großen und ganzen in die gleiche Richtung geht und sich dabei keine grundsätzlich neuen Gesichtspunkte ergeben, vor allem der weitaus überwiegende Teil der für die Elektrotechnik interessanten Eisenwerkstoffe doch auf der Seite der Stähle liegt, kann im Rahmen dieser Darstellung auf eine besondere Behandlung des legierten Gußeisens verzichtet werden.

5. Das Kupfer und seine Legierungen

Das Kupfer wird in diesem Abschnitt behandelt als das — nächst dem Silber — bestleitende Metall der Elektrotechnik und zugleich als Hauptbestandteil einer Reihe wichtiger Konstruktionswerkstoffe. Sonderlegierungen für elektrische Widerstände und für Kontakte finden sich in Kapitel 12.2. gemeinsam mit anderen für diese Zwecke entwickelten Werkstoffen sowie in Kapitel 16.

5.1. Gewinnung und Eigenschaften des reinen Kupfers (Leitfähigkeit, Korrosionsbeständigkeit, Festigkeit und Verformbarkeit)

Die Verbindungspartner, mit denen das Kupfer in seinen Erzen vereinigt ist, sind in erster Linie *Schwefel* und *Sauerstoff*. Bei der Gewinnung von Eisen und Stahl wird (Kapitel 4.1.) davon ausgegangen, daß Sauerstoff und Kohlenstoff bei hoher Temperatur zueinander eine größere Affinität besitzen als jeder von beiden zum Eisen. Ähnliches ist auch hier bei Sauerstoff und Schwefel gegenüber dem Kupfer der Fall. Man gewinnt es dementsprechend — nach roher Vorreinigung durch mechanische Trennverfahren, Erhitzungs- und Schmelzprozesse — im Prinzip in folgenden chemischen Verfahrensschritten:

1) Erhitzen des aus dem Erz aufgearbeiteten Kupfersulfürs unter Sauerstoff:
   $$Cu_2S + 3\,0 = Cu_2O + SO_2.$$

2) Umsetzen des entstandenen Kupferoxyduls mit überschüssigem Sulfür:
   $$2\,Cu_2O + Cu_2S = 6\,Cu + SO_2.$$

Wie bei der Stahlerzeugung Sauerstoff und Kohlenstoff sind also *hier Sauerstoff und Schwefel* in der Endphase als *flüchtiges Gas,* in diesem Fall SO_2, *miteinander verbunden und das Kupfer von beiden befreit.* Verminderung des Sauerstoffgehaltes durch Umrühren mit Birkenstämmen am Schluß der Schmelze ist heute noch üblich. Im anschließenden Reinigungsverfahren mit Umschmelzen, Entfernen der Schlacke und schließlich in der Elektrolyse gewinnt man dann das Kupfer bis zu sehr hohen Reinheitsgraden zwischen 99 und *fast 100 %*. Sie sind nach DIN 1708 genormt in den Stufen

99,0 %, 99,25 %, 99,5 %, 99,75 % und 99,9 %   mit den Bezeichnungen:
A-,   B-,   C-,   D-,   und   F- Kupfer.

Die Kristallstruktur des Kupfers ist kubisch-flächenzentriert, was für seine Fähigkeit zur Mischkristallbildung mit anderen Metallen des gleichen Typs sowie für seine gute Kaltverformbarkeit Bedeutung hat. Seine hervorragende *Leitfähigkeit,* relativ hohe *Korrosionsbeständigkeit,* gute *Lötbarkeit* und die erwähnte *Kaltverformbarkeit* sind die Haupteigenschaften, denen das Kupfer seine weite technische Anwendung verdankt.

Die *Leitfähigkeit* kann allerdings schon durch geringe Verunreinigung von unter 0,01 % merklich verschlechtert werden. In Anbetracht ihrer besonderen Bedeutung für die Elektrotechnik ist es hier üblich, in erster Linie nicht so sehr die Analyse und den Prozentgehalt an Fremdstoffen, sondern die Leitfähigkeit selbst als indirektes Kennzeichen des *Reinheitsgrades* zu verwenden. Für weichgeglühtes Kupfer von

$$99,99 \% \text{ wird bei } 20\,^\circ\text{C eine Leitfähigkeit } \kappa = 59\ \text{S} \cdot \frac{\text{m}}{\text{mm}^2} = 59 \cdot 10^6\ \frac{\text{S}}{\text{m}} (= 59 \cdot 10^4\ \frac{\text{S}}{\text{cm}})$$

angegeben (also ein spezifischer Widerstand von $\frac{1}{59} = 0,017\ \Omega \cdot \frac{\text{mm}^2}{\text{m}}$).[1]

Durch Kaltverformung nimmt sie etwas ab. Nach Übereinkunft (VDE 0201) gilt für Leitungskupfer in geglühtem Zustand ein Mindestwert von $57 \cdot 10^6$ S/m, der bei gezogenen Drähten bis auf $55 \cdot 10^6$ S/m absinken darf. Kupfer, das dieser Bedingung genügt, hat die Bezeichnung „ECu". Der Zusatz „E" bedeutet hierbei nicht, wie in einem verbreiteten Irrtum angenommen wird, „Elektrolyt", sondern „Elektrotechnik", dient also als Kennzeichen für hochleitfähiges *Kupfer für die Elektrotechnik,* ohne etwas über das Herstellungsverfahren auszusagen.

Bild 28 zeigt den Einfluß einer Reihe *von Verunreinigungen* auf das Leitvermögen des Kupfers.

---

[1] S *(Siemens)* ist die Einheit für den elektrischen Leitwert, d. h. den reziproken Widerstand, also gleichbedeutend mit $\frac{1}{\Omega\ (\text{Ohm})}$; $\text{S}\,\frac{\text{m}}{\text{mm}^2}$ ist demnach der auf 1 m Länge und 1 mm^2 Querschnitt bezogene Leitwert eines Leiterstückes, das ist definitionsgemäß die Leitfähigkeit seines Werkstoffes. Drückt man Länge und Querschnitt beide in m bzw. m^2 aus, so geht die Einheit von $\text{S}\,\frac{\text{m}}{\text{mm}^2}$ über in $\text{S}\,\frac{\text{m}}{\text{m}^2} = \frac{\text{S}}{\text{m}}$. Auch die Einheit $\frac{\text{S}}{\text{cm}}$ oder, in anderer Schreibweise, $\Omega^{-1}\ \text{cm}^{-1}$ ist in älterer Literatur, vor allem der Halbleiterphysik, üblich, wobei also der Leitwert auf 1 cm^3 des Materials bezogen wird.

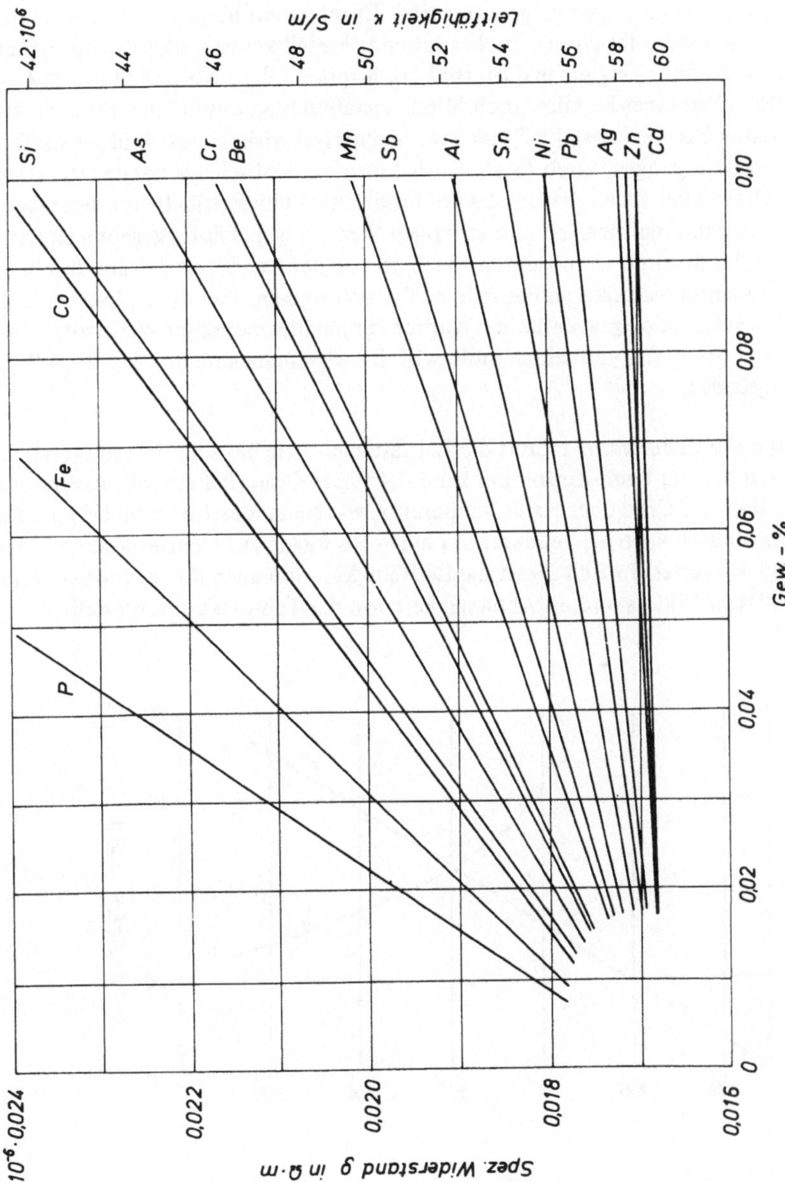

Bild 28. Einfluß von Fremdelementen auf spez. Widerstand bzw. Leitfähigkeit von Kupfer

Die diesbezüglichen Angaben in der Literatur sind nicht ganz einheitlich, weil es eine merkliche Rolle spielt, ob die fremden Partikel elementar im Kupfer gelöst oder als Sauerstoffverbindungen eingebettet sind. Es sei darauf hingewiesen, daß gemäß Bild 28 auch *Silber*, das wir als das bestleitende Metall kennen, hier den spezifischen Widerstand *erhöht*. Vergleiche dazu Bild 20, Kapitel 3.2.2., wonach in jedem Fall die Leitfähigkeit eines Metalls durch Mischkristallbildung mit kleinen Prozentsätzen eines zweiten Partners absinkt. Stark verschlechternd wirken nach Bild 28 schon geringe Verunreinigungen durch *Eisen*. Das ist insofern kritisch, als bei der Verarbeitung zu Draht oder Blech die Gefahr des Eindringens von Partikeln aus den Oberflächen der stählernen Walzen und sonstigen Werkzeuge ja häufig gegeben ist. Abgesehen von der dadurch verursachten Verringerung der Leitfähigkeit kann das in der Meßinstrumententechnik von besonderer Bedeutung sein, weil durch Einlagerung des Eisens aus dem diamagnetischen Kupfer ein paramagnetischer Werkstoff wird. In Fällen, wo man das vermeiden muß, wird im allgemeinen nicht mehr als 0,01 % Eisen zugelassen.

Mit *steigender Temperatur* nimmt die Leitfähigkeit, wie bei allen reinen Metallen, *stetig ab*, und zwar beim Kupfer um rund 0,4 % pro Grad. Bei einer Erwärmung auf 150 °C, also 130 Grad über Raumtemperatur, wie sie in Maschinen und Apparaten häufig im Betrieb auftritt, bedeutet das einen Rückgang auf weniger als Zweidrittel des Ausgangswertes. In Bild 29 ist die Leitfähigkeit und auch ihr reziproker Wert, der spezifische Widerstand, in Abhängigkeit von der Temperatur dargestellt.

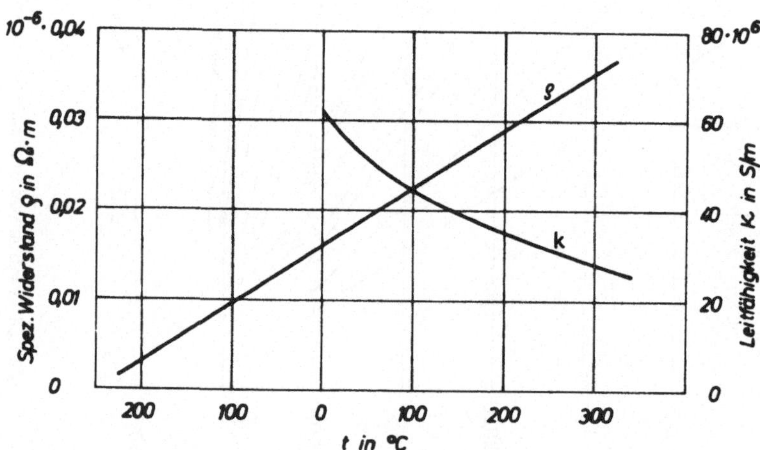

Bild 29. Spez. Widerstand ϱ und Leitfähigkeit κ von Kupfer in Abhängigkeit von der Temperatur

Zu der zweiten angenehmen Eigenschaft des Kupfers, der im Vergleich zu Eisen relativ guten *Korrosionsbeständigkeit*, ist einiges einschränkend zu sagen. Erwähnt sei die grüne *Patina*, die sich in feuchter, kohlensäurehaltiger Luft auf Kupfer und Kupferlegierungen bildet. Aber auch in trockener Luft entsteht schon bei Raumtemperatur an der Oberfläche eine *Kupferoxydulschicht* (Cu_2O), die zunächst vor weiteren chemischen Angriffen schützt und sich nach Beschädigung erneuert. Bei etwas über 100 °C erscheint sie als Anlauffarbe, zunächst gelb und rot, schließlich bei hoher Temperatur geht sie über in schwarzes Kupferoxyd (CuO), das zum Abplatzen neigt.

Auch im Innern enthält das Metall herstellungsbedingt normalerweise mehr oder minder kleine Mengen von Cu_2O, das mitunter zur sogenannten *Wasserstoffkrankheit* führt. Wird nämlich Kupfer unter wasserstoffhaltigem Schutzgas bei Temperaturen über 500 °C geglüht — was z. B. im Elektromaschinenbau häufig geschieht, um die Stäbe genügend weich zum Wickeln zu machen, oder auch beim Schweißen oder Hartlöten unter reduzierender Atmosphäre — so diffundiert Wasserstoff in das Innere und reagiert mit dem dort befindlichen Kupferoxydul zu metallischem Kupfer und Wasserdampf ($Cu_2O + H_2 = Cu_2 + H_2O$). Jede neue Erwärmung erzeugt dann in den betreffenden Bezirken hohe Drücke des eingeschlossenen Dampfes, die zu Poren und Rissen führen und sich in einer starken *Versprödung* äußern. In kritischen Fällen muß man daher ein Kupfer verwenden, bei dem der Sauerstoff durch verfeinerte Reinigungsmethoden so weit entfernt ist, daß es als oxydfrei anzusprechen ist. Es trägt dann in seiner Bezeichnung den Zusatz „S" (sauerstofffrei), heißt also „*SE-Cu*" und ist um ein Vielfaches teurer.

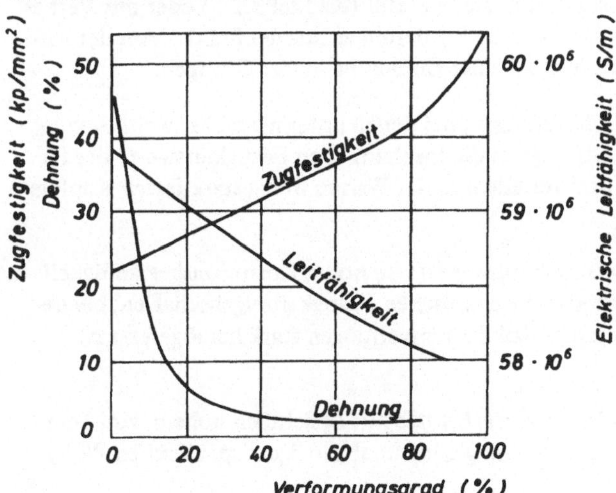

Bild 30. Zugfestigkeit, Bruchdehnung und Leitfähigkeit von reinem Kupfer nach Kaltverformung

Eingeschränkt wird die Korrosionsbeständigkeit des Cu weiterhin durch seine Empfindlichkeit gegen *Ammoniak*, die zu völliger Auflösung führen kann, und insbesondere auch gegen *Schwefel*, mit dem es gern Verbindungen eingeht. Dazu bietet sich beispielsweise Gelegenheit, wenn Kupferleitungen unmittelbar mit gummihaltigen Isolierstoffen, die häufig durch ihren Herstellungsprozeß schwefelhaltig sind, in Berührung kommen. Abhilfe gelingt − mit entsprechend höherem Aufwand − durch Verzinnen.

Die gute *Kaltverformbarkeit* des Kupfers, gekennzeichnet durch die große Bruchdehnung von 40 bis 50 %, ist mit dem Nachteil einer *geringen* mechanischen *Festigkeit* gekoppelt. Diese liegt mit ca. 22 kp/mm² nahe bei der des reinen Eisens. Bild 30 zeigt, daß sie bei Reinkupfer durch Kaltverformung etwa verdoppelt werden kann gleichzeitig aber die Bruchdehnung stark zurückgeht. Zur Ergänzung ist auch die damit verbundene Abnahme der Leitfähigkeit eingezeichnet.

5.2. Kupferlegierungen

Sie haben, wie alle Legierungen, den Zweck, bestimmte Eigenschaften des Grundmetalls zu verbessern oder abzuwandeln, gegebenenfalls unter Verzicht auf irgendwelche anderen Vorzüge. Dazu bieten sich praktisch alle gemäß Früherem zu erwartenden Möglichkeiten: *Mischkristallbildung* mit Steigerung der Härte und Korrosionsbeständigkeit unter gleichzeitiger Einbuße an Leitfähigkeit gemäß Bild 20, *aushärtbare* Legierungen mit Mischungslücke (Kapitel 3.2.4.), *intermetallische* Verbindungen mit gänzlich abweichenden Eigenschaften, schließlich *unlösliche Einlagerungen* zur Erhöhung der Rekristallisationstemperatur (Kapitel 3.2.5) oder mit Verbesserung im Hinblick auf sonstige spezielle Forderungen aus der Praxis. Von der Anwendung aus gesehen kommt man zu einer Einteilung in vier Gruppen.

1) Die *hochleitfähigen* Kupferlegierungen, bei denen unter möglichst weitgehender Beibehaltung der guten Leitfähigkeit die mechanischen Festigkeitswerte des für viele Zwecke zu weichen und vor allem in der Wärme wenig standfesten Kupfers angehoben sind (5.2.1).

2) Kupferlegierungen als *Konstruktionswerkstoffe* hoher Korrosionsbeständigkeit und mit wesentlich verbesserten mechanischen Festigkeitseigenschaften, bei denen man in Kauf nehmen kann, daß ihr Leitvermögen stark herabgesetzt ist (5.2.2).

3) Kupferlegierungen als *Widerstandswerkstoffe* mit absichtlich hohem, von Temperatur und Umgebungseinflüssen möglichst unabhängigem spezifischen Widerstand (Kapitel 12.2).

4) Kupferlegierungen als *Kontaktwerkstoffe* (Kapitel 16).

5.2.1. Hochleitfähige Kupferlegierungen

Legierungspartner für *hochleitfähige Kupferlegierungen* sind sinngemäß solche Elemente, die entweder sowieso nur relativ geringen Einfluß auf die Leitfähigkeit haben (s. Bild 28) oder von denen schon sehr kleine Beimengungen, die in elektrischer Hinsicht noch harmlos sind, ausreichen, um die mechanische Festigkeit oder sonstige Eigenschaften merklich zu verbessern. In erster Linie wird man hier also an die Elemente *Silber und Cadmium* denken, die nach Bild 28 das Leitvermögen am wenigsten verändern und die außerdem in kleinen Prozentsätzen Mischkristalle mit dem Kupfer bilden, was oft zu einer Steigerung der *Festigkeit* bei guter Verformbarkeit führt. Auch *Chrom* ist in diesem Zusammenhang trotz seiner relativ ungünstigen Einwirkung auf die Leitfähigkeit interessant, da es schon in geringen Zusätzen zum Kupfer aushärtbare Legierungen mit guten Festigkeitseigenschaften ergibt. Weiterhin zeigt Bild 31, daß zur Erhöhung der *Standfestigkeit bei Erwärmung*, die hier

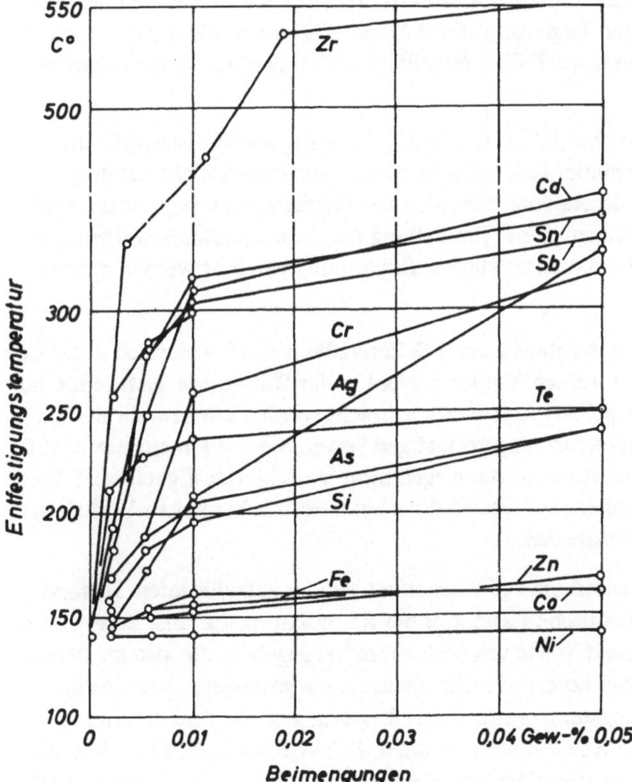

Bild 31. Erhöhung der Entfestigungstemperatur von Kupfer durch Legierungszusätze

anhand der Entfestigungstemperaturen dargestellt ist, ebenfalls u. a. die Gruppe *Silber, Cadmium und Chrom* an der Spitze liegt, wesentlich übertroffen jedoch noch vom *Zirkon*. Während das reine Kupfer danach bereits bei Temperaturen zwischen 150 °C und 200 °C durch beginnende Rekristallisation entfestigt wird, behindern offenbar Cadmium, Silber, Chrom und Zirkon schon in Anteilen von 0,05 % diese Vorgänge und verlagern sie in den Bereich oberhalb von 300 °C. Legierungen dieser Art bieten z. B. die Möglichkeit, stromführende Teile elektrischer Maschinen im Sinne einer besseren Materialausnutzung stärker zu belasten, d. h. auf höhere Erwärmung zu dimensionieren. Gesteigerte Entfestigungstemperaturen braucht man aber auch bei Teilen, die nur vorübergehend beim Löten oder anderen Arbeitsvorgängen stark erhitzt werden und dabei keine bleibende Entfestigung erfahren dürfen; Beispiele sind *Kommutatorlamellen* beim Einlöten der Wicklungsanschlüsse oder *Einbauteile* in elektrischen Geräten beim Härten von Vergußmassen, Einbrennen von Lacken und dergleichen.

Im einzelnen ergibt sich, nach abnehmender Leitfähigkeit geordnet, folgendes Bild für die Gruppe der genannten Legierungen mit *Silber, Cadmium, Chrom und Zirkon,* zu denen in gewissem Sinne noch *Tellur, Beryllium* und einige andere hinzuzurechnen sind:

Silberkupfer mit Anteilen von 0,03 bis 0,2 % Ag, die völlig als *Mischkristalle* im Kupfer gelöst sind, unterscheidet sich bei Raumtemperatur noch nicht nennenswert vom Reinkupfer, ist diesem aber bezüglich der *Entfestigungstemperatur* erheblich überlegen. Es dient demgemäß zur Herstellung von *Kommutatorlamellen* oder von hartgezogenen *Drähten*, die unter starker Erwärmung verzinnt werden müssen und dergleichen.

Cadmiumkupfer mit Cadmiumanteilen um 1 % liefert Werkstoffe von noch guter Leitfähigkeit, die gegenüber dem reinen Kupfer sowohl in der Wärme wie auch schon bei Raumtemperatur auf höhere *Festigkeitswerte* gebracht werden können, da sie sich in stärkerem Maße durch Kaltverformung verfestigen lassen. Sie werden eingesetzt z. B. für *Freileitungen* von großer Spannweite, wegen ihrer Verschleißfestigkeit auch für *Fahrdrähte* elektrischer Bahnen, auf Grund ihres besseren mechanischen Verhaltens in der Wärme als *Schweißelektroden*.

Chromkupfer mit Chrom-Anteil um 0,5 % zeichnet sich im ausgehärteten Zustand durch besonders hohe mechanische *Festigkeit* bei Raumtemperatur aus. Beispielsweise werden für die Zugfestigkeit Werte um 60 kp/mm^2 angegeben, die also im Bereich guter Stähle liegen. Weiterhin liefert der Chromzusatz die gesteigerte *Warmfestigkeit* und die erhöhte Entfestigungstemperatur dieser Legierungen. Sie sind dadurch in besonderem Maße geeignet für *Kommutatorlamellen, Schweißelektroden* und stromführende *Federn*. Hier muß man allerdings schon eine *Verminderung der Leitfähigkeit* um ca. 20 % in Kauf nehmen.

Zirkonkupfer mit Zirkonanteilen unter 0,3 % ist noch gut leitend, aber auch in mechanischer Hinsicht gegenüber dem reinen Kupfer unter normalen Bedingungen nur wenig verändert. Natürlich kommt jedoch die starke *Erhöhung der Entfestigungstemperatur* durch den Zirkonzusatz zum Ausdruck; d. h. die Festigkeitswerte sind an sich zwar nicht besonders hoch, fallen dafür aber auch bis zu Temperaturen von 400 °C oder 500 °C kaum weiter ab. Vor allem liefert die Kombination *Kupfer-Chrom-Zirkon aushärtbare* Legierungen, die hinsichtlich ihrer mechanischen Belastbarkeit sowohl bei Raumtemperatur wie auch nach hoher und lange anhaltender Erwärmung alle vorgenannten übertreffen, allerdings auch wiederum mit *Rückgang der Leitfähigkeit* um etwa 20 %.

Da das Zirkon noch nicht lange in der Elektrotechnik im alltäglichen Gebrauch ist, sei bei dieser Gelegenheit erwähnt, daß man es in zunehmendem Maße auf den verschiedensten Gebieten der Technik findet. Es dient wegen seiner geringen Neutronenabsorption, verbunden mit hoher Korrosionsfestigkeit, in ausgedehntem Maße als Konstruktionswerkstoff im Reaktorbau, aber auch in elektrotechnischen Bezirken wird es uns im Kapitel 15 als Bestandteil supraleitender Verbindungen wieder begegnen.

Dispersionsgehärtetes Kupfer: Bei den aushärtbaren Kupfer-Chrom- und Kupfer-Zirkon-Legierungen fällt oberhalb von 400 °C die Festigkeit schließlich ab, insbesondere deshalb, weil die Chrom- oder Zirkon-Partikel, durch deren Ausscheidung bei Abkühlung der Zustand der Aushärtung entstanden war, bei steigender Temperatur wieder in Lösung gehen. Neuerdings werden *hochleitfähige* Kupferwerkstoffe hergestellt, in denen kleinste Partikel von Metalloxyden (z. B. Al_2O_3, TiO_2 u. a.) im Mengenverhältnis um 0,1 % feinstverteilt eingelagert *(dispergiert)* sind; da sie auch bei starker Erwärmung im Kupfer unlöslich bleiben, behalten sie ihren härtesteigernden Einfluß bei und heben durch Behinderung der Rekristallisation die *Entfestigungstemperatur* bis nahe an den Schmelzpunkt des Kupfers. Solche „dispersionsgehärteten" Legierungen scheinen besonders günstige Möglichkeiten zu bieten, um bei geringer Einbuße an Leitfähigkeit gute mechanische Eigenschaften zu erzielen. Daß dieses Verfahren, die Entfestigungstemperatur heraufzusetzen, auch bei andersartigen Legierungen von grundsätzlichem Interesse ist, wurde in Kapitel 3.2.5 angedeutet.

Erwähnung verdient unter den hochleitfähigen Kupferlegierungen noch das *Tellurkupfer*. Der Tellurzusatz bringt zwar keine wesentliche Steigerung der Festigkeit, weder bei Raumtemperatur noch in der Wärme, verbessert aber die *Zerspanbarkeit*; denn Tellur löst sich nicht in Kupfer, sondern bildet kleine Einschlüsse, die spanbrechend wirken, ohne die Leitfähigkeit wesentlich zu mindern. (Es wirkt also ähnlich wie der Schwefel beim Stahl und das Blei bei Messing und Aluminiumlegierungen.) Als *Automatenkupfer* hat dieser Werkstoff Bedeutung zur Herstellung gut leitender Schrauben, Muttern und sonstiger Kleinteile.

Berylliumkupfer mit ca. 2 % Beryllium ist eine aushärtbare Legierung mit einer so beachtlichen Steigerung der mechanischen Festigkeit, daß sie trotz des starken Rückgangs der Leitfähigkeit auf 12 bis 18 · 10^6 S/m als Leiterwerkstoff interessant ist, wenn man sie auch streng genommen nicht mehr zu den hochleitfähigen Kupferlegierungen rechnen kann. Es werden Festigkeitswerte von *120 kp/mm²* und mehr angegeben, die also durchaus im Bereich der Werte von guten Federstählen liegen und die auch bei Temperaturen von 200 °C und darüber weitgehend erhalten bleiben. „Berylliumbronzen" finden daher Anwendung für *Schweißelektroden*, vor allem aber auch für hochkorrosionsbeständige sowie thermisch und mechanisch stark beanspruchte *Kontaktfedern*.

Leitbronzen: Unter dieser Bezeichnung sind seit langem einige Legierungen bekannt, die die Forderung, gute mechanische Festigkeit mit brauchbarem Leitvermögen zu verbinden, mehr oder minder zufriedenstellend erfüllen. Das oben genannte Cadmiumkupfer gehört dazu und hat unter ihnen die beste Leitfähigkeit. Durch Zusatz von *Magnesium, Silicium und Zinn*, einzeln oder gemeinsam, zwischen 0,2 und 2 % erhält man Leitbronzen, die in der Festigkeit etwa dem Chromkupfer vergleichbar sind, aber mit Leitfähigkeits-Werten unter 20 · 10^6 S/m nur noch *mäßige elektrische Leiter* darstellen. Sie finden in wechselnder Zusammensetzung Verwendung für *Schweißelektroden, Starkstrom- und Fernmeldekontakte*, stromführende *Federn, Freileitungen* und anderes mehr. Auch trifft man Kupfer-*Silicium*-Legierungen als Werkstoffe für *Käfig- und Dämpferstäbe* bei elektrischen Maschinen mit absichtlich herabgesetzten Leitfähigkeitswerten zwischen 40 und 10 · 10^6 S/m.

Tabelle 5 gibt eine Zusammenstellung wichtiger hochleitfähiger Kupferlegierungen mit ihren kennzeichnenden Eigenschaften.

5.2.2. Kupferlegierungen als Konstruktionswerkstoffe

Tritt die Forderung nach guter Leitfähigkeit noch weiter in den Hintergrund oder ist sie sogar unerwünscht, so stößt man auf die schwer übersehbare Fülle von *Konstruktionswerkstoffen* auf der Basis von Kupfer. Sie verdanken ihre weite Verbreitung der häufigen Forderung nach einem *korrosionsbeständigen unmagnetischen* Werkstoff mit den *Festigkeitseigenschaften* einfacher bis guter Baustähle; sie sollen gegebenenfalls einigermaßen *elektrisch leiten*, im übrigen aber leicht *verarbeitbar*, gut verformbar und *nicht zu teuer* sein. Die häufigsten Legierungskomponenten sind dabei die Elemente *Arsen, Mangan, Aluminium, Silicium, Zinn, Zink und Nickel*, für besondere Anwendungen evtl. als Zusätze auch Blei, Eisen und Phosphor. Das Kupfer bildet im Kreise dieser zahlreichen Partner damit nicht weniger als das Eisen das Grundmetall für eine große Gruppe von Legierungen, die sich im allgemeinen durch gute Korrosionsfestigkeit auszeichnen, im übrigen je nach Zusammensetzung, Kaltverformungsgrad und Wärmebehandlung ein weites Spektrum

Tabelle 5.

Elektrische Leitfähigkeit und mechanische Festigkeit von hochleitfähigen Kupferlegierungen. Zusammengestellt unter Verwendung von Angaben aus *K. Koch* und *R. Reinbach*: Einführung in die Physik der Leiterwerkstoffe. Verlag Franz Deuticke, Wien 1960; *E. Tuschy*: Kupferwerkstoffe für die Elektrotechnik. ETZ-B, **16** (1964), 10, 274–76 und des Deutschen Kupferinstituts.

Werkstoff	El. Leitfähigkeit bei 20 $^\circ$C	Zugfestigkeit (kp/mm^2) bei $^\circ$C						Anwendungen (z. B.)
		20 $^\circ$C	100 $^\circ$C	200 $^\circ$C	300 $^\circ$C	400 $^\circ$C	500 $^\circ$C	
1) E-Kupfer (weich geglüht)	$57 \cdot 10^6 \frac{S}{m}$	22	20	17	14	10	8	
2) E-Kupfer (hartgezogen)	$56 \cdot 10^6 \frac{S}{m}$	35	33	30	18	12	8	
3) Silberkupfer (0,03 bis 0,1 % Ag) (hartgezogen)	$56 \cdot 10^6 \frac{S}{m}$	38	bessere Warmfestigkeit als 1) und 2)					Kommutatorlamellen
4) Cadmiumkupfer (0,7 bis 1 % Cd) (hartgezogen)	ca. $48 \cdot 10^6 \frac{S}{m}$	48	sehr verschleißfest, Warmfestigkeit etwa wie 3					Fahrleitungen, Freileitungen großer Spannweite
5) Chromkupfer (0,4 bis 0,8 % Cr) (warm ausgehärtet und kaltverformt)	ca. $47 \cdot 10^6 \frac{S}{m}$	50	bessere Warmfestigkeit als 3) und 4)					Schweißelektroden, Kommutatorlamellen, stromführende Federn
6) Zirkonkupfer (0,1 bis 0,3 % Zr) (warm ausgehärtet)	ca. $49 \cdot 10^6 \frac{S}{m}$	ca. 50	*wesentliche* Steigerung der Warmfestigkeit gegenüber 5					hoch wärmebeanspruchte Teile in Elektrotechnik, Reaktor- und Raketenbau
7) Zirkon-Chrom-Kupfer	ca. $45 \cdot 10^6 \frac{S}{m}$							

von Eigenschaften aufweisen. So überdecken sie hinsichtlich der Werte für die mechanische Festigkeit und Zähigkeit einen Bereich, an dessen einem Ende weiche und verformbare Werkstoffe mit hervorragender Tiefziehfähigkeit stehen, am anderen dagegen federharte und spröde Qualitäten, wobei die Leitfähigkeit zwischen der des reinen Kupfers und der ausgesprochener Widerstandslegierungen variiert. In Zahlen ausgedrückt, liegen die Grenzen für die Zugfestigkeit bei ca. 22 kp/mm² auf der einen und über 80 kp/mm² auf der anderen Seite, die für die Leitfähigkeit bei $57 \cdot 10^6$ S/m und $2 \cdot 10^6$ S/m.

Dieser großen Variationsbreite der Eigenschaften entspricht ein ausgedehntes Feld in der Anwendung, die noch durch eine gegenüber dem Reinkupfer verbesserte *Gießbarkeit* und *Schweißbarkeit* erleichtert wird.

Unter Beschränkung auf die markantesten kennzeichnenden Eigenschaften, die die einzelnen Legierungselemente dem jeweiligen Werkstoff gegenüber dem Reinkupfer verleihen, wird im folgenden versucht, einen gewissen Überblick zu geben. Die Einteilung ist dabei etwas willkürlich so vorgenommen, daß die erste Gruppe solche Legierungen enthält, bei denen das Kupfer den weitaus dominierenden Anteil hat und nur durch relativ kleine Zusätze verbessert wird, während es bei denen der zweiten Gruppe mehr in den Hintergrund tritt und lediglich als einer von mehreren Partnern, vielleicht nicht einmal mit 50 %, vertreten ist.

5.2.2.1. *Kupferlegierungen mit kleinen Zusätzen von Arsen, Mangan, Silicium, Aluminium*

Arsen (0,2 bis 0,5 %), Mangan, Silicium und Aluminium in Anteilen von einigen Prozent bis zu etwa 10 % wirken – meist durch Mischkristallbildung – gemäß Bild 28 alle stark verschlechternd auf die Leitfähigkeit; sie erhöhen aber, wenn auch in etwas unterschiedlichem Grade, die Festigkeit im gesamten Temperaturbereich bis hinauf zu 500 °C sowie die Korrosionsbeständigkeit, vor allem auch gegenüber Seewasser und chemischen Agenzien. Dabei liegt z. B. die Stärke des *Mangans* in der Erhöhung der *Warmfestigkeit* und der *Entfestigungstemperatur*, das *Aluminium* steigert durch Bildung von oxydischen Deckschichten die *Zunderfestigkeit* bis etwa 800 °C und verbessert die Beständigkeit gegen *Säuren*. Legierungen aus dieser Gruppe, gegebenenfalls mit geringen Zusätzen von Eisen und Nickel, werden daher verwendet im *Schiffbau*, für Rohrleitungen und dergleichen in *Wasseraufbereitungsanlagen*, in Zuckerfabriken, in der chemischen Industrie, vor allem dort, wo *Erwärmung, erhöhter Druck und chemische Angriffe* zusammenwirken; sie dienen aber auch zur Herstellung verschleißfester Teile von *Getrieben*, als Werkstoff für *Schneckenräder* und dgl.

5.2.2.2. Kupferlegierungen mit kleinen, mittleren und starken Anteilen von Zinn, Zink, Nickel (Zinnbronzen, Rotmetall, Messing, Neusilber) und Blei

Nach üblicher Definition bezeichnet man alle Legierungen, die mehr als 60 % Kupfer enthalten, als *Bronzen*, mit Ausnahme der *Kupfer-Zink*-Legierungen mit starkem Anteil an Zink, für die bekanntlich die Bezeichnung *Messing* bzw. *Tombak* gebräuchlich ist. Demnach fallen alle vorstehend behandelten Kupferwerkstoffe unter den Begriff „Bronzen" und man spricht demgemäß von *Aluminiumbronzen, Berylliumbronzen, Manganbronzen* usw.

Die *Zinnbronzen*, die ältesten Legierungen dieser Art, mit Zinnanteilen von 2 bis über 20 %, die im unteren Konzentrationsbereich in Form von Mischkristallen im Kupfer gelöst sind, zeichnen sich durch hervorragende *Festigkeit* und *Zähigkeit*, gute *Gleiteigenschaften* und hohe *Korrosionsbeständigkeit* aus. Da ihnen zur Vermeidung des schädlichen Einflusses von Sauerstoff beim Erschmelzen, auch zur Verbesserung der Verschleißfestigkeit und der Rückfederung,meist ein geringer Anteil von Phosphor zugesetzt wird, findet man sie häufig unter der Bezeichnung *Phosphorbronzen*. Ihr Anwendungsgebiet teilen sie weitgehend mit den Bronzen der vorigen Gruppe, d. h. sie dienen ebenfalls zur Herstellung von mechanisch und chemisch beanspruchten Teilen auf Schiffen, in Maschinen und Apparaten sowie allgemein als Werkstoffe für *Getriebeteile, Schneckenräder, Zahnräder, Federn* usw. Bei Zinnanteilen um 10 % und mehr sind sie wegen ihrer guten Gießbarkeit als *Gußbronzen* bekannt und beispielsweise zur Fertigung von *Gehäusen* von Pumpen und Turbinen sowie von Armaturen mannigfacher Art gebräuchlich. Zusätze von *Blei*, die gegebenenfalls den Zinnanteil überwiegen können, ergeben *Guß- und Sinterwerkstoffe* für *Lagerbüchsen* oder für *Schleifringe* elektrischer Maschinen, da die feinverteilten, im Kupfer unlöslichen Bleipartikel die Gleiteigenschaften wesentlich verbessern.

Zinnbronzen, in denen *ein Teil* des teuren Zinns durch das billigere *Zink* ersetzt ist, stellen unter der Bezeichnung *Rotmetall* bzw. *Rotguß* eine Gruppe von Werkstoffen dar, deren Festigkeitseigenschaften zwar etwas geringer sind, die aber sonst in vielen Fällen in sehr ähnlicher Weise verwendet werden können.

Völliger Ersatz des Zinns durch *Zink* führt zum *Messing*, bei Kupferanteilen von mehr als 66 % unter der Bezeichnung *Tombak*. Auch hier handelt es sich im allgemeinen um die Bildung von Mischkristallen. Da diese in Abhängigkeit vom Mischungsverhältnis *unterschiedliche Gitterstrukturen* besitzen, gibt es unter den zahlreichen Messingsorten stark voneinander abweichende Varianten. Im großen und ganzen streuen ihre Eigenschaften und Anwendungsmöglichkeiten — je nach Zinkgehalt und gegebenenfalls kleinen Prozentsätzen von einem oder mehreren der anderen genannten Elemente — etwa im gleichen Bereich wie die der Bronzen. Eine Einschränkung besteht lediglich durch eine für Messing spezifische Korrosionsanfälligkeit: ähnlich wie in austenitischen Stählen tritt nämlich auch hier bei gleichzeitiger Belastung mit mechanischen Spannungen und chemischem Angriff die in

Kapitel 4.5.2.1. geschilderte *Spannungsrißkorrosion* auf. Der Unterschied liegt nur darin, daß das gefährliche chemische Agens beim Messing nicht das Chlor ist, sondern *Ammoniakdämpfe,* unter deren Einfluß Risse vor allem entlang den Korngrenzen entstehen, in denen die Zerstörung fortschreitet. Da nach starker Kaltverformung das Gefüge immer bis zu einem gewissen Grade verspannt bleibt und da andererseits Ammoniakdämpfe sowohl häufig in Industrieatmosphäre enthalten sind wie auch bei organischen Fäulnisprozessen sich entwickeln, kommt dieser Spannungsrißkorrosion bei Messing eine nicht zu unterschätzende Bedeutung zu.

Ersetzt man einen wesentlichen Teil des Zinks durch *Nickel,* so entstehen Legierungen von silberweißer Farbe, die unter dem Namen *Neusilber* bekannt sind, die also beispielsweise aus ca. 50 % Kupfer, 10 bis 18 % Nickel und dem Rest aus Zink bestehen. Sie zeichnen sich gegenüber dem Messing bei gleicher oder überlegener *Zugfestigkeit* und Härte durch gute *Zähigkeitseigenschaften* aus. Außerdem laufen sie nicht an, sind überhaupt von hoher *Korrosionsbeständigkeit,* die bei Kupfer-Nickel-Legierungen verschiedener Zusammensetzung — vor allem mit steigendem Nickelgehalt — bis an die Qualität hochkorrosionsfester austenitischer Stähle heranreicht.

Von den weit über hundert in den DIN-Normen zusammengestellten Kupferlegierungen gibt die nachstehende Tabelle 6 einen kleinen Auszug mit einigen Zahlen, die die Variationsbreite der Eigenschaften verdeutlichen sollen. In den Bezeichnungen findet man — ähnlich wie bei den Stählen — den prozentualen Anteil der wichtigsten Legierungspartner, häufig ergänzt durch die Angabe der Zugfestigkeit.

So ist:

CuSn8 F38   eine Zinnbronze mit ungefähr 8 % Zinn und einer Zugfestigkeit von mindestens 38 kp/mm^2,

CuZn40 F35   ein Messing mit rund 40 % Zink und einer Mindestfestigkeit von 35 kp/mm^2.

Dabei ist die Größe der Zugfestigkeit kein typisches Merkmal der jeweiligen Legierung, sondern auch das Ergebnis von Bearbeitungsvorgängen, Glühen und Kaltverformen, je nach dem, ob das Material in Form von Bändern, Blechen, Stäben oder sonstwie vorliegt. Man beachte wiederum, wie stark die Umwandlung vom weichen in den harten *(kaltverfestigten)* Zustand mit einem Rückgang der Bruchdehnung, also mit *Versprödung,* verknüpft ist. Andererseits läßt sich beim Vergleich der drei Zinnbronzen 4 bis 6 erkennen, daß der steigende *Zinngehalt* sowohl die Festigkeit wie die Bruchdehnung anhebt, den Werkstoff also zugleich *fester und zäher* macht. Das gilt allerdings nur im Konzentrationsbereich unterhalb von 14 %, wo sich Mischkristalle bilden. Bei höheren Zinnanteilen, wie man sie mitunter bei Gußbronzen verwendet, entstehen eingelagerte intermediäre Phasen, die zu sehr harten und spröden Werkstoffen führen können.

Tabelle 6. Kupferlegierungen (DIN 17 660, 17 662, 17 663) (s. Fußnote Seite 16)

Werkstoff	Zusammensetzung %	Zugfestigkeit (kp/mm²)	Bruchdehnung %
Reines Kupfer	99,9 Cu	20–25	40–50
1 Tombak CuZn10 F24 (weich) 36 (hart)	89–91 Cu Rest Zn	24 30 ⩾ 36	42 ⩾ 9
2 Messing CuZn40 F35 (weich) F48 (hart)	59,5–61,5 Cu Rest Zn	⩾ 35 ⩾48	⩾ 43 ⩾ 12
3 Neusilber CuNi 12 Zn24 F42	63–66 Cu 11–13 Ni Rest Zn	42–48	30
Zinnbronzen (Bänder) 4 CuSn2 F26	1,0–2,5 Sn, Rest Cu (P < 0,3)	⩾ 26	⩾ 50
5 CuSn6 F35	5,5–7,5 Sn, Rest Cu	35–41	⩾ 55
6 CuSn8 F38	7,5–9,0 Sn, Rest Cu	38–46	60

Die elektrische *Leitfähigkeit* der in Tabelle 6 aufgeführten Legierungen, die im einzelnen nicht angegeben ist, liegt durchweg unter $20 \cdot 10^6$ S/m, vielfach auch unter $10 \cdot 10^6$ S/m, also fast eine Größenordnung unter der des Kupfers.

Eine tabellarische Übersicht über die häufigsten Legierungspartner des Kupfers und ihre markantesten Einflüsse auf die Werkstoffeigenschaften findet sich am Schluß von Kapitel 6 in Zusammenhang mit den Aluminiumlegierungen (6.4).

5.2.3. Legierungen für elektrische Widerstände und Kontaktwerkstoffe auf der Basis von Kupfer

Die für diese speziellen Zwecke entwickelten Kupferlegierungen seien hier nur der Vollständigkeit halber erwähnt. Sie gehören aber sinngemäß zu den Gesamtgruppen der sehr verschiedenartigen Widerstands- und Kontaktwerkstoffe und sollen daher in entsprechendem Zusammenhang und Gegenüberstellung zu den übrigen im zweiten Teil in den Kapiteln 12.2 und 16 behandelt werden.

6. Leichtmetalle, insbesondere Aluminium und seine Legierungen

Dem *Aluminium* kommt im Rahmen einer Werkstoffkunde der Elektrotechnik neben dem Kupfer ein besonderes Kapitel zu, weil es ebenso wie dieses nicht nur zusammen mit seinen Legierungen eine große Gruppe wichtiger allgemeiner Bau- und Konstruktionswerkstoffe darstellt, sondern auch wegen seines guten *Leitvermögens* von speziellem elektrotechnischem Interesse ist. Die Leitfähigkeit beträgt zwar mit $36 \cdot 10^6$ S/m nur ca. 63 % von der des Kupfers, liegt aber doch höher als bei allen anderen Metallen, wenn man von Silber und Gold absieht. Darüber hinaus gründet sich die breite Anwendung des Aluminiums insbesondere auf seine Eigenschaft als *Leichtmetall* mit einer Dichte von 2,7 kg/dm^3. Es gehört in dieser Hinsicht bekanntlich zu einer Gruppe weiterer Elemente, von denen einige, um die Stellung des Aluminiums innerhalb dieser Reihe zu kennzeichnen, hier kurz besprochen werden sollen.

6.1. Magnesium, Titan, Beryllium

Das *Magnesium* — mit seiner Dichte von 1,74 kg/dm^3 noch leichter als das Aluminium — hat als reines Metall wegen seines geringen Verformungswiderstandes kaum technische Bedeutung. Es ist aber das Grundmetall für eine Gruppe von *Legierungen*, vor allem mit Anteilen von Aluminium, die dort Verwendung finden, wo die Forderung nach geringem Gewicht im Vordergrund steht und mäßige Festigkeit und Korrosionsbeständigkeit in Kauf genommen werden oder durch konstruktive Maßnahmen und Korrosionsschutzmittel ausgeglichen werden können. Das ist z. B. der Fall bei vielen *tragbaren Geräten* oder entsprechenden Teilen im *Flugzeug- und Fahrzeugbau.*

Das *Titan* macht dem Aluminium überall da — und nur da — Konkurrenz, wo es auf den Preis weniger ankommt, dagegen auf geringes Gewicht in Verbindung mit hoher mechanischer Festigkeit, z. B. bei besonders beanspruchten Flugzeugteilen. Denn es ist trotz seiner Dichte von 4,5 kg/dm^3 immer noch eines der leichtesten Metalle, erreicht aber im Gegensatz zum relativ weichen Aluminium mit gewissen Legierungszusätzen die Festigkeit von legierten Stählen mit über *100 kp/mm^2*. Auch seine gute *Korrosionsbeständigkeit,* z. B. gegen Seewasser, würde das Titan zu einem vielverwendeten Metall machen, wenn nicht der *hohe Preis* dem entgegenstände. Letzteres ist in noch stärkerem Maße beim *Beryllium* der Fall; mit einer Dichte von 1,8 kg/dm^3 ist es ebenso wie das Magnesium leichter als das Aluminium, dafür aber so teuer, daß es nur für Spezialzwecke, z.B. im Reaktorbau, im übrigen aber meist nur als Legierungspartner in geringen Prozentsätzen Verwendung finden kann, vor allem beim *Kupfer-Beryllium.* Daß demgegenüber das Aluminium im Materialpreis unter dem des Kupfers liegt, sein Vorkommen in der Erdrinde aber um drei Größenordnungen reichlicher ist, sind zwei Gründe mehr, sich hier etwas eingehender mit ihm zu beschäftigen.

6.2. Reines Aluminium

Das normale technische Aluminium hat einen Reinheitsgrad von 99,5 %, aber auch
Qualitäten mit einer Reinheit von 99,99 % sind für spezielle Anwendungen nichts
Ungewöhnliches. Mit seinem kubisch-flächenzentrierten Gitter ist es in reinem Zustand gut kaltverformbar. Da es außerdem mit gewissen Einschränkungen bemerkenswert korrosionsfest ist, stehen also vier Eigenschaften im Vordergrund, denen
es seine verbreitete technische Anwendung verdankt:

geringes Gewicht
gute Leitfähigkeit
Korrosionsbeständigkeit
Kaltverformbarkeit (Tiefziehfähigkeit)

Die drei letzteren Eigenschaften sind allerdings in starkem Maße vom *Reinheits-*
grad des Metalls abhängig. Dabei können schon Verunreinigungen von weit unter
1 % sich erheblich auswirken, wie im einzelnen zu besprechen sein wird.

Geringes Gewicht: Daß das Aluminium trotz seiner geringeren Leitfähigkeit mit
dem Kupfer als Leiterwerkstoff in Wettbewerb treten kann, liegt nicht nur an den
niedrigeren Kosten, sondern kann auch im Hinblick auf seine kleinere Dichte technische Gründe haben. Das zeigt z. B. folgende Überlegung: Die Leitfähigkeit des
Aluminiums verhält sich zu der des Kupfers wie 36 : 57 = 0,63. Ein Aluminium-
stab muß also, um den gleichen elektrischen Widerstand pro Längeneinheit zu haben
wie ein Kupferstab, im Querschnitt um den Faktor 1 : 0,63, ~ 1,6 dicker sein; da
die Dichten der beiden Metalle sich aber rund wie 2,7 : 9 = 0,3 verhalten, so ist die
Masse des Aluminiumstabes pro Längeneinheit immer noch nur 1,6 · 0,3 = 0,48 im
Vergleich zu der des Kupferstabes. Daher kann es sinnvoll sein, bei Kurzschlußläu-
fern großer elektrischer Maschinen hoher Drehzahl mit ihren erheblichen Zentrifu-
galkräften den Käfig aus Aluminiumstangen anstelle von widerstandsgleichen, zwar
dünneren, aber doppelt so schweren Kupferstangen herzustellen. Aber auch aus wirtschaftlichen Gründen wird man natürlich in Fällen, wo genügend Raum für den größeren Leiterquerschnitt zur Verfügung steht, das billigere Aluminium anstelle des Kupfers verwenden, z. B. bei Käfigläufern elektrischer Maschinen, in der Kabelindustrie
usw.

Die Leitfähigkeit — bei 20 °C nach VDE 0202 für E Al mindestens $36 \cdot 10^6$ S/m —
nimmt wie beim Kupfer mit *steigender Temperatur stetig ab,* u. z. ebenfalls um rund
0,4 % pro Grad. Dem überlagern sich möglicherweise bleibende Veränderungen, die
durch *Verunreinigungen* oder *Kaltverformung* und *Glühbehandlung* bedingt sind.
Bild 32 zeigt die Abhängigkeit vom Reinheitsgrad und von der Wärmebehandlung.
Letztere führt offenbar bei Temperaturen um 300 °C zu einem Optimum: Die bei
der vorangegangenen Kaltverformung entstandenen Korngrenzen, die die Leitfähigkeit herabsetzen, verschwinden hier durch Kristallerholung und Rekristallisation.

Bei darüber hinausgehenden Glühtemperaturen setzt aber offenbar eine zu starke
Kornvergrößerung mit ausgeprägten Korngrenzen ein, die wieder ein Absinken der
Leitfähigkeit zur Folge haben.

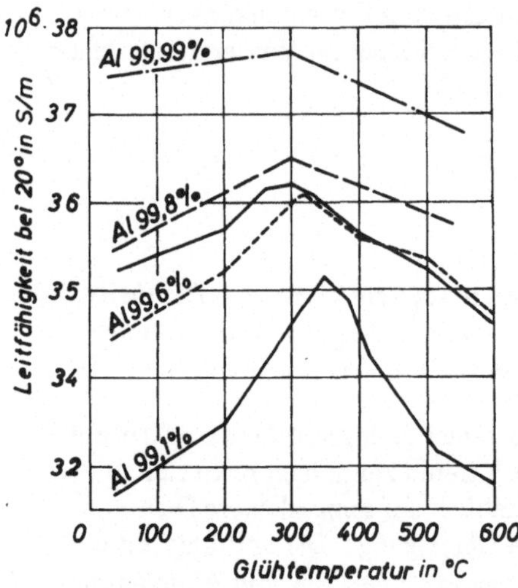

Bild 32
Elektrische Leitfähigkeit von ge-
zogenem Reinaluminium nach
Glühung bei verschiedenen Temperaturen

Die Korrosionsbeständigkeit des Aluminiums ist vor allem bemerkenswert gut gegenüber normalen atmosphärischen Einflüssen, also *Sauerstoff* und *Feuchtigkeit.* Diese
Witterungsbeständigkeit beruht darauf, daß es sich infolge seiner großen Affinität
zum Sauerstoff in Luft und in Wasser mit einer zwar sehr dünnen (ca. 1 μ dicken),
aber dichten Oxydhaut (Al_2O_3) überzieht, die das Innere vor weiterem Angriff schützt
und sich bei Verletzung erneuert. Durch elektrochemische Verfahren *(Eloxieren)*
läßt sie sich zu einer harten und festhaftenden Schicht verstärken. Auch gegenüber
vielen organischen Verbindungen ist sie beständig, so daß das Aluminium und seine
Legierungen mannigfache Verwendung für Behälter, Rohre und dergleichen in der
Chemie und der *Nahrungsmittelindustrie* sowie auch im *Haushalt* finden.

Zerstörend wirken dagegen in hohem Maße *Seewasser, Salzsäure* und *Schwefelsäure.*
Durch geringe Verunreinigung von weniger als 1 % kann die Korrosionsfestigkeit erheblich herabgesetzt werden, meist durch Bildung von *Lokalelementen* (Kapitel 7.2).
Z.B. ist die Löslichkeit von 99,5 %igem Aluminium in verdünnter Salzsäure je
nach *Art* der Verunreinigungen, die in dem fehlenden Anteil von 0,5 % enthalten
sind, bis zu 1000 mal größer als bei einem Reinheitsgrad von 99,99 %. Ebenso empfindlich wie gegen die genannten Säuren ist das Metall aber auch gegen *Alkalien,*
z.B. *Natronlauge.* Erwähnt sei schließlich, daß ein Aluminiumgefäß, in das ein Trop-

fen *Quecksilber* fällt, in kurzer Zeit durch Zerstörung der Oxydhaut (Amalgambildung) löcherig wird. Hierauf gründet sich u. a. die Abneigung gegen die Verwendung von zerbrechlichen Quecksilberthermometern in Flugzeugen.

Die gute *Kaltverformbarkeit* des Aluminiums ist in noch stärkerem Maße als beim Kupfer mit großer *Weichheit,* also geringer Zugfestigkeit verknüpft, die mit 7... 8 kp/mm^2 (99,5 % Al) etwa bei einem Drittel von der des Kupfers und des reinen Eisens liegt (vgl. Spannungs-Dehnungs-Schaubild Bild 11). Sie kann zwar durch Kaltverformung etwa verdoppelt werden (Bild 33), ist aber auch damit für viele Zwecke noch zu gering. Bei der Entwicklung von Legierungen wird man also in erster Linie auf eine Steigerung der mechanischen Festigkeit bedacht sein.

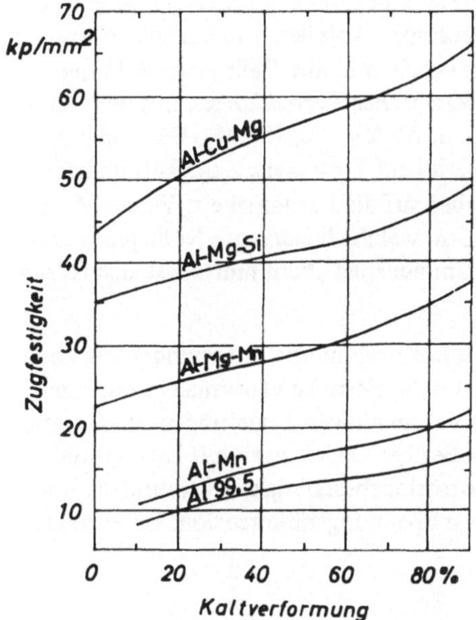

Bild 33

Einfluß der Kaltverformung auf die Zugfestigkeit von Al und Al-Legierungen

6.3. Aluminiumlegierungen

Unter den Aluminiumlegierungen gibt es praktisch leider nur *eine*, bei der eine Verbesserung der mechanischen Eigenschaften ohne erhebliche Einbuße an Leitfähigkeit zustande kommt. Es ist die unter der Bezeichnung *ALDREY* bekannte aushärtbare Aluminium-Silicium-Magnesium-Legierung. Ihre Anteile von Silicium und Magnesium liegen jeweils unter 1 %. Die *Leitfähigkeit* wird gegenüber der des reinen E-Aluminiums dabei um ca. 15 % abgesenkt, nämlich von 36 auf 30 bis 33 · 10^6 S/m. Dafür läßt sich aber durch Kombination von Kaltverformung und Aushärtung die

Zugfestigkeit dieser Legierung auf über *30 kp/mm²*, d.h. bis an den Bereich einfacher Stähle, anheben. Die Warmfestigkeit ist allerdings gering. Verwendet wird ALDREY vor allem zur Herstellung von *Leitungsdrähten* für höhere Festigkeitsansprüche als Ersatz für Kupfer.

Bei allen anderen Aluminiumlegierungen sinkt das Leitvermögen auf Werte, die im allgemeinen elektrotechnisch *nicht* mehr interessant sind, während andere Eigenschaften gegenüber denen des reinen Aluminiums verbessert werden; (hier wird allerdings in Zusammensetzung und Eigenschaften nicht die Mannigfaltigkeit erreicht wie bei den Kupferwerkstoffen). Zur Anwendung kommen sie allgemein da, wo geringes *Gewicht, Festigkeitswerte* im Bereich billiger bis guter Stähle, *Korrosionsbeständigkeit* und erträglicher *Kostenaufwand* oder wenigstens ein Teil dieser Merkmale verlangt werden. Legierungspartner sind bevorzugt *Magnesium, Mangan, Kupfer, Zink,* Silicium und *Nickel,* meist in geringen Anteilen (um einige Prozent oder unter 1 %), so daß das niedrige Gewicht erhalten bleibt. Teils unter Bildung *aushärtbarer Legierungen,* teils harter *intermetallischer Verbindungen* mit dem Aluminium und untereinander in Form von Al_2Cu, Al_3Mg_2, Mg_2Si, Mg_2Cu und anderen, wirken sie in wechselvoller Weise verbessernd auf Festigkeit, Zähigkeit und Korrosionsbeständigkeit, in jedem Fall mindernd aber auf die Leitfähigkeit. Versucht man unter Verzicht auf Einzelheiten herauszustellen, welche bevorzugte Rolle jedes einzelne der genannten Elemente in diesem Zusammenspiel übernimmt, läßt sich folgendes Bild skizzieren.

Zunächst erhöhen sie, jedes für sich und auch in Kombination miteinander, als Legierungspartner des Aluminiums seine mechanische Festigkeit (normalerweise nach einer Aushärtungsbehandlung). Bild 33 zeigt das an einigen Legierungen im Vergleich zum Reinaluminium. Im allgemeinen ist — außer bei Legierungen mit Kupfer und Zink — damit auch eine Verbesserung der Korrosionsbeständigkeit verbunden, eingeschränkt durch gelegentliches Auftreten von Spannungsrißkorrosion. Im einzelnen ist folgendes zu ergänzen.

Aluminiumlegierungen

mit *Magnesium* (Al-Mg) sind im besonderen *seewasserfest;* Anwendung finden sie demgemäß vor allem im *Schiffbau,* aber auch als allgemeine Bauwerkstoffe für dekorative Verkleidungen in der *Architektur* und bei *Fahrzeugen* sowie zur Herstellung von *Haushaltsgeräten* und wegen des guten optischen Reflexionsvermögens des Aluminiums auch von *Reflektoren.* Ihre Korrosionsbeständigkeit kann durch elektrochemische Behandlung der Oberfläche noch wesentlich gesteigert werden.

mit *Mangan*
(Al-Mn und Al-Mg-Mn)

anstelle des Magnesiums oder mit ihm zusammen sind darüber hinaus beständig auch gegen *saure* Agenzien sowie erhöht *warmfest*. Sie werden u. a. verwendet in der *chemischen* Industrie und der *Nahrungsmittelindustrie*.

mit *Kupfer*
(Al-Mg-Cu)

als Zusatz zu Mg, bekannt unter der Bezeichnung *Duraluminium*, sind mechanisch besonders *fest* mit Zugfestigkeiten um 45 kp/mm^2, haben aber durch den Kupferzusatz an Korrosionsbeständigkeit gegen Alkalien und Seewasser verloren. Sie finden häufig Anwendung in *Fahrzeugen* und im *Flugzeugbau*. (Die Kombination Al-Cu wurde in 3.2.4 als Muster einer aushärtbaren Legierung behandelt).

mit *Zink*
(Al-Mg-Zn und
Al-Zn-Mg-Cu)

als Ersatz des Kupfers im Al-Mg-Cu oder als Zusatz dazu sind in der mechanischen *Festigkeit* noch weiter gesteigert bis auf Werte um 65 kp/mm^2, in der Korrosionsbeständigkeit aber auch nicht viel besser als das Al-Cu-Mg, im Gegenteil gefährdet durch *Spannungsrißkorrosion*. Ihr Verwendungsbereich ist etwa wie der des Al-Mg-Cu.

mit *Silicium*
(Al-Si und Al-Mg-Si)

sind mechanisch weniger fest als Al-Mg-Cu, aber korrosionsbeständiger und *billiger*. Eine für *Gußlegierungen* bemerkenswert hohe Zähigkeit hat das *SILUMIN* (AlSi$_{12}$), das bei Zusatz von Magnesium aushärtbar ist; es stellt mit seinem Anteil von 12 % Silicium ungefähr das Eutektikum in der Legierungsreihe Aluminium-Silicium dar und hat dementsprechend besonders gute Gießeigenschaften (Schmelzpunkt rund 580 °C gegenüber 660 °C beim Reinaluminium)

mit *Nickel*
(z. B. Al-Cu-Ni-Mg)

meist als Zusatz zu anderen, sind besonders *warmfest*, also für hohe mechanische Beanspruchung bei hoher Temperatur geeignet und werden dementsprechend z. B. verwendet für Kolben, *Zylinderköpfe* und dgl.

Bemerkt sei, daß besonders warmfeste Aluminiumlegierungen auch durch *Sintern* mit starkem Anteil an *Aluminiumoxyd* hergestellt werden.

6.4. Zusammenfassender Überblick über Werkstoffeigenschaften und Zusammensetzung von Kupfer- und Aluminiumlegierungen

In der folgenden Übersicht ist in großen Zügen zusammengestellt, welche Partner — einzeln oder in Kombination — üblicherweise dem Grundmetall Kupfer bzw. Aluminium zulegiert werden, um bestimmte Eigenschaftsänderungen zu erzielen. Ausgenommen sind dabei die Widerstandslegierungen und Kontaktwerkstoffe, deren gesonderte Behandlung in Kapitel 12.2 und Kapitel 16 vorgesehen ist.

Eigenschaftsänderung	Kupferlegierungen	Aluminiumlegierungen
	Legierungspartner	
Festigkeitssteigerung bei guter oder *noch* guter Leitfähigkeit	Ag, Cd, Cr, Zr (Be)	Si, Mg ($<$ 1 %)
Festigkeitssteigerung bei Verzicht auf Leitfähigkeit	Be, As, Mn, Si, Al, Sn, Zn, Ni	Cu, Si, Mg, Mn Ni
Warmfestigkeit	Mn, Ni, Cr, Zr	Mn, Ni
Korrosionsbeständigkeit	Al, Be, Sn, Ni	Mg, Mn
Verbessertes Gleitvermögen	Pb	
Verbesserte Zerspanbarkeit	Te, Pb	Pb

Über Kupferlegierungen für elektr. Widerstände sowie als Kontaktwerkstoffe s. Kap. 12.2 und Kap. 16. Über Aluminium als Zusatz zu Elektroblechen (zusammen mit Silicium) und als Bestandteil von Permanentmagneten (Alnico) s. Kap. 19.5.

7. Korrosion und Korrosionsschutz

Bereits in den vorhergehenden Kapiteln wurde bei den einzelnen dort behandelten Metallen jeweils etwas über ihre Korrosionsbeständigkeit ausgesagt. Es soll versucht werden, diese Einzelheiten unter Hinweis auf kennzeichnende Beispiele auch aus anderen Bereichen der Metallkunde nach einheitlichen Gesichtspunkten zu ordnen und durch Besprechung üblicher Schutzmaßnahmen zu ergänzen.

Eingangs wurde bemerkt, daß wir die Metalle in der Erdrinde meist nicht in reiner Form, sondern in chemischer Bindung an andere Elemente aus ihrer Umgebung und aus der Atmosphäre vorfinden, als Oxyde, Hydroxyde, Karbonate, Sulfide usw.. Da wir viel Mühe aufwenden müssen, um sie von diesen Verbindungspartnern zu befreien und zu reinigen, ist es natürlich, daß sie im Laufe der Zeit danach streben, in den ursprünglichen Zustand zurückzukehren und die alten Bindungen wieder einzugehen, zu korrodieren. In diesem Kapitel sollen nicht alle Möglichkeiten der Korrosion durch aggressive Flüssigkeiten oder Dämpfe betrachtet werden, die in Sonderfällen auftreten können, sondern nur diejenigen, denen alle Werkstoffe in gleicher Weise durch Witterungseinflüsse, d. h. durch die normalen Bestandteile der ländlichen oder großstädtischen Atmosphäre und der Meeresluft, ausgesetzt sind, nämlich durch *Sauerstoff, Feuchtigkeit* und *Kohlensäure* unter gelegentlicher Einbeziehung von Verbindungen des *Schwefels*, des *Stickstoffs* und des *Chlors*.

7.1. Normale Witterungseinflüsse

Witterungsbeständig ist ein Metall in erster Linie dann, wenn es von sich aus geringe oder so gut wie gar keine Neigung hat, mit den Bestandteilen der Luft irgendwie zu reagieren. Dies trifft zu für die *Edelmetalle* Silber, Quecksilber, Gold und die Platinmetalle (außer Platin noch Rhodium, Iridium und andere). Alle übrigen überziehen sich in wesentlich stärkerem Maße durch Verbindung mit dem Sauerstoff, der Feuchtigkeit oder der Kohlensäure der Luft mit einer Schicht aus *Oxyden, Hydroxyden oder Carbonaten.* Je nach dem, wie dicht und fest diese Schichten sind, schützen sie das darunterliegende Metall gegen weiteren Angriff, lassen es also als witterungsbeständig erscheinen. Das ist z. B. schon bei Raumtemperatur der Fall bei *Kupfer* (Kupferoxydul und Kupferoxyd, Patina), vor allem aber bei *Chrom, Aluminium* und *Zink.*

Letzteres wäre an sich sehr anfällig gegen Witterungseinflüsse, bildet aber an Luft eine dichte Oberflächenhaut aus Zinkhydroxyden und -carbonaten, die in Wasser fast unlöslich sind und den Korrosionsvorgang zum Stillstand bringen. Dieser Eigenschaft verdankt das Zink seine Hauptanwendungsgebiete, z. B. für Bauzwecke in Form von Blechen, für Dachrinnen und dergleichen sowie als Überzug auf Stahl, sei es galvanisch oder durch *Feuerverzinkung* aufgebracht. Auch *Aluminium* wäre wenig witterungsbeständig ohne seine spontan an Luft entstehende Oxydhaut, die man durch elektrochemische Verfahren *(Eloxieren)* noch wesentlich verstärken kann. *Chrom* dient bekanntlich auf Grund seiner Fähigkeit zur Bildung von *Schutzschichten* als maßgeblicher Legierungspartner in rost- und zunderbeständigen Stählen. Die Wirksamkeit solcher Schichten wird in diesem Fall besonders deutlich, wenn man sie entfernt, z. B. durch fortgesetztes Schaben. Dann bildet sich bekanntlich *Reibrost.*

Nicht immer wächst aus solchen Oxyden und anderen Verbindungen eine zusammenhängende schützende Haut. Klassisches Beispiel ist das *Eisen:* Das beim Rosten an feuchter Luft durch Wasser und Sauerstoff entstehende Eisenhydroxyd ist porös und wasseranziehend und fördert damit die tiefer gehende Zerstörung eher, als daß es sie zum Stillstand bringt. Die erwähnte Eigenschaft des Kupfers, als Legierungspartner die Korrosionsbeständigkeit des Eisens zu verbessern, beruht darauf, daß es verdichtend auf die sich bildende Rostschicht wirkt.

7.2. Der korrodierende Einfluß des Wassers, elektrochemische Prozesse als Ursache der Verwitterung

Die Mitwirkung des Wassers bei der Korrosion wurde bereits an einigen voraufgegangenen Beispielen erkennbar. Dazu ist zu bemerken, daß Wasser*dampf* im allgemeinen wenig aggressiv ist. Erst bei Temperaturen von einigen 100 Grad und entsprechend hohen Drucken greift er stark an. Bei Raumtemperatur aber ist in höherem Maße nur *flüssiges* Wasser gefährlich, vor allem, wenn es als *Schwitzwasser* oder

Tau aus der Luft kondensiert und sich an Metallflächen, die kälter sind als die Umgebung, niederschlägt. Dann fehlen ihm nämlich die gelösten Salze und sonstigen Bestandteile, die es bei Berührung mit dem Erdboden normalerweise aufnimmt, vor allem der *Kalkgehalt*. Da aber letzterer häufig die Bildung von *Schutzschichten* begünstigt, dringt der Angriff des kalkarmen (weichen) Kondenswassers meist rascher vor als der von kalkreichem (harten) Brunnenwasser. In jedem Fall wird die Korrosion wesentlich beschleunigt durch den im Wasser gelösten *Sauerstoff*. Wassergefüllte eiserne Rohrsysteme, beispielsweise zu Heiz- oder Kühlzwecken, die gegenüber der Außenluft abgeschlossen sind, rosten bekanntlich im Innern nur so lange, bis der gelöste Sauerstoff verbraucht, d. h. in dem sich bildenden Rost eingebaut ist. Von da ab kommt die Korrosion nahezu zum Stillstand.

Die besondere Rolle, die das Wasser bei der Verwitterung spielt, wird deutlich, wenn man sich die *elektrochemischen* Vorgänge vor Augen hält, die dabei ablaufen. Besonders einleuchtend ist der elektrochemische Charakter des Zerstörungsprozesses, wenn es sich nicht um ein einheitliches Metall handelt, sondern wenn makroskopische Einschlüsse eines zweiten in der Oberfläche vorhanden sind und das ganze von einer elektrolytisch leitenden Feuchtigkeitsschicht überdeckt ist[1]). Bekanntlich bilden grundsätzlich zwei verschiedenartige Metalle in solcher Kombination mit einem wässrigen Elektrolyten die Elektroden eines *galvanischen Elementes*, dessen *EMK* als unmittelbare Folge von *Auflösungsvorgängen* an ihren Oberflächen zustande kommt. Denn durch den Elektrolyten wird in den angrenzenden Metall-schichten eine Aufspaltung der interatomaren Bindungen hervorgerufen, d. h. eine Trennung von Ladungen, die diese Bindungen bewirkt hatten. Infolgedessen gehen nicht neutrale Atome, sondern positiv geladene Masseteilchen, also *Ionen*, in Lösung, während der noch ungelöste Teil der Elektrode demgegenüber negativ geladen zurückbleibt (Bild 34a). Die dadurch sich bildende EMK ist umso größer, je mehr sich die beiden Metalle hinsichtlich ihrer *Lösungsbereitschaft* im Elektrolyten unterscheiden. Sind die Klemmen des Elementes offen, so daß außen kein Strom fließt, kann auch im Elektrolyten keine Wanderung von Ladungen (Ionen) stattfinden, der Auflösungsprozeß an den Elektroden kommt zu einem Gleichgewichtszustand und schreitet nur sehr langsam fort. Wird aber dem Element durch Schließen des äußeren Kreises Strom entnommen, so hat auch die vor der lösungsbereiteren *(unedleren)* Elektrode (links) liegende Ionenwolke Gelegenheit, abzufließen und neuen Ionen aus dem sich allmählich auflösenden Metall Platz zu machen (Bild 34a).

Korrosion auf Grund solcher elektrochemischer Vorgänge ist also in erster Linie dann zu befürchten, wenn zwei verschiedene Metalle leitend miteinander in Verbindung stehen und an der Oberfläche in ihrer gegenseitigen Berührungslinie Feuchtigkeit ausgesetzt sind. Bild 34b zeigt ein solches *Lokalelement*, bestehend z. B. aus

---

[1]) Zur elektrolytischen Leitung genügt hier schon geringfügige Verschmutzung mit Spuren von Säuren, Basen oder Salzen.

einem Kupferblock und einer darin sitzenden Eisenschraube als Elektroden mit einem elektrolytisch verunreinigten Wassertropfen, der sie außen gemeinsam überdeckt. Die dadurch entstehende EMK ist im Innern des Blocks metallisch kurzgeschlossen, und der Kurzschlußstrom führt zur Korrosion der Schraube im Elektrolyten, da das Eisen leichter in Lösung geht als das Kupfer. Denkt man sich andererseits statt des Kupferblocks einen solchen aus Zink, so würde der Prozeß in umgekehrter Richtung verlaufen: Das Zink löst sich leichter als das Eisen, wird also allmählich zerstört, während das Eisen geschützt wird. Auch hierauf beruht die verbreitete Anwendung des *Zinks als Korrosionsschutz* auf Stahlteilen, Blechen usw.

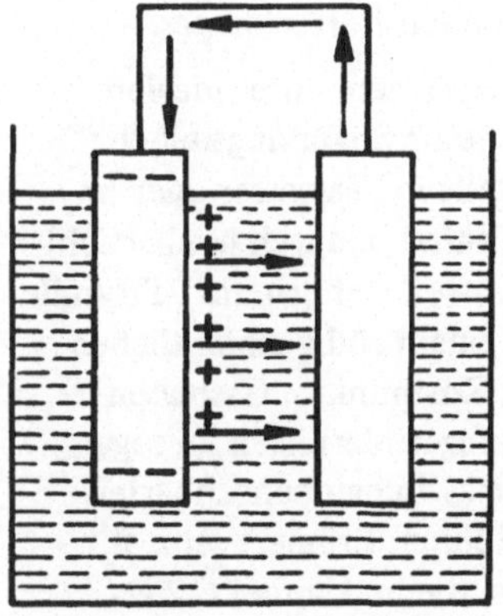
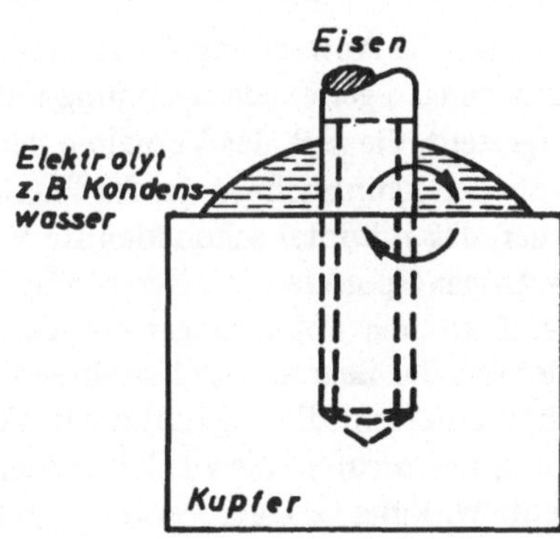

Bild 34. Elektrochemische Korrosion
a) Auflösung und Aufladung an der unedleren Elektrode in einem Elektrolyten (schematisch)
b) Lokalelement (schematisch)

Man hat die Metalle im Hinblick auf ihre Fähigkeit, paarweise miteinander in Kombination mit ihren gelösten Salzen galvanische Elemente zu bilden, in der sogenannten *elektrochemischen Spannungsreihe* geordnet. An ihrem einen Ende stehen die nur sehr schwer angreifbaren *Edelmetalle*, anschließend mit steigender Löslichkeit das *Kupfer, Blei, Zinn, Nickel, Cadmium* und *Eisen*, schließlich am anderen — unedlen — Ende das *Zink, Aluminium* und *Magnesium*. Je zwei Metalle können mit einem sie verbindenden Elektrolyten ein galvanisches Element bilden, dessen EMK umso größer ist, je weiter die beiden Partner in der Reihe voneinander entfernt sind; es liefert gegebenenfalls einen Strom, der außen von der edleren zur unedleren, innen im Elektrolyten von der unedleren zur edleren Elektrode fließt (s. Bild 34). Erstere wird dabei langsam zerstört und aufgelöst, während letztere erhalten bleibt. Daß das *Zink* aufgrund seiner Stellung in der Nähe des unedlen Endes der Spannungsreihe schon in den Anfängen der Elektrotechnik für die negative Elektrode galvanischer Elemente benutzt wurde, ist aus dem physikalischen Elementarunterricht bekannt. Seine Bedeutung als besonders wirksamer *Rostschutzüberzug* von Eisen

hat also den gleichen elektrochemischen Hintergrund. Auf der anderen Seite ist
aber auch die *geringe* Witterungsbeständigkeit vieler *heterogener* Legierungen elek-
trochemisch zu verstehen, da sie sich ja aus zwei oder mehreren Metallen zusammensetzen, die im festen Zustand nicht ineinander löslich sind, sondern z. B. als Eutektikum ein regelloses Haufwerk verschiedenartiger aneinandergrenzender Kristallite
bilden. Sie sind also im allgemeinen umso anfälliger gegen Korrosion, je weiter die
Partner in der elektrochemischen Spannungsreihe auseinander stehen. Die mangel-
hafte Korrosionsfestigkeit von *Weichloten aus Cadmium, Zink* und *Zinn* zum Löten
von Aluminium gehört beispielsweise hierher (Kapitel 8.1). Dagegen sind Legierungen, deren Partner sich in Form von *Mischkristallen* völlig ineinander lösen, als
homogen zu betrachten und dementsprechend meist besonders korrosions*fest.*

Für spezielle Anwendungen hat man neben der oben angegebenen, unter idealen
Bedingungen geltenden Spannungsreihe sogenannte praktische Spannungsreihen
aufgestellt, die z. B. das Verhalten der verschiedenen Metalle in Seewasser oder im
Erdboden kennzeichnen. In der Praxis werden die Verhältnisse dadurch unübersicht-
licher, daß mitunter schon kleinste Verunreinigungen von weit weniger als 1 Promille
zu Ausgangspunkten von Zerstörungen werden. Auch in einem völlig einheitlichen
Metall können Ablagerungen von Oxydationsprodukten, Rostpunkte, Gasblasen
oder von der Bearbeitung herrührende lokal begrenzte Gefügeänderungen, ja sogar
schon unterschiedlicher Luftzutritt Potentialunterschiede zwischen benachbarten
Teilen hervorrufen, die zu elektrochemischer Korrosion führen. Erinnert sei z. B.
an die Wirkung geringer Verunreinigungen im Aluminium, die im Kapitel 6.2 erwähnt wurde.

Auffallend ist, daß unsere gebräuchlichsten Konstruktionsmetalle vorwiegend auf
der unedlen Seite der Spannungsreihe stehen, also besonders anfällig sein sollten.
Tatsächlich liegen die Verhältnisse hier oft günstiger; denn die Stellung in der Spannungsreihe ist lediglich für den *Beginn* der Korrosion maßgebend, bei ihrem weiteren Fortschreiten können aber auch bei elektrochemischen Prozessen *Schutzschichten* entstehen, die den weiteren Angriff verzögern oder abstoppen. Die Metalle verhalten sich dann edler als ihrer wirklichen Stellung in der Spannungsreihe entspricht.
Sie sind durch diese Schutzschichten *passiviert.* Auf diese Weise können Lokalele-
mente u. U. geradezu korrosions*mindernd* wirken.

7.3. Sonstige Korrosionserscheinungen (Industrie-Atmosphäre und Meerwasser)

Die vorstehenden Betrachtungen, die sich im allgemeinen nur auf die Witterungsbeständigkeit unter dem Einfluß der normalen Bestandteile der Atmosphäre bezogen,
seien ergänzt durch einige Hinweise auf andere Korrosionserscheinungen, die in
Industrieluft und *Meeresluft* sowie in *Seewasser* zusätzlich auftreten können, und
zwar bevorzugt durch *Stickstoffverbindungen* (Ammoniak und nitrose Gase), durch

Schwefel und seine Verbindungen und Chlorverbindungen. Sie sind meist schon in
früheren Kapiteln an entsprechender Stelle genannt worden und hier der Vollständigkeit halber nochmals zusammengestellt.

Der für sich allein harmlose *Stickstoff* der normalen Luft kann in äußerst aggressiven Verbindungen auftreten. Die schädigende Wirkung des *Ammoniaks* (NH_3) sowohl auf *Kupfer* wie in der Form der Spannungsrißkorrosion auch auf *Messing*
wurde bereits besprochen. Mit seiner Anwesenheit ist ebenso in Industrieluft wie
auch in der Nachbarschaft von Fäulnisprozessen zu rechnen. Nicht minder stellen die
sogenannten *nitrosen Gase* (NO, NO_2) insbesondere in der Elektrotechnik eine
Gefahrenquelle dar. Sie entstehen nämlich u. a. spontan in der hohen Temperatur
von *Schaltlichtbögen* an Luft oder in *Glimmentladungen* in der Nähe von Hoch-
spannungsleitungen. Zusammen mit der Feuchtigkeit der Atmosphäre bildet sich
daraus Salpetersäure (etwa: $3NO_2 + H_2O \rightarrow 2HNO_3 + NO$), die sowohl Metalle
wie auch Isolierstoffe, z. B. in Lichtbogen-Löschkammern und in den Wicklungen
von Hochspannungsmaschinen und Transformatoren stark angreift.

Schwefel wirkt vor allem zerstörend auf *Kupfer, Zinn* und *Nickel,* im letzteren Fall
meist in Form der auch sonst vorkommenden,längs der Korngrenzen fortschreitenden *interkristallinen* Korrosion, die den mechanischen Zusammenhang der Kristallite lockert. Die Festigkeitseigenschaften werden hierdurch beträchtlich herabgesetzt, ohne daß die innere Schädigung äußerlich erkennbar sein muß.

Verbindungen des Schwefels und des Chlors führen in *wässriger* Lösung bei vielen
Metallen zu lebhaften Reaktionen und beschleunigtem Abbau, da sie durch ihre
Dissoziation einmal die *Leitfähigkeit* des Wassers erhöhen, also elektrochemische
Vorgänge begünstigen, und zudem in Form von *aggressiven Ionen* vorliegen,die
mit den Metallen leicht Verbindungen eingehen. Auch als trockene Ablagerungen
wirken sie meist auf die Dauer korrodierend, weil sie häufig stark *hygroskopisch*
sind, sich also das zur elektrolytischen Zersetzung nötige Wasser aus der Luftfeuchtigkeit selbst heranziehen. Schon der Salzgehalt von Fingerabdrücken (Schweiß)
kann sich in diesem Sinne unangenehm bemerkbar machen.

Von *Spannungskorrosion* als der Folge gleichzeitiger mechanischer und chemischer
Beanspruchung war außer bei *Messing* u. a. bei den *austenitischen Stählen* die Rede,
und zwar ist das gefährliche chemische Angriffsmittel hier nicht *Ammoniak,* sondern das Chlor *(Chlorionen).* Aber auch bei gewissen Leichtmetallegierungen wurde
Spannungsrißkorrosion erwähnt und sogar bei Edelmetall-Legierungen kann sie
unter ähnlichen Voraussetzungen auftreten, wenn einer der Legierungspartner ein
unedles Metall ist, z. B. bei Kupfer-Gold-Legierungen.

Indirekt korrosionsfördernd wirken endlich manche *organische Dämpfe,* die z.B.
aus Kunststoffen sublimieren können, indem sie die Schutzschichtbildung (Passi-
vierung) auf Metalloberflächen behindern und sie dadurch anfälliger machen.

7.4. Korrosionsschutz

In *luftdicht* abgeschlossenen Räumen kann man das Hauptagens aller Korrosionserscheinungen, die Feuchtigkeit und die bei Anwesenheit von Salzen daraus entstehenden wässrigen Elektrolyte, durch handelsübliche wasseranziehende Substanzen, wie *Silicagel und dgl., weitgehend beseitigen.* Luftabschluß ohne solche Trock-
nungsmittel ist nur dann sinnvoll, wenn er wirklich absolut dicht ist. Denn sonst
wird allmählich eindiffundierender Wasserdampf sich bei Temperaturwechsel im
Innern niederschlagen und in Ermangelung von Luftbewegung nicht mehr verdunsten, sondern an den betreffenden Stellen haften, so daß die zerstörende Wirkung
des Kondenswassers unbegrenzt fortdauern kann. *Unvollkommene Abdichtung,* die
das Eindringen von Feuchtigkeit nicht ausschließt, fördert daher die Korrosion mehr
als freier Zutritt bewegter Luft.

Die Entstehung von Kondenswasser verhindert man häufig, wenn keine andere Möglichkeit besteht, durch Einbau einer *Stillstandsheizung* in Maschinen und Apparaten, die die gefährdeten Teile auf so hoher Temperatur hält, daß keine Betauung auf
ihrer Oberfläche einsetzen kann.

In allen anderen Fällen bietet Schutz gegen Korrosion zunächst natürlich jede luftdicht abschließende Schicht, die selbst wenig oder gar nicht angegriffen wird, sei
es aus *Öl, Lack, Kunststoff, Email* u. a. oder von galvanisch aufgebrachten, aufge-
schmolzenen, aufgespritzten oder aufgewalzten Metallen hinreichend guter Beständigkeit. Als solche kómmen also bevorzugt *Edelmetalle* oder *Kupfer, Zinn* und *Nikkel* in Frage, aber auch relativ unedle, wie *Chrom, Cadmium, Zink* und *Aluminium,*
die sich selbst mit genügend sicheren Schutzschichten überziehen. Solche natürlichen
Schutzhäute können, ähnlich wie beim Aluminium, auch bei anderen Metallen durch
chemische Verfahren, wié Behandlung mit *Chromaten* und *Phosphaten,*wirksam
verstärkt werden.

Je nach Nebenbedingungen, wie Kratzfestigkeit, Temperaturbeständigkeit, Aussehen,
Kosten u. a.,und je nachdem, ob die Oberfläche leitend oder isolierend oder optisch
reflektierend sein soll usw., wird man die eine oder andere Art von Überzug wählen.
Den billigsten metallischen Schutz für Stahl liefert das *Verzinken* (bei Verzicht auf
besonders gutes Aussehen); etwas ansehnlicher und vor allem beständiger gegen
Seewasser (aber auch teurer) sind *Cadmiumschichten. Zink* hat den Vorteil, daß
Poren oder Kratzspuren, die bei anderen Überzügen Ausgangspunkte für beginnen-
des Verrosten sein könnten, hier weniger stören, da an solchen schadhaften Stellen
das frei liegende Eisen immer noch durch die vom benachbarten unedleren Zink
ausgehende elektrochemische Wirkung geschützt wird. Den gleichen Zweck verfolgt man z. B. durch Anstrich mit Lacken, die stark mit Zinkstaub pigmentiert
sind.

Das soll jedoch nicht heißen, daß die Anwendung des *elektrochemischen Korrosionsschutzes* auf das Paar Eisen-Zink beschränkt sei. Reicht die aufgrund der Spannungsreihe zwischen den Metallen oder auch z. B. zwischen Metall und Kohle spontan auftretende EMK nicht aus, so verbindet man die beiden Partner mit einer entsprechend bemessenen äußeren Spannungsquelle, wobei der zu schützende Teil als Katode geschaltet wird. Natürlich bedingt eine solche Maßnahme höheren Kostenaufwand, der aber mitunter, z. B. zum Schutz gegen Seewasser, in Kauf genommen wird.

8. Verbindungstechnik metallischer Werkstoffe

Bei der Beurteilung der Verarbeitbarkeit eines Werkstoffes kommt der Frage, wie man daraus gefertigte Teile mit anderen Bauelementen verbinden kann, fast immer wesentliche Bedeutung zu. Es ist daher hier noch eine Gruppe von Legierungen zu besprechen, die als *Hartlote* oder *Weichlote* dienen,und zwar soll das im Rahmen etwas weiter gefaßter Betrachtungen über die Verbindungstechnik metallischer Werkstoffe geschehen. Dabei ist nicht beabsichtigt, eine Sammlung von Rezepten aufzustellen, sondern nur einen Einblick in die Vielfalt der Möglichkeiten, aber auch der zu beachtenden Schwierigkeiten zu vermitteln.

In allen Fällen, wo rein mechanisches Zusammenfügen mit Hilfe von Schrauben oder Nieten nicht befriedigt oder nicht durchführbar ist, hat man die Auswahl entweder zu *kleben,* zu *löten* oder zu *schweißen.*

Die Technik der *Klebverbindungen* auch zwischen Metallen hat durch moderne Verfahren und Klebstoffe einen beachtlichen Stand erreicht. Sie ist aber in ihrer Anwendung auf Fälle beschränkt, bei denen die Klebfuge im Betrieb nicht zu *hohen Temperaturen* (Grenze etwa 150 °C) und nicht zu ungünstigen *klimatischen* Bedingungen ausgesetzt wird, außerdem nicht *elektrisch leitend* sein muß. Sie kann also gegenüber dem fugenlosen Verschweißen metallischer Werkstoffe oder dem zwar nicht fugenlos, aber doch immerhin metallisch verbindenden Löten nur in begrenztem Maße in Wettbewerb treten.

8.1. Löten

Beim *Löten* werden bekanntlich feste Metallteile durch ein *schmelzflüssig eingebrachtes Lot, also eine tiefer schmelzende metallische Zwischenschicht,* aneinander befestigt. Die Bindung besteht im einfachsten Fall in reiner Adhäsion des Lotes an den von ihm *benetzten* Flächen ; zusätzlich können sich durch Diffusionsvorgänge in den Übergangszonen Legierungen bilden, die den Zusammenhalt verstär-

ken, mitunter aber auch beim Auftreten von intermediären Phasen störend wirken.
Durch Wärmebehandlung kann unter Umständen die Diffusion bis zum Verschwinden der Lötzone getrieben werden.

Die Materialeigenschaften des Lotes und die Abmessungen der Lötfuge sind maßgebend für die mechanische und thermische Belastbarkeit der Verbindung. Für Betriebstemperaturen unterhalb von 300 °C stehen die nicht sehr festen, aber leicht verarbeitbaren *Weichlote*, für höhere Beanspruchungen die *Hartlote* mit ihren Arbeitstemperaturen von 600 °C bis über 1000 °C zur Verfügung. Die Bereiche lassen sich also schematisch etwa wie folgt abgrenzen:

Weichlote: unter 450 °C

Hartlote: über 450 °C

Weichlöten. Als *Weichlote* für die gebräuchlichsten Metalle außer Aluminium werden — nach steigender Arbeitstemperatur geordnet — normalerweise *Zinn-Blei*-Legierungen, *Reinzinn, Zinn-Antimon-* oder *Blei-Silber*-Legierungen verwendet. Das Zustandsschaubild der ersteren zeigt Bild 35. Ihr Eutektikum liegt mit einem Schmelzpunkt von 183,3 °C bei einer Zusammensetzung von rund 62 % Zinn / Rest Blei, die sich durch Beimengungen etwas verschieben kann. Aus wirtschaftlichen Gründen wählt man häufig niedrigere Zinn-Gehalte, bleibt also im Bereich links vom Eutektikum. Natürlich nimmt man dabei höhere Liquiduspunkte in Kauf, d. h. die zur endgültigen Verflüssigung des Lotes nötigen Arbeitstemperaturen steigen, ohne daß die Wärmebeständigkeit der Lötverbindung dadurch angehoben wird

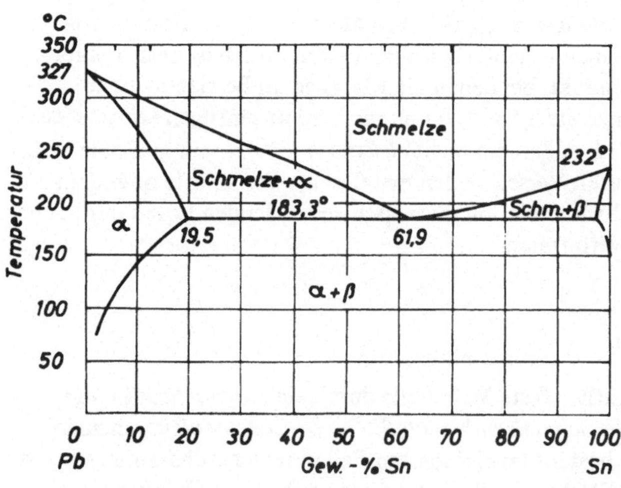

Bild 35. Zustandsschaubild Blei-Zinn

(häufiger Irrtum); denn die für die Warmfestigkeit der Lötung maßgebende Solidustemperatur liegt ja bei allen Zinn-Blei-Legierungen, unabhängig von der Zusammensetzung, bei 183,3 °C. Höhere Solidustemperaturen und damit auch bessere Wärmebeständigkeit erreicht man (mit entsprechend höheren Kosten) durch Verwendung von *Reinzinn* (232 °C), *Zinn-Antimon*-Legierungen (ca. 230 °C) und *Blei-Silberloten* mit ca. 2,5 % Silber (304 °C). Auf der anderen Seite sind für Fälle, in denen die zu lötenden Teile nur sehr schonend erwärmt werden dürfen, Lote mit zusätzlichen Anteilen von Wismut und Cadmium entwickelt worden, deren Arbeitstemperaturen um 100 °C und noch darunter liegen. Sie sind allerdings mechanisch nur wenig beanspruchbar.

Für die *Festigkeit von Weichlötverbindungen* werden Zahlen um 4 kp/mm^2 angegeben. Tatsächlich streuen die Werte stark, denn sie hängen nicht nur vom verwendeten Lot, sondern wie gesagt, auch von den Abmessungen der Lötfuge ab. Bei extrem dünnen Lötschichten können sie wesentlich höher liegen. In jedem Fall aber geht die Festigkeit einer Weichlötung in der Wärme, und zwar bei Zinn-Blei-Loten schon bei Temperaturen oberhalb von 80 °C, stark zurück. Es beginnt eine kriechende, oft sehr langsam verlaufende plastische Verformung der Lötstelle, die schließlich zur Lösung der Verbindung führt. Weichlote dürfen also im Betrieb bei Erwärmung nur mit einem erheblichen Sicherheitsabstand unter ihrer Kaltfestigkeit ausgelastet werden.

Hartlöten. Etwa zehnmal so feste und natürlich in viel geringerem Maße temperaturabhängige Verbindungen erreicht man durch Hartlöten. Für die meistverwendeten Metalle, wiederum mit Ausnahme des Aluminiums, stehen hierzu in erster Linie drei Gruppen von Loten zur Auswahl, die sich hinsichtlich Verarbeitbarkeit, Qualität der Lötstelle und Kostenaufwand unterscheiden:

Messing-Lote (Kupfer-Zink), *Phosphorlote* (Kupfer-Phosphor, Kupfer-Phosphor-Silber) und *Silberlote* (Silber-Kupfer-Zink, evtl.-Cadmium).

Von den beiden ersteren, die sich durch niedrigen Preis auszeichnen, ist das *Messinglot* wegen seines hohen Schmelzpunktes (830 °C . -. 1000 °C) in der Verarbeitung *nicht besonders bequem* und kaum noch gebräuchlich. Die *Phosphorlote* dagegen fließen leicht schon bei Temperaturen zwischen 600 °C und 700 °C und geben, vor allem mit Silberzusatz, bei Buntmetallen einwandfreie Lötungen. Bei Eisenwerkstoffen können durch chemische Verbindung von Phosphor und Eisen *spröde* Einlagerungen und Zwischenschichten entstehen, die die Lötstelle schlagempfindlich machen. Die *Silberlote* schließlich vereinigen in sich alle guten Eigenschaften in der Verarbeitbarkeit und der Qualität der Lötung, sind aber teurer. Allerdings werden *phosphorfreie* Lote grundsätzlich nur mit *Flußmittel* verarbeitet, um den bei der hohen Temperatur lebhafteren Sauerstoff-Angriff zu unterbinden und die Werkstücke blank zu halten. Bei den Phosphorloten übernimmt diese Rolle der stark reduzierende (sauerstoffbindende) *Phosphor*, der zugleich die Arbeitstemperatur herabsetzt.

7 Guillery

Für die *Festigkeit hartgelöteter Verbindungen* findet man Werte von 25 bis 40 kp/mm². Auch die Warmfestigkeit reicht im allgemeinen für alle Anwendungsfälle der Elektrotechnik aus. Auf den Einfluß der Gestalt und Abmessung der Lötfuge wurde bereits bei den Weichlötungen hingewiesen.

Im einzelnen ergeben sich manche spezielle Fehlermöglichkeiten, sowohl beim *Hartlöten von Stahl* wie von *Kupferwerkstoffen*. Steht z. B. das Material während des Lötens unter Zugspannung, reißt das Gefüge interkristallin auf und in die Fugen tritt Lot ein. Die Folge ist eine mehr oder weniger starke Versprödung, die sich vor allem bei höheren Betriebstemperaturen äußert. Die Erscheinung wird als *Lötbrüchigkeit* bezeichnet. Bei oxydulhaltigem Kupfer kommt die bereits mehrfach erwähnte Gefährdung durch Wasserstoff *(Wasserstoffkrankheit)* hinzu, wenn dieser z. B. in der Lötflamme im Überschuß vorhanden ist.

Tabelle 7 zeigt eine Zusammenstellung gebräuchlicher *Weich- und Hartlote*. Die Liste ist keineswegs vollständig. So gibt es z. B. zum Verbinden von Nickellegierungen *hochnickelhaltige Speziallote* mit Zusätzen von Chrom, Bor, Silizium, Eisen und Phosphor, die nicht aufgeführt sind. In der großen Anzahl der Lote spiegelt sich das in der Werkstoffkunde immer wieder auftretende Problem, die Forderung nach bestimmten Materialeigenschaften zugleich mit dem Wunsch nach möglichst geringen Kosten in optimaler Weise zu erfüllen. Hier sind es also möglichst gute *Festigkeit* der Lötstelle, leichte *Verarbeitbarkeit* und niedriger *Preis*, die in der für den jeweiligen Anwendungszweck vorteilhaftesten Weise miteinander kombiniert werden müssen.

Tabelle 7. Einige gebräuchliche Weich- und Hartlote nach DIN 1707 und DIN 8513.

Nr.	Bezeichnung		Zusammensetzung %	Schmelzbereich
1	Zinn-Blei	LSn50Pb	50 Pb, 50 Sn	183–215 °C
2	Zinn-Antimon	LSnSb5	5 Sb, 0. . 1 Ag, Rest Sn	230–240 °C
3	Blei-Silber	LPbAg3	0. .1 Sn, 1,5 . . 3,5 Ag, Rest Pb	305–315 °C
4	Phosphor-Kupfer	LCuP8	7,7 . . 8,5 P, Rest Cu	710–770 °C
5	Silphos 2 %	LAg2P	2 Ag, 91,5 Cu, 6,5 P	660–810 °C
6	Silphos 15 %	LAg15P	15 Ag, 80 Cu, 5 P	640–800 °C
7	Silberlot 25	LAg 25	25 Ag, 41 Cu, 34 Zn	680–795 °C
8	Silberlot 44	LAg 44	44 Ag, 30 Cu, 26 Zn	680–740 °C
9	Silber-Cadmiumlot	LAg40Cd	40 Ag, 19 Cu, 21 Zn, 20 Cd	595–630 °C

In der Tabelle fällt bei näherem Zusehen auf, daß zwischen der höchsten Solidustemperatur der Weichlote von etwa 310 °C und der niedrigsten Arbeitstemperatur der Hartlote von etwas über 600 °C eine *Lücke* klafft. Tatsächlich gibt es in diesem Intervall keine Lote mit befriedigenden Eigenschaften. Das ist mitunter unangenehm, wenn nämlich einmal die Festigkeitseigenschaften der Weichlote nicht ausreichen, andererseits die zu lötenden Werkstücke die hohen Arbeitstemperaturen der Hartlote nicht vertragen. Die Technik hat diese Lücke bisher nicht ausfüllen können.

Das Löten von Aluminium und seinen Legierungen erfordert besondere Maßnahmen. Aluminium überzieht sich, wie wiederholt ausgeführt, schon bei Raumtemperatur und noch mehr in der Wärme mit einer dichten, widerstandsfähigen *Oxydhaut*, der es seine Korrosionsbeständigkeit verdankt, die aber beim Löten die metallische Verbindung erschwert. Als *Weichlote* benutzt man vor allem *Zink-Cadmium-*, auch *Zink-Zinn*-Legierungen als „Reiblote", bei deren Anwendung die besagte Oxydhaut durch Reiben zerstört wird. Letzteres geschieht unter Umständen auch zusätzlich auf chemischem Wege durch sogen. *Reaktionslote*, z. B. bei Anwesenheit von Zink-Chlorid. Alle diese Lötverbindungen sind jedoch wenig fest und korrodieren leicht (Kapitel 7.2). Auch die obengenannten *Hartlote* auf Kupferbasis sind beim Aluminium und seinen Legierungen nicht verwendbar, Standard-Hartlot ist *Al Si 12* (Aluminium + 12 % Silizium), evtl. zur Schmelzpunkterniedrigung mit Zinnzusatz. Die Anwesenheit der Oxydhaut und ihre rasche Neubildung bei der hohen Arbeitstemperatur erfordert hier grundsätzlich die Anwendung von *Flußmitteln.* Im übrigen sind auch diese Lötstellen nur *wenig korrosionsbeständig.* Wegen der genannten Schwierigkeiten kommt dem Löten von Aluminium nur geringe praktische Bedeutung zu; Schweißen ist im allgemeinen vorteilhafter.

8.2. Schweißen

Beim Schweißen metallischer Bauteile fehlt die für das Löten charakteristische geschmolzene Zwischenschicht eines anderen Metalls, vielmehr werden die zu verbindenden Werkstücke *unmittelbar* an ihren Grenzflächen vereinigt. Das geschieht entweder, indem man die Teile an ihrer Übergangsstelle bis zur Verflüssigung erhitzt, so daß sie miteinander verschmelzen oder indem man sie mit so starkem Druck zusammenpreßt, daß sie sich noch im festen Zustand in ihren Grenzbereichen bis in die beiderseitigen atomaren Bezirke aneinanderschmiegen und interatomare Kräfte zu einer Bindung führen können. Temperatur und Druck wirken hier also im gleichen Sinne und können sich gegenseitig vertreten. Je heißer die Werkstücke sind, umso geringer ist der aufzuwendende Schweißdruck, der bei der Schmelztemperatur praktisch gleich null wird. Daraus ergibt sich zwanglos folgende Aufgliederung der Schweißverfahren.

Vereinigung unter Druck bei Raumtemperatur: *Kaltpreßschweißen.*

Vereinigung unter Druck bei Schmiedetemperatur: *(Warm-) Preßschweißen.*

Vereinigung ohne Druck bei Schmelztemperatur: *Schmelzschweißen.*

Im letzteren Falle wird häufig das Material in der Schmelzzone durch Zugabe eines — meist artgleichen — Metalls angereichert.

Unter den *Preßschweißverfahren,* die vor allem auch in der Feinwerktechnik vielfach angewendet werden, ist je nach Form der Berührungsflächen an der Schweißstelle die Aufteilung in *Punkt-, Buckel-, Naht- und Stumpfschweißen* gebräuchlich. Zur Ergänzung gehört hierher auch das moderne *Ultraschallschweißen:* Die sehr hohen Drucke der Ultraschallschwingungen und gleichzeitiges Aufeinanderreiben der zu verbindenden Flächen führen zu einer Vereinigung der Grenzschichten.

Bei allen Schweißverfahren, sei es durch Pressen oder Schmelzen, können je nach Druck- und Temperatureinwirkung unerwünschte Gefügeänderungen in der Schweißzone und im benachbarten Grundwerkstoff eintreten, z. B. *Kaltverfestigung, Grobkornbildung, Aufhärtung, Spannungsspitzen* u. a. Sie können mitunter — nicht immer — durch nachträgliches Glühen beseitigt werden. Die Güte einer Schweißverbindung hängt daher nicht so sehr von den Materialeigenschaften der beteiligten Werkstücke im Normalzustand ab, sondern von der Art, wie der Prozeß geführt wird. In vielen Fällen wird es vorteilhaft sein, wenn — wie z. B. beim genannten Ultraschallverfahren — nur möglichst dünne Grenzschichten am Schweißvorgang beteiligt sind und die anschließenden Nachbarbereiche davon unberührt bleiben. Auch beim Erwärmen und Schmelzen ist die Geschwindigkeit des Aufheizens und seine Begrenzung auf eine möglichst schmale Übergangszone von entsprechender Bedeutung. In diesem Sinne kann beispielsweise die Qualität einer Schweißung wesentlich davon abhängen, ob die Erwärmung mit der *Flamme,* durch *Widerstandsheizung* oder im *Lichtbogen* vorgenommen wurde oder mit den modernen Methoden der *Elektronenstrahl- und Laserschweißung,* die in extrem kleiner Schmelzzone zu besonders hochwertigen Verbindungen führen.

Aus der Fülle der Besonderheiten, die bei den einzelnen Werkstoffen auftreten können, seien einige Beispiele genannt: Beim Schmelzschweißen von *unberuhigt vergossenen Stählen,* vor allem Thomasstählen, stellt sich im erwärmten Teil des Werkstücks im Temperaturgebiet zwischen 200 °C und 300 °C *Alterungsversprödung* ein. Weiterhin findet bei Kohlenstoffgehalten über 0,25 % in der Schweißzone bei rascher Abkühlung eine vielfach unerwünschte Aufhärtung statt. Die Folgen sind ebenfalls Versprödung und Risse. Verbesserung gelingt in beiden Fällen durch nachträgliches Glühen bei etwas über 500 °C bzw. bei 600 . . . 650 °C. Die Neigung zur Rißbildung läßt sich allerdings nur durch Vorwärmen des Werkstücks vermindern. Je nach Zusammensetzung des Stahls besteht, insbesondere bei längerem Verweilen im Bereich höherer Temperatur *(Gasschmelzschweißen),* auch die Gefahr der *Grobkornbildung* oder — speziell bei *austenitischen Stählen* — der Ausscheidung von *Chromcarbiden* an den Korngrenzen, was zu *Korrosionsanfälligkeit* führt (interkristalline Korrosion). Abhilfe bringen Legierungsanteile von Carbidbildnern, wie Titan, Tantal und Niob.

Beim Schmelzschweißen von *Kupfer* erfordert die gute Wärmeleitfähigkeit des Materials einen höheren Aufwand, um die Verbindungsstelle auf die erforderliche Temperatur zu bringen. Bedenklich ist seine Bereitschaft, in flüssigem Zustand Sauerstoff unter Bildung von *Kupferoxydul* (Cu_2O) aufzunehmen, da ja dann, wie in Kapitel 5.1 ausgeführt, die Gefahr der *Wasserstoffkrankheit* entsteht. Diese umgeht man natürlich, wenn unter *Schutzgas oder in neutraler Flamme* gearbeitet wird.

Beim Schmelzschweißen von *Aluminium* und seinen Legierungen entstehen die gleichen Schwierigkeiten wie beim Hartlöten durch die Oxydhaut an der Oberfläche. Die Verbindung gelingt daher nur mit *Flußmittelzusatz oder unter Schutzgas* (normalerweise Argon). Bei Legierungen besteht die Gefahr von unerwünschter *Ausscheidungshärtung.*

9. Prüfverfahren zur Feststellung und Beurteilung der in den vorhergehenden Kapiteln behandelten Werkstoffeigenschaften

Die für die Prüfung der verschiedenen Werkstoffeigenschaften gebräuchlichen Verfahren wurden zum Teil in den voraufgegangenen Kapiteln im entsprechenden Zusammenhang erwähnt. Sie seien hier nochmals zusammengestellt und die Liste ohne Anspruch auf Vollständigkeit durch Hinweis auf einige weitere, teils zerstörende, teils zerstörungsfreie Methoden ergänzt.

9.1. Zusammensetzung und Kristallgefüge

Chemische Analyse, gegebenenfalls in Verbindung mit *physikalischen* Methoden, wie Massenspektrograph, Spektralanalyse im weitesten Sinne, einschließlich Radiochemie, Röntgenfluoreszenz-Analyse, Mößbauer-Spektroskopie u.a., wobei im gesamten, der Technik zugänglichen *Strahlenbereich* Emissions- und Absorptionsspektren, angeregte oder spontane Eigenstrahlung der Bestandteile aufgenommen und zu ihrer qualitativen und quantitativen Identifizierung ausgewertet werden.

Grob- und Feinstruktur-Untersuchungen mittels kurzwelliger Strahlen *(Röntgen, γ, Elementarteilchen)* aus elektrotechnischen oder radioaktiven Strahlungsquellen.

Mikroskopie, sei es im sichtbaren Licht (unpolarisiert oder polarisiert), im Ultravioletten oder im Bereich des *Elektronen-Mikroskops,* gegebenenfalls in Verbindung mit speziellen Methoden der Metallographie zum Präparieren von *Schliffbildern* und dgl.

Abkühlungs- oder *Erwärmungskurven* zur Ermittlung von Erstarrungs- und sonstigen Umwandlungspunkten.

9.2. Festigkeit und Zähigkeit

Zug-, Biege-, Torsions-, Schlagbeanspruchung usw. an entsprechenden *Belastungs-
und Verformungsgeräten* wie Zerreißmaschinen, Pendelschlagwerken und anderen,
beispielsweise zur Aufzeichnung des Spannungs-Dehnungs-Schaubildes, Messung des
Elastizitätsmoduls, der Streckgrenze, Zugfestigkeit und Bruchdehnung, im Kurz-
zeit- oder Dauerversuch, Ermittlung der Tiefziehfähigkeit, Bestimmung der Kerbschlagzähigkeit, Härtemessungen, Aufnahme von Wöhlerkurven und anderes mehr.

9.3. Korrosionsbeständigkeit

Freibewitterung in Industrie- oder Meeresluft, Lagerung in *Wasser* mit mehr oder
weniger aggressiven, sauren oder alkalischen Zusätzen, im *Klimaschrank* bei wechselnder Temperatur und Feuchtigkeit, mit und ohne Betauung, im Salzsprühtest
und dergleichen, Beurteilung der Wirksamkeit *korrosionsschützender Überzüge*,
ergänzt durch Schichtdickenmessungen nach chemischen oder physikalischen
Methoden.

9.4. Risseprüfung, vor allem an Schweiß- und Lötverbindungen

Entweder zerstörende Prüfung durch Zugversuch oder andersartige Gewaltanwen-
dung oder zerstörungsfrei durch:

Das allgemein anwendbare *Farbeindringverfahren*, das in seiner vollkommensten
Variante fluoreszierende Farbstoffe benutzt, die beim Aufbringen auf die Oberfläche des Werkstücks durch Kapillarwirkung in die Risse eindringen, nach Auf-
sprühen eines saugfähigen „Entwicklers" aber teilweise wieder heraustreten, so
daß sie — gegebenenfalls unter der Ultraviolettlampe — als leuchtende Striche
sichtbar werden.

Das auf ferromagnetische Werkstoffe beschränkte *Magnetpulververfahren*, bei dem
das entsprechend aufmagnetisierte Werkstück mit einem Gemenge von Öl und Eisen-
pulver überflutet wird, worauf die Eisenteilchen sich als magnetische „Brücken"
über den Rissen ansammeln und sie relativ leicht erkennbar machen.

Ultraschallprüfung, bei der der Reflex der Strahlung an Rissen oder sonstigen Inho-
mogenitäten, Schlacken, Lunkern und dergleichen auf dem Oszillographen des Emp-
fängers erscheint und die Lage des Fehlers anzeigt.

Diese Zusammenstellung von Prüfverfahren stellt einen Ausschnitt dar. Die unterschiedlichen magnetischen und elektrischen Eigenschaften sämtlicher Werkstoffe
bieten weitere Möglichkeiten zum Bewerten, Unterscheiden und Aussortieren. Über
einige Verfahren zur Beurteilung spezieller Eigenschaften von Isolierstoffen und
ferromagnetischen Werkstoffen wird in späteren Kapiteln zu sprechen sein.

II. Die meist verwendeten Werkstoffgruppen der Elektrotechnik nach ihren Haupteigenschaften geordnet

10. Einleitende Übersicht über Zusammenhänge zwischen der Art der interatomaren Bindung, den mechanischen Eigenschaften und der Elektrizitätsleitung bei festen Körpern

Die Elektrotechnik lebt davon, daß es Stoffe gibt, die den elektrischen Strom gut leiten; gleichermaßen benötigt sie aber auch solche, die ihn praktisch gar nicht leiten, und sie wäre in ihrer heutigen Gestalt und Entwicklung undenkbar, wenn es nicht zwischen diesen beiden Extremen einen breiten, mit einer Unzahl von Werkstoffen angefüllten Übergangsbereich gäbe. Exakte und wohlbegründete Vorstellungen über den Bau der Atome und Moleküle führen zum Verständnis dieser Mannigfaltigkeit und zur Beherrschung der Zusammenhänge. Ohne zunächst darauf näher einzugehen, soll in diesem Kapitel einleitend gezeigt werden, welches Bild wir auf Grund *einfacher, gesicherter* Beobachtungen uns von den im Innern fester Körper wirkenden Kräften und Vorgängen entwickeln können und wie weit die elektrischen sowie auch die mechanischen Eigenschaften der verschiedenartigen Stoffe sich bei dieser Gelegenheit verstehen lassen.

10.1. Positive und negative Ladungen als Bestandteile der Materie

Bei der ersten Beschäftigung mit den Anfangsgründen der Elektrizitätslehre erfährt man, daß jede Materie zwei leicht wahrnehmbare Arten von Ladungen enthält, die üblicherweise als positive und negative bezeichnet werden. Ihre Trennung und Wiedervereinigung sind Beginn und Ende zahlreicher elektrophysikalischer oder elektrochemischer Prozesse. Man lernt in diesem Zusammenhang, daß gleichnamige Elektrizitätsmengen sich gegenseitig abstoßen, ungleichnamige einander anziehen. Eine Ansammlung von Ladungsträgern gleichen Vorzeichens könnte also für sich allein niemals zu einem stabilen Verband eines festen Körpers zusammentreten; vielmehr müssen hierzu zweifellos positive und negative innig miteinander vermischt und gekoppelt sein, so daß die bindenden Kräfte die auseinanderstrebenden überwiegen. Insbesondere sind offenbar in einer neutralen Masse beide Arten von Ladungen in gleicher Anzahl vorhanden, so daß nach außen hin kein elektrisches Feld in Erscheinung tritt.

Eben dieselben positiven und negativen Ladungen, deren Anwesenheit in der Materie sich auf mannigfache Weise verrät, sind dann sicherlich durch die Art und Stärke ihrer gegenseitigen Bindung einerseits für den mechanischen Zusammenhalt eines

Stoffes, d. h. seine Festigkeit und Verformbarkeit, maßgebend, andererseits aber
natürlich zugleich die Grundlage für seine elektrischen Eigenschaften. Das bedeutet,
daß sie in dem einen Extrem, den gut leitenden Metallen, zwar bis zu einem gewissen Grad aneinander gebunden sind, damit die Masse nicht zerfällt, aber doch auch
wiederum unter dem Einfluß eines äußeren elektrischen Feldes zu einem beträcht-
lichen Teil leicht verschieblich sein müssen. Im anderen Grenzfall dagegen, beim
idealen Isolator, haben sie offenbar alle feste Plätze oder können zumindest nur in
Mikrobereichen ihre Lage verändern. Für alle Werkstoffe mittlerer Leitfähigkeit
zwischen Metall und Nichtleiter ergibt sich dann zwanglos die Vorstellung, daß hier
entweder die *Zahl* der beweglichen Ladungen pro Volumeneinheit oder der Grad
ihrer *Beweglichkeit* entsprechend begrenzt sein müssen.

Nähere Auskünfte über die Natur der Ladungsträger erhält man schon bei mäßigem
Nachdenken aus einigen weiteren praktischen Erfahrungen: Elektrizitätsleitung in
festen Metallen und vielen Halbleitern findet im allgemeinen ohne nachweisbare
Bewegung von Massen statt. Fast *masselos* sind aber die als *negative* Elementarladung
auftretenden *Elektronen*, die z. B. aus den Untersuchungen an Kathodenstrahlen,
radioaktiven Prozessen und anderen Erscheinungen als Bestandteil der Materie bekannt sind und dabei unmittelbar zu Tage kommen. Demgegenüber ist die *positive*
Elektrizität normalerweise immer an *Masseteilchen* gebunden; d. h. wir kennen sie
nur in Form von geladenen Atomen (*Ionen*), wie sie u. a. bei der Elektrolyse und
bei Gasentladungen beobachtbar sind, wo der elektrische Strom stets mit materiellen Transportvorgängen verknüpft ist. (Lediglich in einem Fall begegnet uns auch
die positive Ladung als fast masseloses Elementarteilchen, nämlich das bei Kern-
spaltungsexperimenten erscheinende „Positron", das also mit umgekehrtem Vorzeichen den Zwillingspartner des Elektrons darstellt. In Gegensatz zu diesem hat es
aber erstens eine außerordentlich kurze Lebensdauer und entsteht zweitens nur
unter so hohen Energieumsätzen, wie sie sich im Zusammenhang mit der Elektrizitätsleitung in festen Körpern sicherlich nicht abspielen.) Es liegt daher wohl nichts
näher, als anzunehmen, daß die am Stromtransport offenbar unbeteiligte Masse eines festen Metalls oder eines Halbleiters Träger der positiven Ladungen ist. Das heißt,
die Gitterbausteine, aus denen sie sich zusammensetzt und die wir ja z. B. mittels
Röntgenstrahlen an ihren Plätzen wahrnehmen können, sind nicht neutrale Atome, sondern positive Ionen. Die nachweisbar ebenfalls vorhandenen Elektronen werden dann
einerseits zur Bindung benötigt, müssen andererseits aber auch beweglich sein, damit sie einen masselos fließenden Strom darstellen können. Aus der Art und Weise,
wie sie diese doppelte Aufgabe erfüllen, ergeben sich die mechanischen Eigenschaften, wie Festigkeit, Verformbarkeit, Höhe des Schmelzpunktes usw., zugleich aber
auch die Voraussetzungen für das elektrische Leitvermögen.

In diesem Zusammenhang sei an den *Tolman*schen Versuch erinnert, der im allgemeinen Physikunterricht mitunter vorgeführt oder wenigstens geschildert wird:
Ein Metalldraht wird in seiner Längsrichtung auf hohe Geschwindigkeit gebracht

(um ihre Längsachse rotierende zylindrische Spule) und plötzlich abgebremst. Dabei werden offenbar in seinem Innern bewegliche Ladungen wie die Fahrgäste eines Wagens von hinten nach vorne geschleudert; denn es entsteht an den Enden ein kurzzeitiger, aber gut meßbarer elektrischer Spannungsstoß, aus dessen Höhe sich das Verhältnis Ladung zu Masse = e/m der abgebremsten Elektrizitätsträger berechnen läßt. Der so erhaltenen Quotient e/m ist der gleiche wie er aus Messungen an freifliegenden Elementarteilchen in Kathodenstrahlen oder an den β-Strahlen radioaktiver Elemente hervorgeht. Dieser Versuch liefert also den exakten Beweis, daß es sich in allen diesen Fällen immer um die gleichen Elektronen als Träger der negativen Ladung handelt.

10.2. Metallische Bindung und metallische Leitung

Die gute Verformbarkeit und das hohe Leitvermögen der meisten Metalle deuten darauf hin, daß hier die Bindung zwischen den Gitterbausteinen durch die Elektronen relativ lose ist und daß auch die letzteren selbst dabei ein erhebliches Maß von Beweglichkeit behalten. Zu ungefähren Vorstellungen über den Ursprungsort der Ladungen zu kommen, ist nicht sehr schwer: Da beim Kristallisieren eines Metalls, z. B. aus dem Dampf über die Schmelze zum festen Körper, die für den Zusammenhalt benötigte Elektrizitätsmenge nicht von außen zugeliefert wird, muß sie primär in den Atomen selbst vorhanden sein. Das heißt, jedes einzelne Atom besteht ebenso wie ihr gesamter Verband aus Masse und Ladungen, wobei die letzteren, um sich nach außen gegenseitig zu neutralisieren, zur einen Hälfte positives, zur anderen negatives Vorzeichen haben müssen. Die offenkundige Anwesenheit zahlreicher gut beweglicher Elektronen im leitenden Metall kann dann nur heißen: gleichartige Metallatome, die zu einem gemeinsamen Kristallgitter zusammentreten, stellen dabei einen Teil ihrer Elektronen einerseits zur Bindung mit den Nachbaratomen, andererseits zur Elektrizitätsleitung ab. Die Atom*rümpfe* nehmen dann mit ihrer nunmehr überschüssigen positiven Ladung die Gitterplätze ein. Es ergibt sich also das oben skizzierte Bild, wonach das Kristallgitter eines Metalls aus positiven Ionen als Gitterbausteinen besteht, die in die Gesamtheit der von ihnen abgegebenen oder nur locker gebundenen Elektronen, eine Art „Elektronengas", eingebettet sind. Dieses Elektronengas übernimmt dann die doppelte Funktion, einmal mit der Fülle seiner negativen Ladungen die verbindenden Brücken zwischen den Gitterionen zu bilden und damit mechanische Festigkeitseigenschaften zu erzeugen, zugleich aber bewegliche Elektrizitätsträger für den Stromtransport bereitzuhalten.

Eine Stütze findet diese Anschauung unter anderem beim Betrachten elektrochemischer Vorgänge: in wässrigen Lösungen von Salzen wandern bei der *Elektrolyse* die metallischen Anteile bei Anlegen einer äußeren Spannung immer von der Anode

zur Katode. Hier offenbart sich also ganz deutlich eine Bereitschaft der Metalle,
Elektronen aus ihrem Atomverband zu entlassen, so daß positiv geladene Ionen
übrig bleiben, die im elektrischen Feld dem Minus-Pol zustreben.

Zu quantitativen Aussagen kommt man durch Untersuchung von Leitungsvorgängen
im Magnetfeld anhand des *Halleffekt*es, über den weiter unten zu sprechen sein
wird. Hier sei als gesichertes Ergebnis vorweg genommen, daß z. B. beim bestleitenden Metall, dem Silber, sich im Mittel pro Atom ein Elektron (und nur eines) ab-
setzt, um sowohl zur Bindung mit den Nachbaratomen wie auch zur elektrischen
Leitung verfügbar zu sein. Es hat damit zwei Aufgaben zu erfüllen, die auf den
ersten Blick schwer miteinander verträglich erscheinen. Eine ins einzelne gehende
Erläuterung der sich im Raum zwischen den Gitterbausteinen abspielenden Vorgänge, die exakt nur von quantenmechanischen oder wellenmechanischen Ansätzen
aus zu formulieren sind, kann nicht Gegenstand dieser einleitenden Übersicht sein.
Hier möge es vielmehr genügen, uns vor Augen zu halten, daß jedes einzelne Elektron unseres Elektronengases durch sein negatives Ladungsvorzeichen im statistischen
Mittel eine wechselseitig bindende Kraft auf die positiven Gitterionen ausüben muß,
wenn es sich irgendwie zwischen ihnen aufhält, gleichgültig ob es dabei ruht oder
sich bewegt. Man erhält ein qualitativ richtiges Bild durch die Vorstellung, daß im
Metall die Elektronen alle zusammen in dauernder Bewegung und in stetem zeitlichem und räumlichem Wechsel mal hier, mal dort eine Bindungsfunktion zwischen den Atomrümpfen übernehmen, wobei die individuelle Zugehörigkeit zu einem
bestimmten Atom verlorengegangen ist. Als „frei" — nur vorübergehend frei — erscheinen dann diejenigen Elektronen, die sich gerade in einem Übergang von einer
soeben aufgegebenen zur nächsten Bindung befinden. In diesem Stadium sind sie
einem von außen angelegten elektrischen Feld sozusagen ausgeliefert, das nun den
dauernden Austausch- und Platzwechselvorgängen eine alle gleichmäßig erfassende
Bewegung, einen Strom, überlagern kann. Es handelt sich bei dieser für Metalle typischen Art des Zusammenhaltes zwischen den Gitterbausteinen also um *nicht lokalisierte* Bindungen im Gegensatz zu den später zu besprechenden „lokalisierten",
bei denen die Elektronen jeweils in der Nachbarschaft bestimmter Atome oder
Atomgruppen verbleiben.

Durch dieses Bild erklärt sich nicht nur die gute Leitfähigkeit, sondern auch die
besondere Eigenschaft der Metalle, verformbar (duktil) zu sein. Werden nämlich hier
bei mechanischen Beanspruchungen Atome innerhalb des Gitters auseinanderge-
zerrt, so entstehen im sowieso sich dauernd abspielenden Wechsel von Lösen und
Binden der Elektronen sofort neue Bindungen zum nächsten Atom oder zu weiter
nachfolgenden. Der Verformungswiderstand ist dann im wesentlichen nur durch
die gegenseitige Behinderung der sich verschiebenden Metall-Atome bedingt. Daß
auch der Typ der Kristallstruktur für die Verformbarkeit maßgebend ist, wurde

bereits früher erwähnt. Beispielsweise überlegt man sich leicht, daß im kubisch-flächenzentrierten Gitter der besonders weichen Metalle Silber, Kupfer, Aluminium u. a. gemäß Bild 5 b jedes Atom von 12 nächsten Nachbarn umgeben ist, zu deren Bindung es aber nach Obigem nur ein einziges Elektron zur Verfügung stellt. Wir werden im folgenden Strukturen kennen lernen, bei denen der relative Anteil bindender Elektronen wesentlich größer ist, mit dem Ergebnis größerer Härte und Sprödigkeit der auf diese Weise aufgebauten Stoffe (Diamant und andere).

10.3. Die „Valenzkristalle" des Kohlenstoffs und der halbleitenden Elemente Silicium und Germanium

Bis zu diesem Punkte gründet sich unsere Vorstellung vom Aufbau fester Metalle in erster Linie auf drei gesicherte Beobachtungen:

a) daß die Materie außer ihrer Masse positive und negative Ladungen enthält, die sich gegenseitig abstoßen bzw. anziehen

b) daß der Stromtransport in Metallen ohne Verschiebung von Massen vor sich geht

c) daß nur Elektronen, also negative Elementarladungen, praktisch masselos sein können, während die positive Elektrizität stets an Masse gebunden ist.

Aus diesen drei Erfahrungstatsachen ergibt sich zwanglos das qualitativ sicher richtige Bild von den an ihren Gitterplätzen verankerten, am Stromtransport unbeteiligten positiven Ionen, mit der dazwischen wimmelnden Gesamtheit aller aus den Atomverbänden gelösten Elektronen, die zugleich Bindemittel und Reservoir von beweglichen Ladungsträgern ist. Man wird bestrebt sein, um zu einer einheitlichen Vorstellung über den molekularen Aufbau kristalliner Körper zu kommen, dieses für die Metalle gültige Bild in modifizierter Form auch auf nichtleitende Elemente, wie Diamant oder Schwefel, zu übertragen. Das offensichtliche Fehlen der Leitfähigkeit kann hier zunächst nichts anderes besagen, als daß die Elektronen in diesem Fall durch ihre Bindungsfunktion voll in Anspruch genommen sind, ohne sich zugleich als Träger eines Leitungsstromes über größere Bereiche hinweg bewegen zu können. Das heißt, sie hängen viel stärker als beim Metall an ihrem jeweiligen Mutteratom, so daß sie dessen Nähe gar nicht oder allenfalls im Austausch mit Elektronen aus der nächsten Nachbarschaft verlassen können. Da im Innern der Materie nirgendwo Ruhe herrscht, wird auch diese Bindung sicherlich unter gleichzeitigem Ablauf von Bewegungsvorgängen zustandekommen, z. B. in der Art, daß im steten Hin und Her ein Elektron von einem Atom zum Nachbarn hinüber und dafür ein anderes herüber wechselt. Die Beiden gehören also dann nicht einzeln jeweils zu nur *einem* bestimmten Atom, sondern *paarweise* gemeinsam zu einem festen *Paar* von Atomrümpfen, das sie gemäß ihrem negativen Ladungsvorzeichen zusammenhalten. Man spricht im Sinne dieser Vorstellung, die sich vor allem bei der Deutung von Vorgängen in Halbleitern als sehr fruchtbar erwiesen hat, von *Elektronenpaar-Bindung*. Sie ist also, im Gegensatz zur metallischen, *lokalisiert*, die beteiligten Elektronen sind jeweils an eine bestimmte Atomgruppe gebunden.

Typisches Beispiel ist der Kohlenstoff in Form des Diamanten. Daß er in seinen chemischen Verbindungen stets als vierwertiges Element erscheint, besagt, daß jedes seiner Atome vier Elektronen („Valenzelektronen") zur Bindung mit Nachbaratomen anzubieten hat. In der Tat kann im Gitter des Diamanten (Bild 36a) jedes Kohlenstoffatom als Mittelpunkt eines Tetraeders gelten, dessen Ecken von vier anderen eingenommen werden. Es hat also vier nächste Nachbarn von gleicher Elektronenkonfiguration und damit die Möglichkeit, jedem von diesen ein Valenzelektron hinüberzureichen und von dort im hin- und herwechselnden Austausch gleichzeitig je eines zurückbekommen. Auf diese Weise entstehen um jedes Atom vier Elektronenpaar-Bindungen, durch die es mit seiner Umgebung zusammenhängt. Bild 36b gibt eine fiktiven, räumlich zu denkenden Einblick in das Innere eines solchen Gitters. Hier bestimmen also die Valenzen durch ihre *Anzahl* und ihre *Richtung* sowohl die Zahl der lokalisierten Bindungen wie auch die räumliche Anordnung der Atome im Gitter. Man bezeichnet daher solche Strukturen als „Valenzkristalle". Außer dem Diamant gehören zu dieser Gruppe die Gitter der gleichfalls vierwertigen Elemente Silicium und Germanium.

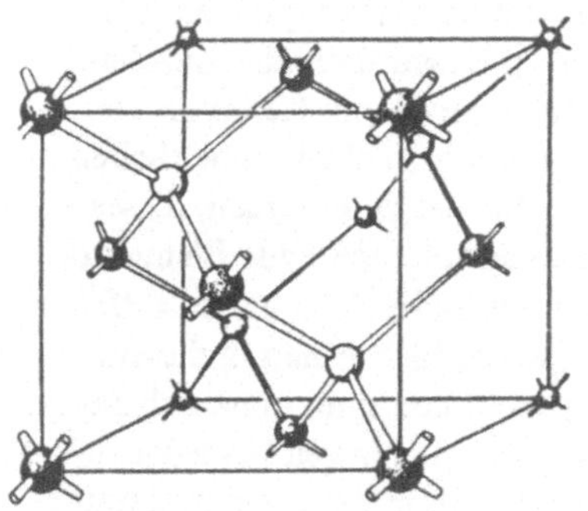 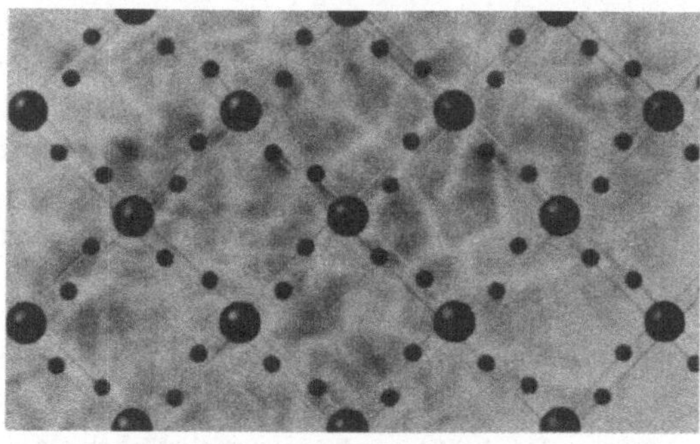

Bild 36

a) Diamantgitter des Kohlenstoffs

b) Fiktiver Einblick in das Diamantgitter mit Andeutung der Elektronenpaarbindungen

Als Unterschied zum Metall ergibt sich also hier zunächst, daß die Bindungen lokalisiert sind und freie Elektronen zur Stromleitung fehlen. Unmittelbare Folge ist die größere Härte und Sprödigkeit der Valenzkristalle; denn bei jeder Verformung müssen hier Elektronenpaarbrücken aufgebrochen werden, an deren Stelle nicht immer

sofort neue entstehen, während bei der plastischen Verformung von Metallen an
ihrem Bindungszustand sich im Grunde nichts ändert. Hinzu kommt endlich, daß
in der Struktur des Diamanten jedes Atom von nur vier nächsten Nachbarn umgeben ist und zu deren Bindung vier Elektronen abstellt, selbst also zunächst mit vier-
fach positiver Ladung zurückbleibt. Das ergibt natürlich in dem Raum um die Atomrümpfe innerhalb des Gitters ein viel intensiveres Kräftespiel zwischen positiven und
negativen Ladungen, also festeren Zusammenhalt als z. B. in der kubisch-flächenzentrierten Struktur des Silbers; denn bei dieser hat ja jedes Atom für seine zwölf
nächsten Nachbarn alle zusammen nur *ein* Elektron zur Bindung übrig, stellt selbst
also auch nur ein einfach positiv geladenes Ion dar. Daraus resultiert die größere
Weichheit des Silbers gegenüber dem Diamanten, aber auch für das bindende Elektron
im Metall die Möglichkeit, immer wieder ohne große Hemmungen solch schwachen
Halt mit einem Seitensprung im Sinne einer Leitfähigkeit zu verlassen und den Platz
zu wechseln. Die üblichen Modellvorstellungen über den Aufbau der Atome, die
in einem späteren Kapitel behandelt werden, geben weitere Hinweise zum Verständnis dieser Verschiedenheit von Metallen und Valenzkristallen (Kapitel 10.6).

Das Bild des isolierenden Valenzkristalls, wie es hier gezeichnet wurde, ist ein Idealfall. Es wird Übergangszustände geben, wo eben doch nicht jedes Elektron zeitlebens
bei seinem engbegrenzten Atomverband bleibt: vielmehr kann durch Störstellen,
unter dem Einfluß von Temperaturschwingungen, durch einfallende Strahlen oder
eine von außen aufgeprägte elektrische Feldstärke vielleicht jedes millionste oder
milliardste Bindungselektron einmal die Chance finden, sich zu befreien und dann
in einem elektrischen Feld als beweglicher Ladungsträger einen gewissen Leitungsvorgang zu erzeugen. In diesem Fall entsteht das Bild des elektronischen Halbleiters.
Es wird vor allem bei solchen Kristallen auftreten, in denen die interatomaren Bindungen schon im ungestörten Zustand weniger fest sind als im Diamantgitter des
Kohlenstoffs. Beispielsweise haben die ebenfalls in der vierten Reihe des Periodischen Systems unter dem Kohlenstoff stehenden Elemente Silicium und Germanium
die gleiche Gitterstruktur wie der Diamant. Auch ihre Atome sind vierwertig und bilden nach dem Schema in Bild 36b Valenzkristalle mit Elektronenpaarbindungen zu
ihren vier Nachbarn. Da sie aber entsprechend ihrer höheren Ordnungszahl komplizierter gebaut sind (Kapitel 10.6 und 13.1, Bild 45) ist hier der Zusammenhalt der vier
Valenzelektronen mit dem Mutteratom nicht so fest wie im Kohlenstoff. Bei tiefer
Temperatur und auch sonst ungestörtem Gitter verhalten sie sich zwar noch, wie der
Diamant, als Isolator, d.h. alle Bindungen sind intakt. Bei Erwärmung oder einfallender Strahlung tritt aber die oben angedeutete Möglichkeit einer gelegentlichen Be-
freiung von Elektronen und damit einer gewissen Leitfähigkeit ein, über die in
Kapitel 13 eingehender zu sprechen sein wird. Auch im Diamant kann Ähnliches
geschehen, aber erst bei wesentlich höheren Temperaturen.

10.4. Chemische Verbindungen mit elektronischer Halbleitung und mit Ionenleitung

Feste Metalle, Valenzkristalle und feste Elemente der Gruppen V bis VII (Bild 1)
sind Gebilde aus jeweils gleichartigen, „kovalenten" Atomen, d. h. daß die auf den
Gitterplätzen sitzenden Atomrümpfe (Ionen) alle die gleiche Ladung tragen. Innerhalb eines solchen Kristalls wird also niemals der Fall eintreten, daß etwa die Bindungselektronen in eindeutiger Richtung von den einen Atomen weg zu den anderen hin streben, sondern es kann nur im räumlichen und zeitlichen Wechsel ein
gegenseitiger Austausch zwischen elektrisch gleichwertigen, „homöopolaren" Partnern stattfinden. Treten aber verschiedenartige Atome zu einer chemischen Verbindung zusammen, etwa ein Metall mit einem Nichtmetall, so ist es leicht vorstellbar,
daß die bindenden Elektronen sich mehr zu der einen Atomart hingezogen fühlen
als zu der anderen. In ihrem Wechselspiel wird dann eine gewissen Unsymmetrie entstehen, etwa in dem Sinn, daß sie im zeitlichen Mittel mehr beim Atom A als beim
Atom B verweilen. Das braucht zunächst noch zu keiner wesentlichen Abwandlung
des Bindungstyps und auch nicht zu einer Änderung des Leitfähigkeitscharakters
zu führen. So haben z. B. viele Oxyde und Sulfide von Schwermetallen, wie Kupferoxydul (Cu_2O), Zinkoxyd (ZnO), Cadmiumsulfid (CdS), Bleisulfid (PbS) und andere
im Prinzip ähnliche Halbleitereigenschaften wie die genannten Elemente Silicium und
Germanium. Auch die früher erwähnten intermetallischen Verbindungen zwischen
Elementen der 3. und 5. Gruppe des Periodischen Systems, wie das Galliumarsenid
(GaAs), die wir ebenfalls unter den Halbleitern wiederfinden werden, liegen in dieser Linie. Geht jedoch die elektrische Unsymmetrie innerhalb einer chemischen Verbindung so weit, daß die freigestellten Elektronen ihre ursprüngliche Atomart völlig
verlassen, um sich ganz dem Verband der anderen anzuschließen, so erscheinen natürlich die Reste der ersteren nach dem Verlust als positiv, die Atome der letzteren
durch den Zugang als negativ geladene Ionen. Die Bindung, die man in diesem Fall in naheliegender Weise als „heteropolar" bezeichnet, darf dann in erster Näherung als Folge
der elektrostatischen Anziehungskraft zwischen den beiden ungleichnamigen Ladungen aufgefaßt werden. Typisches Beispiel eines solchen „Ionenkristalls" ist das Kochsalz (NaCl), dessen Kristallgitter abwechselnd aus Na^+ und Cl^--Ionen besteht. Dabei hat das Natrium die für Metalle typische Bereitschaft, Elektronen abzugeben, und
das Chlor ist als Halogen geneigt, sie einzufangen und anzulagern. „Freie" Ladungsträger zur Elektrizitätsleitung stehen jetzt nicht mehr zur Verfügung; vielmehr kann
Stromtransport hier nur noch dadurch erfolgen, daß sich die beiden Ionenarten entsprechend ihren gegensätzlichen Ladungsvorzeichen unter dem Einfluß eines äußeren elektrischen Feldes selbst mit ihrer ganzen Masse nach verschiedenen Richtungen hin auf den Weg machen. Bekannt sind solche Vorgänge[1] vor allem in wässrigen
Lösungen von Säuren, Basen und Salzen, wo durch die Mitwirkung des Wassers die
Spaltung der Moleküle in positive und negative Ionen („Dissoziation") sehr gefördert

---

[1] als „Elektrolyse"

wird und ausreichende Beweglichkeit gegeben ist. Man macht davon Gebrauch z. B. in der Galvanotechnik beim Verkupfern, Vernickeln usw., wie auch allgemein zum Trennen und Abscheiden bei der Herstellung chemischer Produkte.

Ionenleitung dieser Art tritt aber auch in festen Kristallen entsprechender Zusammensetzung auf, wenn es z. B. durch thermische Schwingungen der Gitterbausteine zur Spaltung kommt und Störungen oder Fehler in der Struktur eine Wanderung ermöglichen. Feste Ionenleiter (mitunter mit einem geringen elektronischen Anteil) sind außer dem NaCl z. B. auch andere Halogen-verbindungen; wie das Kaliumbromid und Kaliumjodid. Hier gehen unter den genannten Umständen die Natrium- und Kalium-Ionen zur Katode, die Chlor-, Brom- oder Jod-Ionen zur Anode und sind dort nachweisbar. Steigende Temperatur begünstigt diese Art von Leitungsvorgängen, da sie die Beweglichkeit der Masseteilchen und die Möglichkeit zu einem Platzwechsel erhöht. Vollends beim Schmelzen steigt die Leitfähigkeit eines elektrolytisch leitenden Stoffes stark an. Beispielsweise ist Glas als erstarrtes Salzgemenge bekanntlich ein Isolator; schon bei Temperaturen von wenig oberhalb 100 °C, also lange vor einer sichtbaren Erweichung, nimmt aber die Zähigkeit merklich ab, die Beweglichkeit der Ionen dementsprechend zu. Die Leitfähigkeit steigt und mit fortschreitender Erwärmung ist Glas kein Isolierstoff mehr.

Die oben genannten Oxyde und Sulfide, die noch nicht in Ionenpaare aufspaltbar sind, bei denen aber doch schon die bindenden Elektronen sich in einer gewissen Unsymmetrie zwischen den verschiedenartigen Atomrümpfen verteilen und bewegen, stellen hinsichtlich der Bindung eine Art Übergang zwischen Ionenkristallen und den Valenzkristallen dar. Die beiden Bezeichnungen *homöopolar* und *heteropolar* gelten also für Grenzfälle und geben das Charakteristische des jeweiligen Bindungsmechanismus nur andeutungsweise und nicht immer in ganz exaktem Sprachgebrauch wieder. (Statt von hömöopolarer spricht man auch von unpolarer oder kovalenter Bindung.)

10.5. Zusammenfassung von Kapitel 10.2. bis 10.4.

Im Hinblick auf die interatomare Bindung im Kristallgitter und die daraus resultierenden elektrischen und mechanischen Eigenschaften wurden 3 Gruppen von Stoffen einander gegenübergestellt:

1) *Die Metalle; nicht-lokalisierte metallische Bindung* und metallische Leitung durch Elektronen. Jedes oder fast jedes Atom gibt ein Elektron ab; die freigestellten Elektronen bewerkstelligen in ihrer Gesamtheit sowohl den Zusammenhalt der Gitterbausteine untereinander wie auch die Leitung zwischen ihnen hindurch.

2) *Die Valenzkristalle der Elemente Kohlenstoff, Silicium und Germanium; lokalisierte Elektronenpaarbindung.* Keines der Atome gibt spontan ein Elektron völlig ab, sondern zunächst nur im direkten Austausch gegen eines vom Nachbarn: Isolierender Kristall. Störungen dieses Zustandes mit Freisetzung von Elektronen an vereinzelten Gitterstellen führen zur elektronischen Halbleitung.

3) *Ausgewählte chemische Verbindungen:* Auch unsymmetrische Verteilung der
Bindungselektronen zwischen verschiedenen Atomarten in chemischen Verbindungen führt zunächst zu isolierenden oder halbleitenden Kristallen wie unter 2). Bei
völliger Lösung von Elektronen von den einen und Anlagerung an die anderen
Atome entstehen heteropolar gebundene Ionenkristalle mit Ionenleitung.

In diesen drei Bindungstypen liegen die unterschiedlichen Voraussetzungen zur
Elektrizitätsleitung,vom Metall über den elektronischen Halbleiter und Ionenleiter
bis zum Isolator; aber auch die weit streuenden mechanischen Eigenschaften vom
tiefschmelzenden duktilen bis zum hochschmelzenden spröden Werkstoff lassen sich
von hier aus verstehen. Daß es Übergänge zwischen isolierenden und halbleitenden
Elementen wie auch zwischen elektronisch leitenden Verbindungen und Ionenkristallen gibt, wurde bereits angedeutet. Ebenso finden sich auch im Bereich der Metalle und ihrer Legierungen Mischtypen, in denen neben der metallischen Bindung
mehr oder weniger starke Anteile von lokalisierten Elektronenbrücken vorhanden
sind mit dem Ergebnis größerer Härte und Sprödigkeit, höherer Schmelzpunkte und
natürlich entsprechendem Einfluß auf den Leitfähigkeitscharakter.

10.6. Aufbau der Atome aus Kern und Elektronenhülle

Eine anschauliche Übersicht über die Zusammenhänge liefert das bekannte Schalen-
modell des Atoms. Es verbindet die offenkundigen Bestandteile der Materie, nämlich Masse und Elektrizität, in Form von Bewegungsvorgängen miteinander, indem
es eine positiv geladene Masse (Proton oder Kombination aus Protonen und Neutronen) als zentralen Kern von so vielen Elektronen umkreisen läßt, daß sie nach
außen neutral erscheint. Bleibt man bei diesem Bild und betrachtet das Periodische
System in Bild 1, so findet man auf Grund einschlägiger Beobachtungen, z. B. am
Massespektrographen, folgendes Bauprinzip: Mit steigender Ordnungszahl, also von
links nach rechts und von oben nach unten, nimmt die Größe der positiven Ladung
der Atomkerne und damit auch die Reichhaltigkeit und Kompliziertheit im Aufbau
und in der Besetzung der Elektronenhülle von Stufe zu Stufe zu. Im einzelnen unterscheidet sich in den horizontalen Zeilen des Systems jedes Element von seinem
linken Nachbarn durch eine zusätzliche positive Ladungseinheit im Zentrum seines
Atoms und dementsprechend ein weiteres Elektron in dessen äußeren Bezirken.
Die periodisch wiederkehrende Ähnlichkeit der in den einzelnen Haupt- und Nebengruppen untereinanderstehenden Elemente führt zu der Annahme entsprechender
Perioden in ihrem inneratomaren Aufbau. Daraus resultiert die Vorstellung, daß
die Elektronenhülle sich in diskrete, nahezu kugelförmige Schalen aufgliedert, die
den Kern konzentrisch umgeben und in einer periodisch wiederkehrenden Ähnlichkeit mit Ladungen besetzt sind. Von hier aus liefert nähere Überlegung folgende
Einzelheiten: Zunächst sind sicherlich die an der Peripherie befindlichen Elektronen für die Beziehungen zu den Nachbaratomen maßgebend, also in erster Linie für

die chemische *Valenz*. Elemente mit gleicher chemischer Wertigkeit werden also irgendwie gleichartig besetzte äußere Elektronenschalen haben. So wird man vermuten, daß die in der ersten Gruppe stehenden, einander nahe verwandten einwertigen Alkalimetalle Lithium, Natrium, Kalium usw. in ihrem Atombau insofern übereinstimmen, als sie alle in ihrer äußersten Schale ein und nur ein Elektron tragen, die zweiwertigen Erdalkalien daneben dementsprechend deren zwei, das dreiwertige Bor und das Aluminium jeweils drei, der vierwertige Kohlenstoff und seine darunter stehenden Verwandten vier usf. Die Weiterführung dieses Gedankengangs führt zu dem Schluß, daß am rechten Ende jeder Zeile bei den Edelgasen der VIII. Gruppe, infolge irgendwelcher Stabilitätsbedingungen im Zusammenspiel der positiven und negativen Ladungen in Kern und Hülle, ein gewisser Bauabschnitt beendet ist, z. B. beim Neon in Form einer mit acht Elektronen „voll" besetzten äußeren Schale. Am linken Anfang der nächsten Zeile beginnt dann beim Natrium in der I. Gruppe, der Aufbau einer neuen, weiter außen liegenden Schale, die zunächst mit *einem* Elektron, dann beim Magnesium mit zweien usw. bestückt ist. Natürlich gibt es hierfür z. B. aus spektroskopischen Beobachtungen und der Messung von Ionisierungsspannungen exaktere Beweise als diese Überlegung.

Ähnliches vollzieht sich zusätzlich, wenn auch in der Anordnung und Reihenfolge etwas komplizierter, im Bereich der dazwischenliegenden acht Nebengruppen. So besitzt das einwertige Kupferatom, mit der Ordnungszahl 29 in der 1. Nebengruppe, eine Hülle von insgesamt 29 Elektronen, von denen 28 auf 3 voll besetzten Schalen angeordnet sind, während das 29. sich allein auf der am weitesten vom Kern entfernten äußeren Position befindet. Letzteres hat als Einzelgänger noch keine rechte Beziehung zu dem übrigen Verein, zumal es durch die Gesamtheit der anderen Elektronen weitgehend gegen die anziehende positive Ladung des Kerns abgeschirmt wird. Daher ist es geneigt, sich abzusetzen, also sein Mutteratom als positives Ion zurückzulassen. Wie oben ausgeführt, steht es dann, zusammen mit den ebenfalls auf Wanderschaft gegangenen äußeren Elektronen der umliegenden Atome, als bindendes Medium zwischen den ionisierten Atomrümpfen oder auch als vorübergehend frei bewegliche Ladung für Leitungsvorgänge zur Verfügung.

Ein anderes Beispiel für die Rolle, die den an der Peripherie befindlichen „Valenzelektronen" im Zusammenspiel mit Nachbaratomen zufallen kann, liefert die Verbindung des einwertigen Natriums mit irgendeinem Nichtmetall auf der rechten Seite des Periodischen Systems, etwa dem in der VII. Gruppe stehenden Chlor. Beim Chlor ist nämlich die äußerste Schale mit 7 Elektronen bis auf einen freien Platz besetzt. Es ist daher bereit, sich des einsamen Elektrons im äußeren Bezirk des Natriumatoms, das dort sowieso nicht sehr fest gebunden ist, anzunehmen, um seinen eigenen Bestand damit aufzufüllen und abzurunden. So kommt es zur Verlagerung dieser einen Ladungseinheit vom Natrium hinüber zum Chloratom und zu der beschriebenen heteropolaren Bindung zwischen dem nun positiv ionisierten Natrium und dem zum negativen Ion gewordenen Chlor.

Nach diesem Bild leuchtet es ein, daß zu heteropolaren Bindungen bevorzugt Paarungen von metallischen Ionen aus der linken mit nichtmetallischen aus der rechten Hälfte des Periodischen Systems prädestiniert sind. Die Elemente des mittleren Bereichs, also in erster Linie die der IV. Gruppe mit dementsprechend vier Valenzelektronen in der äußeren Schale (C, Si, Ge), werden weder zur Elektronenabgabe noch zur -Aufnahme besonders geneigt sein, d. h. ebenso wenig zum Zustand der metallischen Bindung und Leitfähigkeit wie zur Bildung von Ionen der einen oder anderen Polarität. Vielmehr ist hier bevorzugt jener Bindungstyp zu erwarten, bei dem die Elektronen den Bereich ihres Mutteratoms nicht oder nur im unmittelbaren Austausch mit solchen aus den Nachbaratomen verlassen, so daß sich lokalisierte Brücken von Elektronenpaaren ausbilden. Dabei vollzieht sich in dieser vertikalen Reihe von oben nach unten ein fortschreitender Übergang vom Isolator (Kohlenstoff als Diamant) zum Halbleiter (Si und Ge) und schließlich zum Metall (Sn). Das heißt, je reichhaltiger und komplizierter mit steigender Ordnungszahl die Atomhüllen dieser 4 untereinander stehenden Elemente werden, umso mehr gewinnen die an der Peripherie befindlichen Valenzelektronen Bewegungsfreiheit, um sich aus dem Verband zu entfernen, zunächst im Sinne einer Halbleitung beim Silicium und Germanium, dann in Form von metallischer Bindung und Leitung beim Zinn und beim Blei.

10.7. Das Bändermodell

Alle diese relativ anschaulichen Vorstellungen, auf Grund deren sich noch viele weitere Einzelheiten innerhalb des Periodischen Systems bezüglich der Eigenschaften der chemischen Elemente verstehen lassen, haben zweifellos einen erheblichen Wahrheitsinhalt. Trotzdem ist nicht zu verkennen, daß manches in ihren Spielregeln, wie das Postulat der in bestimmten Abständen angeordneten Schalen, auf denen eine genau begrenzte Anzahl von Elektronen unterzubringen ist, als willkürlich und unverständlich erscheinen muß. Ausgehend von dem bekannten Dualismus in den Erscheinungsformen der Materie als Korpuskel und als Welle haben quantenmechanische Ansätze demgegenüber zu widerspruchsfreien und zwangsläufig folgerichtigen Formulierungen der Zusammenhänge geführt, jedoch unter Verzicht auf Anschaulichkeit. Es hieße aber den Begriff der „Werkstoffkunde" im Sinne dieses Buches zu weit fassen, wenn wir diese Ableitungen, die in hinreichend vorhandener Spezialliteratur zu finden sind, hier in die Betrachtungen einbeziehen wollten. In jedem Fall bleibt man aber exakt, wenn man sich auf die Aussage beschränkt, daß Lage und Bewegungszustände jedes Elektrons gegenüber dem Kern zweifellos durch einen definierten Energiebetrag gekennzeichnet sind. Mit anderen Worten, alle Elektronen befinden sich auf ganz bestimmten Energieniveaus, die durch spektroskopische Beobachtung, durch Messung von Ionisierungsenergie und anderem quantitativ anzugeben sind. In dem Bemühen, Exaktheit mit einem gewissen Grad von Anschaulichkeit zu verbinden, bildet man daher schematisch die Elektronenhülle des Atoms als ein System von übereinanderliegenden horizontalen Geraden ab, die die einzelnen Energiestufen darstellen, welche von Elektronen besetzt sein können. In der Tat läßt sich im einzelnen Atom die Gesamtheit der „erlaubten" Energieniveaus durch ein solches Linienschema aufzeichnen. Treten aber viele Atome zu einem engeren Verband zusammen, wie das in einem Kristallgitter der Fall ist, so stören sie sich gegenseitig im Bereich ihrer Außenelektronen mit dem Ergebnis, daß deren Energieniveaus jetzt keine eindeutigen Werte mehr haben, sondern sich in einen Streubereich aufspalten. Aus den exakten Linien des Niveauschemas werden „Bänder", die die für Elektronen erlaubten Energiezustände enthalten, getrennt von „verbotenen Zonen". Ein Schema dieser Art zeigt Bild 37. Hier ist unter anderem dargestellt, daß die Breite der Bänder bei den großen Energiebeträgen in den Außenbezirken des Atoms naturgemäß größer ist als bei den inneren Niveaus, da die Atome sich ja nur an der Peripherie gegenseitig berühren und stören. Das trifft also insbesondere zu für das sogen. Valenzband, das die Gesamtheit aller möglichen Energiezustände der äußeren Valenzelektronen enthält und das darüber liegende sogen. Leitungsband, in dem die quasi freien Leitungselektronen zu suchen sind. Die Breite der dazwischenliegenden verbotenen Zone gibt die Größe des Energiebetrages an, den man einem Elektron im Valenzband zuführen muß, um es aus seiner dort ausgeübten

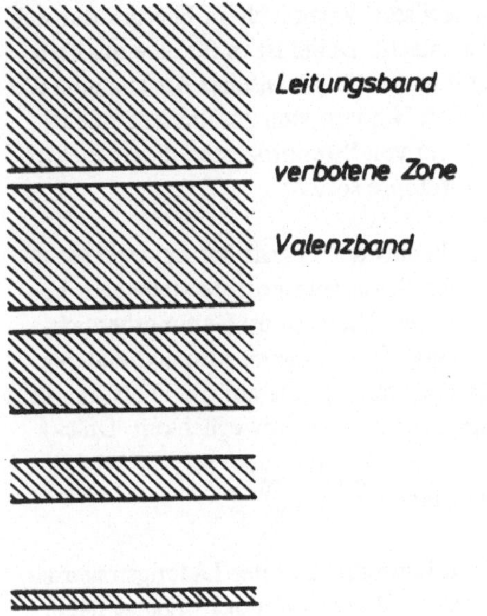

Bild 37
Bändermodell

Bindungsfunktion zu befreien und in das Leitungsband zu befördern. Je nachdem, ob letzteres z. T. mit Elektronen besetzt ist oder nicht, haben wir einen Leiter oder einen Isolator. Dieser kann zum Halbleiter werden, wenn die verbotene Zone so schmal ist, daß durch eine äußere elektrische Feldstärke, durch Aufnahme von thermischer Energie oder von Strahlung einzelne Elektronen vom Valenzband in das Leitungsband hinübergehoben (freigesetzt) werden können. Bei Metallen mit ihren sowieso vorhandenen Leitungselektronen bedarf es eines solchen Energieaufwandes offenbar nicht, d. h. daß es hier keine verbotene Zone zwischen Valenzband und Leitungsband gibt, beide sich vielmehr unmittelbar berühren oder überlappen.

11. Der Halleffekt und seine Bedeutung zum Studium der Leitungsvorgänge in Metallen, Halbleitern und festen Ionenleitern

Das Leitvermögen eines Werkstoffes hängt in jedem Fall davon ab, *wieviel* Ladungsträger zum Stromtransport zur Verfügung stehen und *wie schnell* sie sich unter dem Einfluß eines elektrischen Feldes bewegen können. Ihre Geschwindigkeit ist dadurch begrenzt, daß sie auf ihrem Wege innerhalb des Gitters zwischen den Atomrümpfen und durch deren Potentialfelder hindurch Widerstände finden. Das bedingt, wie die Überwindung mechanischer Reibung, einen gewissen Verbrauch an Energie, der sich als die bekannte Joulesche Wärme bemerkbar macht. Dabei ist es für eine qualitative Beschreibung der Vorgänge gleichgültig, ob man nach klassischer Anschauung die Elektronen als Teilchen auffaßt, die mit solchen Hindernissen zusammenstoßen oder ob man sie als Wellenbewegung ansieht und von Streuprozessen dieser Elektronenwellen durch die Schwingungen der Atomrümpfe spricht.

Um zu vergleichenden Aussagen zu kommen, bedarf der Begriff der *Beweglichkeit* einer exakteren Definition: Die *Anzahl* der den Stromtransport darstellenden Ladungsträger sei zunächst als konstant angenommen. Dann ist im Geltungsbereich des Ohmschen Gesetzes ihre mittlere Strömungsgeschwindigkeit proportional der angelegten Feldstärke E, also: $v = \mu \cdot E$. Die Konstante μ, die auf die Feldstärkeneinheit bezogene Geschwindigkeit v/E, bezeichnet man als die Beweglichkeit. Drückt

man v in m/s und E in V/m aus, so hat μ die Einheit $\dfrac{m/s}{V/m} = \dfrac{m^2}{V \cdot s}$.

Eine der wichtigsten Methoden, Art, Zahl und Beweglichkeit der Ladungsträger zu bestimmen und damit dem Verständnis unterschiedlicher Leitungsvorgänge näher zu kommen, ist die Untersuchung des Halleffektes, der auch von später zu besprechender technischer Bedeutung ist. Er sei hier kurz skizziert: Bild 38 zeigt ein Stück Metallband mit der Dicke d und der Breite b, das vom Strom I durchflossen wird und dessen Fläche außerdem von einem Magnetfeld mit der Flußdichte B von unten nach oben durchsetzt ist. Die in der Grundtendenz von rechts nach links fließenden Leitungselektronen erfahren dann durch die sogenannte Lorentzkraft eine Ablenkung senkrecht zu ihrer ursprünglichen Bewegungsrichtung und senkrecht zum Magnetfeld. Nach den bekannten Gesetzen der Elektrodynamik ist diese Kraft in unserem Fall von 1 nach 2 (hinten nach vorne) gerichtet und hat die Größe:

$$F = e \cdot v \cdot B,$$

wobei e die Ladung des einzelnen bewegten Elektrons, v seine Geschwindigkeit und B die Flußdichte des Magnetfeldes ist.

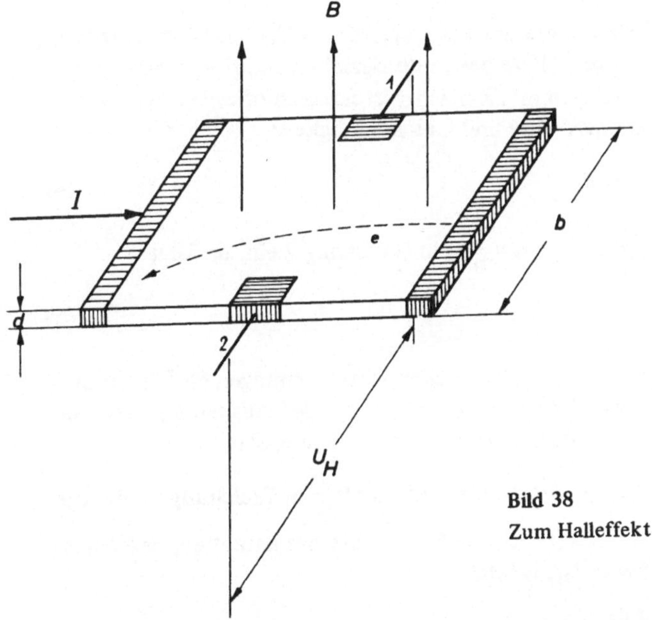

Bild 38
Zum Halleffekt

Im Zuge dieser seitlichen Ablenkung entsteht in der stromdurchflossenen Platte am vorderen Rand eine Anreicherung an Elektronen, am rückwärtigen ein Defizit und als Folge davon zwischen den beiden Elektroden 1 und 2 eine meßbare Spannung, die sogenannte *Hallspannung* U_H. Mit ihrer Feldstärke $E_H = U_H/b$ übt sie elektrostatisch auf jedes Elektron eine Kraft $\dfrac{U_H}{b} \cdot e$ aus, die mit der Lorentz-Kraft im Gleichgewicht stehen muß:

$$\frac{U_H}{b} \cdot e = e \cdot v \cdot B \quad \text{oder} \quad \frac{U_H}{b} = v \cdot B \tag{1}$$

Die Elektronengeschwindigkeit v drücken wir durch die oben definierte Beweglichkeit μ aus und schreiben wieder v = $\mu \cdot$ E, wobei E die Feldstärke in der Längsrichtung des Bandes, also der eigentlichen Stromrichtung ist. Damit wird aus Gleichung
(1):

$$U_H = \mu \cdot E \cdot B \cdot b. \tag{2}$$

Nimmt man dazu das Ohmsche Gesetz in der Form S = $\kappa \cdot$ E mit der Stromdichte S
und der Leitfähigkeit κ, so geht Gleichung (2) über in

$$U_H = \frac{\mu}{\kappa} \cdot S \cdot B \cdot b. \tag{3}$$

S, B, und b sind meßbar, für ein bestimmtes κ ergibt also U_H die *Elektronenbeweglichkeit μ.*.Benutzt man einige weitere bekannte Beziehungen, findet sich auch
n, die *Zahl* der Ladungsträger pro m^3. Zunächst ist nämlich offenbar die Stromdichte als Produkt aus Ladungsdichte und Geschwindigkeit:

$$S = (n \cdot e) \cdot v = n \cdot e \cdot \mu \cdot E \tag{4}$$

Setzt man daraus den Ausdruck $\mu \cdot E = \dfrac{S}{n \cdot e}$ in Gleichung 2 ein, so folgt

$$U_H = \frac{1}{n \cdot e} \cdot S \cdot B \cdot b \tag{5}$$

Da e aus mannigfachen physikalisch-chemischen Untersuchungen als Elementarladung e = 1,6 $\cdot 10^{-19}$ A $\cdot$ s exakt bekannt ist, liefert also die Hallspannung U_H zusammen mit den übrigen meßbaren Größen die Trägerzahldichte n.

Die Größe $\dfrac{1}{n \cdot e}$ in Gleichung 5 und die ihr äquivalente $\dfrac{\mu}{\kappa}$ in Gleichung 3, die, wie
man sieht, die speziellen Eigenschaften des Leitermaterials enthalten, bezeichnet
man als dessen *Hallkonstante* R_H, hat also dann

$$U_H = R_H \cdot S \cdot B \cdot b \text{ mit}$$

$$R_H = \frac{\mu}{\kappa} = \frac{1}{n \cdot e}.$$

Handelt es sich bei den Ladungsträgern statt um Elektronen um Träger von positiver Ladung, ist natürlich die Richtung der Hallspannung umgekehrt. Durch ihre
Messung ergibt sich also grundsätzlich die Möglichkeit, das Vorzeichen, die Anzahl
und die Beweglichkeit der Ladungsträger zu bestimmen. So findet man bei einigen
Metallen und vor allem bei Halbleitern Leitungsvorgänge, bei denen scheinbar auch
positive Ladungsträger mit der geringen Masse von Elektronen und ähnlicher Beweglichkeit ins Spiel treten, die es unter diesen Bedingungen nach den Ausführungen in Kapitel 10.1 nicht geben sollte. Es handelt sich aber hier um die sogenann-

ten Defektelektronen, bei deren Anwesenheit die Zusammenhänge sich nicht ganz so einfach und anschaulich darstellen, wie in den vorstehenden Gleichungen (siehe Kapitel 13.1).

Bei Ionen als Ladungsträgern erweist sich die Beweglichkeit ihrer relativ großen Masse im allgemeinen als so gering, daß die Hallspannung unmeßbar klein wird. Gerade dadurch hat man aber im konkreten Fall die Möglichkeit, zu unterscheiden, ob es sich um Elektronen- oder Ionenleitung handelt. Andererseits kann der Halleffekt bei Halbleitern infolge der dort mitunter auftretenden extrem hohen Elektronenbeweglichkeit unmittelbare technische Bedeutung erhalten, worüber in Kapitel 13,4,3 zu sprechen sein wird. Vorher aber sollen die Eigenschaften der wichtigsten metallischen und halbleitenden Werkstoffe, für die diese und ergänzende Untersuchungsmethoden den Schlüssel zum Verständnis liefern, im Hinblick auf ihre elektrotechnische Anwendung behandelt werden.

12. Metallische Leiter- und Widerstandswerkstoffe

12.1. Reine Metalle

12.1.1. Einige Zahlenwerte für die Leitfähigkeit

Um die Größenordnung zu kennzeichnen, in der wir uns bei Besprechung der Leitfähigkeit gebräuchlicher Metalle bewegen, sind in Tabelle 8 einige Zahlen zusammengestellt:

Tabelle 8. Leitfähigkeit einiger reiner Metalle in
10^6 Siemens/m (abgerundete Zahlen)

Silber	63
Kupfer (Mindestwert)	57
Gold	46
Aluminium (Mindestwert)	37
Molybdän	19
Wolfram	18
Zink	16
Nickel	14
Eisen	10
Platin	10
Quecksilber	1

Für Kupfer und Aluminium wurden bereits in früheren Kapiteln die nach VDE-Bestimmungen festgelegten Mindestwerte genannt, und zwar $57 \cdot 10^6$ Siemens/m bzw. $37 \cdot 10^6$ Siemens/m. Das Silber liegt mit $63 \cdot 10^6$ an der Spitze und das Gold mit ca. $46 \cdot 10^6$ dazwischen. Am gegenüberliegenden Ende finden wir unter den besonders schlecht leitenden reinen Metallen das Quecksilber mit $1 \cdot 10^6$. Innerhalb dieser Grenzen von $63 \cdot 10^6$ und $1 \cdot 10^6$ Siemens/m liegen fast alle metallischen Elemente.

12.1.2. Konzentration und Beweglichkeit der Leitungselektronen in reinen Metallen

Beim bestleitenden Metall, dem Silber, ist lt. Messung und Auswertung der Hallspannung die Anzahl n der Leitungselektronen etwa 10^{29} pro m^3, unabhängig von der Temperatur. Man erinnere sich hier aus der Chemie an die Loschmidtsche Zahl, die besagt, daß die Anzahl von Molekeln im Kilomol eines jeden Stoffes rund 10^{27} ist (1 Kilomol hat soviel kg, wie das Molekular- bzw. Atomgewicht angibt, im Fall des Silbers mit seinem Atomgewicht 108 also 108 kg); wir haben demnach in rund 100 kg Silber etwa 10^{27} Atome. Bezogen auf den m^3 (10^4 kg, da die Dichte des Silbers ~ 10 kg/dm^3 ist) kommen wir damit auf 10^{29} Atome, also die gleiche Zahl, die der Halleffekt für die Leitungselektronen liefert. Das heißt, wie in den Überlegungen des Kapitels 10.2 bereits vorweggenommen, rund jedes Silberatom stellt *ein* Elektron für die Elektrizitätsleitung zur Verfügung. Bei schlechter leitenden Metallen ergeben sich kleinere Werte, die angeben, daß nur jedes 5. oder jedes 10. Atom wirklich ein Elektron freistellt; in Übergangsfällen zwischen Metallen und Nichtmetallen, z. B. beim Wismut, liegen die Zahlen der Leitungselektronen sogar noch um zwei bis drei Größenordnungen darunter.

Die gute Leitfähigkeit der üblichen Leitermetalle könnte zu dem Schluß verführen, daß auch die Elektronen*beweglichkeit* hier sehr hoch sein müsse. Tatsächlich finden wir aber z. B. für Kupfer bei Raumtemperatur mittels Halleffekt nur einen Wert von etwa

$$\mu = 4 \cdot 10^{-3} \; m^2/V \cdot s. \tag{1}$$

Das ist in der Tat überraschend wenig, wenn man sich überlegt, mit welcher Geschwindigkeit $v = \mu \cdot E$ sich demnach die Elektronen im praktischen Falle bewegen: Die höchste Stromdichte S, mit der man einen Kupferdraht belasten kann, ohne im allgemeinen zu unzulässigen Erwärmungen zu kommen, liegt etwa bei 6 A/mm^2, also $S = 6 \cdot 10^6$ A/m^2. Die nach dem Ohmschen Gesetz dazu gehörige Feldstärke E ist bei einer Leitfähigkeit des Kupfers von $\kappa = 60 \cdot 10^6$ Siemens/m

$$E = \frac{S}{\kappa} = \frac{6 \cdot 10^6 \; A/m^2}{60 \cdot 10^6 \; A/V \cdot m} = 0{,}1 \; \frac{V}{m} \; . \quad (1 \; Siemens = \frac{1}{Ohm} = 1 \frac{A}{V}) \tag{2}$$

Für die Elektronengeschwindigkeit im Kupfer ergibt sich damit aus (1) und (2)
bei Raumtemperatur der Höchstwert

$$v = \mu \cdot E = 4 \cdot 10^{-3} \cdot 0,1 \ \frac{m}{s} = 0,4 \ \frac{mm}{s} \ .$$

Verglichen mit der hohen Ausbreitungsgeschwindigkeit des elektrischen Feldes
geht also die dadurch ausgelöste Bewegung der Leitungselektronen hier relativ sehr
langsam vor sich.

Die Metalle liegen mit dieser Beweglichkeit ihrer Ladungsträger zwischen den Elektrolyten und den Halbleitern. Daß bei ersteren die Ionenbeweglichkeit infolge der
hier beteiligten trägen Massen um einige Größenordnungen geringer ist, wurde bereits bemerkt. Demgegenüber werden wir bei den Halbleitern Elektronenbeweglich-
keiten finden, die mehr als tausenmal größer sind als in den Metallen; offenbar
wandern im Halbleitergitter die Elektronen, die sich durch Energiezufuhr aus ihren
paarweise geschlossenen Bindungen befreien konnten, wesentlich ungestörter durch
die übrigen, noch intakten Brücken zwischen den fest verankerten Atomrümpfen
hindurch. Noch größere Unterschiede können in den Absolutgeschwindigkeiten
$v = \mu \cdot E$ auftreten, da man beispielsweise beim Silicium nicht nur eine relativ große
Beweglichkeit μ findet, sondern gerade wegen seiner viel geringeren Leitfähigkeit
auch noch wesentlich höhere Feldstärken anlegen kann als etwa beim Kupfer.

Das gute Leitvermögen metallischer Werkstoffe beruht also nicht auf einer besonders großen Beweglichkeit ihrer Leitungselektronen, sondern auf deren großer Anzahl. Diese erweist sich weiterhin als eine für jedes reine Metall charakteristische
Größe, die in weiten Grenzen, unabhängig von der Temperatur und sonstigen äußeren Einflüssen, konstant ist. Zunahme oder Abnahme der Leitfähigkeit eines Metalls gehen demnach im allgemeinen auf Veränderung der *Bewegungsfreiheit* seiner
Elektronen zurück, die durch die Wechselwirkung mit den Atomrümpfen behindert
ist. Die dabei auftretenden Widerstände sind durch den Zustand des Gitters und
Vorgänge in seinem Innern bedingt; sie lassen sich in mannigfacher Weise von außen
beeinflussen, sei es durch mechanische Verformungen, Temperaturänderung oder
äußere Magnetfelder. Im einzelnen ergeben sich folgende Zusammenhänge:

12.1.3. Einfluß von Verunreinigungen und sonstigen Unregelmäßigkeiten im Kristallgefüge auf das Leitvermögen von Metallen

Zunächst ist, wie nicht anders zu erwarten, die Leitfähigkeit umso größer, also der
Widerstand umso kleiner, je ungestörter das Gitter ist. Denn ein Leitungsvorgang
durch Bewegung von Elektronen wird sich in großen Kristalliten oder gar Einkristallen leichter vollziehen als in einem feinkristallinen Material, in dem Korngrenzen, Fehlerstellen, Versetzungen usw. zu überwinden sind oder wo eingebaute
Fremdatome die inneren Potentialfelder verzerren. Demnach muß durch Kaltverfestigung, bei der viele kleine Körner entstehen, die Leitfähigkeit abnehmen. Um-

gekehrt wird bei Rekristallisation das Material wieder weicher und zugleich besser leitend. Aus diesem Grunde ist das Leitvermögen gezogener Kupferdrähte bis zu einigen Prozent schlechter als das des weichgeglühten Ausgangsmaterials. Beispiele für derartige Einflüsse von Kaltverformung und gefügeverändernder Glühbehandlung beim Kupfer und beim Aluminium wurden in den Bildern 30 und 32 gebracht. Wie stark sich Verunreinigungen bemerkbar machen, vor allem wenn sie in atomarer Verteilung innerhalb von Mischkristallen gelöst oder chemisch gebunden sind, zeigte Bild 28 gleichfalls am Beispiel des Kupfers. Schon Fremdbeimengungen von weniger als 0,1 % mindern die Leitfähigkeit erheblich. Selbst ein Zusatz des an sich besser leitenden Silbers wirkt hier nur verschlechternd. Offenbar kann schon der Ersatz einzelner Gitterbausteine durch Fremdatome von abweichender Größe und unterschiedlicher Elektronenkonfiguration den Bindungsmechanismus innerhalb des Gitters und damit die Bewegungsmöglichkeit von Leitungselektronen in einem weiten Umgebungsbereich stören. Zusätzlich ist häufig auch bei Härtungsvorgängen, z. B. in gewissen Stadien der Ausscheidungshärtung oder der Martensitbildung des Eisens, die für die Steigerung der Festigkeit verantwortliche innere Verspannung mit einer weiteren Verminderung der Leitfähigkeit verbunden.

12.1.4. Einfluß der Temperatur auf die metallische Leitfähigkeit, Widerstands-thermometer

Bleiben wir bei dem Bild, daß die Elektronen auf ihrem Weg im Kristallgitter durch die Atomrümpfe behindert werden; die Wahrscheinlichkeit für Kollisionen wird dann umso höher sein, je lebhafter die temperaturbedingten Bewegungen sind, die die Gitterbausteine in Form von Schwingungen um ihre Gleichgewichtslage ausführen. Dementsprechend ist bei tiefen Temperaturen, wo die thermische Unruhe innerhalb des Gitters relativ gering ist, die Leitfähigkeit eines Metalls größer als z. B. bei Raumtemperatur, und sie nimmt bei Erwärmung stetig ab (der Widerstand zu). Dieser Temperatureffekt kommt umso stärker zum Ausdruck, je weniger er von sonstigen Störungen durch Korngrenzen oder Verunreinigungen überlagert ist. So fällt der Widerstand von sehr reinem Aluminium (Fremdbeimengungen unter 1/100 Promille) bei Abkühlung bis zur Temperatur des flüssigen Heliums ($-268,8\ ^\circ$C) auf weniger als 1/1000 seines Wertes bei Raumtemperatur ab. Die Verhältnisse bei technischem Leitkupfer im Bereich zwischen -200° und $+300\ ^\circ$C zeigte bereits Bild 29. Der spezifische Widerstand ρ wächst hier mit steigender Temperatur nahezu linear: $\rho = \rho_0\,(1 + \alpha\vartheta)$ (mit dem Temperaturkoeffizienten $\alpha = \frac{1}{\rho_0} \cdot \frac{d\rho}{d\vartheta}$). Ähnliches haben wir in Bild 39 bei Platin, Wolfram und Molybdän. Abweichend verhält sich das Eisen mit stärker nach oben gekrümmter Kurve: hier macht sich sein Ferromagnetismus bemerkbar (ebenso bei der Eisen-Nickel-Legierung NiFe 30); denn die charakteristischen Ordnungszustände innerhalb des Kristallgitters, auf denen die besonderen Eigenschaften ferromagnetischer Stoffe beruhen, werden mit steigender Temperatur bei Annäherung an den Curie-Punkt (beim Eisen 768 °C) zunehmend aufgelockert und schließlich gelöst (Kapitel 19). Dieser Vorgang ist mit einer stärkeren Behinderung der Elektronenbeweglichkeit, also steilerem Anstieg des Widerstandes verbunden (wachsende Unruhe und Unordnung im metallischen Gitter heißt wachsender elektrischer Widerstand). Im allgemeinen aber unterscheiden sich die Temperaturkoeffizienten des Widerstandes $\frac{1}{\rho_0} \cdot \frac{d\rho}{d\vartheta}$ reiner Metalle nur wenig voneinander und liegen bei Raumtemperatur um + 0,5 % pro Grad.

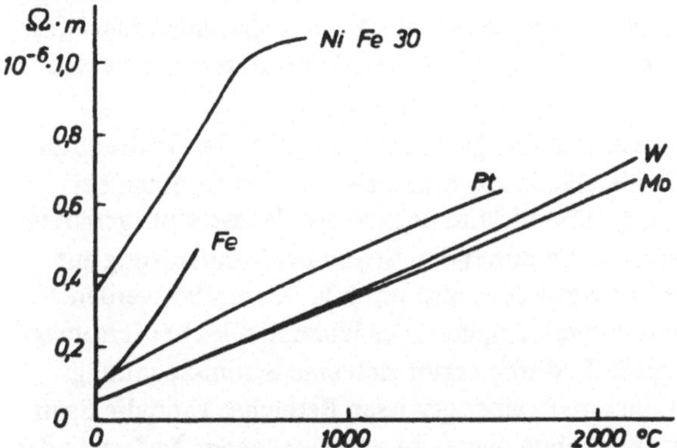

Bild 39. Temperaturabhängigkeit des spez. Widerstandes einiger Metalle

Beim Schmelzen steigt der spezifische Widerstand eines Metalls entgegen der Anschauung sprunghaft an, u. z. nach einer Faustformel etwa auf das Doppelte; denn nicht die beweglich gewordene, aber immer noch träge Masse transportiert den Strom (wie bei einem Ionenleiter), sondern die Elektronen, die durch dieses in Aufruhr geratene Gewimmel hindurch müssen.

Technische Bedeutung hat der Temperaturkoeffizient des Leitvermögens reiner Metalle in mannigfacher, teils hinderlicher, teils nützlicher Weise. Zunächst führt das steigende Bestreben nach möglichst hoher Materialausnutzung zu raum- und gewichtssparenden Konstruktionen von Maschinen, Transformatoren und sonstigem elektrotechnischem Gerät, unter anderem auch zu möglichst kleinen Kupferquerschnitten in Wicklungen und Spulen. Die Folge ist gesteigerte Betriebstemperatur. Einer der Gründe, warum man mit der Verringerung der Abmessungen bald an eine Grenze kommt, ist der mit der Erwärmung zunehmende Widerstand des Kupfers; er bedeutet wachsende Verluste und Minderung der Nutzleistung oder größeren Aufwand zur Wärmeabfuhr. In der Tat zeigt Bild 29, daß in Geräten, deren Betriebstemperatur um 150 °C liegt, mit einem um 50 % erhöhten Kupferwiderstand zu rechnen ist, verglichen mit dem Wert bei 20 °C; laufende Messung und Kontrolle des Widerstandes bietet damit andererseits ein naheliegendes Hilfsmittel zur Überwachung des Erwärmungszustandes von Wicklungen, z. B. im Hinblick auf die thermische Belastung der eingebauten Isolierstoffe.

Noch eindrucksvoller wird das Bild bei Vorgängen, die sich innerhalb größerer Temperaturintervalle abspielen. So zeigt z. B. ein Blick auf Bild 39, daß der Wolframdraht einer Glühlampe bei seiner Betriebstemperatur, die um 2000 °C liegt, einen um rund das Zehnfache höheren Widerstand hat als bei Raumtemperatur. Die zu solchen Lampen gehörigen Schaltgeräte müssen also für einen Einschaltstromstoß bemessen sein, der das Fünf- bis Zehnfache des normalen Betriebsstromes betragen kann. Bei in Reihe liegenden Glühdrähten unterschiedlicher Kennlinien führt das mitunter zur Notwendigkeit, strombegrenzende Widerstände in den Kreis einzubauen.

Die Technik macht sich diese Zusammenhänge zunutze z. B. bei der Verwendung sogenannter Eisen-Wasserstoffwiderstände zur Stabilisierung von Strömen bei Schwankungen der Netzspannung: Eisendrähte in einer mit Wasserstoff gefüllten Glasröhre sind so dimensioniert, daß sie durch den Strom bei Nennleistung auf Temperaturen in der Nähe des Curie-Punktes, also um 800 °C, erhitzt werden. Dort ist, wie erwähnt, die Temperaturabhängikeit des Widerstandes bei ferromagnetischen Metallen besonders groß. Dadurch ergibt sich eine Strom-Spannungskennlinie gemäß Bild 40; d. h. innerhalb eines gewissen Bereiches kann die Spannung in weiten Grenzen schwanken, ohne daß es zu entsprechender Änderung der Stromstärke kommt: jeder beginnende Anstieg des Stromes wird sofort durch die damit einsetzende Temperaturerhöhung und gleichzeitige Vergrößerung des Widerstandes automatisch begrenzt, so daß damit in Reihe liegende Verbraucher gleichmäßig belastet bleiben. In der technischen Anwendung haben Eisenwasserstoff-Widerstände durch moderne Halbleiterbauelemente Ergänzung und zum Teil auch Konkurrenz gefunden, sind jedoch nicht verdrängt.

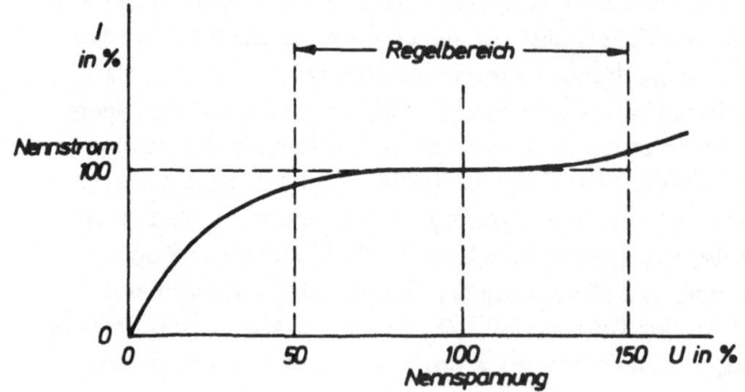

Bild 40
Kennlinie eines Eisenwasserstoffwiderstandes

Vor allem aber bedient sich die Meßtechnik sogenannter *Widerstandsthermometer* in mannigfachen Ausführungsformen zur Temperaturmessung in Öfen, Heizungsanlagen etc. oder auch als Temperaturüberwachungsorgane, z. B. in Wicklungen von Maschinen und dergleichen. Der Meßdraht, dessen Widerstand ein Maß für die Temperatur und dementsprechend geeicht ist, wird auf eine isolierende Unterlage aufgewickelt oder in flachen Mäandern aufgeklebt. Sein Werkstoff muß dabei eine Reihe von Anforderungen erfüllen, die nicht ganz leicht miteinander zu vereinbaren sind. Wichtig ist:

1) großer Temperaturkoeffizient des Widerstandes im Sinne hoher Meßgenauigkeit

2) über lange Gebrauchsdauer hin gute Konstanz dieser Widerstands-Temperaturabhängigkeit, die ja leicht durch Verunreinigungen, Strukturänderungen im Werkstoff oder Korrosion Schwankungen unterworfen sein kann

3) möglichst linearer Zusammenhang zwischen Widerstand und Temperatur zur Erleichterung der Eichung und Interpolation von Zwischenwerten.

Für höchste Ansprüche hinsichtlich der Erfüllung dieser Forderungen kommt praktisch nur Platin in Frage, das für Temperaturmessungen im Bereich von − 200 °C bis oberhalb von + 500 °C geeignet ist. Die Anwendung von Nickel hat ihre Grenzen bei ca. + 200 °C, da darüber hinaus die geringere Korrosionsbeständigkeit und sein bei 360 °C liegender Curie-Punkt stören können. Dagegen ist die Nickellegierung NiFe 30 (70 % Nickel, 30 % Eisen) bis etwa 500 °C einsetzbar. Ihren bemerkenswert hohen Temperaturkoeffizienten zeigt Bild 39. Für tiefste Temperaturen unterhalb − 220 °C (ca. 50 K) sind Speziallegierungen entwickelt worden. Vor allem für den mittleren Bereich haben aber die metallischen Widerstandsthermometer Konkurrenz in der modernen Halbleitertechnik. Kapitel 13.4.1 bringt dementsprechende Ergänzungen.

12.1.5. Einfluß gerichteter mechanischer Spannungen, Dehnungsmeßstreifen

Viel unscheinbarer als die Beeinflussung des Widerstandes durch die thermische Unruhe im Gitter, aber doch für die Meßtechnik interessant ist die Widerstandserhöhung durch die gerichtete Verlagerung der Atome bei plastischer oder elastischer Verformung. Am übersichtlichsten sind die Zusammenhänge bei der Dehnung eines gespannten Drahtes. Längenänderung ΔL und die damit verbundene Querschnittsverkleinerung Δq bedingen an sich schon aus rein geometrischen Gründen eine Widerstandserhöhung entsprechend der Vergrößerung des Verhältnisses L/q. Darüber hinaus verursacht aber die bei der Verformung entstehende Verschiebung der Gitterbausteine und die Änderung ihrer Bewegungsmöglichkeit noch einen zusätzlichen Betrag, der zwar im elastischen Bereich gering, aber doch gut meßbar ist. Technisch angewendet wird dieser Effekt bei den sogenannten Dehnungsmeßstreifen: eine Kunststoffolie dient als Träger für einen möglichst langen und daher in engen Mäanderwindungen gebogenen dünnen Meßdraht und wird mit diesem auf Bauteile, deren Verhalten unter Last gemessen werden soll, fest aufgeklebt. Dehnungen der Unterlage teilen sich auf diese Weise dem Draht mit und werden als Widerstandsänderungen angezeigt. Durch entsprechende Anordnung einer hinreichend großen Zahl solcher Meßstreifen können komplizierte Verformungsvorgänge von Oberflächen statisch und bei Verwendung von Oszillographen auch dynamisch aufgezeichnet werden. Ein anderes Anwendungsbeispiel findet sich bei Druckmeßdosen, deren Membran man mit Dehnungsmeßstreifen versieht, um ihre Durchbiegung an einem elektrischen Anzeigegerät ablesen zu können.

Als Werkstoff für die Meßdrähte verwendet man im allgemeinen nicht reine Metalle, weil bei diesen die temperaturbedingten Widerstandsänderungen die von der Dehnung herrührenden viel kleineren Effekte überdecken würden. Die im übernächsten Abschnitt zu behandelnden Legierungen mit besonders kleinem Temperaturkoeffizienten, wie Konstantan und Manganin, sind hier geeigneter. Gedehnte Manganindrähte z. B. zeigen eine Widerstandserhöhung, die etwa um 50 % größer ist, als man auf Grund der Veränderung der geometrischen Abmessungen, also des Verhältnisses L/q, erwarten würde. In neuerer Zeit sind aber auch auf diesem Gebiet der Meßtechnik Halbleiter in Wettbewerb zu den metallischen Werkstoffen getreten. Dehnungsmeßstreifen, die nicht mit Metalldrähten, sondern z. B. mit Siliciumschichten als Meßorgan ausgerüstet sind, haben sich bereits in der Praxis bewährt.

12.1.6. Widerstandserhöhung im Magnetfeld

Die Auslenkung bewegter Leitungselektronen im Magnetfeld, die die Grundlage des Halleffektes ist, führt in metallischen Werkstoffen auch zu einer Verlängerung des Weges der strömenden Ladungsträger und damit zu einer Widerstandserhöhung. Dieser Effekt ist bei den gängigen Metallen Kupfer, Silber usw. bei Raumtemperatur auch in starken Feldern kaum meßbar. Bei tiefen Temperaturen jedoch, wo die thermische Unruhe im Gitter geringer und die Beweglichkeit der Elektronen entsprechend größer wird, läßt sich der Widerstand in viel stärkerem Maße magnetisch beeinflussen. Lediglich Wismut zeigt schon im Bereich der Raumtemperatur beträchtliche Werte, nämlich bei einer magnetischen Flußdichte von 10 000 Gauß (1 Tesla) eine Widerstandserhöhung um ca. 50 %, bei tiefen Temperaturen noch eine Größenordnung mehr. Als Erklärung sei angedeutet, daß dieses im Periodischen System nahe an der Grenze zu den Nichtmetallen hin stehende Element eine für Metalle sehr geringe Konzentration an Elektronen hat, die dafür aber sehr beweglich sind. Wismutspiralen lieferten lange Zeit eine bequeme Methode zur Ausmessung von Magnetfeldern. Auch hier haben sich jedoch inzwischen Bauelemente aus Halbleitern, bei denen die Effekte noch wesentlich größer sind und viel weitergehende technische Anwendung ermöglichen, in den Vordergrund geschoben (Kapitel 13.4.3).

12.2. Legierungen als Werkstoffe für elektrische Widerstände

12.2.1. Die Leitfähigkeit von Legierungen

Wie bedeutsam es für die Technik ist, daß man Metalle miteinander legieren kann und damit zu Werkstoffen kommt, deren Eigenschaften entweder aus denen ihrer Bestandteile in voraussehbarer Weise kombiniert sind oder aber auch völlig neuartig sein können, kam in früheren Kapiteln zum Ausdruck. Verbundstoffe im Sinne des Kapitels 3.1 oder auch Legierungen mit Eutektikum gemäß Kapitel 3.2.3, die aus einem mehr oder minder groben Gemenge von selbständig gewachsenen Kristalliten des einen und solchen des anderen Partners bestehen, stellen für den elektrischen Strom komplizierte Systeme von hintereinander- und nebeneinandergeschalteten Teilwiderständen dar. Ihr resultierender Gesamtwiderstand und damit auch die Leitfähigkeit läßt sich bei gleichmäßiger Verteilung aus dem Mischungsverhältnis abschätzen und liegt irgendwo im mittleren Bereich zwischen den entsprechenden Werten der reinen Ausgangsstoffe. Interessanter als Legierungen dieser Art sind aber als Widerstandswerkstoffe im allgemeinen solche mit Mischkristallbildung gemäß Kapitel 3.2.2. Ihr Leitvermögen läßt sich in einem weit gesteckten Rahmen variieren und in Verbindung mit anderen angenehmen Eigenschaften bestimmten Wünschen der Technik anpassen.

Vielen Legierungen dieser Art ist gemeinsam, daß ihr spezifischer Widerstand infolge der massiven Störungen der ursprünglichen Struktur durch den Einbau der Fremdatome um ein bis zwei Größenordnungen angestiegen ist. Daneben fällt dann der Einfluß der temperaturabhängigen ungeordneten Wärmebewegung der Gitterbausteine prozentual nur noch wenig ins Gewicht. Sie haben also durchweg einen im Vergleich zu den reinen Metallen kleinen Temperaturkoeffizienten des Widerstandes. Bild 41 zeigt das am Beispiel der lückenlosen Mischkristallreihe der als Widerstandswerkstoffe wichtigen Kupfer-Nickellegierungen. Bei 50-%iger Mischung hat der spezifische Widerstand einen Spitzenwert, der eine runde Zehnerpotenz höher liegt als bei den reinen Metallen. Der Temperaturkoeffizient ist dabei auf ein Minimum abgesunken. Besonderheiten gibt es bei Legierungen ähnlicher Art unter Umständen in begrenzten Temperaturbereichen, wo durch Platzwechselvorgänge innerhalb des Gitters eine geordnete Verteilung der Atome der Legierungspartner in eine ungeordnete übergeht oder umgekehrt. Dabei können durch Überlagerung mehrerer Effekte sowohl extrem kleine — sogar negative — wie auch überraschend große Temperaturkoeffizienten auftreten. Beispiele für den ersten Fall sind die Widerstandslegierungen Manganin und Gold-Chrom, für den zweiten wiederum die ferromagnetischen Eisen-Nickellegierungen bei Annäherung an die Curie-Temperatur.

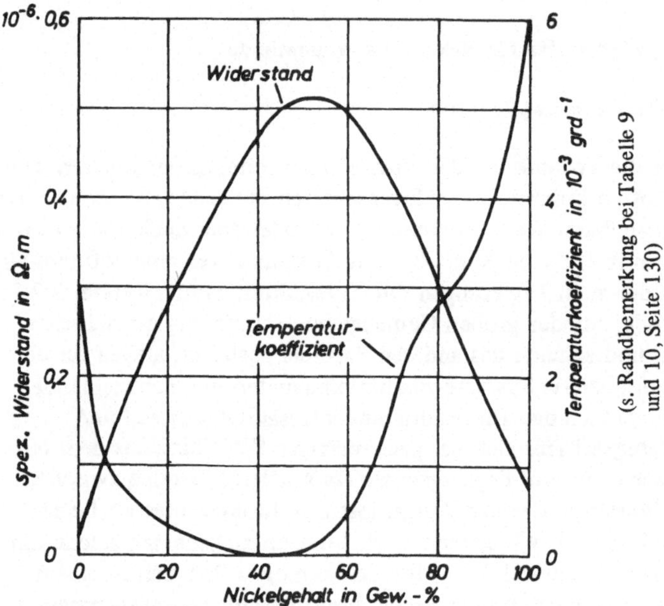

Bild 41. Spezifischer Widerstand und Temperaturkoeffizient des Widerstandes der Kupfer-Nickel-Legierungen bei Raumtemperatur

12.2.2. Werkstoffe für Präzisions-, Regel- und Heizwiderstände

Sowohl für Kupfer wie für Aluminium wurde in Kap. 5.2.1 und 6.3 eine Reihe von Legierungen angegeben, bei denen die Absenkung der Leitfähigkeit zugunsten anderer Eigenschaften noch in mäßigen Grenzen bleibt und die daher als hochleitfähige Legierungen angesprochen werden können (Tabelle 5). In den meisten Fällen handelt es sich dabei um Mischkristalle mit ein oder zwei zulegierten Metallen in Anteilen bis höchstens 1 %. Offengeblieben war jedoch die Behandlung derjenigen Kupferwerkstoffe, bei denen durch Zugabe größerer Anteile eines oder mehrerer Partner bewußt auf die Erzielung hoher spezifischer Widerstände hingearbeitet wird. Sie sollen hier im Zusammenhang mit anderen Widerstandslegierungen behandelt werden.

Die Elektrotechnik benötigt Widerstandswerkstoffe auf drei verschiedenen Anwendungsgebieten, deren Grenzen allerdings fließend sind; und zwar zum Bau von:

1) Präzisionswiderständen für die Meßtechnik, die meist schwach belastet sind;

2) veränderbaren Widerständen in der Steuer- und Regeltechnik oder Anlaßwiderständen mit im allgemeinen mäßiger Belastung;

3) hochbelastbaren Widerständen zur Umsetzung großer Energiebeträge, z. B. Bremswiderständen bei elektrischen Bahnen oder Heizwiderständen zur Erzeugung Joulescher Wärme in Öfen und sonstigen Heizgeräten.

In allen drei Fällen ist häufig großer spezifischer Widerstand erwünscht, da vor allem hochohmige Geräte sonst nur mit unbequem dünnen oder allzu langen Drähten herstellbar wären, d. h. mit erhöhtem Aufwand an Fertigungskosten oder an Material, Raum und Gewicht. Zusätzliche Forderung mit je nach Verwendungsart unterschiedlicher Dringlichkeit ist sodann die nach weitgehender Konstanz des einmal eingestellten Widerstandswertes. Sie steht natürlich bei Präzisionswiderständen für Meßzwecke im Vordergrund, wird aber auch in allen anderen Fällen in gewissen Grenzen angestrebt. Die Meßtechnik verlangt daher in erster Linie einen Werkstoff, dessen Widerstand bei schwacher Belastung durch Temperatur und Umgebungseinflüsse möglichst wenig verändert wird, d. h. mit kleinnem Temperaturkoeffizienten und hoher Korrosionsbeständigkeit. Diese Forderung beschränkt sich hier aber auf den Einsatz bei Raumtemperatur oder nur mäßiger

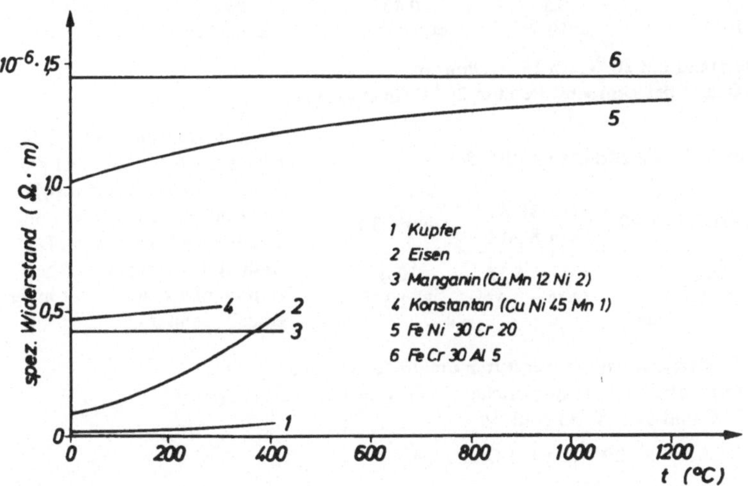

Bild 42. Temperaturabhängigkeit des elektrischen Widerstandes einiger reiner Metalle und Legierungen

9 Guillery

Erwärmung. Im anderen Extremfall, bei Heizwiderständen, ist die Forderung nach Konstanz nicht so kritisch, zur guten Korrosionsbeständigkeit muß jedoch noch Zunderfestigkeit und Standfestigkeit bei Glühtemperatur hinzukommen.

Werkstoffe für *Präzisionswiderstände* und mäßig belastete Regelwiderstände, die weitgehend temperaturunabhängig und korrosionsbeständig sind, gruppieren sich — wenn wir von einigen Speziallegierungen, wie AuCr absehen — im wesentlichen um das *Kupfer* als Grundmetall. Die andere Gruppe dagegen für *hochhitzebeständige Widerstände* enthält mit *Eisen* als Hauptlegierungsbestandteil Chrom-Aluminium-Stähle und Chrom-Nickel-Stähle sowie auch andere Cr-Ni-Legierungen mit unterschiedlicher Resistenz gegen Verzunderung und Versprödung, aber auch unterschiedlichem Preis. Bild 42 bringt eine Zusammenstellung der Temperaturabhängigkeit des Widerstandes von den beiden genannten Grundmetallen Kupfer und Eisen in reiner Form zusammen mit einigen typischen, auf ihrer Basis hergestellten Legierungen. Bei Erwärmung von 0 … 400 °C steigt der Widerstand des Kupfers demnach auf etwa das 3-fache, der des Eisens im gleichen Bereich auf das 5-fache; bei Konstantan dagegen sind es nur 6 %, noch weniger bei Manganin. Auch die hochhitzebeständigen Eisen-Chrom-Nickel- und Eisen-Chrom-Aluminium-Legierungen ändern ihren

Tabelle 9. Werkstoffe für Meß- und Regelwiderstände [1]

Kupfer	Einfache Meß- und Regelwiderstände		Präzisionswiderstände		AuCr 2
	CuNi 45 Mn 1 (Konstantan)	CuMn 13 Al 3 (Isabellin)	CuMn 12 Ni 2 (Manganin)	CuMn 12 AlFe (Novokonstant)	
ρ 0,017	0,5	0,5	0,43	0,45	0,33
α $4,3 \cdot 10^{-3}$	$3 \cdot 10^{-5}$	$2 \cdot 10^{-5}$	ca. 10^{-5}	ca. $0,2 \cdot 10^{-5}$	ca. $0,1 \cdot 10^{-5}$

ρ spezifischer Widerstand bei 20 °C (in 10^{-6} Ohm · m)
α Temperaturkoeffizient bei Temperaturen um 20 °C (in grad^{-1})

Tabelle 10. Werkstoffe für Heizdrähte und Bänder

Eisen	FeNi 30 Cr 20	FeCr 30 Al 5 FeCr 8 Al 5	NiFe 30
ρ 0,1	1,04	1,45 − 1,25	0,4
α $6,6 \cdot 10^{-3}$	$2,5 \cdot 10^{-4}$	$10^{-5} - 10^{-4}$	$3 \cdot 10^{-3}$
*	**	**	***

*　　Temperaturkoeffizient bei Temperaturen um 20 °C (in grad^{-1})
**　Mittlerer Temperaturkoeffizient zwischen 20 °C und 1200 °C (in grad^{-1})
***　zwischen 20 °C und 500 °C (in grad^{-1})

ρ spezifischer Widerstand bei 20° (in 10^{-6} Ohm · m)

Nach internationaler Sprachregelung wird in Zukunft die Einheit der Temperatur*differenz* nicht mit 1 grad, sondern mit 1 Kelvin (K) bezeichnet. Die Einheit des Temperaturkoeffizienten heißt dann nicht mehr grad^{-1}, sondern K^{-1}.

---

[1] Unter Verwendung von Angaben aus *K. Koch* und *R. Reinbach*: Einführung in die Physik der Leiterwerkstoffe, Wien 1960

Widerstand bei Erwärmung von Raumtemperatur bis hinauf zu Temperaturen um 1000 °C, wo diese Legierungen meist eingesetzt werden, nur in geringem Maße. Die Tabellen 9 und 10 geben einige Beispiele und Daten.

Die ferromagnetische Legierung Ni Fe 30 (60 bis 70 % Ni, 30 % Fe) in Tabelle 10 fällt aus dem Rahmen der übrigen aufgeführten Heizleiterlegierungen heraus durch ihren schon in Bild 39 erkennbaren großen Temperaturkoeffizienten, der mit $3 \cdot 10^{-3}$ fast den des reinen Kupfers erreicht. Das gilt allerdings nur für den Bereich unterhalb des Curie-Punktes, der hier bei ca. 600 °C liegt. In der Umgebung dieser Temperatur biegt die Kurve ab, der Temperaturkoeffizient sinkt auf einen Wert wie bei normalen unmagnetischen Metallen. Technisch ausgenutzt wird der steile Bereich bei Widerstandsthermometern und in Fällen, wo eine besonders kurze Anheizzeit erwünscht ist: Der bei Raumtemperatur niedrige Widerstand ermöglicht einen hohen Einschaltstrom mit kurzzeitig starker Überbelastung, die mit ansteigender Erwärmung des Heizdrahtes entsprechend dem steilen Anstieg seines Widerstandes absinkt und auf ein ungefährliches Maß begrenzt wird.

Für Heizwiderstände im Temperaturbereich oberhalb von 1500 °C kommen nur noch die hochschmelzenden Metalle, wie Molybdän (2600 °C) und Wolfram (3400 °C) in Betracht. Sie werden, um die Gefahr des Verzunderns auszuschließen, meist unter Vakuum oder Schutzgas oder in luftdichten Einbettungen verwendet. Als Ergänzung zu den metallischen Widerstandswerkstoffen seien sodann noch die auf der Basis von Kohle und von Carbiden erwähnt (Kapitel 14).

12.3. Metallische Thermoelemente

Die vorausgegangenen Abschnitte behandeln die Elektrizitätsleitung im Innern einheitlicher metallischer Werkstoffe und ihre Anwendung. Sie sind zu ergänzen durch Betrachtung von technisch bedeutsamen Vorgängen an den Grenzflächen zweier aneinanderstoßender Metalle oder verschiedenartiger Legierungen.

Gut leitende und weniger gut leitende metallische Werkstoffe müssen sich entweder in der Konzentration ihrer Leitungselektronen oder in deren Beweglichkeit oder in beidem unterscheiden. Durch ein äußeres elektrisches Feld erhalten diese Ladungsträger nur eine zusätzliche Bewegungskomponente, im übrigen sind sie aber schon ohnehin durch die thermische Unruhe im Gitter in dauernder Bewegung und in stetem Platzwechsel zwischen den Atomen, also auf bestimmten Energie-Niveaus. Stehen nun zwei verschiedene Metalle miteinander in enger Berührung, so werden aus dem Gewimmel beiderseits der Kontaktstelle Elektronen durch diese hindurch diffundieren. Wegen der unterschiedlichen Lage und Besetzung der Energie-Niveaus hüben und drüben wird aber die Zahl der Grenzübertritte in der einen Richtung größer sein als in der anderen. Es kommt also zu einer spontanen gegenseitigen Aufladung, die den überwiegenden Zustrom abbremst und einen Gleichgewichtszustand herstellt; d. h. es entsteht ein Potentialgefälle zwischen den beiden

Seiten der Grenzschicht bis zu solcher Höhe, daß im stationären Zustand die Zahl der übertretenden Elektronen in beiden Richtungen gleich groß ist. Da weiterhin die kinetische Energie der Elektronen in den einzelnen Metallen in unterschiedlichem Maße von der Temperatur abhängt, muß diese als „Galvani-Spannung" bezeichnete Potentialdifferenz an der Verbindungsstelle sich bei Erwärmung oder Abkühlung ändern. Die Ausnutzung dieses Effektes zur Messung von Temperaturen in Ergänzung zu den in Kapitel 12.1.4 behandelten Widerstandsthermometern liegt nahe und soll im folgenden kurz beleuchtet werden.

Ein Stromkreis gemäß Bild 43a bestehe aus zwei verschiedenen Metallen M 1 und M 2, die an den Kontaktstellen I und II leitend miteinander verbunden, verlötet oder verschweißt sind. Solange I und II gleiche Temperatur haben, fließt kein Strom, da die dort auftretenden Galvani-Spannungen einander entgegengesetzt gleich sind. Ist aber I wärmer oder kälter als II, so entsteht als Differenz zwischen ihnen die sogenannte Thermospannung mit einem entsprechenden Strom. Ihre Größe (Bruchteile von Volt) ist in nicht zu weiten Bereichen meist etwa dem Temperaturunterschied der beiden Verbindungsstellen proportional, im übrigen von den spezifischen Eigenschaften der beiden Partner M 1 und M 2 abhängig. Die auf eine Temperaturdifferenz von 1 °C bezogene Thermospannung bezeichnet man als die Thermo*kraft* des betreffenden Paares.

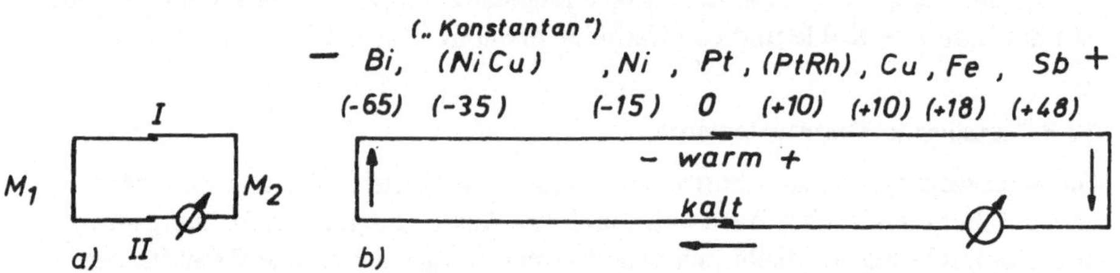

Bild 43

a) Thermoelement, b) Thermoelektrische Spannungsreihe (Auszug)

Technisch angewendet werden solche Thermoelemente bekanntlich in der Weise, daß man die eine Lötstelle auf eine festliegende Temperatur (z. B. in schmelzendes Eis) bringt und die andere an die Meßstelle. Bei mäßigen Ansprüchen an Genauigkeit dient in der Praxis als kalte Lötstelle einfach die Schraubverbindung an den Klemmen des bei Raumtemperatur aufgestellten Millivoltmeters, dessen Skala häufig im Hinblick auf ein bestimmtes Metallpaar unmittelbar in Temperaturgraden geeicht ist.

Die Fähigkeit metallischer Werkstoffe, paarweise miteinander Thermoelemente zu bilden, ist quantitativ erfaßt in der sogenannten thermoelektrischen Spannungsreihe. Einen Auszug davon zeigt Bild 43b. In der Reihenfolge der Aufstellung geben je zwei Partner gemeinsam ein Thermoelement, bei dem der weiter links stehende den negativen, der rechts stehende den positiven Pol der heißen Verbindungsstelle bildet. Der Strom fließt also an der kalten Verbindungsstelle bzw. im Meßinstrument in Pfeilrichtung von rechts nach links. Um exakte Zahlen angeben zu können, bezieht man die Thermokraft aller Elemente und Legierungen in der Spannungsreihe willkürlich auf das etwa in der Mitte stehende Platin. Die im Bild angegebenen Werte bedeuten demnach in Mikrovolt die mittlere Thermokraft im Temperaturbereich zwischen 0 °C und 100 °C für ein Thermoelement, dessen einer Schenkel jeweils aus dem betreffenden Material und dessen zweiter aus Platin besteht. Für jedes andere Paar ergibt sich dann die Thermokraft aus der Differenz der angegebenen Zahlen, also z. B. für Konstantan gegen Nickel zu − 20 μV/Grad, für Konstantan gegen Kupfer zu − 45 μV/Grad usw.

Diese thermoelektrische Spannungsreihe ist nicht zu verwechseln mit der elektrochemischen Spannungsreihe, die für die EMK galvanischer Elemente maßgeblich ist und von der in Kapitel 7.2 im Zusammenhang mit Korrosionserscheinungen die Rede war. Zwar bestehen zwischen dem chemischen Charakter eines Metalls und seinen Eigenschaften als elektrischer Leiter gewisse Beziehungen, die gelegentlich angedeutet wurden; die Zusammenhänge sind jedoch zu kompliziert und zu stark von anderen Parametern abhängig, als daß man erwarten dürfte, bei einer Ordnung der Metalle nach ihrem Verhalten gegenüber wässrigen Elektrolyten die gleiche Reihenfolge zu finden wie in der Temperaturabhängigkeit ihrer Galvanispannungen. Zwischen der thermoelektrischen und der elektrochemischen Spannungsreihe besteht also kein übersichtlicher Zusammenhang.

Bei den Metallpaaren, die in der Praxis am häufigsten zur Temperaturmessung verwendet werden, liegen die Thermokräfte zwischen 10 und 60 Mikrovolt/Grad. Im einzelnen richtet sich die Werkstoffauswahl zusätzlich nach den jeweiligen Nebenbedingungen, im Bereich höherer Temperaturen also in erster Linie nach der Zunderfestigkeit und dem Schmelzpunkt. Am gebräuchlichsten sind folgende Paare:

Tabelle 11. Genormte Thermoelemente (Auswahl aus DIN 43 710)

Thermopaar	Norm-Bez.	Mittlere Thermokraft in μV/K [1]	Obere Grenztemp. in °C [2]
Eisen-Konstantan	Fe-Konst	ca. 55	700 (900)
Nickelchrom-Nickel	NiCr-Ni	ca. 41	1000 (1300)
Platinrhodium-Platin	PtRh-Pt	ca. 7	1300 (1600)

[1] Zwischen 0 und 100 °C; s. a. Randbem. zu Tab. 9 und 10, S. 130.

[2] Die eingeklammerten Werte gelten für kurzzeitige Benutzung

Für Messungen bei tiefsten Temperaturen sind Speziallegierungen entwickelt worden, vornehmlich auf der Basis Silber-Gold; oberhalb von 2000 °C bleiben natürlich nur Kombinationen aus den höchstschmelzenden Metallen Molybdän, Tantal und Wolfram.

Kombinationen aus Halbleitern, deren Thermokräfte im allgemeinen mehr als eine Größenordnung höher liegen, die aber dafür wesentlich größere ohmsche Widerstände besitzen, werden im Kapitel 13.4.2 behandelt.

Der Gedanke ist verlockend, die Thermospannung nicht nur zu Meßzwecken zu verwenden, sondern sie auch zur Direktumwandlung von Wärme in elektrische Energie ohne den verlustreichen Umweg über Verbrennungsmotoren und andere rotierende Aggregate auszunutzen. Man könnte hoffen, trotz der geringen Größe der Spannung doch zu nennenswerten Energieumsetzungen zu kommen, wenn man sehr dicke und kurze Stäbe oder Platten aus geeigneten Metallen miteinander paart, so daß bei entsprechend kleinen ohmschen Widerständen beträchtliche Ströme entstehen. Hier ist jedoch sehr bald eine Grenze gezogen, da die Metalle nicht nur sehr gute Elektrizitätsleiter, sondern auch — in diesem Fall *leider* — im gleichen Maße sehr gute Wärmeleiter sind (Kapitel 18). Die Kalorien, die man zur Umsetzung in elektrische Energie der einen Verbindungsstelle eines solchen Thermoelementes zuführt, fließen also sehr rasch durch die gut leitende Verbindung zur anderen hin und heizen sie gleichfalls auf. Letztere muß demnach, um die zur Erzeugung der Thermospannung nötige Temperaturdifferenz zwischen beiden aufrecht zu erhalten, laufend gut gekühlt werden, d. h. bei Verkleinerung des elektrischen Widerstandes strömt umso mehr die bei der heißen Verbindungsstelle investierte Wärme im Kühlmittel der kalten ungenützt ab. Zur Lösung des Problems müßte man einen Werkstoff für Thermoelemente finden, der einerseits elektrisch möglichst gut leitend ist, um große Ströme zu bekommen, andererseits aber schlecht wärmeleitend, um das Temperaturgefälle zwischen den beiden Verbindungsstellen des Leiterkreises ohne große Verluste aufrecht erhalten zu können. Im Bereich der Metalle wird ein solches Material nicht anzutreffen sein, da hier die Wärme zum überwiegenden Teil durch die gleichen Leitungselektronen transportiert wird, die auch den Strom leiten, demgemäß elektrische und thermische Leitfähigkeit unmittelbar gekoppelt und einander proportional sind. Die andersartigen Verhältnisse bei Halbleitern sind interessant bei technischen Anwendungen, von denen in Kapitel 13.4.2.7 die Rede sein wird.

12.4. Elektronenaustritt aus Metallen in eine umgebende Gasatmosphäre oder ins Vakuum

Die vorstehend behandelten thermoelektrischen Erscheinungen gehen davon aus, daß an der gegenseitigen Berührungsfläche zweier Metalle Grenzübertritte bewegter Ladungen vom einen zum anderen stattfinden. Eine solche Abwanderung von Elektronen aus ihrem Muttermetall kann auch dann einsetzen, wenn sie dabei keine *metallischen* Nachbarn finden, sondern als wirklich frei aus der Oberfläche in ein angrenzendes Vakuum oder eine umgebende Gasatmosphäre treten. Da sie zwar nicht an ein bestimmtes Atom im Gitter, aber doch an den Kristall als ganzes gebunden sind, bedarf es hierzu einer gewissen *Austrittsarbeit*. Sie kann durch hohe Feldstärken aufgebracht werden — sei es direkt oder in Gasentladungen durch Stoßprozesse — vor allem aber durch starke Wärmezufuhr oder einfallende Strahlung. In den beiden letzteren Fällen fungieren derartige emittierende Metalloberflächen demnach als Glühkatode oder Fotokatode. Auch hier hat sich das Interesse an der technischen Ausnutzung dieser Glüh- und Foto-Emission nach den Halbleitern hin verschoben, die, wenn ihre lokalisierten interkristallinen Bindungen einmal durch Temperatur oder Strahlung aufgebrochen sind, ihre Elektronen viel bereitwilliger und reichlicher aus ihrer Oberfläche entlassen, d. h. kleinere Austrittsarbeit haben. Näheres über Anordnungen und Werkstoffe dieser Art findet sich daher im Kapitel 13.4.1.2.

12.5. Zusammenfassung von Kapitel 12.1. bis 12.4. (s. hierzu auch Kap. 13.5.)

Wie die Messung der Hallspannung in Verbindung mit anderen Untersuchungen lehrt, beruht das gute elektrische Leitvermögen der Metalle auf der *großen Anzahl* von Leitungselektronen (maximal eines pro Atom beim Silber), während deren Beweglichkeit relativ klein ist.

Alle Arten von Störungen der Ordnung im Metallgitter setzen bei Metallen den elektrischen Widerstand herauf, insbesondere also Verunreinigungen, Erwärmung und mechanische Spannungen. Wichtige Anwendungen dieser Abhängigkeit: Widerstandsthermometer, Dehnungsmeßstreifen usw.

Legierungen haben im allgemeinen höheren spezifischen Widerstand und kleineren Temperaturkoeffizienten als reine Metalle. Wichtige Widerstandslegierungen:

Für Meß- und Regelzwecke auf der Basis von *Kupfer*, vorwiegend mit Nickel und Mangan,

für Heizwiderstände auf der Basis von *Eisen*, vorwiegend mit Chrom, Aluminium und Nickel (Tabelle 9 und 10, Bild 42).

Grenzflächeneffekte: Thermoelemente (Bild 43 und Tabelle 11) sowie Glühkatode und Fotokatode.

13. Elektronische Halbleiter

13.1. Entstehung und Art des Leitungsmechanismus
Valenzelektronen, Leitungselektronen, Defektelektronen

Der Zusammenhang zwischen dem molekularen Aufbau und der Bereitschaft zu einer gewissen elektronischen Leitfähigkeit bei nichtmetallischen chemischen Elementen und Verbindungen wurde in Abschnitt 10.3 und 10.4 skizziert. Bild **44a** zeigt als technisch wichtiges und relativ übersichtlich darstellbares Beispiel die

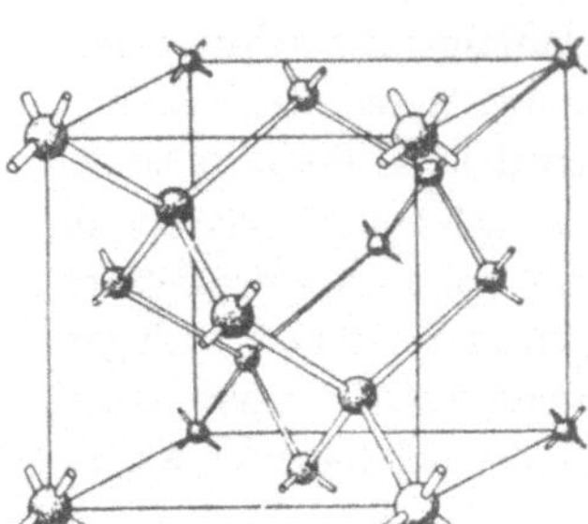

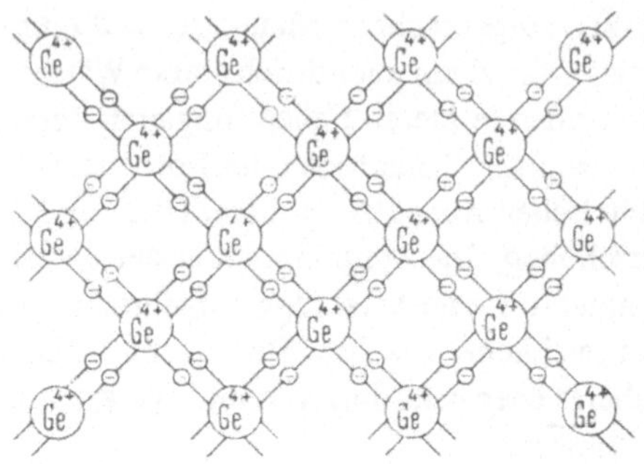

Bild 44

a) Germaniumgitter   b) Schematische ebene Darstellung

Struktur eines Germaniumkristalls, Bild 44b schematisch die auf eine Ebene projizierte gegenseitige Lage der Gitterbausteine mit Andeutung der zwischen ihnen wirkenden Elektronenpaarbindungen. Die Anordnung entspricht dem Diamantgitter des Kohlenstoffs in Bild 36. Allerdings besteht ein wesentlicher Unterschied, der in der Zeichnung nicht zum Ausdruck gebracht werden kann: Das Kohlenstoffatom mit der Ordnungszahl 6 und der Wertigkeit 4 hat zwischen seinem zentralen Kern und den an der Peripherie befindlichen 4 Valenzelektronen nur noch *eine* innere mit 2 weiteren Elektronen besetzte Schale, während das ebenfalls vierwertige Germaniumatom mit der Ordnungszahl 32 drei wohlgefüllte innere Schalen mit insgesamt 28 Elektronen enthält und erst außerhalb davon seine 4 Valenzelektronen trägt. Diese sind also hier gegenüber der positiven Ladung des Kerns stark abgeschirmt und wesentlich weiter von ihm entfernt als die 4 Valenzelektronen des Kohlenstoffs. Bild 45 versucht, davon eine Vorstellung zu vermitteln.

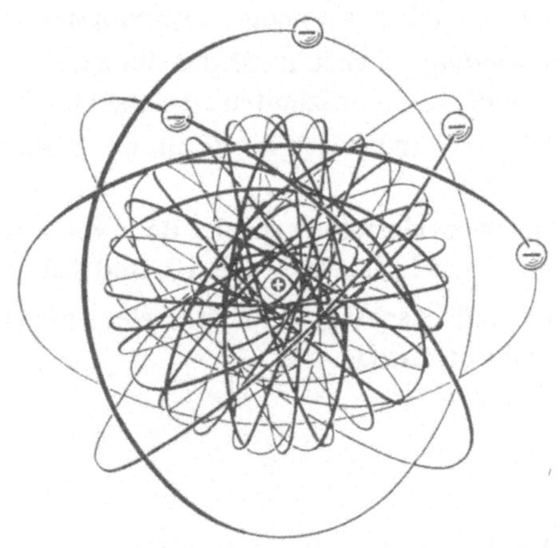

Bild 45

Modell eines Germanium-Atoms

Dadurch wird verständlich, daß beim Germanium im Vergleich zum Diamant die Vorgänge an der Peripherie der Atome, insbesondere die zwischen ihnen gebildeten Elektronenpaarbindungen, in viel stärkerem Maße anfällig gegen Störungen durch eine äußere elektrische Feldstärke, einfallende Strahlung oder durch thermische

Gitterschwingungen sind. Gehen diese Störungen an einzelnen Stellen so weit, daß Bindungen aufgebrochen werden, so wird dort das betreffende Valenzelektron zum Leitungselektron. In der auf dem Bändermodell fußenden Ausdrucksweise heißt das, es wird aus dem „Valenzband" über die „verbotene Zone" hinweg in das „Leitfähigkeitsband" gehoben. Die Energie, die hierzu gehört, oder die „Breite" der verbotenen Zone ist kennzeichnend für den jeweiligen Halbleiter und maßgeblich für seine elektrischen Eigenschaften. Beim isolierenden Diamant ist diese Zone so breit, daß sie praktisch nur bei sehr hoher Energiezufuhr überbrückt werden kann, beim halbleitenden Germanium ist sie aus den angedeuteten Gründen wesentlich schmäler; beim Silicium hat sie einen dazwischen liegenden Wert entsprechend seiner Stellung zwischen Kohlenstoff und Germanium in der IV. Reihe des Periodischen Systems (4 Valenzelektronen und zwei innere Schalen mit insgesamt 10 weiteren Elektronen, Gitterstruktur wie Ge und Diamant).

Das aus seiner Bindung befreite und zum Leitungselektron gewordene Valenzelektron löst zwei verschiedenartige Leitungsvorgänge aus: einmal kann es selbst als „freies" Elektron den ganzen Kristall unter dem Einfluß eines äußeren elektrischen Feldes von der Katode bis zur Anode hin durchwandern und ihn dort gegebenenfalls durch Übergang in einen metallischen Kontakt verlassen. Es stellt dann während dieses Weges vom Minus- zum Plus-Pol einen Stromtransport dar, wie ein Leitungselektron in einem Metall. Andererseits hinterläßt es aber natürlich an seinem Ausgangsort eine Lücke; d. h. in dem sonst neutralen, gleich stark mit positiven Atomrümpfen und negativen Bindungselektronen besetzten Gitter entsteht an dieser Stelle ein Defizit an negativer oder − anders ausgedrückt − ein Überschuß an positiver Ladung. In dieses „Loch" kann aus einer benachbarten Paarbindung ein Elektron mit oder ohne Einwirkung eines äußeren Feldes hinüberwechseln, um dort seinen kurzen Weg zu beenden. Dessen ursprünglicher Platz ist dann wiederum frei für ein nächstes Elektron, das dann eine neue Lücke für ein weiteres hinterläßt usf.: jeder freigewordene Platz kann neu besetzt werden, jede neue Besetzung hinterläßt einen neuen freien Platz. Das schrittweise Nachrücken der Elektronen, von denen jedes einzelne nur einen kurzen Weg bis zum nächsten „Loch" zurücklegt, ist also verbunden mit einem in entgegengesetzter Richtung vorrückenden schrittweisen Schließen der einen und Öffnen der nächsten Lücke. Diese „Bewegung" der Löcher ist im neutralen Gitter elektrisch gleichbedeutend mit der fortschreitenden Verlagerung eines Defizits an negativer oder ebenso gut eines Überschusses an positiver Ladung. In der Tat kann man mittels Halleffekt und durch ergänzende Untersuchungen beide Arten von „Ladungsträgern" nachweisen und getrennt voneinander erkennen: einmal die über größere Strecken hin beweglichen negativ geladenen Elektronen und zum anderen die mit positiven Ladungen äquivalenten Löcher. Die wandernden Löcher bezeichnet man als *Defekt*elektronen und unterscheidet also bei Halbleitern zwischen Elektronenleitung und Defektelektronenleitung oder auch zwischen

n-Leitung und p-Leitung (n = negative, p = (scheinbar) positive Ladungsträger). Bei
ersterer handelt es sich um Bewegung freier Elektronen im Leitungsband, bei letzterer um Platzwechselvorgänge innerhalb des Valenzbandes. Die Lösung des ersten
Elektrons aus seiner Bindung hat beides eingeleitet, also sozusagen ein bewegliches
Ladungsträger*paar* (Leitungselektron + Defektelektron) geschaffen. Je nach der
Höhe der Temperatur findet in mehr oder minder starkem Maße eine thermische
Erzeugung solcher Trägerpaare laufend statt. Sie steht im statistischen Gleichgewicht
mit Rekombinationsvorgängen, nämlich einer teilweisen Wiedervereinigung von Lei-
tungselektronen und Defektelektronen, indem freigewordene Leitungselektronen in
Löcher springen, also aus dem Leitungsband ins Valenzband zurückkehren. In rei-
nen Halbleitern sind dann beide Arten von Ladungsträgern in gleicher Anzahl vorhanden und die beiden verschiedenartigen Leitungsvorgänge nach Anlegen einer
Spannung einander überlagert. Es gelingt aber zur Erzielung bestimmter Effekte,
Halbleiterwerkstoffe herzustellen, in denen die eine oder die andere Art bevorzugt
auftritt. Hierüber wird weiter unten zu sprechen sein.

13.2. Gebräuchliche Halbleiterwerkstoffe

Technisch verwendete Halbleiter sind in erster Linie die drei Elemente Silicium,
Germanium und Selen, letzteres in der VI. Gruppe des Periodischen Systems[1]. Hinzu
kommen die bereits wiederholt genannten III-V-Verbindungen[2], das sind fast alle
Verbindungen von je einem Element der III. und der V. Gruppe des Periodischen
Systems, von dem untenstehend der hier interessierende Ausschnitt nochmals dargestellt ist. Grundsätzlich kann jeder Partner der linken Spalte (III. Gruppe) mit
jedem der rechten Spalte (V. Gruppe) zu einer binären Kombination vereinigt
werden.

III	IV	V	
B	C	N	Besondere technische Bedeutung haben
Al	Si	P	das Gallium-Arsenid (Ga As),
Ga	Ge	As	das Indium-Antimonid (In Sb) und
In	Sn	Sb	das Indium-Arsenid (In As).

Der jeweilige Partner aus der III. Gruppe hat 3, der aus der V. Gruppe 5 Valenzelektronen zur gegenseitigen Bindung beizusteuern, beide zusammen also 8. Damit ergeben sich ähnliche Voraussetzungen zum Aufbau der Kristallstruktur und für die

---

[1] Ähnlich wie bei der IV. Gruppe (vgl. 10.6, S. 114) zeigt sich auch innerhalb der Gruppen V
und VI — wenn auch bei anderer Struktur und Elektronenverteilung — von oben nach unten
ein schrittweiser Wandel vom Isolator zum halbleitenden und schließlich metallischen
Charakter: speziell in Gruppe VI vom isolierenden Schwefel zum halbleitenden Selen, über
das Tellur bis zum Polonium.

[2] In ihrer Bedeutung erkannt und bearbeitet vor allem von *H. Welker* und seinen Mitarbeitern.

darin herrschenden Bindungen wie bei den 4 + 4 Valenzelektronen um die Atome im Gitter des Siliciums oder des Germaniums, mit entsprechendem Halbleitercharakter.

Lange bekannt und auch vielfach noch in Anwendung sind sodann zahlreiche Oxyde und Sulfide der Schwermetalle, wie das Kupferoxydul (Cu_2O), das Zinkoxyd (ZnO), das Urandioxyd (UO_2), das Cadmiumsulfid (CdS), das Bleisulfid (PbS) und andere.

13.3. Das Leitvermögen technischer Halbleiter

13.3.1. Elektronenkonzentration, Elektronenbeweglichkeit und Leitfähigkeit von Halbleiterwerkstoffen in Gegenüberstellung zu Metallen

An quantitativen Einzelheiten über den Leitungsvorgang in Halbleitern liefert die Messung der Hallspannung bei *Raumtemperatur* zunächst Elektronenkonzentrationen zwischen $10^{18}/m^3$ und $10^{24}/m^3$. Die entsprechende Zahl beim Silber ist *temperaturunabhängig* $10^{29}/m^3$, liegt also mehr als fünf Größenordnungen darüber. Dagegen findet man für die Beweglichkeit der Elektronen und der meist weniger beweglichen Defektelektronen in Halbleitern bei Raumtemperatur Werte bis zu $8\ m^2/V \cdot s$ (Indiumantimonid), also 2000mal höher als z. B. beim Kupfer mit seinem $\mu = 4 \cdot 10^{-3}\ m^2/V \cdot s$. Das ist für manche technische Anwendungen bedeutsam. Vergleichsweise liegen die Werte für InAs bei ca. $3\ m^2/V \cdot s$, für Germanium und Silicium bei 0,4 bzw. $0,2\ m^2/V \cdot s$. Wie man sich leicht überlegt, vermag jedoch diese hohe Beweglichkeit die geringere Anzahl von Ladungsträgern nicht auszugleichen, so daß die Leitfähigkeit von Halbleitern im allgemeinen um Größenordnungen hinter der von reinen Metallen zurückbleibt. Während wir bei den letzteren Werte von κ zwischen $60 \cdot 10^6$ S/m und $1 \cdot 10^6$ S/m kennengelernt haben, liegen die Grenzen bei Halbleitern je nach Reinheitsgrad zwischen 10^4 S/m und 10^{-7} S/m, sie umfassen also einen Bereich von 11 Zehnerpotenzen. Die hier mitgeteilten Daten sind im folgenden etwas übersichtlicher zusammengestellt (Tabelle 12).

Tabelle 12. Einige kennzeichnende Daten über den Leitungsmechanismus in Metallen und in Halbleitern bei Raumtemperatur.

	Metalle	Halbleiter
Elektronenkonzentration (m^{-3})	$10^{29} \ldots 10^{28}$ (temperaturunabhängig)	$10^{24} \ldots 10^{18}$
Elektronenbeweglichkeit (Größenordnung, $m^2/V \cdot s$)	10^{-3}	$10^1 \ldots 10^{-2}$
Leitfähigkeit (S/m)	$60 \cdot 10^6 \ldots 1 \cdot 10^6$	$10^4 \ldots 10^{-7}$

13.3.2. Eigenleitung und Störstellenleitung

Die in der vorstehenden Tabelle 12 genannten Elektronenkonzentrationen von
$10^{24}/m^3$ bis $10^{18}/m^3$ liefern in Gegenüberstellung zu dem entsprechenden Wert
von 10^{29} beim Silber einen wichtigen Hinweis auf die Besonderheiten des Leitungs-
vorganges in Halbleitern, wie auch auf die Anforderungen an die Verfahrenstechnik
bei ihrer Herstellung. Die Zahl $10^{29}/m^3$ besagt (Kap. 12.1.2), daß ca. jedes Silberatom ein Leitungselektron abgibt. In etwa ist das also bei Halbleitern mit Elektronenkonzentrationen von 10^{24} bis 10^{18} nur bei jedem $10^5 \cdot$ bis $10^{11} \cdot$ Atom der Fall. Die
Angabe dieser Zahl hat aber nur dann einen Sinn, wenn man von der Werkstoffseite
her tatsächlich mit entsprechenden Reinheitsgraden arbeiten kann, wie wir sie sonst
in der Technik kaum kennen und die im allgemeinen auch bedeutungslos wären.
99,999 %iges Aluminium beispielsweise gilt mit einer Verunreinigungsquote von
1/100 Promille schon als sehr reines Produkt. In der Halbleitertechnologie müßte
aber offenbar ein Material mit diesem Reinheitsgrad als grob verunreinigt gelten.
Denn es wäre sinnlos, zu sagen, daß beispielsweise in einem Siliciumblock jedes
$10^{11} \cdot$ Atom ein Leitungselektron abgibt, wenn schon jedes $10^5 \cdot$ Atom gar kein Sili-
cium-, sondern ein Fremdatom ist. In diesen Zahlen deuten sich die Schwierigkeiten
an, mit denen man in der Halbleiterphysik und -Technik jahrzehntelang zu kämpfen
hatte, um zu bewiesenen Aussagen und sicherer Handhabung in der Praxis zu kommen. Erst als es gelang, beispielsweise Germanium von solcher Reinheit herzustellen, daß tatsächlich auf 10^{10} Germaniumatome nur ein Fremdatom kommt, konnten die zahlreichen „Dreckeffekte" als solche erkannt, die Einblicke vertieft und zu
einer verbreiteten technischen Anwendung genutzt werden. Dabei ist es oft zweckmäßig, diese hohen Reinheitsgrade nicht mehr analytisch, sondern durch Leitfähig-
keitsmessungen zu definieren. Daß es außerdem wichtig war, zur Klärung der Vorgänge und zu ihrer Anwendung möglichst fehlerfreie Einkristalle ohne hindernde
innere Korngrenzen zu züchten, liegt auf der Hand.

In Anbetracht dieser überaus großen Empfindlichkeit gegenüber Verunreinigungen
unterscheidet man bei Halbleitern zwischen der „Eigenleitung" und der „Störstellenleitung". Bei letzterer kann es sich um unbeabsichtigte und unvermeidliche Einlagerungen oder Fehlordnungen im Gitter handeln, an denen bevorzugt Elektronen
frei werden; man kann aber auch durch absichtliche Zugabe von Fremdatomen in
dem sonst extrem reinen Grundmaterial zusätzliche Leitungsvorgänge ermöglichen.
Bild 46 und 47 erläutern das am Beispiel eines Germaniumkristalls, in dem einzelne
Gitterbausteine durch Arsen- bzw. Indiumatome ersetzt sind. Das Arsen hat entsprechend seiner Stellung in der V. Gruppe des Periodischen Systems ein Valenzelektron
mehr als das Germanium, nämlich 5. Zur Bindung innerhalb des Germaniumgitters
werden aber nur vier benötigt, eines bleibt also übrig und steht als Leitungselektron
im Sinne einer n-Leitung zur Verfügung. Der Rumpf des As-Atoms bleibt mit einer

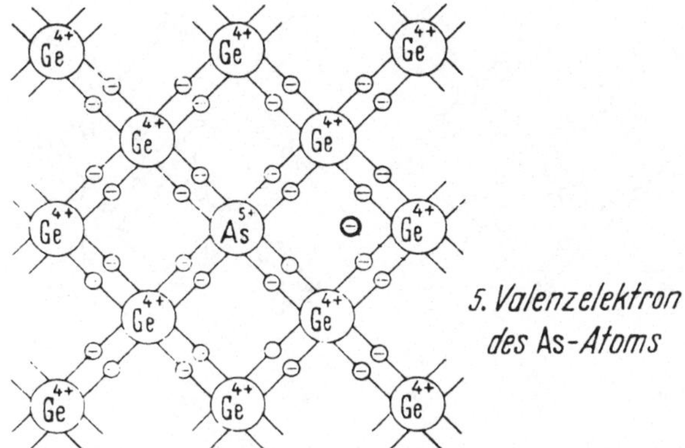

Bild 46

Substitution eines Ge-Atoms durch ein As-Atom: überschüssiges Elektron

überschüssigen positiven Ladung an seinem Gitterplatz. Ist dagegen in der Struktur eines vierwertigen Elementes ersatzweise ein Indiumatom eingebaut, das der III. Gruppe des periodischen Systems angehört und demgemäß nur drei Valenzelektronen hat, so fehlt eines für die Elektronenpaarbindung zu den Nachbarn; wir haben eine Lücke und damit die Voraussetzungen zur p-Leitung. Vergleicht man in Bild 47 das rechte Drittel des Bildes mit dem linken, so erkennt man, daß die durch das Indium-Atom hervorgerufene Lücke in den Elektronenpaarbindungen entgegen der Wanderungsrichtung der Elektronen vorgerückt ist, genauso wie eine positive Ladung das getan hätte. Der Rumpf des Indium-Atoms bedeutet an dieser Stelle im Germaniumgitter ein Ladungsdefizit, ist also äquivalent einer feststehenden negativen Ladung. Im Gegensatz zur Eigenleitung müssen bei dieser Art von Störstellenleitung die Ladungsträger nicht aus ihren Bindungen mit vollem Energieaufwand durch thermische Schwingungen oder Strahlung gelöst werden, sondern sie werden durch die eingebrachten Fremdatome direkt oder indirekt bereitgestellt. Fungieren diese als Elektronenspender, wie im obigen Falle das Arsen, spricht man von „Donatoren". Sie erzeugen also n-Leitfähigkeit, d. h. bewegliche negative Ladungsträger und andererseits Fremdatomrümpfe mit positivem Ladungsüberschuß an den Gitterplätzen.Schaffen sie dagegen Elektronenlücken, wie oben das Indium, bezeichnet man sie als „Akzeptoren"; sie ermöglichen p-Leitung, also bewegliche Defektelektronen. Die dazugehörigen Atomrümpfe haben Ladungsdefizit gegenüber dem übrigen Gitter, erscheinen demnach abgesehen von ihren thermischen Schwingungen als ruhende negative Ladungen. Durch solche „Dotierung" mit Fremdatomen läßt sich grundsätzlich bei allen Halbleitern ein Leitungsmechanismus in Form von p- oder n-Leitung willkürlich erzeugen, demgegenüber die Eigenleitung des Grundmaterials bei Raumtemperatur weitgehend zurücktritt. Dabei ist der Überschuß der einen Sorte (Majoritätsträger) über die andere (Minoritätsträger) für den Leitungsmechanismus der mit Akzeptoren oder Donatoren dotierten Substanz maßgebend.

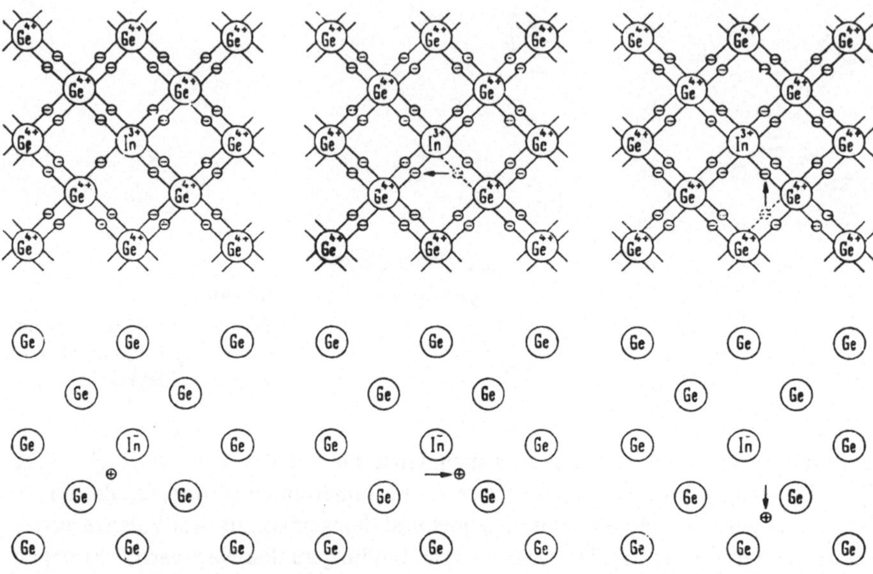

Bild 47. Substitution eines Ge-Atoms durch ein In-Atom. Es fehlt ein Valenzelektron. Andere Valenzelektronen können nachrücken (obere Darstellung). Dadurch wandert der Valenzelektronendefekt oder das „Defektelektron" (untere Darstellung)

13.4. Die wichtigsten Anwendungen typischer Halbleitereigenschaften

Die verbreitete und ständig zunehmende Fülle der Anwendungen von Halbleitern beruht auf eine Reihe typischer Eigenschaften, die in mannigfacher Weise abgewandelt werden können. Sie setzt aber andererseits eine bis zur höchsten Perfektion getriebene Verfahrenstechnik in Bezug auf die Reinstdarstellung dieser Werkstoffe und ihre Dotierung voraus, um alle Variationsmöglichkeiten auszuschöpfen. Über das eine sowohl wie über das andere — Eigenschaften und Verfahrenstechnik — soll in den folgenden beiden Kapiteln gesprochen werden. Dabei soll weder ein Katalog von Halbleiter-Bauelementen für den Verbraucher noch eine Rezeptensammlung für den Hersteller entstehen, sondern lediglich das für die Halbleiterwerkstoffe Typische herausgestellt und an Anwendungsbeispielen veranschaulicht werden.

Die für die Technik interessantesten Halbleitereigenschaften sind:

1) Die relativ starke Beeinflußbarkeit der Trägerzahldichte — gegebenenfalls auch des Elektronenaustritts aus der Oberfläche — durch Temperatur und Strahlung (13.4.1).

2) Die Existenz zweier verschiedenartiger, sich gegenseitig überlagernder Leitungsmechanismen durch Elektronen (n-Leitung) und Defektelektronen (p-Leitung)
in Verbindung mit der Möglichkeit, durch planmäßigen Einbau von Fremdatomen willkürlich den einen oder den anderen vorherrschen oder beide abwechselnd in aneinandergrenzenden Schichten (p-n-Übergängen) entstehen zu lassen
(13.4.2).

Die aus 1) und 2) sich ergebenden Möglichkeiten zur Veränderung der Trägerzahl
führen nicht nur jede für sich, sondern auch in Kombination miteinander zu interessanten technischen Anwendungen. Zu den Einflüssen von Temperatur und Strahlung tritt der der äußeren Feldstärke hinzu.

3) Die relativ große Trägerbeweglichkeit und der dadurch bedingte große Halleffekt
sowie die entsprechend ausgeprägte Widerstandsänderung im Magnetfeld (13.4.3).

4) Die Abhängigkeit des Leitvermögens von äußerem Druck und Verformung (13.4.4).

13.4.1. Trägerzahlerhöhung durch Temperatur und Strahlung im Innern des Werkstoffes, gegebenenfalls bis zum Austritt aus der Oberfläche

13.4.1.1. Im Innern des Werkstoffes

a) Durch Erwärmung (Heißleiter, Thermistoren, NTC-Widerstände)

Der ideale Halbleiter isoliert bei tiefer Temperatur; erst bei Erwärmung treten freie
Ladungsträger in seinem Innern auf. Dieses mit der Temperatur exponentiell vor
sich gehende Anwachsen der Elektronenkonzentration ist im allgemeinen für die
Leitfähigkeit wesentlich bedeutungsvoller als die nebenhergehende Behinderung der
Beweglichkeit, d.h. bei den meisten Halbleitern nimmt der spec. Widerstand bei Erwärmung stark ab. In seinem Absolutwert ist dieser Temperaturkoeffizient in der
Regel um eine Größenordnung höher als der der metallischen Elemente. Während
letzterer bei den gängigen Metallen bei etwa + 0,5 %/Grad liegt, haben wir bei Halbleitern vielfach Werte um − 5 %/Grad. Das heißt: eine Temperaturerhöhung, die bei
einem Metall den spezifischen Widerstand verdoppelt, senkt ihn bei einem solchen
Halbleiter auf den zehnten Teil ab.

Technische Anwendungen finden derartige „Heißleiter" oder „Thermistoren"[1]) in
mannigfacher und naheliegender Weise: als durch Erwärmung − sei es von außen
oder durch eigene Stromwärme − veränderliche Widerstände zum Anlassen und Re-
geln, zur Dämpfung von Stromspitzen bei Einschalt- und Lastwechselvorgängen
oder als Verzögerungsglieder. Im letzteren Fall sind sie so dimensioniert, daß der
Widerstand während der Erwärmung in einer dem Anwendungszweck angepaßten
Zeit auf einen vorgeschriebenen Betrag absinkt. Ebenso eignen sie sich bei entsprechender Formgebung als Temperaturmeß- oder Überwachungsorgan. Hier treten sie
in Wettbewerb zu den Metall-Widerstandsthermometern, die sie jedoch trotz ihrer

---

[1]) gelegentlich auch „NTC-Widerstände" (*N*egativer *T*emperatur-*C*oeffizient)

wesentlich höheren Temperaturempfindlichkeit nicht verdrängen; denn sie können
als meist spröde Werkstoffe hinsichtlich Formgebung, Kontaktierung und Handhabung nicht in jedem Fall mit den flexiblen, löt- und schweißbaren Metalldrähten
konkurrieren. Als Material für diese Heißleiter war früher vorherrschend Urandioxyd
(UO_2) gebräuchlich. Inzwischen sind es in wesentlich stärkerem Maße Eisenoxyde
(Ferrite) und einige III/V-Verbindungen (vergleiche auch das technische Gegenstück,
die „Kaltleiter" in Kapitel 17.4.2.3).

b) Durch Strahlung (Fotowiderstände)

Die Energie, die den bindenden und gebundenen Valenzelektronen zugeführt werden muß, um sie aus dieser Funktion zu lösen, also vom Valenzband über die verbotene Zone hinweg in das Leitungsband zu befördern, kann außer durch Erwärmung auch durch jede Art von Strahlung, die im Kristall absorbiert wird, einge-
bracht werden. Auf Grund der so entstehenden *Fotoleitfähigkeit* (innerer lichtelektrischer Effekt) sind solche Halbleiter je nach der Breite ihrer verbotenen Zone geeignet als Empfänger für Infrarot-, Licht-, Ultraviolett-, Röntgen- oder Gammastrah-
len oder für fliegende Elementarteilchen. Eingebaute Störstellen und Absorptions-
zentren können die Empfindlichkeit wesentlich erhöhen. So sinkt bei Fotowider-
ständen aus Cadmiumsulfid (CdS) mit Störstellen aus Kupferchlorid (CuCl) der
Widerstand bei Belichtung mit hellem Tageslicht um 6 Zehnerpotenzen im Vergleich
zum Dunkelwiderstand. Gleichartige Effekte liefert auch das Cadmiumselenid
(CdSe), das Bleisulfid (PbS), das Silicium, das Germanium und andere.

13.4.1.2. Elektronenaustritt aus der Oberfläche (Glühkatoden und Fotokatoden)

Ist die Temperatur genügend hoch oder die einfallende Strahlung hinreichend inten-
siv und von solcher Art, daß sie ihre Energie auf die angetroffenen Elektronen zu
übertragen vermag, so kann es nicht nur zur Auslösung von Leitungselektronen im
Innern des Kristalls kommen; vielmehr können die übermittelten Energiebeträge
ausreichen, um Elektronen zum Verlassen der Oberfläche und zum Übertritt in
den angrenzenden Raum zu befähigen. Die hierzu nötige „Austrittsarbeit" ist bei
Halbleitern, vor allem unter dem Einfluß von Störstellen, häufig wesentlich geringer als bei Metallen, also die Elektronenemission an der Oberfläche bei hoher Temperatur oder bei Strahlungseinfall entsprechend höher. Man verwendet demgemäß
z. B. in der Fertigung von Verstärker-Röhren nicht unmittelbar die Oberfläche
des glühenden metallischen Katodendrahtes als Elektronenquelle, sondern umgibt
ihn mit einer indirekt aufgeheizten Schicht aus halbleitenden Verbindungen, meist
einem Gemisch aus Barium-, Strontium- und Calziumoxyd. Eine moderne Entwicklung stellt dabei die sogen. Vorratskatode dar, die als Vorratsbehälter Wolfram-
schwamm verwendet, in den das emittierende Oxyd eingebettet ist.

Als Gegenstück zu dieser *thermischen* Elektronenemission tritt auf der Seite der *lichtelektrischen* Empfänger neben den oben beschriebenen Foto*widerstand* die Foto*katode* mit Elektronenaustritt aus der Oberfläche (äußerer lichtelektrischer Effekt). Auch hier besteht die emittierende, für Licht- oder Infrarotstrahlen empfindliche Schicht aus Substanzen mit Halbleitercharakter, vor allem auf der Basis von Cäsium (Cs) als Cäsiumantimon-Verbindung oder als Cäsiumoxyd. Eine solche Fotokatode befindet sich also im Innern einer evakuierten oder auch mit Gas gefüllten Röhre in Gegenüberstellung zu einer Anode, beide angeschlossen an eine entsprechend gepolte Spannungsquelle. Die lichtelektrisch ausgelösten Elektronen fließen im einfachsten Fall direkt zur Anode und bilden damit einen im äußeren Leiterkreis messbaren Strom; sie können aber auch auf ihrem Wege an Gasmolekülen oder zwischengestellten Gittern Sekundärelektronen auslösen, so daß die Effekte vervielfacht werden. Endlich lassen sich die auf einer Fotokatode durch sichtbare oder unsichtbare Strahlung angeregten Emmissionszentren elektronenoptisch auf einem Leuchtschirm mit getreuer Wiedergabe der Intensitätsverteilung abbilden; Anordnungen dieser Art sind unter der Bezeichnung „Bildwandler" bekannt geworden.

13.4.2. Der p-n-Übergang und seine Anwendungen

13.4.2.1. Ladungsverteilung am p-n-Übergang

Die Technik einer gezielten Einbringung von Elektronen oder Defektelektronen durch Donatoren oder Akzeptoren gipfelt in der künstlichen Herstellung von unmittelbar aneinandergrenzenden Schichten mit wechselndem Leitungsmechanismus, einem sogenannten p-n-Übergang. Über einige Einzelheiten der hierbei angewendeten Verfahren wird in Abschnitt 13.6 berichtet. Die Eigenschaften solcher p-n-Übergänge seien aber hier schon vorweggenommen. In erster Linie haben sie einen richtungsabhängigen elektrischen Widerstand, d. h. sie wirken bei Anlegen einer äußeren Spannung als Gleichrichter, haben aber in Kombination mit anderen Effekten eine weit darüber hinausgehende technische Bedeutung.

Stoßen ein n-leitender und ein p-leitender Bereich unmittelbar aneinander, so diffundieren durch die Grenzschicht in der einen Richtung bevorzugt Elektronen, in der anderen Defektelektronen. Dadurch können sich zu beiden Seiten der Übergangszone Verarmungs- oder Anreicherungsbezirke bilden mit einem Defizit von Ladungen des einen und einem Überschuß von solchen des anderen Vorzeichens. Es bauen sich also Raumladungsschichten auf, bis die entstehende Feldstärke den Diffusionsvorgang abbremst. Dazwischen — sozusagen unterwegs — spielen sich Prozesse der Neuentstehung und Wiedervereinigung („Rekombination") von Ladungsträgern ab, die in mehr oder minder starkem Maße Gleichgewichtszustand und weiteren Ablauf der Vorgänge beeinflussen. Da aber in jedem Fall die Temperatur bei der Erzeugung und Energieverteilung der Träger eine große Rolle spielt, wird auch die Höhe der spontan am p-n-Übergang sich einstellenden Spannung temperaturabhängig sein.

13.4.2.2. Gleichrichterdioden

Bild 48 gibt schematisch eine vereinfachte Darstellung des Verhaltens eines solchen p-n-Übergangs bei Anlegen einer äußeren Spannung. Links von der Grenzlinie AA haben wir durch entsprechende Dotierung n-leitendes, rechts p-leitendes Material. Ersteres enthält also bewegliche Leitungselektronen und die an ihren Plätzen verankerten positiv geladenen Atomrümpfe der eingebauten Fremdatome (Donatoren). Im p-leitenden Gebiet sind dementsprechend bewegliche Defektelektronen und die platzgebundenen Akzeptor-Atome, die mit ihrem Ladungsdefizit im Gesamtgitter ein Gerüst negativer Ladungen bilden. Liegt die äußere Spannung in der Richtung an, wie Bild 48b darstellt, so werden die beweglichen Träger nach rechts und links vom p-n-Übergang abgezogen, die Ausbildung von Verarmungsbereichen in der Umgebung der Grenzfläche AA wird also begünstigt, ein bereits vorhandener verbreitert: der p-n-Übergang *sperrt*. Bei umgekehrter Polung, wie in Bild 48c, werden dagegen von beiden Seiten Träger in die Grenzzone hineingeschwemmt, die Verarmung also aufgehoben, d. h. der p-n-Übergang wird leitend. Groß- und kleinflächige „Dioden" dieser Art sind vor allem auf der Basis von dotiertem Silicium, Germanium oder Selen in allen Stromstärkebereichen der Technik eingesetzt.

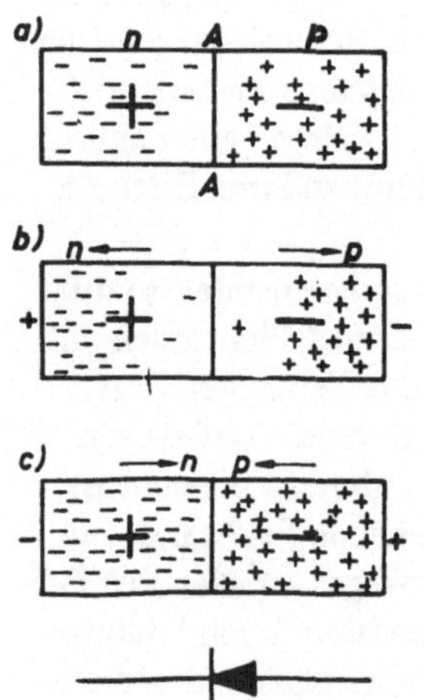

Bild 48
p-n-Übergang
a) Spannungslos
b) Sperrichtung
c) Flußrichtung

Wesentlich länger bekannt als diese Gleichrichtung an p-n-Übergängen *innerhalb* von Halbleitern sind die gleichrichtenden *Halbleiter-Metallkontakte*. Sie bestehen aus einem Halbleiterkristall, früher meist Bleisulfid, heute Silicium oder Germanium, mit einer aufgesetzten Wolfram- oder Molybdänspitze (Spitzendiode), und haben verbreitete Anwendung in der Nachrichten-, vor allem Mikrowellentechnik. Ebenso sind flächenhafte Kombinationen von Halbleitern gegen Metall lange gebräuchlich (Schottky-Dioden). Auch hier spielen sich in der Umgebung der Grenzschicht Halbleiter — Metall ähnliche Vorgänge ab, wie oben erläutert.

	Cu_2O	Se	Ge	Si
Sperrspannung (V) Größenordnung	10^1	10^1	10^2	10^3
Stromdichte (A/cm^2) Größenordnung	10^{-1}	10^{-1}	10^2	10^2
Kapazität (pF/cm^2)	~ 3000	3000	–	400
t_{max} (°C)	75	85 kurz 150	75	150
t_{min} (°C)		–40	–50	–65

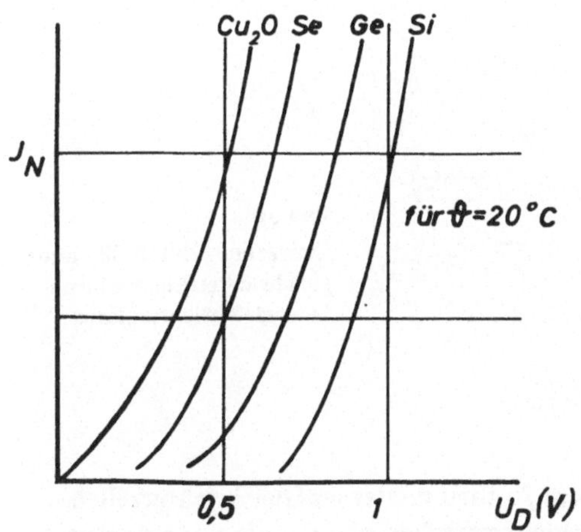

Bild 49. Kennzeichnende Daten von Halbleiter-Gleichrichtern
J_N Nennstrom
U_D Spannung in Flußrichtung (Durchlaßrichtung)

Bild 49 zeigt Abschnitte einiger Stromspannungskennlinien von Dioden aus Kupferoxydul, Selen, Germanium und Silicium, zugleich mit den wichtigsten Daten für ihre optimale Verwendung. Möglichst hoher, spannungsfester Widerstand in Sperrichtung und möglichst kleiner in Durchlaßrichtung sind natürlich die primären Forderungen. An erster Stelle stehen daher die Maximalwerte der Sperrspannung und der Durchlaß-Stromdichte, die ohne Einbuße an Funktionsfähigkeit ertragen werden. Die Darstellung legt weniger Wert darauf, den letzten Stand der Technik wiederzugeben, der gerade auf diesem Gebiet raschen Wandlungen unterworfen ist, als vielmehr auf die Gesichtspunkte hinzuweisen, die für die Auswahl dieser oder jener Type maßgebend sind. Natürlich wird man bei höheren Ansprüchen an Sperrspannung und Strombelastbarkeit nach dem Silicium greifen. Das schließt nicht aus, daß für spezielle Anwendungsfälle einer der anderen Werkstoffe günstiger liegt. So wird man unter Umständen für Meßzwecke eine Kennlinie, wie sie hier für das Kupferoxydul angegeben ist, bevorzugen, da sie fast vom Nullpunkt aus relativ steil ansteigt, also schon bei sehr kleinen Spannungen gut meßbare Ströme durchgelassen werden. Demgegenüber liegt diese „Schwellspannung" oder „Schleusenspannung" bei den drei anderen Kurven wesentlich höher. Daneben spielt in der Praxis natürlich auch der Preis eine entscheidende Rolle und liefert einen der Gründe, warum sich Werkstoffe von unterschiedlichem technischen Wert zumindest zeitweise nebeneinander halten.

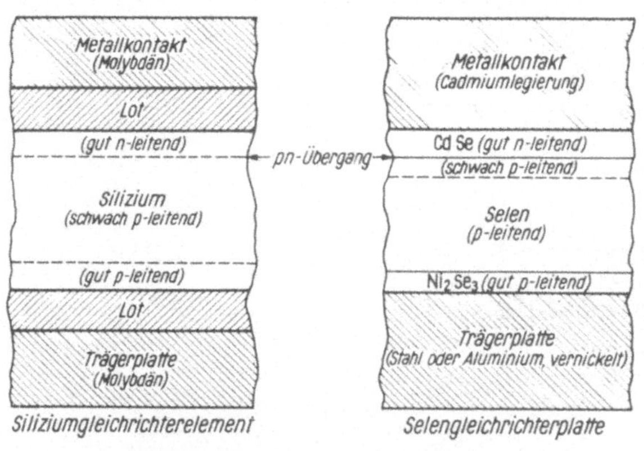

Bild 50
Querschnitt durch Siliciumgleichrichter-Element und Selengleichrichterplatte

Bild 50 zeigt schematisch ein Beispiel vom Aufbau moderner Gleichrichterzellen aus Silicium und Selen. Die Übergangsschicht zwischen p und n hat nur eine Ausdehnung von 0,1 bis 1 μm. Die in dem Bild erkennbare Abstufung von besser leitendem zu schwächer dotiertem Material vor dem p-n-Übergang hat eine optimale Einstellung von Gleichrichtereigenschaften und Belastbarkeit zum Ziel: Durch die schwache Dotierung wird der p-n-Übergang verbreitert, bei gegebener Spannung also die darin wirksame Feldstärke, die zum Durchbruch führen könnte, herabgesetzt, die Sperrspannung dementsprechend erhöht. In Flußrichtung dagegen wirken die dahinterliegenden hochdotierten Schichten als Reservoir von Ladungsträgern, die bei Durchlaßpolung in die schwachdotierte Zone und den p-n-Übergang einströmen, damit also den Flußwiderstand verkleinern. Natürlich dürfen an den Grenzflächen zwischen Metallelektroden und Halbleitern keine zusätzlichen Sperrschichten auftreten. Hier entstehen Kontaktierungsprobleme, die sich durch Oberflächenbehandlung der Elektroden sowie entsprechend bemessene Dotierung der Grenzbereiche lösen lassen.

13.4.2.3. Zenerdioden und spannungsabhängige Kondensatoren

Wird ein p-n-Übergang in Sperrichtung über eine gewisse Spannungsgrenze hinaus beansprucht, so werden unter dem Einfluß der Feldstärke innerhalb der Sperrschicht Valenzelektronen aus ihren Bindungen gelöst. Die Trägerzahldichte steigt dementsprechend an, der Widerstand nimmt ab bis zu einem kleinen Endwert. Dabei handelt es sich nicht um einen Durchbruch, also eine Zerstörung der Gleichrichterzelle, sondern um reversible Prozesse der Trägerbildung. Hier tritt die obenerwähnte Möglichkeit ein, daß außer durch Wärme und durch Strahlung auch durch Mitwirkung einer äußeren Feldstärke Elektronen aus dem Valenzband in das Leitfähigkeitsband übergehen können („Zener-Effekt"). Innerhalb eines mehr oder weniger großen Spannungsbereiches, der unter anderem von der Dotierung abhängt, dient eine solche „Zenerdiode", also eine in Sperrichtung gepolte Gleichrichterzelle parallel zum Verbraucher, als eine Art Überlaufgefäß zum Abfangen von Überspannungen und zur Spannungsstabilisierung. Bild 51 möge die Anwendung veranschaulichen. Das Schaltzeichen ⚡ soll andeuten, daß bei Überschreiten einer bestimmten Sperrspannung die Sperre mehr oder weniger durchlässig wird. Bei weiterer Erhöhung oder bei Minderung der Eingangsspannung U_e verkleinert oder vergrößert sich automatisch der Sperrwiderstand der Zenerdiode, so daß die davon abgegriffene Ausgangsspannung U_a konstant bleibt.

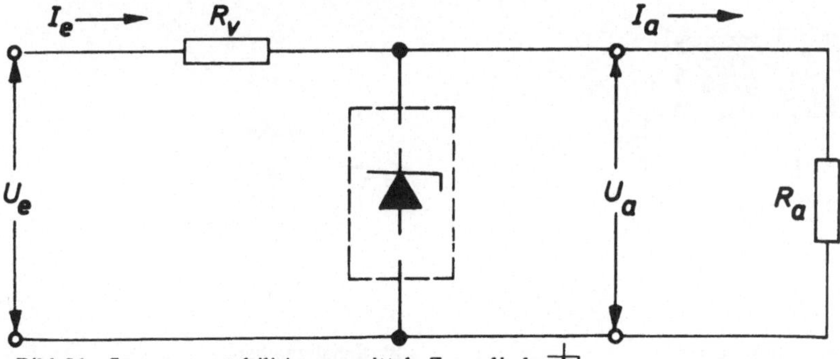

Bild 51. Spannungsstabilisierung mittels Zenerdiode ⚡

Praktische Ausführungen solcher Dioden aus Silicium hat man für Spannungsberei-
che von 1 Volt bis zu einigen 100 Volt. Allerdings ist oberhalb von etwa 10 V der
eigentliche Zenereffekt hier überlagert von sekundären Prozessen der Stoßionisation, die zu einer lawinenartigen — aber immer noch reversiblen — Vermehrung der
Ladungsträger führen (Avalanche-Effekt).

Eine weitere Eigenschaft und Verwendungsmöglichkeit des p-n-Übergangs sei erwähnt. Die Kombination von zwei Leitfähigkeitsbereichen zu beiden Seiten einer
trennenden, mehr oder minder isolierenden Schicht (Bild 48b) stellt ja in Sperrichtung einen Kondensator dar. Werden also durch das Anlegen der Sperrspannung die
Ladungsträger auseinandergezogen, so bedeutet das eine Veränderung einer Kapazität. Es liegt nahe, solche spannungsabhängigen Kondensatoren (Varactoren), deren
Kennlinien sich durch Dimensionierung und Dotierung des Materials dem Verwendungszweck anpassen lassen, in der Hochfrequenz- und Nachrichtentechnik zur Ab-
stimmung und Modulation zu verwenden.

13.4.2.4. *Transistor und Thyristor*

Durch Kombination von drei und mehr abwechselnd aufeinanderfolgenden p-n-
Schichten entstehen bekannte Verstärker-, Schalt- und Steuerelemente, der Transistor und der Thyristor. Ein schematisches Bild des Ersteren zeigt Bild 52. In der angegebenen Schaltung liegt der linke n-p-Übergang, 1, für die Hauptspannungsquelle
U_1 in Flußrichtung, der rechte, 2, dagegen sperrt. Im Verbraucher R fließt also von
U_1 allein kein Strom. Kommt jedoch das kleine U_2 mit Anschluß B hinzu, so fließen
Elektronen aus dem linken n-Bereich, der „Emitter"-Zone E, durch den Übergang
1 in die p-leitente „Basis"-Zone B. Ist diese hinreichend dünn, so wird ihr Leitfähigkeitscharakter in der ganzen Breite verändert, vor allem diffundieren die
darin sich anreichernden injizierten Elektronen durch den Übergang 2 in das
rechte n-Gebiet, die „Kollektor"-Zone C, hinüber und füllen den dort bestehenden
Verarmungsbereich teilweise auf. Infolgedessen verliert der p-n-Übergang 2 seinen
Sperrcharakter, der Transistor ist für die negativen Ladungen vom Emitter über die

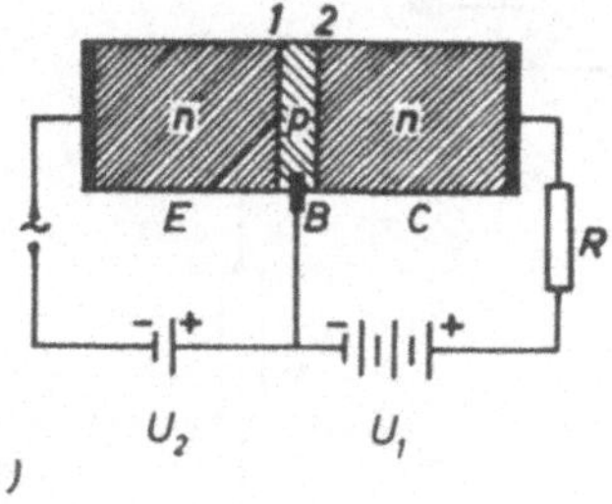

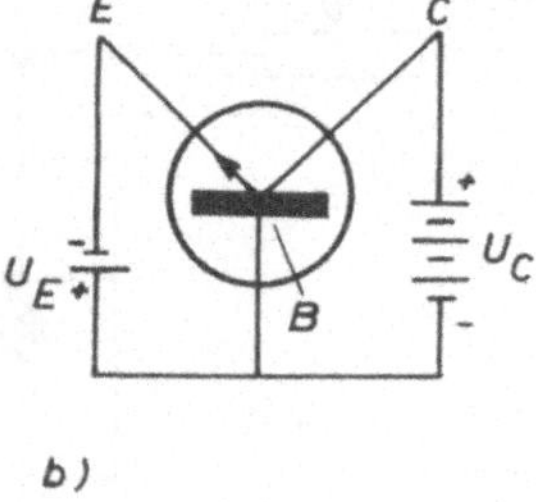

Bild 52 Transistor
a) Schematische Darstellung   b) Schaltzeichen

Basis zum Kollektor hin mehr oder weniger durchlässig geworden (für den Strom im konventionellen Sinne also in umgekehrter Richtung): Damit steuert der von der kleinen variablen Spannung U_2 herrührende Basis-Emitter-Strom einen Strom im höheren Spannungsbereich der Quelle U_1 mit entsprechend größerer Leistung. Wir haben also ein Bauelement, das ähnlich wirkt wie eine Verstärkerröhre, nur werden die Steuerimpulse hier nicht in Form einer Spannung am Gitter, sondern eines relativ leistungsschwachen Stromes im niederohmigen Emitter-Basiskreis zugeführt.

Bevorzugte Werkstoffe für den Bau von Transistoren sind Germanium und in zunehmendem Maße Silicium mit entsprechender Dotierung. Die Varianten in der Bauweise, sei es als p-n-p oder n-p-n-Transistor, sind zahlreich; zusätzliche Möglichkeiten erhält man z. B. durch Einfügen isolierender Zwischenschichten, womit aus dem niederohmigen Steuerstromkreis eine hochohmige Eingangsstufe wird und die Steuerung nicht mehr durch injizierte Elektronen, sondern in noch engerer Anlehnung an die Verhältnisse am Gitter einer Röhre durch Feldeffekte zustande kommt. Unter dem Oberbegriff „MOS-Technik" (Metall-Oxid-Silicium oder metal-oxid-semiconductor) gibt es eine Reihe von Verfahren zur Herstellung spezieller Typen von Transistoren und anderen Bauelementen (z.B. Varactoren) durch Kombination von metallischen, isolierenden und halbleitenden Schichten.

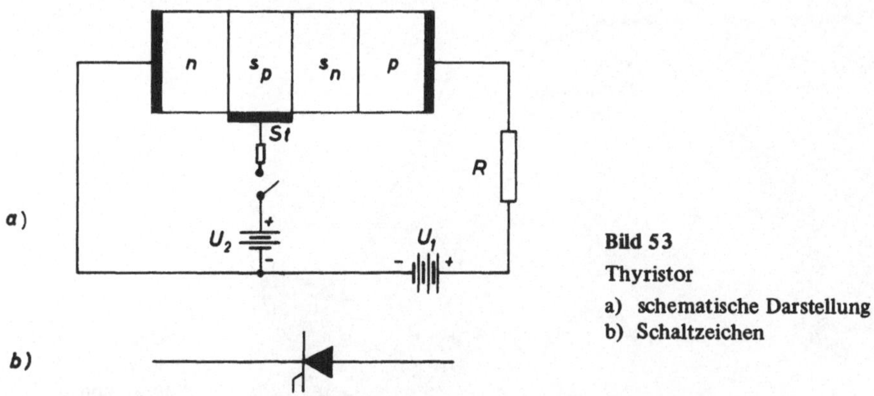

Bild 53

Thyristor

a) schematische Darstellung
b) Schaltzeichen

Ist der Transistor das Analogon zur Verstärkerröhre mit ihrer kontinuierlich durch die Gitterspannung veränderlichen Ausgangsleistung, so entspricht der *Thyristor* mit seinen vier Schichten einer über eine Zusatzelektrode gezündeten Gasentladung mit sprunghaftem Anstieg vom stromlosen Zustand zum Nennstrom. Bild 53 gibt eine schematische Darstellung. Zwischen den beiden stark n- bzw. p-dotierten Bereichen links und rechts befinden sich zwei schwach dotierte s_p und s_n. Die Anordnung sperrt zunächst in jeder Richtung; über eine Steuerelektrode St an einer der mittleren Zonen läßt sich dieser Zustand jedoch auflösen: Nach Zuschalten einer entsprechend gepolten Spannung U_2 fließen Ladungsträger in die s_p- oder s_n-Schicht, in diesem Fall primär Elektronen aus dem Emitter n nach s_p. Das läßt sich so weit treiben, daß das gesamte schwach dotierte Mittelstück einschließlich des s_p-s_n-Übergangs überschwemmt und dessen Sperrwirkung überspült wird. Durch diesen Vorgang und das anschließend verstärkte Einströmen von Ladungsträgern aus den beiden reichlich dotierten Außenbezirken n und p wird der Thyristor für die Stromrichtung von p nach n durchlässig und bleibt es auch nach Abschalten der Steuerelektrode. Er hat „gezündet", nicht im Sinne eines zerstörenden Durchbruchs, sondern einer reversiblen Vermehrung von Ladungsträgern.

Während man also beim Transistor durch Stromänderungen im Steuerkreis eine stärkere Ausgangsleistung stetig vergrößern oder verkleinern kann, ist der Thyristor ein durch Steuerimpulse betätigtes, sprunghaft wirkendes Einschaltorgan. Zahllose Anwendungsbeispiele für beide Bauelemente finden sich bei Steuerungs- und Regelungsaufgaben als Verstärker, Schalter, Umrichter usw. in Ausführungsformen für kleinste und große Leistungen. Bild 54 zeigt die Außenansicht eines einbaufertigen Thyristors, daneben den aktiven Teil, die Silicium-Tablette, in ihren realen Abmessungen.

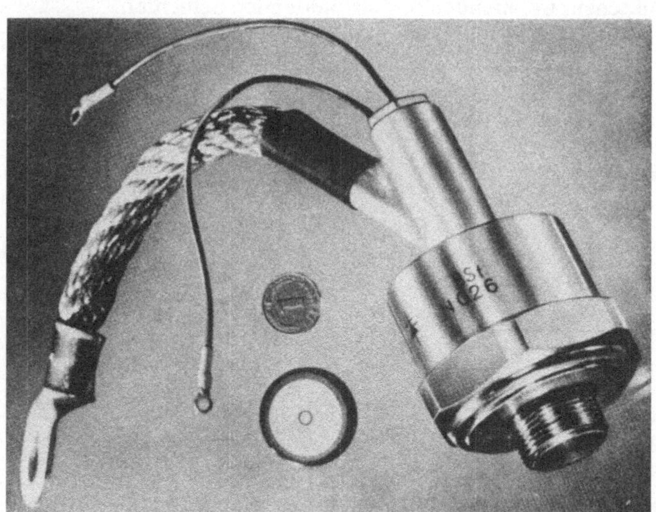

Bild 54
Thyristor,
200 A, 900 V

Der Thyristor „zündet" nach vorstehender Erläuterung in nur einer Stromrichtung, nutzt also an Wechselspannung nur eine Halbwelle aus. Zwei antiparallel geschaltete Thyristoren würden in beiden Richtungen funktionieren. Ein ähnliches Bauelement ist in der Leistungselektronik als „Triac" gebräuchlich.

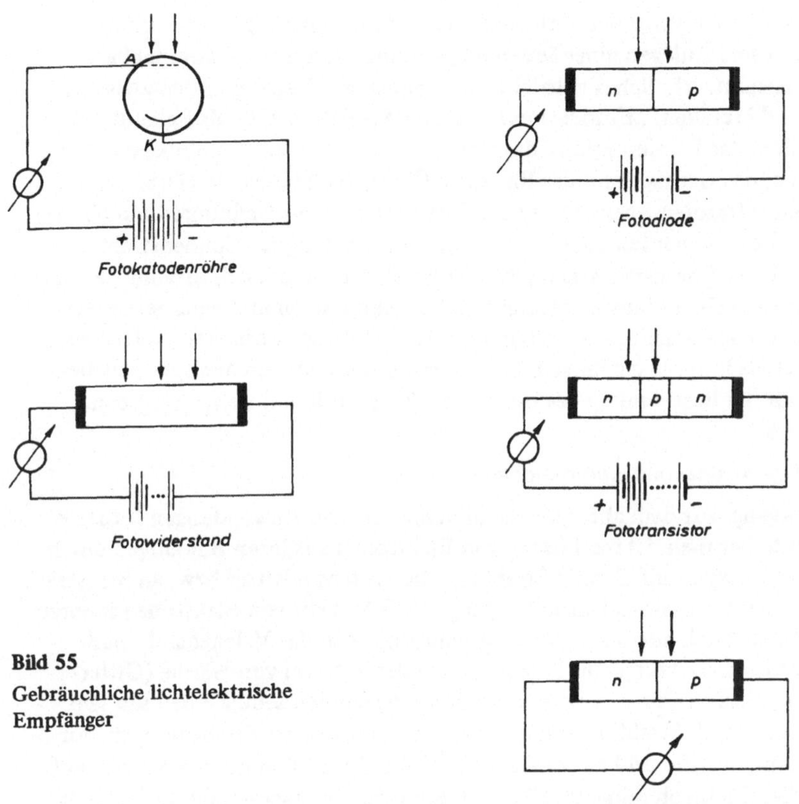

Bild 55
Gebräuchliche lichtelektrische
Empfänger

13.4.2.5. Fotodioden, Fototransistoren, Fotoelemente

In den Kapiteln 13.4.1.1 und 13.4.1.2 wurden bereits Bauelemente zur Umwandlung von Strahlung in elektrische Impulse erörtert, der Fotowiderstand und die
Fotokatode, die hier zu einer vollständigen Übersicht ergänzt werden sollen, (siehe
Bild 55). In Anbetracht der Empfindlichkeit, mit der die Eigenschaften des *p-n-Übergangs* auf den Zu- oder Abfluß von Ladungsträgern reagieren, liegt es nahe, auch diese Anordnung so auszubilden, daß durch Einfall von Licht oder anderer Strahlung
lichtelektrisch Elektronen ausgelöst (vom Valenzband in das Leitungsband gehoben)
werden können. Die „Fotodiode" ist in diesem Sinne ein in Sperrichtung geschalteter p-n-Übergang, dessen zunächst sehr kleiner Sperrstrom bei Bestrahlung stark ansteigt. Beim „Fototransistor" setzt als Folgeerscheinung ein Zustrom von Trägern
aus der Emitter- in die Basiszone ein, der den Effekt auf das 20- bis 30fache verstärkt. Übliche Werkstoffe sind das Germanium, das Silicium und einige III/V-Verbindungen. Endlich können an einem p-n-Übergang durch fotoelektrisch ausgelöste

Ladungsträger die Vorgänge der Diffusion und Ladungstrennung so beeinflußt werden, daß auch ohne Anlegen einer äußeren Spannung spontan eine gut meßbare eigene EMK ensteht. Ähnliches vollzieht sich vielfach an Grenzschichten zwischen Halbleitern und Metallen. „Foto*elemente*" dieser Art liefern z. B. als Belichtungsmesser vor allem das Kupferoxydul, das Selen, das Silicium, das Galliumarsenid für den sichtbaren, das Germanium, das Bleisulfid (PbS), das Bleiselenid (PbSe) und andere für den infraroten Spektralbereich. Solarbatterien aus Galliumarsenid (GaAs)- oder Silicium-Fotoelementen dienen zur Direktumwandlung der Sonnenstrahlung und damit z. B. zur Energieversorgung von Erdsatelliten. Aber auch Strahlungen aus ganz anderen Bereichen können fotoelektrisch aufgenommen und verarbeitet werden; so werden Bauelemente aus Galliumarsenid als Röntgendosimeter, solche aus Silicium außer als Empfänger für sichtbares Licht unter anderem auch als Teilchenzähler, z. B. für die Bestimmung des Neutronenflusses in Reaktoren, angegeben.

13.4.2.6. Lumineszenz- und Laser-Dioden

Der Grundvorgang, auf dem alle vorstehend beschriebenen Anwendungen fotoelektrischer Effekte beruhen, ist die Lösung von Elektronen aus ihren Bindungen durch Aufnahme der Energie einfallender Strahlung, die im Kristallgitter bzw. an Störstellen absorbiert wird. Der umgekehrte Vorgang, die Rückkehr von Elektronen in ihren alten Bindungszustand, also vom Leitungsband zurück in das Valenzband, muß zwangsläufig mit Freisetzung von Energie, entweder in Form von Wärme (Gitterschwingungen) oder in Form einer Ausstrahlung, verbunden sein. Zu den seit langem bekannten, durch Strahlungseinfall erregten Lumineszenz-Erscheinungen, vor allem am Cadmiumsulfid und am Zinksulfid (Material für Bildschirme), kommt auf diese Weise die „Elektrolumineszenz" hinzu. Sie wird z.B. angewendet in Form der Lumineszenz-Diode aus Galliumarsenid oder anderen III/V-Verbindungen: Ist ein p-n-Übergang in Flußrichtung durchströmt, so dringen von der einen Seite Elektronen, von der anderen Defektelektronen in die Übergangszone ein. Ein mehr oder weniger großer Teil von ihnen „rekombiniert", d. h. die Elektronen springen in die Löcher, vom Leitungsband zurück in das Valenzband. Unter Bedingungen, deren Erörterung hier zu weit führen würde, entsteht dabei eine im Roten oder nahen Infraroten liegende steuerbare Strahlung von hoher Energieausbeute, die für Zwecke der optischen Signalübertragung zunehmende Bedeutung hat. Auch hier spielt die Einlagerung geeigneter Fremdatome eine große Rolle.

Geht man einen Schritt weiter, indem man den p-n-Übergang der Galliumarsenid-Diode durch reflektierende Grenzflächen als optischen Resonator ausbildet und die Strominjektion so stark macht, daß optische Selbsterregung eintritt, so kommt man zum Prinzip des Lasers. Die optische Selbsterregung bedeutet, daß es sich jetzt im Gegensatz zur einfachen Lumineszenz-Diode um eine kohärente, stark bündelungsfähige Strahlung handelt. Über denkbare und ausgeführte Anwendungen des Lasers —

sei es auf Halbleiterbasis, sei es auf der von Gasentladungen — zur Nachrichtenübermittlung sowie auch zur Energieübertragung ist in der fachlich orientierten und nichtorientierten Presse hinreichend die Rede.

13.4.2.7. Peltier-Kühlelemente

Der in Kapitel 12.3 erörterte Gedanke, die Thermokraft an der Grenzfläche zweier Metalle zur Direktumwandlung von thermischer in elektrischer Energie auszunutzen, scheitert daran, daß die erreichbaren Spannungen sehr klein und zudem die Metalle nicht nur gute elektrische Leiter, sondern gleichermaßen gute Wärmeleiter sind. Daher strömt die der einen Kontaktstelle zugeführte Wärme größtenteils ungenutzt zur anderen ab und die benötigte Temperaturdifferenz zwischen beiden läßt sich nur unter großen Verlusten, die im Kühlmittel der kalten Kontaktstelle abfließen, aufrecht erhalten.

Bei Halbleitern liegen schon von vorneherein die Thermokräfte um eine Größenordnung höher. Trotzdem sind auch hier keine Kombinationen zur thermoelektrischen Umsetzung größerer Energiebeträge mit befriedigendem Wirkungsgrad bekannt. Dagegen hat die Umkehrung, der sogen. Peltier-Effekt, technische Anwendung gefunden, die im Fortschreiten ist. Er besteht bekanntlich in folgendem: Grenzen zwei Metalle oder Halbleiter mit verschiedenen Leitereigenschaften unmittelbar aneinander, so bildet sich zwischen den beiden Seiten der Grenzfläche eine Potentialdifferenz, deren Höhe außer von den spezifischen Eigenschaften der beiden Partner von der Temperatur abhängt (Kapitel 12.3 und 13.4.2.1). Es entsteht die bekannte Spannungsdifferenz zwischen warmer und kalter Kontaktstelle. Wird nun das Element kurzgeschlossen, so daß ihm elektrische Leistung entnommen wird, muß diese Energie irgendwo her kommen; d. h. sie muß in mindestens gleicher Höhe in Form von Wärme der heißen Kontaktstelle zugeführt werden, um deren Temperatur aufrecht zu erhalten. Unterbleibt das, so wird die an diesem Kontakt und seiner Umgebung auf Grund ihrer Wärmekapazität gespeicherte Wärme verbraucht, d. h. dort erfolgt Abkühlung. Gleichzeitig erwärmt sich die kalte Lötstelle (und ihre Umgebung) bis die Temperaturdifferenz zwischen beiden abgebaut ist und die Stromerzeugung in Ermangelung von Energiezufuhr zum Stillstand kommt.Die gleiche Temperaturverteilung muß offenbar eintreten, wenn man in den Thermokreis eine äußere Stromquelle einschaltet, die so gepolt ist, daß sie in gleicher Richtung wie vorher den Strom durch beide Kontaktstellen künstlich aufrecht erhält: Kühlung der vorher heißen, Erwärmung der kalten Kontaktstelle, Denn für die Leitungsvorgänge in den Berührungszonen und ihre Folgeerscheinungen muß es gleichgültig sein, ob sie durch Thermospannungen oder eine zusätzliche äußere Spannung verursacht werden. Zu demselben Schluß führt die Betrachtungsweise, daß bei einem von außen aufgeprägten Strom die Temperaturdifferenz zwischen den beiden Lötstellen sich so einstellen muß, daß eine Thermospannung entsteht, die der erregenden äußeren Spannung entgegengerichtet ist, um einen Gleichgewichtszustand anzustreben.

Man nutzt den Peltier-Effekt, indem man kurze dicke Blöcke aus p-leitendem und n-leitendem Halbleiterwerkstoff etwa in der Weise mit Kupferleitern versieht und zusammenfügt, wie Bild 56 schematisch im Prinzip zeigt, und den p-n-Übergang im richtigen Sinne an eine äußere Stromquelle legt. Der mit solchen Peltier-Elementen erzielbare Effekt reicht aus, um daraus kleine Kühlaggregate zusammenzustellen. Bei Auswahl der Werkstoffe wird man zunächst auf möglichst hohe Thermokraft zwischen dem p-dotierten und dem n-dotierten Teil sehen. Zudem wird man gute elektrische Leitfähigkeit κ (um die Joulesche Wärme klein zu halten) mit schlechter Wärmeleitung λ (zur Vermeidung innerer thermischer Verluste) zu kombinieren suchen. Das ist bei Halbleitern möglich, da bei ihnen die Wärme kaum durch die geringe Anzahl beweglicher Elektronen, sondern durch die Fortpflanzung von Gitterschwingungen weitergeleitet wird. Strom- und Wärmetransport beruhen hier also auf zwei ganz verschiedenartigen Mechanismen, so daß man das Verhältnis κ/λ weitgehend variieren kann. Als geeignete Werkstoffe dienen bevorzugt Verbindungen aus Wismut, Antimon, Tellur und Selen, wie $Bi_2 Te_3$, $Sb_2 Te_3$ u. a.

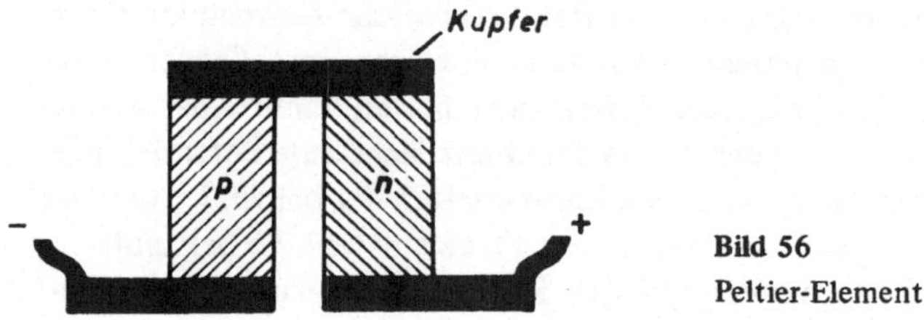

Bild 56
Peltier-Element

13.4.3. Technische Anwendung des Halleffektes und der Widerstandsänderung im Magnetfeld bei Halbleitern

Alle vorstehend behandelten Halbleiteranwendungen gingen davon aus, daß durch Störstellen, Erwärmung, Strahlung oder äußere Feldstärke die *Zahl* der beweglichen Ladungen vermehrt wurde. Nicht minder interessant sind aber die Effekte, die auftreten, wenn bei Leitungsvorgängen die *Bewegung* bereits vorhandener Elektronen oder Defektelektronen von außen zusätzlich beeinflußt wird, in erster Linie durch Magnetfelder (vgl. Kap. 11).

Zunächst ist im Gegensatz zu den Metallen der Halleffekt bei Halbleitern hinreichend stark, um nicht nur als wertvolles Instrument Einblicke in den Leitungsmechanismus zu vermitteln, sondern auch unmittelbar praktisch verwendet zu werden. Die Abhängigkeit der Hallspannung von der Beweglichkeit der Ladungsträger wurde in Kap. 11 (S. 118, Gleichung 3) abgeleitet und sie ergab sich als lineare Funktion des Ausdrucks $S \cdot \mu/\kappa$ (S = Stromdichte, μ = Beweglichkeit, κ = Leitfähigkeit). Für die technische Anwendung interessiert nicht so sehr die Höhe dieser

Spannung als die daraus abnehmbare Leistung. Sie ist nach elementarer Rechnung bei bestimmter Leitfähigkeit und damit zugleich gegebener Strombelastbarkeit S proportional dem Quadrat der Beweglichkeit μ. Daher dient besonders das Indium-Antimonid (InSb) mit seiner extrem hohen Elektronenbeweglichkeit, aber auch das InAs als Werkstoff für die Herstellung von „Hallsonden" zur Ausmessung von Magnetfeldern, zur kontaktlosen Aufnahme von magnetischen Steuerimpulsen und dergleichen. Bild 57 zeigt als Beispiel die Verwendung einer solchen Sonde zur Messung starker Gleichströme: Der den Gleichstrom I führende Leiter L ist von einem zweiteiligen Eisenjoch umfaßt. Im Luftspalt zwischen beiden Teilen befindet sich ein vom Steuerstrom I_{St} durchflossenes Plättchen, z. B. aus InSb. Senkrecht zu diesem Steuerstrom und senkrecht zum Magnetfeld mit der Flußdichte B, das durch den Strom I erregt ist, tritt eine beiden proportionale Hallspannung U_H auf, die also ein Maß für die Gleichstromstärke darstellt. In ähnlicher Weise dienen plättchenförmige Hallsonden z. B. für die Ausmessung der Luftspaltflußdichte in elektrischen Maschinen und damit zugleich zur Bestimmung des Drehmomentes.

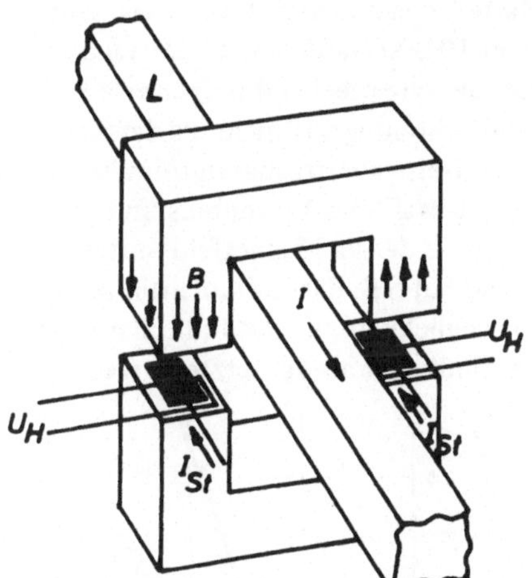

Bild 57
Anwendung des Hall-Effektes zur
Gleichstrom-Messung

Denn letzteres ist ja proportional dem Produkt aus Luftspaltflußdichte B x Ankerstromstärke. Zweigt man also einen definierten Teil des Ankerstroms als Steuerstromdichte S der in den Luftspalt eingeführten Hallsonde ab, so liefert deren Hallspannung, die proportional dem Produkt B · S ist, unmittelbar das Drehmoment.

Diese Fähigkeit des „Hallgenerators", eine Multiplikation von zwei voneinander unabhängigen Größen, in diesem Falle S und B, vorzunehmen, bietet zudem aussichtsreiche Verwendungsmöglichkeiten in der Regelungstechnik und der Datenverarbeitung. Weitere Anwendungen anderer Art liegen nahe, beispielsweise zur

Abtastung von Magnetbändern mit gespeicherten Befehlen bei Steuer- und Regeleinrichtungen, bei Rechenautomaten oder auch zur kontaktlosen Zählung bewegter Teile mit magnetischen Markierungen auf Fließbändern und dergleichen. Dabei ist es häufig von Wert, daß im Hallgenerator die Anzeige im Gegensatz zu induktiven Empfängern unabhängig von der *Geschwindigkeit* der Flußänderung ist und die Impulse formgetreu abbildet.

Die seitliche Ablenkung der fließenden Elektronen im Magnetfeld, die zum Halleffekt führt, hat zugleich eine Erhöhung des Widerstandes zur Folge, da sich die Elektronenbahnen vom Eintritt in den Halbleiter bis zu ihrem Austritt dadurch verlängern. Die entstehende Hallspannung wirkt zwar der Ablenkung entgegen und würde die nachfolgenden Elektronen in Richtung auf ihre alte Bahn zurückdrängen. Man erhält daher besonders ausgeprägte Widerstandserhöhung, wenn dafür gesorgt wird, daß die die Hallspannung aufbauenden Elektronen ständig abfließen, d.h. man schließt die Hallspannung kurz. Dies geschieht z.B. in besonders eleganter Weise durch Einbau gut leitender Bahnen im Werkstoff quer zur Stromrichtung. Ohne auf diese Technik hier näher eingehen zu wollen, zeigt Bild 58 eine aus solchem Werkstoff mäanderförmig aufgebaute „Feldplatte" zusammen mit ihrer Kennlinie. Während wir bei Wismut für eine Flußdichte von 10 000 Gauß eine Widerstandsänderung von 50 % angegeben hatten, zeigt hier der entsprechend präparierte Halbleiter unter gleichen Umständen eine Widerstandserhöhung auf mehr als das Zehnfache. Wiederum steigt die Leistung der auf diese Weise übertragbaren Impulse mit dem Quadrat der Elektronenbeweglichkeit. Die Auswahl des Verfahrens und des Halbleiterwerkstoffes wird aber außer von der Größe der im Magnetfeld auftretenden Effekte von Nebenbedingungen abhängen. So hat z.B. das Indiumantimonid (InSb) zwar eine dreimal so hohe Elektronenbeweglichkeit wie das Indiumarsenid (InAs), ist aber andererseits viel temperaturempfindlicher als das letztere, was seine Verwendbarkeit einschränkt.

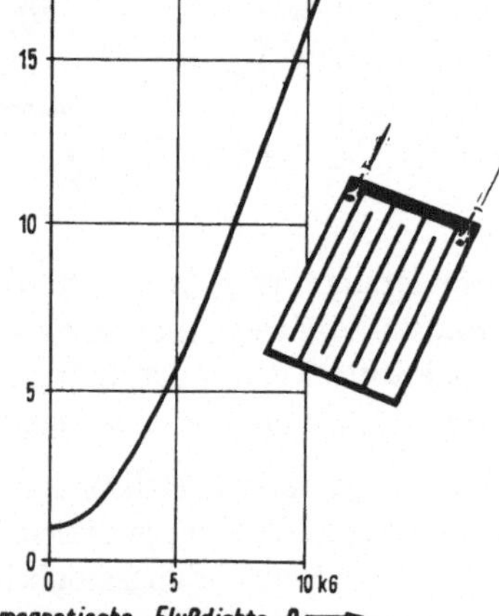

Bild 58
Feldplatte (Magnetisch steuerbarer Widerstand)

13.4.4. Piezo-Widerstände

Zum Abschluß der Halbleiteranwendungen sei an einen Hinweis in Kapitel 12.1.5 erinnert, in dem angedeutet wurde, daß die Beeinflussung der Leitfähigkeit durch äußeren Druck und Verformung nicht nur bei Metallen, sondern auch bei Halbleitern zu Anwendungen in der Meßtechnik geführt hat (Dehnungsmeßstreifen). In der Tat wird z. B. beim Silicium die große Trägerbeweglichkeit durch äußeren Druck in gut reproduzierbarem und wesentlich stärkerem Maße als bei den Metallen verändert, so daß Dehnungsmeßstreifen mit Schichten aus Silicium zu den metallischen in Wettbewerb treten können.

13.5. Zusammenfassung von Kapitel 13.1. bis 13.4.

mit Rückblick auf die verschiedenartigen Leitungsvorgänge in Metallen, Ionenleitern und elektronischen Halbleitern.

Metalle leiten den elektrischen Strom auf Grund ihrer spontan bereitgestellten verhältnismäßig großen *Anzahl* beweglicher Elektronen. Diese Elektronenkonzentration ist unabhängig von Gitterstörungen, Temperatur usw.. Veränderungen des elektrischen Widerstandes durch solche Einflüsse gehen bei Metallen daher nicht auf eine Änderung der *Zahl*, sondern der *Beweglichkeit* der Leitungselektronen zurück. Da sie auf ihrem Weg zwischen den an ihren Gitterplätzen verankerten Ionen hindurch müssen, bedeuten Störstellen, Korngrenzen oder die bei Erwärmung zunehmende thermische Unruhe im Gitter eine *Behinderung* des Stromtransportes. Der Temperaturkoeffizient des Widerstandes von reinen Metallen ist also *positiv*.

Bei reinen Ionenleitern, in denen bewegliche Leitungselektronen fehlen, kann ein Strom nur durch die ionisierten Masseteilchen selbst transportiert werden. Das setzt aber die Möglichkeit zu materiellen Bewegungen und Platzwechselvorgängen voraus, die durch Störstellen und Temperaturerhöhung *begünstigt* werden. Der Temperaturkoeffizient des elektrischen Widerstandes ist bei Ionenleitern also *negativ*.

Bei elektronischen Halbleitern fehlen die Voraussetzungen für Ionenleitung, da die Masseteilchen zu fest an ihren Gitterplätzen verankert sind, und auch die Elektronen sind zu stark von ihrer Bindungsfunktion in Anspruch genommen, um als Leitungselektronen ohne weiteres verfügbar zu sein. Halbleiter leiten daher erst, nachdem Valenzelektronen aus ihren Bindungen durch äußere Einflüsse, Temperatur, Strahlung oder Feldstärke befreit und beweglich geworden sind. Die gleichen Störungen, die bei Metallen die Leitfähigkeit herabsetzen, weil sie die Beweglichkeit der *vorhandenen* Elektronen behindern (Temperatur, Störstellen, Verunreinigungen etc.), wirken bei klassischen Halbleitern *fördernd* auf das Leitvermögen, da sie die Freisetzung der zunächst gebundenen Elektronen begünstigen. Der Temperaturkoeffizient des Widerstandes ist also *negativ*, im Absolutbetrag oft circa zehnmal so groß wie

bei Metallen. Dabei entstehen im Halbleiter zwei Arten von Leitungsmechanismen:
durch Leitungselektronen (n-Leitung) und durch Defektelektronen (p-Leitung).
Letzteres kann es bei Metallen nicht geben, da die Leitungselektronen hier nicht
bestimmten Atomen angehören, bei ihrer Bewegung also auch keine definierten
„Löcher" hinterlassen. Demgegenüber kann man in Halbleitern durch Dotierung
mit Fremdatomen (Donatoren oder Akzeptoren) künstlich Ausgangszentren für
n-Leitung oder p-Leitung schaffen. Vergleichende Zahlen für Konzentration und
Beweglichkeit der Elektronen in Metallen und Halbleitern siehe Tabelle 12.

Typische Halbleiteranwendungen:

Ausnutzung der Steigerung des Leitvermögens infolge Erhöhung der Trägerzahl
durch Temperatur und Strahlung: Heißleiter, Fotowiderstände;.

Austritt von Elektronen aus der Oberfläche durch Temperatur und Strahlung:
Glühkatoden, Fotokatoden;

Ausnutzung der Eigenschaften von p-n-Übergängen: Gleichrichterdioden, Zener-
dioden, Transistoren, Thyristoren, Fotodioden, Fototransistoren, Fotoelemente,
Lumineszenz- und Laser-Dioden, Peltier-Kühlelemente;

Ausnutzung der Einwirkung eines Magnetfeldes sowie gerichteter mechanischer
Spannungen auf die Bewegung von Elektronen und Defektelektronen: Hallspan-
nung (Hallgenerator) und Widerstandsänderung im Magnetfeld (Feldplatte); Piezo-
Widerstände.

Ausnutzung des *Gunn*-Effektes (entdeckt 1963) in Bauelementen aus GaAs zur Erzeugung von
Mikrowellen: Ein GaAs-Kristall wird in bestimmtem Feldstärkebereich zum negativen Widerstand (abnehmende Stromdichte bei steigender Feldstärke infolge verringerter Elektronenbeweglichkeit). Das ermöglicht Anregung von Schwingungen ähnlich wie beim negativen Widerstand
von Lichtbögen oder entsprechend geschalteten Elektronenröhren.

13.6. Verfahrenstechnik bei der Herstellung von Halbleiterwerkstoffen (Reinigung, Zonenschmelzen, Kristallzüchtung, Dotierung, Miniaturisierung)

Die im vorhergehenden Kapitel gebrachte Aufstellung von Halbleiteranwendungen
soll nicht vollständig sein, aber doch einen Eindruck von der Fülle und Verschiedenartigkeit der sich hier bietenden Möglichkeiten vermitteln, zu denen in lebhafter
Weiterentwicklung ständig neue hinzukommen. Kennzeichen dieser Technik ist
eine bis zur höchsten Perfektion fortgeschrittene Kunst in der Reinstdarstellung,
Kristallzüchtung, Dotierung und Verkleinerung der Bauelemente. Ohne hier im
einzelnen Rezepte geben zu können und zu wollen, sollen einige wenige typische
Verfahrensschritte kurz skizziert werden.

Um die Bedeutung der Reinstdarstellung der Halbleiterwerkstoffe zu erkennen,
genügt der Hinweis, daß ein Germanium, bei dem auf 10^6 Atome nur ein Fremdatom, z.B. Eisen, Kupfer oder Nickel kommt, zur Herstellung von Transistoren

schon nicht mehr zu verwenden ist. Höchste Reinheitsgrade erzielt man durch das sogenannte Zonenschmelzverfahren; ihm liegt folgende Überlegung zugrunde: Jeder absolut reine Kristall hat eine auf Bruchteile von Graden genau festliegende Schmelztemperatur. Enthält er kleinste Verunreinigungen, sei es nur in Form einzelner Atome, so werden diese in ihrer Umgebung den Schmelzpunkt auf jeden Fall verändern, entweder erhöhen oder erniedrigen. Die Praxis zeigt, daß im allgemeinen das letztere der Fall ist, d. h. daß sich Spuren von Fremdbeimengungen im flüssigen Material meistens leichter verteilen als im festen Kristallgefüge. Sie verleihen diesem daher die Tendenz zum vorzeitigen Schmelzen. Das ergibt die Möglichkeit, Fremdatome durch einen Wechsel von Schmelzen und neuem Kristallisieren auszuscheiden, und zwar wie folgt: Beispielsweise wird aus dem nach konventionellen Methoden sorgfältig vorgereinigten Werkstoff ein Stab von einigen Zentimetern Durchmesser und 20 bis 30 cm Länge hergestellt. Er wird sodann mit einer flachen Hochfrequenz-Heizspule umgürtet, wie Bild 59 zeigt, und in der kurzen, konzentrisch eng umschlossenen Zone bis zur Verflüssigung erhitzt. Diese Schmelzzone läßt man durch Bewegung der Spule oder des Stabes langsam durch die ganze Stablänge, z. B. vom oberen bis zum unteren Ende hindurchwandern. Fremdatome, die den Schmelzpunkt in ihrer Umgebung erniedrigen, gehen mit dieser bevorzugt in die Schmelze über, um sich darin leichter zu verteilen. Sie wandern dann mit der Schmelzzone abwärts nach dem unteren Stabende zu. Eine entsprechende Überlegung läßt erkennen, daß Verunreinigungen, die die Tendenz haben, sich bevorzugt im festen Kristall zu verteilen und einzulagern, aus der Schmelze von unten nach oben auf die wieder erstarrende Front zustreben und dort die Kristallisation

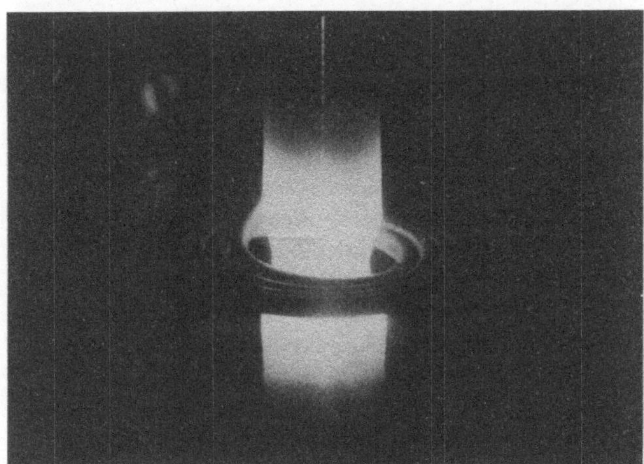

Bild 59. Schmelzzone beim Erschmelzen von Reinstsilicium in der Zonenziehanlage

11 Guillery

begünstigen werden. Wird dieser Vorgang mehrfach wiederholt, so sammeln sich schließlich alle der Verteilung in der Schmelze zustrebenden Fremdatome am unteren Ende des Stabes; diejenigen dagegen, die das feste Kristallgefüge bevorzugen, konzentrieren sich oben; die Mitte wird frei von beiden. Schneidet man diesen Bereich heraus, so läßt sich daran gegebenenfalls der Vorgang bis zum gewünschten Reinheitsgrad weiter fortsetzen. Vielfach vermeidet man dabei die Benutzung eines Tiegels, aus dessen Wandung ja zusätzlich Verunreinigungen in die Schmelze einwandern könnten, und hält die teils erstarrte, teils flüssige Masse durch elektrische Wirbelströme und auf Grund ihrer eigenen Oberflächenspannung freischwebend in der Achse der Heizspirale.

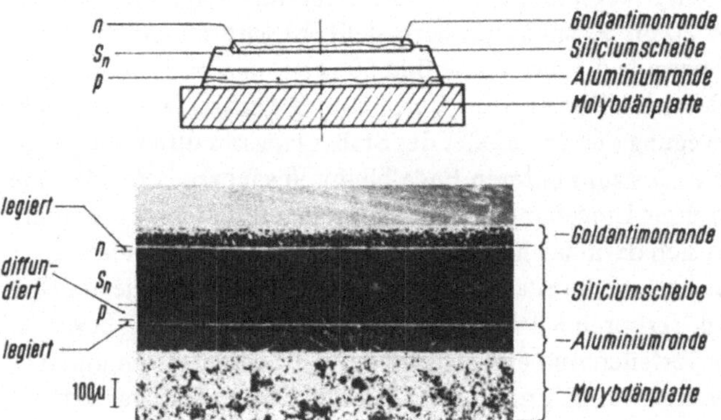

Bild 60. Siliciumgleichrichterzelle, schematischer Aufbau und Schliffbild

Die Züchtung von fehlerfreien Einkristallen gelingt beispielsweise, indem ein bereits vorhandener kleiner Kristall in die Schmelze eingesetzt wird, an dem sich dann bei allmählicher Abkühlung weitere Atome in Fortsetzung der mit diesem „Impfkristall" vorgegebenen Struktur anbauen. Bei langsamem Herausziehen aus der Schmelze kann man auf diese Weise stabförmige Einkristalle mit Durchmessern von einigen Zentimetern und beliebiger Länge wachsen lassen. Gegebenenfalls sind direkt aus der Gasphase reinste fehlerfreie Einkristalle zu erhalten. Letztere Technik wird auch in der Form angewendet, daß man auf scheibenförmige Einkristalle Schichten aus dem gleichen oder anderem Material aus der Gasphase heraus aufwachsen läßt (Epitaxie). Zur Dotierung endlich werden entweder die gewünschten Fremdatome schon der Schmelze zugesetzt oder man läßt sie in den fertigen Kristall wiederum aus der Gasphase oder aus einem aufgebrachten geschmolzenen Tropfen bei entsprechender Temperaturbehandlung durch Legierungsbildung oder Diffusion eindringen. Bild 60 zeigt als Beispiel die Werkstoffzusammensetzung einer Gleichrichterzelle, die ähnlich aufgebaut ist wie die in Bild 50 schematisch dargestellte, nur

                    163

mit dem Unterschied, daß der p-n-Übergang hier zwischen einer gut p-leitenden
und einer schwach n-dotierten Schicht liegt. Die in der Abbildung angedeutete
Gold- Antimonschicht und die Aluminiumronde haben den Zweck, den mittleren
Siliciumblock von oben mit eindiffundierenden Antimon-Atomen als Donatoren,
von unten mit Aluminium-Atomen als Akzeptoren anzureichern.

Durch entsprechend sorgfältige Führung des Prozesses gelingt es, die Eindringtiefe
der Fremdatome sehr genau zu begrenzen. Läßt man z.B. in ein ursprünglich p-leitendes Material von beiden Seiten gleichartige Donatoren nur so weit eindiffundieren, daß in der Mitte ein p-leitender Bereich unverändert erhalten bleibt, so entsteht
die Schichtung eines n-p-n-Transistors. Dabei wird höchste Präzision erreicht, so
daß z.B. dünne p-Bereiche von der Größenordnung 1/100 mm zwischen n-Bereichen
mit exakten Grenzflächen eingeschlossen sind.

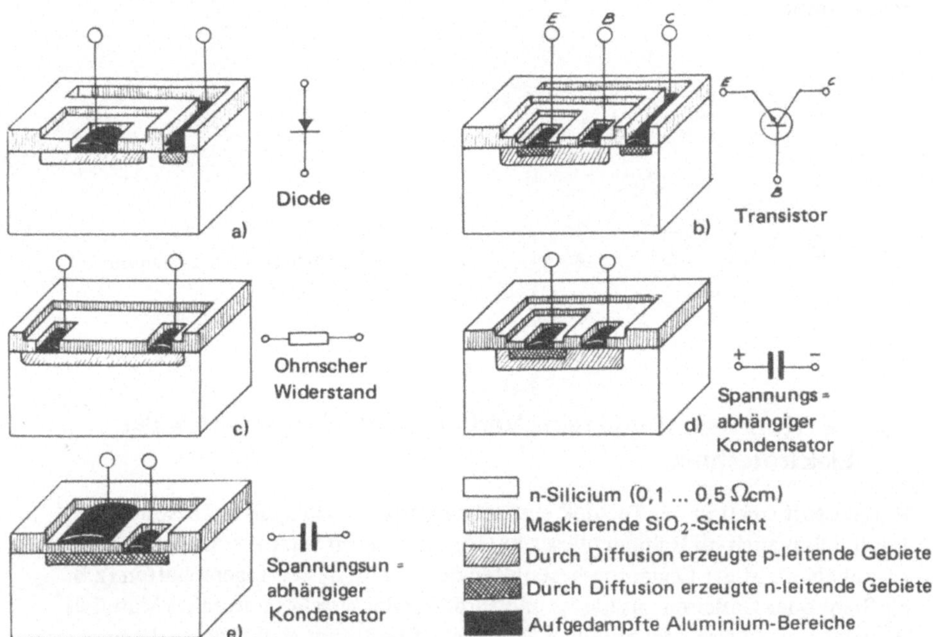

Bild 61. Aufbau einer Halbleiterschaltung auf einem Silicium-Kristall

Die Bilder 61 und 62 geben Einblick in eine spezielle Technik der Herstellung
von Miniaturbauelementen („integrierten" Schaltkreisen). Ein kleiner Siliciumblock
mit Kantenlängen in der Größenordnung von Millimetern, durch entsprechende
Dotierung n-leitend gemacht, ist an seiner Oberfläche mittels perfektionierter Ätz-

und Abdeckverfahren in scharf voneinander abgegrenzte, einige Quadratmillimeter
große Felder eingeteilt. Eindiffundieren z. B. von Bor- oder Aluminium-Atomen von
der Oberfläche her macht diese Felder nach Wahl zu p-leitenden, Eindiffundieren
z. B. von Phosphoratomen zu n-leitenden Bereichen, die entweder mit dem Grundmaterial oder untereinander p-n-Übergänge bilden. In dieser Miniaturisierungstech-
nik entstehen so die in Bild 61 jeweils angegebenen verschiedenartigen Bauelemente auf einem einzigen Block durch Herauspräparieren winziger Felder und Einprägen bestimmter Leitungsmechanismen. Bild 62 zeigt schematisch eine integrierte
Halbleiterschaltung. In dem schraffierten Bereich, der Abmessungen von wenigen
Millimetern hat, ist ein dreistufiger Verstärker mit drei Transistoren und fünf Widerständen eingebaut. Integrierte Schaltkreise, für deren Herstellung aus kleinsten Bauelementen das eben beschriebene Verfahren nur ein Beispiel ist, werden bekanntlich
in mannigfachen Funktionen bei der Steuer- und Regeltechnik sowie in der Datenverarbeitung eingesetzt.

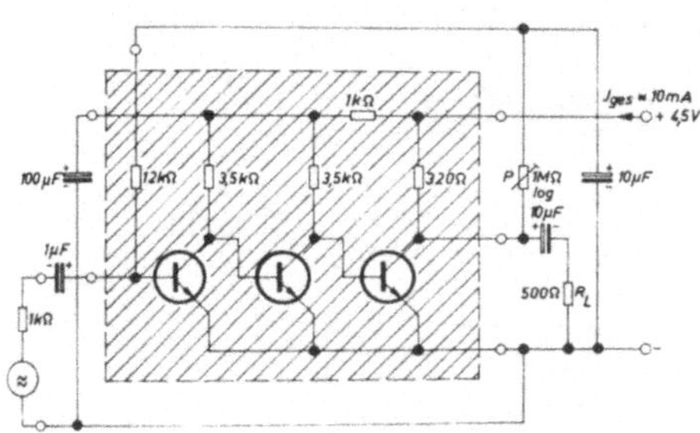

Bild 62
Integrierte Halbleiterschaltung

14. Der Kohlenstoff und seine Verbindungen als Werkstoffe der Elektrotechnik

Kohlenstoff spielt in der Technik eine so verbreitete Rolle, daß ein besonderes
Kapitel ihm auch im Rahmen dieses Buches eingeräumt sei. Er ist uns bisher begegnet als wichtiger Legierungsbestandteil des Eisens, dessen Eigenschaften (z.B.
als Stahl oder Gußeisen, als hartes und sprödes oder weiches und zähes Material)
in erster Linie durch den Anteil an Kohlenstoff bestimmt sind. Dabei tritt er je
nach Herstellungsbedingungen und Nachbehandlung entweder als chemischer Verbindungspartner des Eisens im Zementit (Eisencarbid, Fe_3C) auf oder auch in reiner Form als Graphit. In einem der späteren Kapitel werden wir ihn weiterhin als
Zentralatom zahlreicher organischer Isolierstoffe finden. Unmittelbar von elektrotechnischem Interesse ist darüber hinaus seine Eigenschaft als mehr oder minder
guter elektrischer Leiter. In der Form des Diamanten gehört er gemäß Kapitel 10.3
grundsätzlich in die Gruppe der halbleitenden Elemente Silicium und Germanium

mit der Einschränkung, daß er auf Grund seines atomaren Aufbaus in einem Gitter mit sehr starker Elektronenbindung kristallisiert, in der Sprache des Bändermodells eine sehr breite verbotene Zone und ein leeres Leitungsband hat. Es bedarf also entsprechender Energieeinstrahlung oder hoher Temperaturen, um eine Leitfähigkeit durch Freisetzung von Valenzelektronen zu erzeugen. Wichtiger aber ist folgendes:

14.1. Graphit und „amorpher" Kohlenstoff

Als Diamant kristallisiert der Kohlenstoff bekanntlich nur unter außergewöhnlichen Bedingungen, vor allem unter sehr hohem Druck, wie er auch bei der Herstellung von Industriediamanten angewendet wird. Normalerweise bildet er aber das Graphitgitter gemäß Bild 63, d. h. eine ausgesprochene Schichtstruktur: parallel liegende Ebenen, innerhalb deren die Atome in aneinanderstoßenden Sechsecken angeordnet sind. Jedes Atom des vierwertigen Kohlenstoffs hat in einer solchen Ebene also drei unmittelbare Nachbarn, an die es durch jeweils ein Valenzelektron gebunden ist, während es das vierte zunächst übrig hat. Dieses dient einmal zu der viel lockereren Bindung an die Gitterbausteine der nächsten Schicht, zugleich aber als mehr oder minder freies Leitungselektron. Dabei kann es allerdings das Mutteratom nicht so leicht verlassen wie die alleinstehenden Valenzelektronen bei ein- und zweiwertigen Metallen. Dadurch ergibt sich für den Graphit eine Stellung zwischen Metall und Halbleiter: mit dem Absolutbetrag seiner Leitfähigkeit kommt er den Werten der Metalle bis auf eine Zehnerpotenz nahe, zugleich aber zeigt er seine Verwandtschaft mit den Halbleitern dadurch, daß sein Leitvermögen mit steigender Temperatur durch Erhöhung der Trägerzahl ansteigt, wenn auch nicht in so starkem Maße. Etwa ab 700 °C kehrt sich dieser Verlauf um; bei weiterer Erwärmung beginnt die Leitfähigkeit wie bei den Metallen abzusinken, offenbar wiegt jetzt die Verringerung der Beweglichkeit schwerer als die zunehmende Freisetzung von Ladungsträgern.

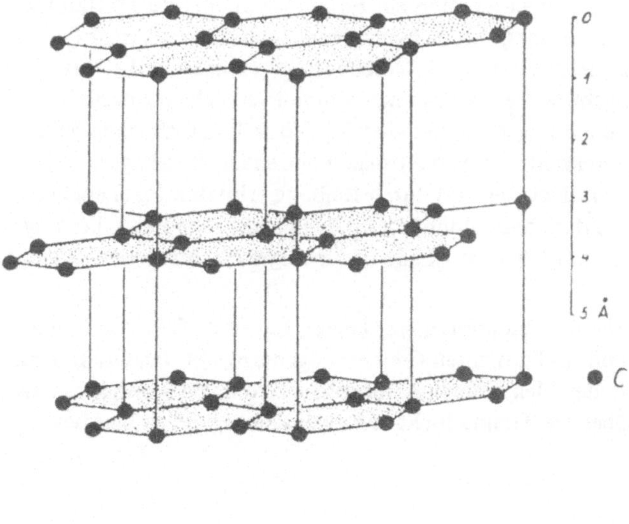

Bild 63
Graphitgitter

Die Ausbildung dieses idealen ungestörten Graphitgitters zu größeren Kristalliten
kann nur unter entsprechend günstigen Bedingungen vor sich gehen. Ein Mikroge-
füge ähnlicher Art, aber doch weniger geordnet, findet man bei der sogenannten
amorphen Kohle, (die in kleinsten Bezirken aber gar nicht amorph ist) insbesondere beim Ruß. Auch hier zeigen sich, wenn auch nur in feinsten Mikropartikeln,
noch die Ebenen mit Sechseckstruktur. Es sind die Reste des Benzolrings, der seine
6 Wasserstoffatome durch Oxydation, d.h. Verbrennung, verloren hat, so daß die
Sechsecke, wie in Bild 63, näher aneinanderrückten. Allerdings liegen bei dieser
amorphen Kohle die Netzebenen nicht einander parallel wie im Graphitgitter, sondern regellos gegeneinander geneigt und verkantet. Die technischen Produkte sind
häufig ein Gemenge aus dem reinen grobkörnigen Graphit, eingelagertem Ruß und
sonstigen amorphen Kohlepulvern; sie haben je nach dem Mischungsverhältnis sehr
unterschiedliche Eigenschaften sowohl in der mechanischen Festigkeit wie auch in
elektrischer Hinsicht.

Die Leitfähigkeit solcher Werkstoffe, die in ihrem Wert also zwischen Metallen und
Halbleitern liegt, macht sie geeignet für die Herstellung von elektrischen Widerständen. Dabei wird z. B. Kohle auf Porzellan- oder Keramikkörpern niedergeschlagen.
Solche „Kohleschicht-Widerstände" sind mit Werten zwischen 1 Ohm und mehr
als tausend Megohm bekannt in der Schwachstromtechnik, vor allem bei Hochfre-
quenz wegen ihrer geringen Induktivität gegenüber aufgewickelten Widerstandsdrähten; außerdem sind sie billig. In Form von Ruß ist die Kohle geeignet als Beimengung zu Isolierstoffen, um diesen ein gewisses, wenn auch geringes Leitvermögen
zu geben, z. B. zur Ableitung gefährlicher oder schädlicher Aufladungen, insbesondere auch als Zugabe zum Gummi.

Die Schicht- oder Blättchenstruktur des Graphits hat eine Richtungsabhängigkeit
seiner Eigenschaften zur Folge; vor allem sind Leitfähigkeit und mechanische Festigkeit längs der Schichtebenen anders als senkrecht dazu. Die relativ leichte Ver-
schieblichkeit der Gitterebenen gegeneinander bedeutet, daß die Oberflächen sich
leicht glätten lassen und dann mit nur sehr geringem Verschleiß aufeinander gleiten.
Graphitlager haben daher den Vorteil, daß sie ohne Schmiermittel betrieben werden können. Das bei trocken laufenden Metallagern auftretende Fressen, also das
Verschweißen von durch Reibung erhitzten Flächenelementen, ist hier sowieso
nicht zu befürchten, da Kohle ja nicht schmilzt. Allerdings ist die Anwendung von
Graphitlagern auf Fälle von mäßiger mechanischer Belastung begrenzt.

Die Kombination dieser beiden Eigenschaften, der immerhin brauchbaren Leitfähigkeit und des guten Gleitvermögens, macht den Graphit zum gegebenen Werkstoff
in der Elektrotechnik für solche Arten von Kontakten, die einen elektrischen Strom
über die Trennschicht von zwei sich gegeneinander bewegenden Flächen zu- oder

abführen sollen. Man verwendet ihn daher als Material für *Kohlebürsten* auf Schleifringen und Kommutatoren elektrischer Maschinen, von Regeltrafos und Regelwiderständen oder Potentiometern, als Stromabnehmer an elektrischen Bahnen usw. Beimengungen von Metallpulvern, mit denen zusammen Graphit zu Blöcken gepreßt und gesintert wird, dienen zur Verringerung des Widerstandes und zur Steigerung der Strombelastbarkeit. Ganz allgemein bietet die Kohle als Kontaktwerkstoff den Vorteil, daß ihre Sauerstoffverbindungen gasförmig sind (CO, CO_2), also verschwinden. Die Oberflächen bleiben demnach frei von Oxydschichten, die bei Metallkontakten den Stromübergang behindern können. Im Gegenteil kann bei Kombination von Kohle gegen Metall die reduzierende Wirkung des Kohlenstoffs zum Abbau störender Metalloxyde führen.

Der relativ kleine Elastizitätsmodul des Graphits kommt zur Geltung bei der Herstellung druckabhängiger Widerstände. Er hat nämlich zur Folge, daß aufeinanderliegende Graphitscheiben ihre gegenseitigen Berührungsflächen bei verhältnismäßig geringem Druck stark vergrößern, wodurch der elektrische Übergangswiderstand zwischen ihnen entsprechend absinkt. Man benutzt das zum Bau der sogenannten Kohledruckregler, in denen eine mehr oder minder große Anzahl von Kohleplatten übereinander geschichtet ist. Der Widerstand solcher Säulen läßt sich durch technisch beherrschbare Druckänderungen leicht im Verhältnis 1 : 10 oder 1 : 100 reversibel variieren, so daß sie sich zu Regelwiderständen, die z. B. magnetisch gesteuert werden, ausgestalten lassen. Die Halbleitertechnik und andere Möglichkeiten drängen allerdings Kohledruckregler in ihrer Bedeutung zurück. Sie werden aber immer noch in Spezialfällen angewandt. Der gleiche Effekt liegt bekanntlich dem Kohlekörner-*Mikrophon* zugrunde, das zwar ebenfalls z. B. durch das Kristallmikrophon mit seinen verbesserten Übertragungsmöglichkeiten an Bedeutung etwas verloren hat, aber doch u. a. in unseren Fernsprechern verbreitet weiter lebt. Die Schicht aus Kohlekörnern zwischen einer festen Metallplatte und einer Metallmembran ändert ihren Widerstand entsprechend den tonfrequenten Druckschwankungen, von denen die Membran beaufschlagt wird.

Schließlich sind es noch zwei weitere Eigenschaften, die die Kohle in der Elektrotechnik interessant machen: Erstens ihre Widerstandsfähigkeit gegen chemische Angriffe und zweitens ihr sehr hoher Verdampfungspunkt von über 4000 °C (ohne vorheriges Schmelzen). Wir finden daher Kohle als Werkstoff für Behälter und *Elektroden* bei chemischen und elektrochemischen Fabrikationsprozessen, z. B. zur Schmelzelektrolyse bei der Aluminiumgewinnung, wir haben Graphitanoden in galvanischen Elementen, die *Bogenlampenkohlen* in Lichtbogenöfen zur Erzeugung höchster Temperaturen für mannigfache industrielle Schmelzvorgänge, die Schweißelektroden aus Kohle und vieles andere. Der Kohlelichtbogen für reine Beleuchtungszwecke hat den modernen Leuchtstofflampen oder auch den Quecksilber- oder

Xenon-Hochdrucklampen mit Wolframelektroden weichen müssen. In der Spektralanalyse wird er jedoch wegen seiner leichten Handhabung und der Möglichkeit, sehr
reine Lichtbogenkohlen für analytische Zwecke herzustellen, weiter verwendet. Daß
der Graphit in der Reaktortechnik als *Moderator* zur Abbremsung von Neutronen
einen neuen weiteren Anwendungsbereich gefunden hat, sei am Rande vermerkt.
Auch hierbei hat seine Reinstdarstellung besondere technische Bedeutung.

14.2. Carbide

Nicht nur als reines Element hat Kohlenstoff seinen Platz unter den Leiterwerkstof-
fen der Elektrotechnik, sondern auch in chemischer Bindung an Metalle. Wichtig ist
z. B. das Siliciumcarbid (SiC), zunächst wegen seiner großen Temperaturbeständigkeit, da es nicht nur einen sehr hohen Schmelzpunkt hat, sondern auch, im Gegensatz zur Kohle selbst, bei höheren Temperaturen in Luft nicht verbrennt. Es ist daher
in Mischung mit Kohlenstoff und Aluminiumsilikaten ein gebräuchlicher Werkstoff
für Widerstände, insbesondere auch für Heizstäbe in Hochtemperaturöfen bis 1500 °C.
Bedeutung haben Massen auf der Basis von Siliciumcarbid weiterhin durch die sehr
ausgeprägte Spannungsabhängigkeit ihres elektrischen Widerstandes, der mit steigender Spannung stark absinkt (Varistoren). Dadurch eignen sie sich zur Herstellung

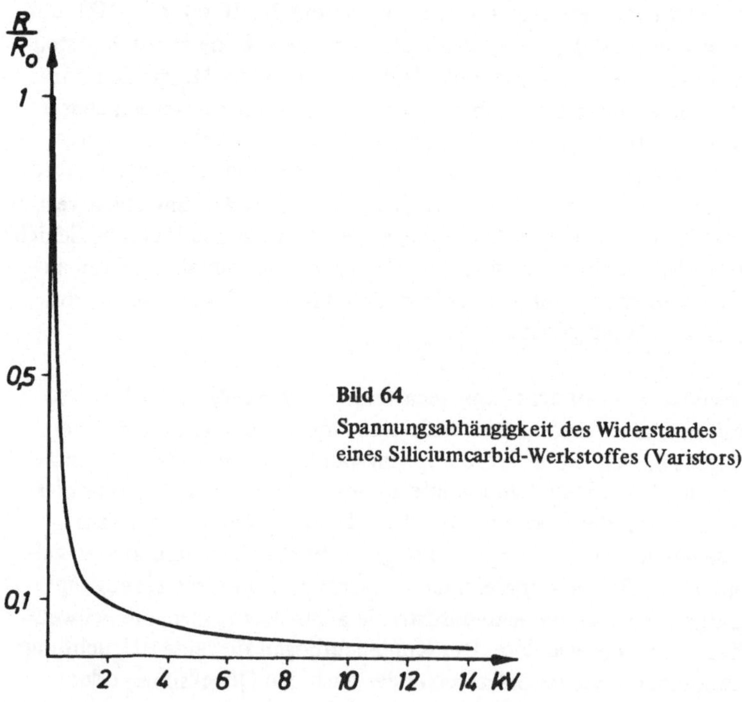

Bild 64
Spannungsabhängigkeit des Widerstandes
eines Siliciumcarbid-Werkstoffes (Varistors)

von Bauelementen in Form von Platten oder Stäben, die, im Nebenschluß geschaltet, zur Unterdrückung von Spannungsspitzen dienen. Das findet Anwendung z. B. bei der Funkenlöschung an Kontakten, weiterhin als Blitzschutz oder überhaupt als Spannungsbegrenzer und Überspannungsableiter in elektrischen Anlagen. Der Widerstand kann dabei bis auf etwa 1/100 seines Ausgangswertes zusammenbrechen. Diese Abhängigkeit zeigt Bild 64. Es sei bemerkt, daß es sich dabei nicht um einen Erwärmungseffekt, sondern um einen fast trägheitsfrei vor sich gehenden Feldeffekt handelt.

Die große chemische und thermische Beständigkeit, Härte und hoher Schmelzpunkt sind Kennzeichen auch anderer Carbide. Von der Anwendung z. B. des Wolframcarbids ist in Kapitel 4.5.2.2 und Kapitel 16, Tab. 13 die Rede. Den vielen nützlichen Eigenschaften als beständiges Widerstands- und Kontaktmaterial steht der Nachteil gegenüber, daß es sich bei der Kohle wie bei den Carbiden um sprödes Material handelt. Es macht in der Formgebung, der Bearbeitung und vor allem der Kontaktierung, also der Anbringung von Zuführungsdrähten usw. Schwierigkeiten; dadurch wird die Verwendbarkeit auch dieser schönen Werkstoffe merklich eingeschränkt. Andererseits hat die einschlägige Industrie viele Wege gefunden, um die Eigenschaften solcher Kohleprodukte durch wechselnde Zusammensetzung, Art der Herstellung, Glühbehandlung usw. mannigfachen Zwecken anzupassen, wobei Härte, Gleiteigenschaften, Leitfähigkeit etc. in weiten Grenzen variieren.

15. Supraleiter

Der Versuch, Wesen und Entstehung des supraleitenden Zustandes von Metallen und Halbleitern zu erklären, kann und soll im Rahmen einer allgemeinen Behandlung der elektrotechnisch wichtigsten Werkstoffe hier nicht unternommen werden. Trotzdem bietet die Entwicklung der letzten Jahre hinreichend Anlaß, die supraleitenden Werkstoffe in unseren technischen Horizont mit einzubeziehen und einen Blick auf bisherige Anwendungen und sich abzeichnende Möglichkeiten zu werfen.

Die gut leitenden Metalle haben bei Raumtemperatur einen spezifischen Widerstand von der Größenordnung 10^{-8} $\Omega \cdot$ m. Bei Abkühlung bis auf die Temperatur des flüssigen Heliums oder des flüssigen Wasserstoffs ($< -253\,^{\circ}$C) müßte, wenn wir den uns bekannten Temperaturkoeffizienten von ca. 0,5 % pro Grad zugrunde legen, der Widerstand um 100 % fallen, d. h. auf Null absinken. Das tut er bekanntlich im allgemeinen nicht ganz, bei vielen Metallen bleibt auch bei den tiefsten erreichten Temperaturen ein gewisser Restwiderstand übrig. Er liegt z. B. bei Kupfer, Silber, Gold Nickel und anderen etwa bei 10^{-10} bis 10^{-11} $\Omega \cdot$ m, macht also einige Promille des Wertes bei Raumtemperatur aus. Seine exakte Größe hängt stark von kleinsten Verunreinigungen und Gitterstörungen ab. Bei einer Reihe von Metallen und Verbindungen tritt dagegen etwas völlig anderes hinzu: Bei Unterschreiten der Temperatur des flüssigen Wasserstoffs oder auch bei noch tiefer liegenden Temperaturen fällt der Widerstand innerhalb eines Bereichs von wenigen Hundertstel Grad, also praktisch sprunghaft, um viele weitere Größenordnungen ab, nämlich auf einen Wert von weniger als $10^{-22}\ \Omega \cdot m$. Solche Widerstände sind durch Strom- und Spannungsmessungen nicht mehr erfaßbar, demnach strenggenommen auch gar nicht zu definieren. Das ist beim Quecksilber der Fall, auch beim Blei, Zinn, Cadmium und anderen. Die Temperatur, bei der diese *Supra*leitung eintritt, der sogenannte Sprungpunkt, ist für jeden Supraleiter typisch. Sie liegt jeweils irgendwo zwischen $-253\ °C$ und $-273\ °C$; also einige Grad oberhalb des absoluten Nullpunktes, in der dort üblichen Skala zwischen 0 K und 20 K.

Bild 65 zeigt einige Kurven der Temperaturabhängigkeit des Widerstandes in diesem Bereich bei supraleitenden und nichtsupraleitenden Metallen.

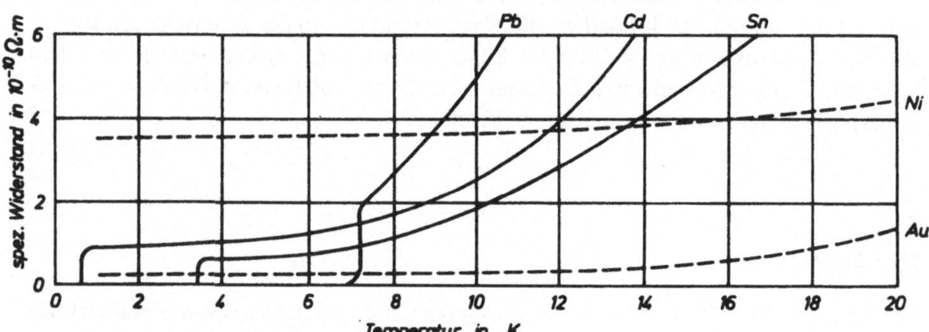

Bild 65. Supraleitung und Restwiderstand bei einigen Metallen (Blei Cadmium, Zinn, Nickel, Gold)

Die folgende Zusammenstellung enthält eine Reihe von supraleitenden Metallen und Verbindungen, von denen man im ganzen an die tausend kennt.

Al Zn Cd Ti Hg Sn Pb In Ga Zr U.
PbS PbSe CuS TiC NbC WoC   NbN,
außerdem Verbindungen von Wismut mit Ni Na Li Ba Ca Sr,
Blei mit Bi Ag Li Au Ca
und viele andere.

Es handelt sich bei diesen Verbindungen vielfach um elektronische Halbleiter, bei denen die einzelnen Partner für sich allein nicht als Supraleiter bekannt sind.

Vom Ausmaß dieser bei Supraleitung auftretenden Widerstandsänderungen um mehr
als 12 Größenordnungen bekommt man einen Begriff durch die Überlegung, daß
das etwa der gleiche Unterschied ist wie unter den uns gewohnten normalen Ver-
hältnissen zwischen einem Metalleiter und einem guten Isolator. Ein auf Raumtemperatur gehaltener Kupferstab würde also z. B. zwei supraleitende Drähte mit seinem
um 12 Größenordnungen höheren Widerstand gegeneinander isolieren.

Die Antwort auf die Frage, wieweit eine technische Anwendung der Supraleitung
wirtschaftlich von Nutzen oder jedenfalls erschwinglich sein könnte, hängt wesentlich davon ab, ob man die entsprechenden elektrisch leitenden Systeme mit erträg-
lichem Aufwand auf so tiefe Temperaturen bringen und dort halten kann. Sicherlich
gibt es aber auch Fälle, wo der Gesichtspunkt der Wirtschaftlichkeit zurücktritt,
z. B. bei der Aufgabe, für kernphysikalische Forschung so starke Magnetfelder bereit-
zustellen, wie man sie mit normalen stromdurchflossenen Leitern ohne enormen
zusätzlichen Aufwand nicht bekommt. Viel hemmender als mangelnde Wirtschaftlichkeit und Schwierigkeiten der Kältetechnik war aber bis vor wenigen Jahren die
Tatsache, daß bei allen bis dahin bekannten supraleitenden Metallen und Verbindungen die Eigenschaft der Supraleitung verlorengeht, wenn man sie in ein Magnetfeld
von einer bestimmten, nicht einmal sehr hohen Feldstärke bringt. Dieses „kritische"
Magnetfeld hat eine für jeden Supraleiter spezifische Größe. Es liegt vielfach zwischen einigen hundert bis maximal 2000 Oersted (ca. 150 000 A/m) und ist damit
so klein, daß eine technische Verwendung der Supraleitung nicht besonders interessant erschien. Denn bei fast allen elektrotechnischen Vorgängen der Energieumwandlung und Energienutzung ist ja irgendwie die Wechselwirkung zwischen Stromkrei-
sen und möglichst starken Magnetfeldern entscheidend. Die Schwierigkeit wird umso größer, da auch das eigene Magnetfeld der Leitungsströme dabei mit zur Geltung
kommt. Infolgedessen gibt es nicht nur ein kritisches Magnetfeld, sondern auch
eine „kritische Stromdichte" im Leiter selbst, von der an der Supraleiter sprunghaft
wieder zum Normalleiter wird. Sie liegt umso tiefer, je stärker sich ein eventuell
vorhandenes äußeres Magnetfeld überlagert.

Seit einigen Jahren haben sich die Aussichten für eine technische Verwendung entscheidend geändert, als man weitere Arten von Supraleitern, die man als *harte*
Supraleiter bezeichnete, in ihrer Bedeutung erkannt und weiterentwickelt hat. Ihre
kritische Magnetfeldstärke liegt um zwei bis drei Größenordnungen höher als bei
denen der ersten Art. Es sind dies vor allem die Elemente Vanadium, Tantal und
Niob mit einer Reihe von intermetallischen Verbindungen, darunter Niob-Zirkon
(NbZr), Niob-Zinn (Nb_3Sn), Niob-Titan und Vanadium-Gallium (V_3Ga). Zugehörige kritische Feldstärken sind 100 000 Oe bei NbZr, 300 000 Oe bei Nb_3Sn und
500 000 Oe (ca. $4 \cdot 10^7$ A/m) bei V_3Ga; die kritischen Stromdichten liegen jetzt
um 10^4 A/mm^2. Spulen aus diesen Werkstoffen werden inzwischen laufend gefer-
tigt und dienen zur Erzeugung von Magnetfeldern höchster Stärke für Forschungs-

zwecke, z.B. in Teilchenbeschleunigern oder zum Zusammenhalt des hocherhitz-
ten Plasmas bei der Kernfusion, wo die Temperaturen zu hoch für irgendwelche
materiellen Wände sind. Auch Möglichkeiten zur Anwendung bei der Energieumwandlung („Flußpumpen") oder der Energieverteilung (supraleitende Kabel) sowie
in der Meßtechnik zeichnen sich ab oder werden jedenfalls diskutiert. Dabei sind
allerdings die oben angegebenen Daten nicht ohne weiteres auf dynamische Vorgänge im Wechselfeld übertragbar.

16. Kontaktwerkstoffe

Die Kapitel über Leiterwerkstoffe, Widerstandsmaterial und Halbleiter seien abgeschlossen mit einem kurzen Einblick in ein wichtiges Spezialgebiet, das der Kontaktwerkstoffe. Es soll hier von den Gesichtspunkten der sehr verschiedenartigen Anforderungen der Praxis aus betrachtet werden.

Ein elektrischer Kontakt hat bekanntlich die Aufgabe, Stromkreise entweder zu
öffnen oder zu schließen. So einfach das klingt, macht es doch in der Praxis so
viele Schwierigkeiten, daß von den rund 100 Elementen des Periodischen Systems
mehr als die Hälfte als Bestandteile von Kontaktmaterial vorgeschlagen und ein
großer Teil davon auch praktisch eingesetzt ist. In der Tat funktioniert ja sowohl
das Öffnen wie das Schließen keineswegs immer einwandfrei und das Versagen geht
vorwiegend auf das Konto der beteiligten Kontaktwerkstoffe. Daß es deren so
viele gibt, wird verständlich, wenn man sich die unterschiedlichen Einsatzbedingungen vor Augen hält: In der Nachrichtentechnik sollen kleine Ströme bei niedrigen
Spannungen zuverlässig geschaltet werden, in der Energietechnik große Ströme und
hohe Spannungen, speziell in der Schweißtechnik große Ströme und kleine Spannungen und in Anwendungsgebieten der Hochspannungstechnik kleine Ströme und
große Spannungen. Zu diesen Variationsmöglichkeiten kommen Randbedingungen,
wie Einsatz in Freiluft oder in schmutzigen Betrieben, in chemisch aggressiver Atmosphäre usw., zu allem die Forderung, daß die technisch günstigste Lösung für jeden Fall auch die billigste sein soll. Ohne im einzelnen die Vielzahl der Aufgaben und
Lösungen aufzuzählen, sollen doch hier kurz die wichtigsten Gesichtspunkte zusammengestellt werden, nach denen man für jeden Anwendungsfall den passenden
Kontaktwerkstoff aussucht, was man von ihm verlangt und worauf ein eventuelles
Versagen zurückgehen kann.

An erster Stelle steht im allgemeinen die Forderung nach guter Leitfähigkeit, denn
im geschlossenen Zustand soll ja der Kontakt den Strom ebenso gut leiten wie ein
homogenes Leiterstück. Die nächstliegende Lösung, Kupfer oder Kupferlegierungen
zu verwenden, ist normalerweise in vielen Fällen richtig, wo es sich um mäßig belastete Kontakte handelt, die relativ selten betätigt werden; das gilt umso mehr,

wenn man durch konstruktive Maßnahmen die Kontaktstücke bei jedem Öffnen
und Schließen etwas aufeinander gleiten läßt, so daß sauerstoffhaltige oder schwe-
felhaltige Schichten, die sich ja leicht auf Kupfer bilden, immer wieder abgeschabt
werden und die Kontaktflächen blank bleiben. Durch diese Einschränkungen —
mäßige Belastung, geringe Schalthäufigkeit, Sauberhaltung der Kontaktflächen —
deuten sich die ersten Schwierigkeiten an, von denen wir einige typische hier aufführen wollen, zusammen mit den Forderungen, die sich daraus für den Kontaktwerkstoff je nach Beanspruchungsart ergeben. Ihre Bedeutung wächst natürlich mit
der verlangten Schalthäufigkeit.

1) Beim *Einschalten kleiner* Spannungen und Ströme stören Oxyd- oder andere
   sperrende Oberflächenschichten, vor allem wenn die Kontaktdrücke klein sind,
   wie bei empfindlichen Relais. Oberste Forderung an den Kontaktwerkstoff ist
   also hier: hohe *Korrosionsbeständigkeit.*

2) Beim *Ausschalten großer* Ströme bei mittleren und hohen Spannungen besteht
   die Gefahr des Schmelzens und Abbrennens der Kontaktstücke. Bei der Ausbildung und dem Abreißen des Schaltlichtbogens kommt es zu ungleichmäßiger Ab-
   lagerung geschmolzener und wiedererstarrter Masse auf den beiden Elektroden
   (Grobwanderung). Nicht minder unangenehm ist es, wenn sie beim *Einschalten*
   miteinander *verschweißen,* falls nämlich der Kontakt prellt, d. h. vor dem endgültigen Schließen nochmals kurz aufgeht. Dies ist dann sein letztes Öffnen, es
   sei denn, daß beim nächsten Mal die Betätigungskraft ausreicht, um ihn gewaltsam aufzureißen. Hier ergeben sich also Forderungen nach großer *Abbrandfestigkeit* und *geringer Schweißneigung,* zusätzlich nach guter mechanischer Festigkeit,
   da im allgemeinen große Kontaktdrücke angewandt werden müssen. Die Korrosionsbeständigkeit ist demgegenüber in diesem Falle weniger wichtig, da Oxydhäu-
   te und dergleichen durch Spannung und Druck zerschlagen werden.

3) *Beim Ausschalten von Gleichströmen,* auch im Bereich relativ kleiner Stromstär-
   ken und Spannungen bei fehlendem Schaltlichtbogen, ist eine häufige Störungs-
   quelle die sogenannte *Feinwanderung.* Sie entsteht durch kleine Schmelzprozesse beim Auseinanderziehen der Kontaktstücke, wobei sich die Schmelzprodukte
   unsymmetrisch nach beiden Seiten verteilen, und zwar bevorzugt auf Kosten der
   Anode an der Katode ansammeln, so daß sie deren Oberfläche verunstalten.
   Durch passende Werkstoffauswahl läßt sich diese Feinwanderung weitgehend
   vermeiden.

Die Problematik liegt also bei *kleinen* Spannungen und Strömen im *Einschaltvor-
gang,* bei Gleichstrom auch im Ausschalten; bei *großen* Leistungen dagegen ergeben
sich besondere Anforderungen an den Werkstoff vor allem im Hinblick auf das *Öffnen,* beim Schließen dagegen nur, wenn der Kontakt prellt (also doch kurzzeitig
wieder öffnet). Man könnte glauben, im ersteren Falle durch die Verwendung von

Edelmetallen, im letzteren von möglichst hochschmelzenden Kontaktwerkstoffen
zu befriedigenden Lösungen zu kommen. Abgesehen davon, daß das bei großen
Schaltern sehr teuer würde, mögen einige Beispiele zeigen, welche zusätzlichen
Schwierigkeiten auftreten können: Das sehr abbrandfeste und schweißsichere Wolfram beispielsweise, das auch entsprechend hoch belastbar ist, erhält durch Oxydschichten einen ziemlich hohen Kontaktwiderstand, ist daher nicht für kleine Spannungen von unterhalb 6 V zu gebrauchen. Ähnlich verhält sich das Molybdän. Das
hochwertige Gold ist vielfach für große Schalthäufigkeit zu weich und neigt zu starker Materialwanderung. Sogar das reine Platin ist zwar mechanisch und elektrisch
außerordentlich verschleißfest, kann aber unter dem Einfluß gasförmiger Abspal-
tungen von in der Nachbarschaft untergebrachten Kunststoffen Sperrschichten an
seiner Oberfläche bilden. (was auch bei weniger edlen Metallen auftritt)

Tabelle 13 zeigt als Beispiel für die *Kontaktwerkstoffe auf der Basis von Kupfer und
der von Silber* einige Möglichkeiten, im Hinblick auf unterschiedliche Arbeitsbedin-
gungen bestimmte Eigenschaften durch Zusatz von Legierungsbestandteilen zu verbessern. Man beachte etwa die Steigerung der Abbrandfestigkeit und die Minderung
der Verschweißneigung durch Wolfram (W) und Wolframcarbid (WC), im Fall des
Silbers auch durch Cadmiumoxyd (CdO) und Zinnoxyd (SnO_2). Neuerdings werden
Kontaktstoffe mit flüssiger Phase im Bereich zwischen 200 °C und 400 °C, wie z.B.
das Sinterverbundmetall Cu Pb 10, als besonders sicher gegen Verschweißen, speziell für Kleinselbstschalter empfohlen. Natürlich handelt es sich bei alledem nur um
einen kleinen Ausschnitt aus einer Fülle von Varianten. Bei ihrer Herstellung bedient man sich vielfach der in Kapitel 3 erwähnten Sintertechnik, um auch die Eigenschaften von Werkstoffen, die keine engeren Bindungen miteinander eingehen, wie
das gute Leitvermögen des Kupfers und den hohen Schmelzpunkt des Wolframs,
oder die von Silber und Graphit, kombinieren zu können.

Wenn auch für das einwandfreie Arbeiten eines Schalters die Forderung nach rich-
riger Werkstoffauswahl im Vordergrund steht, so sei doch noch eine Reihe von *zusätzlichen Möglichkeiten* genannt, mit denen es gelingt, den Kontaktwerkstoff zu
entlasten und dadurch die Schaltvorgänge sicherer zu beherrschen. Bei Anordnungen für kleine und kleinste Leistungen wird das nicht immer vordringlich sein,
da man sich in Anbetracht der kleinen Abmessungen die teuersten Edelmetallkon-
takte leisten kann. Aber auch hier macht man bis herab zu den Miniaturabmessun-
gen moderner Schaltkreise gegebenenfalls von der Möglichkeit Gebrauch, die beim
Öffnen zu Funkenbildung führenden Spannungsspitzen durch Parallelschaltung
von spannungsbegrenzenden Bauelementen abzufangen. Sehr hohe Schalthäufigkeit vertragen darüber hinaus Kontakte, die zum Schutz gegen Verschmutzung,
Oxydation und sonstige chemische Angriffe im abgeschlossenen Raum unter Vakuum oder unter Schutzgas arbeiten. Beispiel sind die *Quecksilberschalter,* in denen
das auseinander- und zusammenströmende Quecksilber bei jedem Schaltvorgang neue

Tabelle 13. Kontaktwerkstoffe auf der Basis von Kupfer und Silber

Arbeitsbedingungen	Vordringliche Forderungen an den Kontaktwerkstoff:	Bevorzugte Werkstoffgruppen
kleiner Strom kleine Spannung (kein Lichtbogen) kleine Kontaktkraft	kleiner Kontaktwiderstand, also gute Leitfähigkeit und Korrosionsbeständigkeit;	(Ag), Ag-Pd, Ag-Cu-Ni, Ag-Ni (Au), Au-Ag, Au-Pt (Rh)
	dazu bei Gleichstrom geringe Materialwanderung („Feinwanderung") :	Au-Ag-Ni, Au-Ni (in etwa auch nur Ag-Ni)
großer Strom große Spannung (Lichtbogen) große Kontaktkraft	geringer Preis, da großer Materialeinsatz	Kupfer
	höhere mechanische Festigkeit	Ag-Cu (Hartsilber) Cu-Ag-Cd
	gesteigerte Abbrandfestigkeit	W-Cu, WC-Cu Ag-Ni, Ag-Cd0, Ag-W, Ag-WC
	verringerte Schweißneigung	Ag-Ni, Ag-W, Cu-Pb, Ag-Cd0, Ag-Sn0$_2$, Ag-Graphit

Oberflächen bildet und also sehr verschleißfrei arbeitet. Weiterhin wurden in neuerer Zeit die sogenannte *Dry-Reed-Schalter* entwickelt, bei denen paarweise kleine „Zungen" aus Eisen-Nickel in Glasröhren eingeschmolzen sind und miteinander Kontakte bilden, die von außen magnetisch betätigt werden können. Die Kontaktflächen selbst „ertüchtigt" man z. B. durch Eindiffundieren von Gold oder Silber-Palladium; auch Rhodiumschichten sind gebräuchlich, ebenso Kontaktfolien aus Hartsilber oder Wolfram. Solche Bauelemente können eine große Anzahl von Schaltspielen in rascher Aufeinanderfolge, z. B. mit Tonfrequenz, einwandfrei überstehen.

Beim Schalten großer Ströme und Spannungen und den entsprechend aufwendigen Apparaturen kann man es sich im allgemeinen leisten, zusätzliche Hilfsvorrichtungen einzubauen, um den Lichtbogen magnetisch oder auch durch Preßluft auszublasen. Ähnliche Aufgaben der Lichtbogenlöschung und Abfuhr der Wärme aus der Schaltzone hat die beim Schalten *unter Öl* oder anderen Flüssigkeiten entstehende Dampfblase. Endlich ist es gebräuchlich, Hochspannungsschalter unter *Schwefelhexafluorid* (SF_6), einem stark elektronegativen Gas, arbeiten zu lassen, das freie Elektronen aus der Umgebung herausfängt und dadurch die Durchschlagfestigkeit der Schaltstrecke erhöht, gleichzeitig beim Ausschaltvorgang wiederum die Aufgabe einer Kühlung hat.

17. Isolierstoffe

17.1. Überblick über die spezifischen Widerstände aller elektrotechnischen Werkstoffe

Als Rückblick auf die Leiter und Halbleiter und als Vorausschau auf die Isolierstoffe ist in Tabelle 14 der Gesamtbereich aller bekannten spezifischen Widerstände von den Supraleitern über die Metalle und Halbleiter bis zu den Isolatoren dargestellt. Dabei sind z. B. die Metalle bei Raumtemperatur eingegrenzt zwischen ihrem bestleitenden Vertreter, dem Silber, mit $\rho \sim 10^{-8}$ Ωm und den Widerstandslegierungen mit $\rho \sim 10^{-6}$ Ωm. Den letzteren Wert hat auch ungefähr das reine Wolfram bei 2000 °C. Die Größe des Sprunges zwischen den tiefgekühlten Normalleitern bis hinab zu den Supraleitern ist evident. Nach der anderen Seite klafft zum Graphit hin eine Lücke zwischen 10^{-6} und 10^{-5}, die bei tiefen Temperaturen noch größer würde, indem die Metalle dann nach unten, Graphit etc. nach oben rutschen, ebenso wie die Halbleiter. Bei diesen lassen sich die Grenzen von 10^{-4} bis 10^{+7} nicht bestimmten technisch interessanten Werkstoffen zuordnen, da die spezifischen Widerstände hier ja bei ein- und derselben Grundsubstanz durch Reinheitsgrad und Dotierung um Zehnerpotenzen verändert werden können. Der Bereich der Halbleiter überlappt sich bei Raumtemperatur und erst recht in der Kälte mit dem der Isolatoren.

Tabelle 14

Spezifische Widerstände von Metallen, Halbleitern und Isolatoren in $\Omega \cdot m$

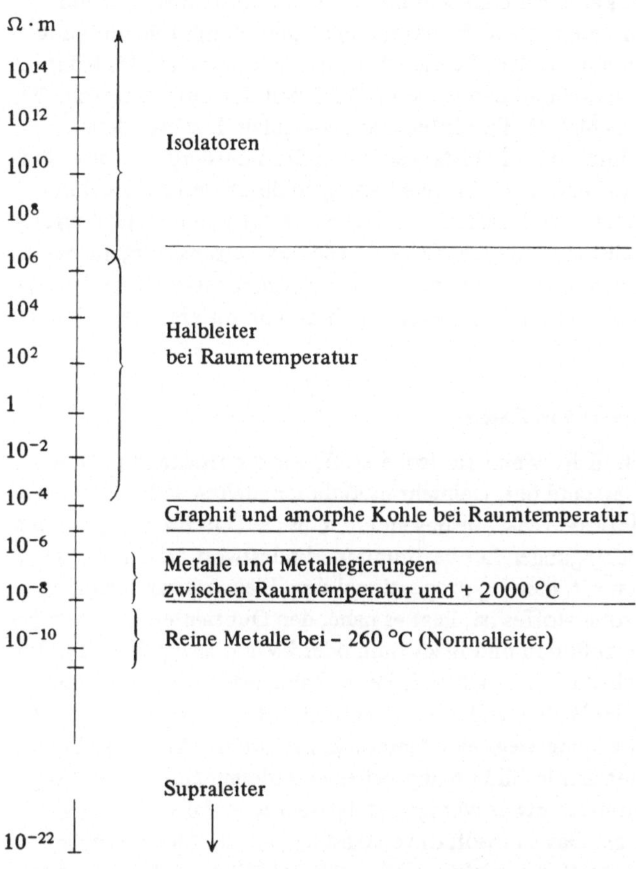

Letzterer soll uns im folgenden beschäftigen. Er beginnt etwa bei 10^6 Ωm, z. B. mit dem Schiefer, und enthält an seinem oberen Ende ohne exakte Grenze den Glimmer mit $\rho \sim 10^{15}$ Ωm und noch darüber das Quarzglas und manche organische Verbindungen. Aus der großen Zahl verfügbarer Isolierstoffe sollen hier bevorzugt solche betrachtet werden, die sich als Musterbeispiele eignen, um zu erläutern, nach welchen Gesichtspunkten und Methoden man sie beurteilt, was man von ihnen verlangt und was sie leisten können. Ein geeignetes Objekt, um damit zu beginnen, ist die Luft. Sie ist der billigste Isolierstoff, den wir haben, und glücklicherweise gar nicht mal so schlecht. Noch besser isoliert das Vakuum, ist dafür aber teurer; denn um auch bei großen Spannungen wirklich diesen Zweck zu erfüllen, muß es ein sehr hohes Vakuum sein, dessen Herstellung und Erhaltung aufwendiger Mittel bedarf.

17.2. Die Luft als Isolierstoff

Die Isolierfähigkeit der Luft kann begrenzt sein durch den Einfluß ionisierter Beimengungen, z. B. von Feuchtigkeit mit Kohlensäure, aber auch durch Ionenbildung infolge von Strahlung, vor allem aus dem Bereich des Ultravioletten oder des Röntgenspektrums. Deren ionisierende und damit die Leitfähigkeit der Luft steigernde Wirkung läßt sich unmittelbar als Maß für ihre Intensität verwenden. Insbesondere können aber unter dem Einfluß hoher Feldstärken durch Stoßionisierung — also Spaltung von Luftmolekülen in positive und negative Ladungen durch den Aufprall beschleunigter Teilchen — gut leitende Kanäle mit hoher Stromdichte entstehen, wie beim Blitz und anderen Hochspannungsüberschlägen. Die den Leitungsvorgang beherrschenden Elektronen haben dabei kurz vor dem Durchschlag relativ hohe Beweglichkeiten, nämlich rund $5 \cdot 10^{-2}$ m^2/V $\cdot$ s, liegen damit also im unteren Bereich der Werte von Halbleitern.

17.3. Die Durchschlagfestigkeit von Gasen

Offenbar genügt es demnach nicht, wenn ein Isolierstoff, wie die trockene Luft, einen hohen spezifischen Widerstand hat, vielmehr muß dieser auch in weiten Grenzen unabhängig von äußeren Einflüssen sein; insbesondere muß die *Durchschlag*spannung U_D einen von den Einsatzbedingungen her bestimmten Mindestwert haben. Wenn man annimmt, daß sie in erster Näherung proportional dem Elektrodenabstand, also der Schichtdicke d des Isolierstoffes ist, liegt es nahe, den Quotienten $U_D : d = E_D$ als *Durchschlagfestigkeit* einzuführen und in kV/mm oder kV/cm anzugeben. E_D hat also die Dimension einer Feldstärke; sie gibt mit ihrem Zahlenwert die elektrische Beanspruchung an, bei der der Widerstand zusammenbricht. Bild 66 zeigt jedoch, daß diese Durchbruch-Feldstärke keineswegs eine Materialkonstante ist. An 1 mm Luftschicht z. B. beträgt sie unter den in Bild 66 angegebenen Bedingungen 4—5 kV/mm, bei anderer Elektrodenform meist etwas weniger, steigt aber jedenfalls mit abnehmender Schichtdicke stark an. Das ist insofern verständlich, als die Ausbildung leitender Kanäle durch Stoßionisation ja nicht nur eine gewisse Mindestfeldstärke zur *Beschleunigung der vorhandenen* Ladungsträger, sondern zunächst einmal eine *genügende Anzahl* beschleunigungsfähiger Teilchen und eine *hinreichend lange Wegstrecke* voraussetzt, auf der Sekundärprozesse mit lawinenartiger Vermehrung der Träger sich entfalten können. Da letzteres umso weniger gegeben ist, je dünner die Luftschichten werden, steigt gleichzeitig die zum Durchbruch benötigte Feldstärke E_D entsprechend an; die dazugehörige Spannung $U_D = E_D \cdot d$ kann also mit abnehmender Schichtdicke d nicht beliebig klein werden. Das führt unter anderem zu der praktischen Folgerung, daß man zur Prüfung der Isolierung in elektrischen Geräten stets gewisse Mindestspannungen aufwenden muß, auch wenn die Betriebsspannung vielleicht weit darunter liegt; sonst täuschen u. U. kleinste Luftspalte einwandfreie Isolation vor, weil die Feldstärke zum Durchschlag nicht reicht. Solche

Spalte können z. B. an schadhaften Stellen lackisolierter, zu Spulen gewickelter Drähte und nach mangelhaftem Eindringen von Öl oder Tränklack mitunter zurückbleiben, sich dann später im Betrieb durch Erwärmung oder Erschütterung schließen und zu Kurzschlüssen oder Erdschlüssen führen. Auf Grund von Überlegungen und Erfahrungen dieser Art fordern die VDE-Bestimmungen relativ hohe Prüfspannungen auch für solche Fälle, wo im späteren Betrieb nur wesentlich niedrigere Spannungen zu erwarten sind.

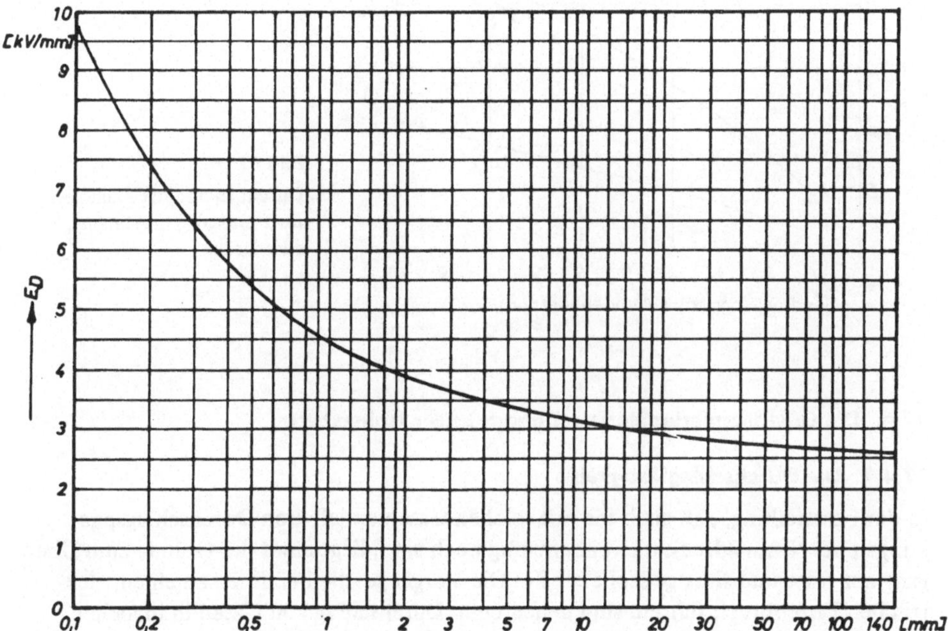

Bild 66. Durchbruchfeldstärke von Luft zwischen ebenen Elektroden in Abhängigkeit vom Elektrodenabstand bei 20 °C und Normaldruck. Mittelwerte von Messungen verschiedener Autoren

Die Durchschlagfestigkeit der Luft läßt sich erhöhen durch Steigerung des Druckes, weil dadurch die Teilchenbewegung behindert wird, also zur Stoßionisierung höhere Feldstärken benötigt werden. Es liegt daher z. B. nahe, Luftkondensatoren für hohe Spannungsbeanspruchung mit Preßgas zu füllen. Andererseits braucht es, wenn man schon an gasförmige Isolationsschichten denkt, nicht bei Luft zu bleiben. Bereits bei Besprechung der elektrischen Kontakte war das Gas SF_6 (Schwefelhexafluorid) erwähnt worden. Es hat auf Grund seines elektronegativen Charakters die Neigung,

freie Elektronen anzulagern und sie damit der Entladungsstrecke zu entziehen, also
unter sonst gleichen Umständen die Durchschlagspannung zu erhöhen. Bild 67 veranschaulicht dies durch Gegenüberstellung der Durchbruchfeldstärken von Luft und
SF_6, bei erhöhtem Druck unter sonst gleichen Bedingungen. Ähnliche Eigenschaften
haben auch andere fluorhaltige Gase.

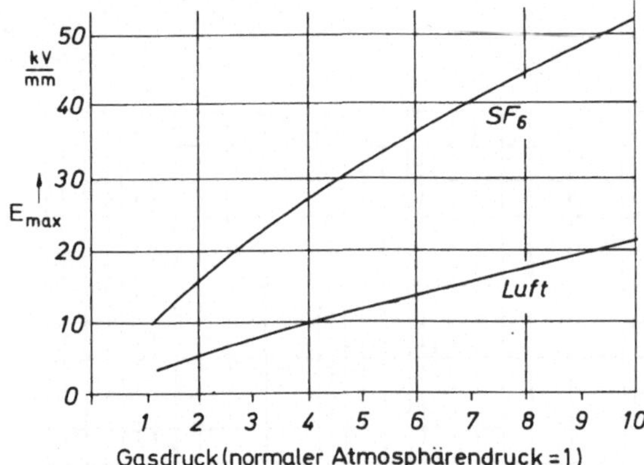

Bild 67
Durchbruchfeldstärken von
Luft und SF_6 in Abhängigkeit
vom Druck

17.4. Die Qualitätsmerkmale fester und flüssiger Isolierstoffe

17.4.1. Die Durchschlagfestigkeit

In der Feststellung, daß auch die mit solchen Gasen erzielbaren Durchschlagspan-
nungen bei Normaldruck nicht übermäßig hoch sind, liegt einer der Gründe zum Übergang auf feste und flüssige Isolierstoffe. Die Vorgänge, die bei ihnen zu einem elektrischen Durchbruch führen, sind denen beim Durchschlag von Gasen in mancher
Hinsicht ähnlich. Vor allem zeigt Bild 68 am Beispiel einer Cellulosetriacetatfolie, daß
auch hier die Durchschlagfeldstärke in hohem Maße von der Schichtdicke abhängt.
Von einer Durchschlagfestigkeit als einer Materialkonstanten des Werkstoffes kann
also hier erst recht nicht gesprochen werden; vielmehr ist die Angabe der Schichtdicke, an der gemessen wurde, unerläßlich oder gegebenenfalls der ganze Kurvenverlauf interessant. Überdies ist bei flüssigen und festen Isolierstoffen die *Dauer* der Belastung häufig von wesentlichem Einfluß. Auch bei guten Isolatoren kann nämlich
durch vagabundierende Ionen (z. B. Feuchtigkeit) oder durch vereinzelte freie Elektronen bei hoher Spannung ein — wenn auch sehr schwacher — lokal begrenzter
Strom einsetzen, der zu örtlicher Erwärmung führt und dadurch in seiner Umgebung
eine zunehmende Leitfähigkeit hervorruft. Da diese mit steigender Temperatur durch
Freisetzung weiterer Träger rasch anwächst, besteht die Gefahr, daß die Vorgänge

lawinenartig anschwellen und es zu einem „Wärmedurchschlag" kommt. Parallel laufende temperaturbedingte chemische Veränderungen des Werkstoffes können diese Entwicklung beschleunigen. Sie kann sich in Minuten, in Stunden, aber auch in Jahren vollziehen. Demnach ist eine exakte Spannungsprüfung durch Angabe des zeitlichen Ablaufs der Beanspruchung zu ergänzen. Man findet dementsprechend in einschlägigen Vorschriften Formulierungen wie : „Steigerung der Spannung um jeweils 1 kV/sec bis zum Durchschlag" oder es ist von der 1-, 5-, 10- oder 30-Minuten-Stehspannung usw. die Rede. Schließlich kann die Prüfung mit Wechselspannung zu anderen Ergebnissen führen als die mit Gleichspannung, da die Bedingungen für das Auftreten und den Ablauf von Sekundärprozessen in beiden Fällen unterschiedlich sind (Kapitel 17.4.5.).

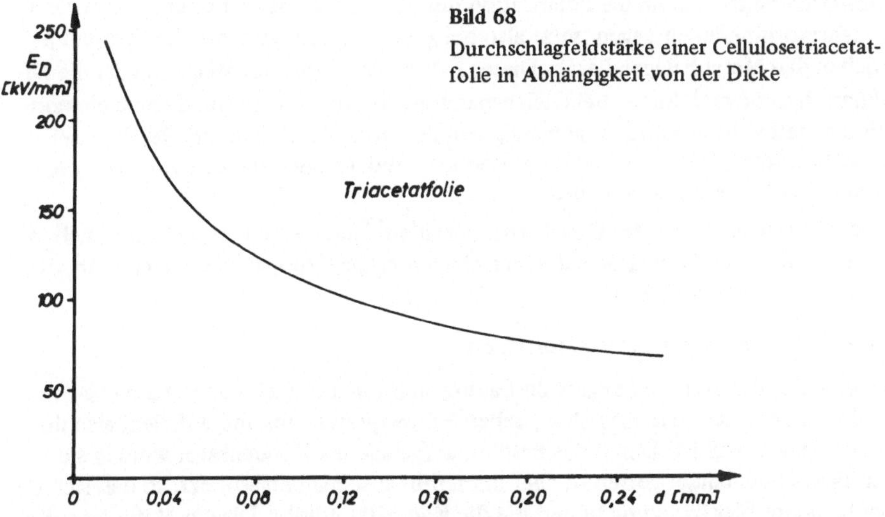

Bild 68
Durchschlagfeldstärke einer Cellulosetriacetatfolie in Abhängigkeit von der Dicke

17.4.2. Die elektrische Polarisation und die Dielektrizitätszahl (Permittivitätszahl)

Auch ein idealer Isolator, dessen Widerstand praktisch unendlich und der weit unterhalb seiner Durchbruchfeldstärke belastet ist, zeigt sich in einem elektrischen Feld keineswegs indifferent. Die üblichen Formulierungen zur Beschreibung elektrischer Felder und ihrer Einwirkung auf Materie haben exakte Parallelen mit der Darstellung von Magnetfeldern und vom Verhalten der darin befindlichen verschiedenartigen Werkstoffe. In Kapitel 19.1 sind die analogen Begriffe und Definitionen einander gegenübergestellt. Ausganspunkt der Betrachtungen und materieller Träger des Feldes ist in formal gleichartiger Weise dort die stromdurchflossene Spule und hier der

aufgeladene Kondensator. In der Tat hat ja bei allen praktischen Anwendungen der
Isolierstoff die Aufgabe, zwei Leiter verschiedenen Potentials voneinander zu trennen. Er übt also immer die Funktion des Dielektrikums in einem Kondensator aus
und wird als solches beansprucht, auch wenn er nur die Isolationsschicht zwischen
über- und nebeneinanderliegenden Drahtbündeln in einer Maschine, zwischen Wicklung und Blechpaket eines Transformators, einer Spule gegenüber ihrem Gehäuse usw.
darstellt. Er wird dabei in jedem Fall im elektrischen Feld zwischen spannungsführenden Teilen „polarisiert": d. h. die positiven und negativen Ladungen in den Kernen
und Elektronenhüllen seiner Moleküle werden in ihrer räumlichen Verteilung bzw. auf
ihren Bahnen reversibel gegeneinander verschoben. Diese Verschiebung führt zu einer
inneren Elektrisierung, die der erregenden Feldstärke entgegengerichtet ist. Daher erhöht sich die Kapazität eines Kondensators, wenn der Raum zwischen seinen Metallbelägen mit einem Isolierstoff ausgefüllt wird, gegenüber dem Leerzustand um einen
bestimmten Faktor; denn die Polarisation des Dielektrikums wirkt der Feldstärke im
Kondensatorinneren entgegen, setzt also bei gleicher Ladungsmenge die Spannung
zwischen den Metallbelägen herab. Dieser Faktor der Kapazitätssteigerung ist die *Dielektrizitätszahl* ϵ_r[1]). Sie ist bei Gleichspannung für die meisten Stoffe eine charakteristische Materialkonstante, unabhängig von der Höhe der Spannung. Bei Wechselspannung treten Abhängigkeiten von Frequenz und Temperatur auf, von denen in
Kapitel 17.4.5. die Rede sein wird.

Von der Größenordnung der Dielektrizitätszahlen[1]) aus betrachtet, zeichnen sich in
der Gesamtheit der Isolierstoffe drei verschiedenartige Gruppen voneinander ab, die
wir kurz skizzieren wollen:

17.4.2.1. *Stoffe aus unpolaren Molekülen*

Hier sind die positiven und negativen Ladungen im innermolekularen Aufbau so verteilt und angeordnet, daß ihre elektrischen Schwerpunkte zusammenfallen, also ihr
Moment gleich Null ist. Durch das Feld im aufgeladenen Kondensator werden sie
zwar nicht voneinander getrennt, aber immerhin auseinandergespreizt, so daß sich die
besagte innere Elektrisierung bildet, die die Kapazität erhöht. Die das Maß dieser Kapazitätssteigerung zeigenden Dielektrizitätszahlen ϵ_r[1]) liegen bei gebräuchlichen Isolierstoffen dieser Art zwischen 2 und 10. Beispiele sind:

Öl	Clophen	Gläser	Porzellan	Bernstein	Asphalt
2...2.5	~ 5	5...10	~ 6	~ 3	~ 3

Kautschuk	Schellak	Glimmer
2...3	3...4	6...8

Je nach Verwendungszweck wird das eine oder das andere erwünscht sein: Beispielsweise bei Kondensatoren möglichst *große* Dielektrizitätszahl ϵ_r[1]) im Sinne geringer Baugröße, bei Erdkabeln zur Begrenzung der kapazitiven Verluste möglichst *kleine.*

---

[1]) nach neuerer Übereinkuft „Permittivitätszahl" ϵ_r.

17.4.2.2. Stoffe aus polaren Molekülen (Dipolen)

Wesentlich höhere Werte für ϵ_r, nämlich von der Größenordnung 100 erhält man bei einer Gruppe von Stoffen, in deren molekularem Aufbau die positiven und negativen Ladungen schon im Normalzustand unsymmetrisch verteilt sind. Z. B. ist das Wassermolekül aus den beiden H-Atomen und dem O-Atom so aufgebaut, daß der positive und der negative Ladungsschwerpunkt auseinander liegen, es stellt also elektrisch einen *Dipol* dar. Das äußere Feld des Kondensators braucht in einem solchen Fall nicht mehr die Arbeit aufzubringen, die Polarisation im Innern des Dielektrikums durch Auseinanderspreizen der Ladungen erst zu erzeugen, sondern es hat dazu lediglich die bereits vorhandenen Dipole durch Drehprozesse auszurichten, wobei sie natürlich zusätzlich etwas gestreckt werden. Das Ergebnis ist eine sehr ausgeprägte Erhöhung der Kapazität, d. h. eine besonders große Dielektrizitätszahl[1]). Beim Wasser ist $\epsilon_r \sim 80$, beim Titandioxyd (TiO_2) beispielsweise etwa 100.

17.4.2.3. Ferroelektrische Stoffe, auch in ihrer Anwendung als Kaltleiter

Eine weitere wesentliche Steigerung der Dielektrizitätszahlen[1]) findet sich bei einer Gruppe von Stoffen, bei denen nicht nur die einzelnen Moleküle Dipolcharakter haben, sondern größere Kristallbereiche spontan einheitlich ausgerichtet sind, die im äußeren elektrischen Feld ihre Größe und ihren Orientierungszustand ändern. Dadurch ergeben sich Dielektrizitätszahlen von weit über 1000. Bekanntester und technisch wichtigster Vertreter ist das Bariumtitanat. Da Aufbau und Eigenschaften dieser Verbindungen Ähnlichkeiten mit denen der ferromagnetischen Stoffe haben (Weiss'sche Bezirke, Hysterese etc., siehe Kapitel 19), und da sie im elektrischen Feld die entsprechende Rolle spielen wie z. B. Eisen und Nickel im magnetischen, bezeichnet man sie als ferroelektrisch. Ihr ϵ_r ist abhängig von Spannung und Temperatur, ähnlich wie das μ_r der Ferromagnetica in Kapitel 19.

Daß die große Dielektrizitätszahl für die Herstellung von Kondensatoren mit kleinen äußeren Abmessungen von besonderem Interesse ist, liegt auf der Hand. In neuerer Zeit haben spezielle Stoffe dieser Art zusätzliche Bedeutung in der Meßtechnik gefunden als sogenannte *Kaltleiter*. Sie stellen in der Anwendung das Gegenstück zu den in Kapitel 13.4.1. behandelten Heißleitern dar, d. h. ihr Widerstand ist bei Raumtemperatur relativ niedrig, steigt aber bei Erwärmung, z. B. auf 150 °C, innerhalb eines ganzen kleinen Temperaturintervalls fast sprunghaft an; sie sind daher als Überwachungsorgan für thermisch beanspruchte Teile, Wicklungen etc. zur Auslösung eines Signals oder Abschaltvorgangs besonders geeignet. Dieses Verhalten beruht darauf, daß die ferroelektrischen Stoffe ebenso wie die ferromagnetischen einen Curie-Punkt haben, d. h. eine charakteristische Temperatur, bei der die spontanen Ordnungszustände innerhalb des Gitters, die zu gemeinsamer Ausrichtung ganzer Kristallbezirke im elektrischen Feld und damit zu der extrem hohen Dielektrizitätszahl führen, sich plötzlich auflösen. Dort fällt dann ϵ_r fast schlagartig um mehrere Größenordnungen auf den Normalwert von etwa 10 und darunter. Entscheidend ist nun, daß man einem solchen Stoff, bevorzugt dem Bariumtitanat, durch Dotierung Halbleitercharakter verleihen kann, sowohl im Sinne einer p- wie einer n-Leitung. Besteht das Material aus einer Vielzahl

---

[1]) s. Fußnote auf S. 182.

kleiner Kristallite, so bilden sich in den Grenzbezirken aneinanderstoßender Körner Raumladungs-
zonen aus, die in wiederholt erläuterter Weise eine Sperrwirkung haben. Die dadurch entstehenden
Potentialschwellen, die die Elektronen und Defektelektronen an diesen Grenzen überwinden müs-
sen, sind nach der bekannten Poissonschen Gleichung $\triangle \phi = \rho/\epsilon_r \cdot \epsilon_0$, wenn ρ die angesammelte
Raumladungsdichte ist. Der abrupte Rückgang von ϵ_r beim Curie-Punkt setzt demnach diese sper-
renden Potentiale entsprechend herauf und erhöht damit schlagartig den Widerstand der polykristallinen Masse.

17.4.2.4. Elektrostriktion und Piezoelektrizität

Alle dielektrischen Stoffe ändern im elektrischen Feld durch die Polarisation ein
wenig ihre äußeren Abmessungen (Elektrostriktion). Bei einigen tritt dazu der umgekehrte „Piezo"-Effekt ein, d. h. eine Dehnung oder Kompression ruft eine elektrische Polarisation hervor. Solche Substanzen bieten damit Möglichkeiten zur Umwandlung elektrischer Impulse in mechanische Bewegung und umgekehrt. Bekann-
testes Beispiel in der technischen Anwendung ist wiederum das Bariumtitanat, außerdem der Quarz. Bemerkt sei, daß alle ferroelektrischen Werkstoffe auch diesen piezo-
elektrischen Effekt zeigen, nicht aber umgekehrt jedes piezoelektrische Material ferroelektrisch sein muß (Quarz). Hinsichtlich des magnetischen Analogons, der Magnetostriktion, siehe Kapitel 19.3.1.2.

17.4.3. Entstehung und Definition der dielektrischen Verluste, der Verlustfaktor tan δ

Da der spezifische Widerstand auch des besten Isolierstoffs nicht unendlich hoch ist,
hat ein Kondensator mit Dielektrikum ein Ersatzschaltbild gemäß Bild 69a. Hier ist
der Tatsache, daß gewisse, wenn auch kleine Leitungsströme fließen, durch einen parallel geschalteten Widerstand Rechnung getragen. Bei Beanspruchung mit Wechselspannung kommen zu diesen Verlusten durch Leitungsströme noch diejenigen hinzu,
die durch den ständigen Vorzeichenwechsel der Polarisation innerhalb des Dielektrikums entstehen. Denn da es sich hierbei um materielle Verschiebungen in Form von
linearen Oszillationen oder Drehschwingungen innerhalb eines festen oder flüssigen

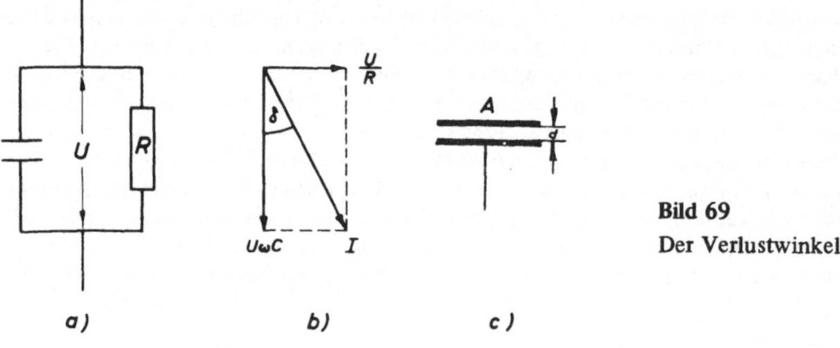

Bild 69
Der Verlustwinkel δ

Mediums handelt, können sie nicht reibungsfrei und nicht ohne Erwärmung vor sich
gehen. Die dabei verbrauchte Leistung muß elektrisch gedeckt werden, d. h. auch bei
unendlich hohem spezifischen Widerstand des Dielektrikums könnte der Kondensator an Wechselspannung nicht völlig verlustfrei sein. Beide Verlustarten, sowohl die
durch Leitungsströme bedingten, wie die mit der Umpolarisation im Wechselfeld verbundenen, treten als Wirkleistung in Erscheinung und können demgemäß symbolisch
gemeinsam durch den Parallelwiderstand R in Bild 69 dargestellt werden. Es liegt
nahe, das Verhältnis der in diesem Nebenschluß verbrauchten Wirkleistung $P = U^2/R$
zu der Blindleistung des Kondensators $P_q = U^2 \omega C$ als ein relatives Maß für die im
Dielektrikum entstehenden Verluste anzugeben, also

$$P/P_q = \frac{U^2}{R \cdot U^2 \cdot \omega C} = \frac{1}{R\omega C}$$

Da weiterhin der Phasenwinkel zwischen Strom und Spannung jetzt nicht mehr $90°$
ist, wie am idealen Kondensator, wird man die Verluste auch durch einen Winkelbetrag
darstellen können. Ist im üblichen Vektordiagramm (Bild 69 b) der mit der Spannung
in Phase liegende Wirkstrom mit U/R, der um $90°$ verschobene kapazitive Strom mit
$U\omega C$ eingetragen, so hat der resultierende Strom I einen um den Betrag δ von $90°$ abweichenden Phasenwinkel. Man bezeichnet δ als den Verlustwinkel und den $\tan\delta =$
$\frac{U/R}{U\omega C} = \frac{1}{R\omega C}$ als den Verlust*faktor*. Wie wir sehen, ist $\tan\delta$ identisch mit der oben angegebenen Definition des Verhältnisses P/Pq (Wirkleistung zu Blindleistung) als rela-
tives Maß für die Verluste.

Offenbar läßt sich der Parallelwiderstand R in Bild 69 a als Ausdruck einer von Null
verschiedenen Leitfähigkeit κ des Dielektrikums auffassen; sie setzt sich zusammen
aus der Summe der tatsächlichen Gleichstrom-Leitfähigkeit κ_0 und einer scheinbaren
Leitfähigkeit κ', die durch die Verluste bei den Polarisationsänderungen im Wechselfeld bedingt ist. Letztere ist frequenzabhängig, wie wir im einzelnen sehen werden.

Dieses $\kappa = \kappa_0 + \kappa'$ ist der Berechnung des Parallelwiderstandes R zugrunde zu legen.
Ist d in Bild 69 c die Dicke der Dielektrikumsschicht und A die Fläche eines Konden-
satorbelages, so wird $R = \frac{1}{\kappa} \cdot \frac{d}{A}$. Andererseits gilt für die Kapazität des Kondensators

bekanntlich $C = \epsilon_0 \cdot \epsilon_r \cdot \frac{A}{d}$, wo ϵ_0 eine das Maßsystem festlegende dimensionsbehaftete Konstante, die „el. Feldkonstante" (Influenzkonstante) ist. Damit ergibt sich für

obigen Ausdruck von $\tan\delta = P/P_q = \frac{1}{R\omega C}$ folgendes:

$$\tan\delta = \frac{\kappa \cdot A \cdot d}{d \cdot \omega \cdot \epsilon_0 \cdot \epsilon_r \cdot A} = \frac{\kappa}{\omega \cdot \epsilon_0 \cdot \epsilon_r}.$$

In dieser Gleichung tritt die Kapazität C des Kondensators nicht mehr auf, sondern
außer ϵ_0 und der Frequenz ω nur noch die für die Eigenschaften des Dielektrikums

kennzeichnenden Größen κ und ϵ_r. Tan δ ist demnach von der Größe des zufällig bei
der Messung verwendeten Kondensators unabhängig. Legt man sich durch Überein-
kunft auf eine bestimmte Meßfrequenz ω fest, so liefert also die tan δ-Messung eine
reine Materialkonstante und eine eindeutige Aussage über ein wichtiges Qualitätsmerkmal des Isolierstoffs, seinen Verlustfaktor. Je nach Anwendungsbereich bezieht
man sich dabei als Meßfrequenz auf 50 Hz oder auch 800 bis 1000 Hz oder auf
Frequenzen im Megahertzbereich.

Für gebräuchliche Isolierstoffe (Glas, Quarz, Glimmer, Keramik, Kunststoff) liegt
tanδ zwischen 10^{-4} und 10^{-1} bei Meßfrequenzen um 800 Hz. Er ist aber nicht einfach
der Frequenz ω umgekehrt proportional, wie man nach obiger Gleichung annehmen
könnte; denn auch in der Leitfähigkeit κ, so wie sie hier definiert ist, steckt durch
den Anteil κ' eine zusätzliche Frequenzabhängigkeit, desgleichen in der Dielektrizitätszahl (Permittivitätszahl) ϵ_r (siehe Kapitel 17.4.5.).

17.4.4. Die Messung des Verlustfaktors und der Dielektrizitätszahl (Permittivitätszahl)

Die praktische Bedeutung der Bestimmung von tanδ und ϵ_r in Abhängigkeit von den
Betriebsbedingungen soll weiter unten an einigen Beispielen erläutert werden. Vorher
aber sei zur besseren Veranschaulichung einiges über die gebräuchlichen Meßverfahren
gesagt: Meßobjekt ist ein Kondensator, der den zu untersuchenden Isolierstoff als
Dielektrikum enthält. Das kann ein schulmäßiger Plattenkondensator im Laborver-
such sein, aber auch z. B. der aktive Teil einer Maschine oder eines Transformators,
deren Isolationssystem geprüft werden soll. Hier stellt das Wicklungskupfer den einen
Metallbelag des Kondensators dar, das Blechpaket den anderen, mit der Isolierung als
Dielektrikum dazwischen.

Zur Ermittlung des tanδ genügt gemäß seiner Definition als Quotient von Wirkleistung
P und Blindleistung P_q im Prinzip einfach die Feststellung dieser beiden Größen.
Strom- und Spannungsmessungen sowie die Bestimmung der im Kondensator umgesetzten Wirkleistung mittels Wattmeter liefern alle hierzu benötigten Werte. In der
Praxis, wo häufig große Genauigkeit bei einfachster Handhabung gefordert wird, bedient man sich vielfach einer Meßbrücke, die speziell in der Ausgestaltung für Hoch-
spannungszwecke als „Scheringbrücke" bekannt ist (Bild 70). Sie arbeitet im Prinzip
wie folgt: Wären die Kondensatoren C_1 und C_2 beide verlustfrei (also $R_3 = \infty$) und
C_3 nicht vorhanden, so könnte man durch Veränderung des Widerstandes R_2 den
Brückenabgleich, d. h. Spannungslosigkeit zwischen A und B, einstellen und hätte dann
die Beziehung $\dfrac{1}{\omega \cdot C_1} : R_1 = \dfrac{1}{\omega \cdot C_2} : R_2$.

Sie liefert z. B. die Kapazität von C_2, wenn C_1 bekannt ist. C_2 werde nun mit einem
verlustbehafteten Dielektrikum von der Dielektrizitätszahl ϵ_r gefüllt. Dadurch vervielfacht sich also seine Kapazität mit dem Faktor ϵ_r. Die Verluste sind durch den Parallelwiderstand R_3 dargestellt, der jetzt nicht mehr als ∞ zu betrachten ist. Infolge der

Kapazitätsvergrößerung von C_2 wird zunächst der Brückenabgleich grob gestört. Außerdem ist durch R_3 die Voreilung vom Strom gegenüber der Spannung zwischen E und B, die im verlustfreien Fall $90°$ wäre, um den Verlustwinkel δ verringert, die Phasenlage des Stroms also um diesen Betrag zurückgesetzt. Im gleichen Maße trifft das als Folgeerscheinung auch für die Spannung im Widerstand R_2 zwischen B und D zu, die ja mit dem Strom in Phase liegt. Um zwischen A und B wieder Phasengleichheit zu bekommen, d.h. die Brücke durch Änderung von R_2 exakt auf 0 abstimmen zu können, muß dann auch im Zweig R_1 zwischen A und D die Spannung um denselben Betrag δ gegenüber dem Strom in der Brückenhälfte E A D zurückgeschoben werden. Das geschieht am elegantesten durch Parallelschalten des verlustfreien, meßbar veränderlichen Kondensators C_3. Daß er die Spannung am Widerstand R_1 gegenüber dem Strom um den Phasenwinkel δ' mit $\tan\delta' = R_1 \cdot \omega \cdot C_3$ zurückschiebt, darf als bekannt vorausgesetzt werden. Verändert man C_3 und R_2 so lange, bis der Brückenabgleich wieder erreicht, also Spannungs- und Phasendifferenz zwischen A und B gleich Null sind, so muß $\delta' = \delta$ sein. Der dann eingestellte Wert von C_3 ergibt demnach den gesuchten Verlustfaktor

$$\tan\delta = R_1 \cdot \omega \cdot C_3 = \frac{1}{R_3 \cdot \omega \cdot C_2}$$

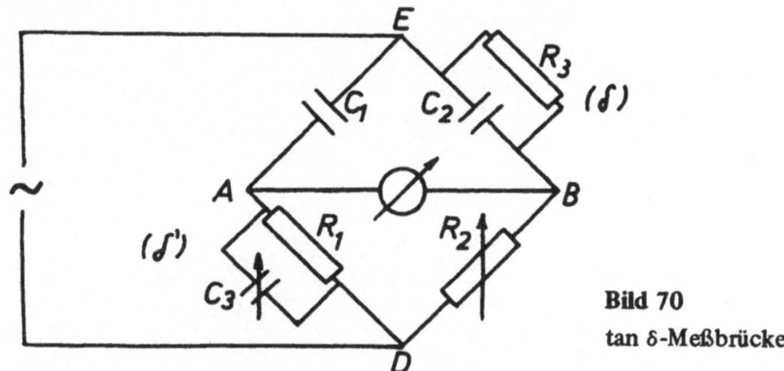

Bild 70

tan δ-Meßbrücke

Ist die Leerkapazität von C_2 durch die vorhergegangene Messung bekannt, so liefert die neue, zum Brückenabgleich gehörende Stellung von R_2 zugleich das Maß für die Kapazitätsvergrößerung von C_2, d.h. für die Dielektrizitätszahl (Permittivitätszahl) ϵ_r.

17.4.5. Abhängigkeit der Dielektrizitätszahl (Permittivitätszahl) ϵ_r und des Verlustfaktors $\tan\delta$ von Frequenz und Temperatur

Die Vorgänge, die sich nach Anlegen einer Spannung im Dielektrikum des Kondensators abspielen, erfordern zu ihrem Ablauf eine gewisse, wenn auch sehr kleine Zeit, die „Relaxationszeit". Das gilt sowohl für die Erzeugung von Dipolen durch innermolekulare Verzerrungen wie auch für die Drehung bereits vorhandener Dipole und Dipolgruppen im elektrischen Feld. Diese Zeit hängt natürlich ab von der Größe der zu bewegenden Moleküle oder Molekülteile und von der Stärke der Kräfte, durch die sie elastisch aneinander gebunden sind. Sie liegt z. B. bei der Ausrichtung der Dipole des Wassers im elektrischen Feld in der Größenordnung von 10^{-11} s. Bei entsprechend hohen Frequenzen wird es demnach eine Grenze geben, wo diese Bewegungen dem raschen Wechsel des Feldes nicht mehr ohne merkliche Verzögerung folgen können. Das muß sich zunächst in einem Rückgang der Dielektrizitätszahl äußern. Zugleich aber wird dabei bemerkbar, daß die bewegten Moleküle und Molekülteile durch ihre elastischen gegenseitigen Bindungen schwingungsfähige Gebilde darstellen, die naturgemäß eine Eigenfrequenz besitzen. Werden sie mit dieser durch ein äußeres Wechselfeld angeregt, kommt es zur Resonanz, d. h. zu extrem lebhaften Bewegungen und einem Spitzenwert der dielektrischen Verluste. Der $\tan\delta$ durchläuft also in einem solchen Schwingungsbereich bei stetig sich ändernder Frequenz eine Resonanzkurve mit einem ansteigenden und einem fallenden Ast sowie einem dazwischenliegenden Maximum, bei dem die Erregerfrequenz und die Eigenfrequenz der Dipole sich decken. Je nach dem molekularen Aufbau des betreffenden Dielektrikums und je nach dem, ob es sich dabei um Drehschwingungen oder Oszillationen handelt, liegt dieses Maximum im nieder- bis mittelfrequenten, im hochfrequenten oder im optischen Bereich. Bild 71 zeigt solch einen Verlauf der Dielektrizitätszahl und des Verlustwinkels eines organischen Isolierstoffs, aufgetragen über der Frequenz.

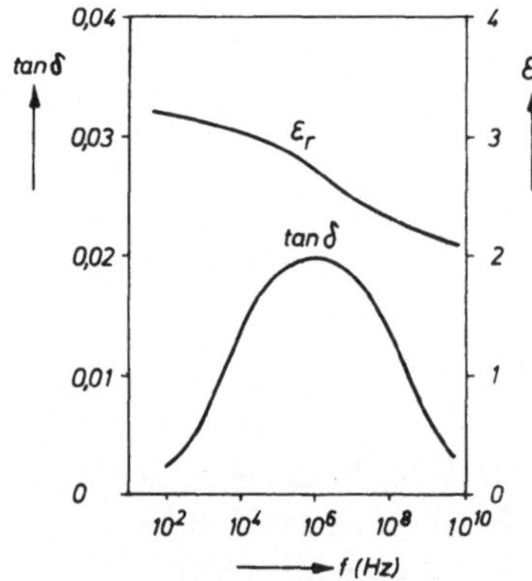

Bild 71

Frequenzgang der Dielektrizitätszahl (Permittivitätszahl) ϵ_r und des Verlustfaktors $\tan\delta$ eines organischen Isolierstoffs (Polyester-Folie)

Die Kenntnis dieser Kurven im jeweils interessierenden Frequenzbereich ist die Grundlage für zahlreiche Anwendungen von Isolierstoffen in Wechselfeldern. Verluste hat im allgemeinen niemand gern. Wie weit man aber deshalb in der Forderung nach möglichst kleinen $\tan\delta$-Werten geht, wird im Einzelfall davon abhängen, welche Rolle die dielektrischen Verluste in Kondensatoren, Koaxialkabeln, eingegossenen Spulen und dergleichen neben andersartigen Verlusten des Schaltkreises spielen, z. B. solchen im Eisen und in den Ohmschen Widerständen. Andererseits wird man zu einer gezielten Erwärmung, z. B. von geschichteten Medien im Kondensatorfeld, Frequenz und Werkstoffdaten im Sinne möglichst *großer* Verluste, also großer Wärmeentwicklung, aufeinander abstimmen. Aber auch in Fällen, wo der Absolutwert der dielektrischen Verluste, wie z. B. in elektrischen Maschinen, hinter Kupfer- und Eisenverlusten weit zurücktritt, liefert die tanδ-Bestimmung in Abhängigkeit von der Frequenz eine wichtige Prüfmethode zur Auswahl geeigneter Isolierstoffe. Die Lage des Maximums der Resonanzkurve, d. h. der Eigenfrequenz der angeregten Moleküle, sagt nämlich etwas aus über Zustände und Bindungskräfte in den innersten Bereichen der Isolierung. Insbesondere erhält man dadurch eine empfindliche Anzeige für etwa eingetretene Veränderungen im Lauf von Härtungsvorgängen oder Dauererwärmung. Ist das Material versprödet, z. B. durch Oxydation oder sonstige Alterungsprozesse, muß die Eigenfrequenz höher liegen, wird es andererseits weicher, sinkt sie ab. Hier bieten sich also Einblicke in das Innenleben eines Isolierstoffs oder eines Isoliersystems mit der Möglichkeit einer Voraussage seines Verhaltens bei verschiedenartigen Beanspruchungen.

Bei den meisten Werkstoffen ist steigende Erwärmung normalerweise mit zunehmender Erweichung verbunden. Statt also bei konstanter Temperatur die Frequenz zu ändern, wird man zu ähnlichen Resonanzkurven kommen, wenn man bei festliegender Erregerfrequenz die Temperatur des Dielektrikums einen gewissen Bereich durchwandern läßt. Bild 72 zeigt das am Beispiel eines gebräuchlichen Gießharzes. Die Meßfrequenz war hier konstant 800 Hz. Bei einer Temperatur von 50 °C ist das Material noch so hart, daß die Eigenfrequenz der Dipole weit oberhalb von 800 Hz liegt, d. h. tanδ ist klein. Bei 120 °C ist die Masse so weich geworden, daß die Eigenfrequenz

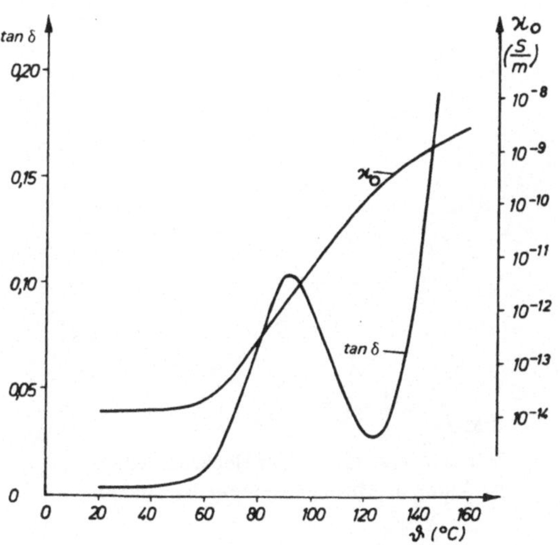

Bild 72

Verlustfaktor tan δ und Gleichstrom-Leitfähigkeit x_0 eines Epoxydharzes in Abhängigkeit von der Temperatur

jetzt weit unter 800 Hz abgesunken ist. Auch hier ist also tanδ relativ klein. Dazwischen durchläuft die Temperatur bei ca. 80 °C einen Bereich, wo in mittlerem Härtezustand die inneren Bindungskräfte gerade solcher Art und Stärke sind, daß die molekulare Eigenfrequenz bei 800 Hz liegt. Hier prägt sich daher eine Resonanzspitze aus. Oberhalb von 120 °C tritt die nun stark angestiegene Gleichstrom-Leitfähigkeit κ_0 in den Vordergrund und führt zu entsprechendem Anstieg des Verlustfaktors. Auch dieser Teil der Kurve außerhalb des Resonanzbereichs kann aufschlußreich sein. Denn die Leitungsvorgänge in Isolatoren reagieren ja — ebenso wie bei Halbleitern — sehr empfindlich auf irgendwelche Veränderungen im Material durch Verunreinigung, Feuchtigkeit oder sonstige Störungen.

17.4.6. Die Spannungsabhängigkeit des Verlustfaktors

Besondere prüftechnische Bedeutung hat die Messung des tanδ und seiner Abhängigkeit von der *Spannung* in der Hochspannungstechnik. Hier hat man meist geschichtete Isolierungen, aus Folien, Bändern, Platten und Bindemitteln zusammengesetzt. Es ist recht mühsam, solche Schichten so aufzubauen, daß sie keine Lufteinschlüsse enthalten, die andererseits eine Gefahrenquelle darstellen. Ist nämlich die Spannung zwischen den beiden Seiten der Isolierung so hoch, daß in einer solchen Luftblase Feldstärken von mehr als 3 kV/mm entstehen, so erfolgt zwar kein Durchschlag, da die umgebenden festen Isolierstoffe das verhindern; es treten aber in der eingeschlossenen Luft Glimmentladungen auf, die erstens durch die darin umgesetzte Verlustleistung zu örtlicher Erwärmung führen, zweitens aber nitrose Gase erzeugen, die in Gemeinschaft mit der stets vorhandenen Luftfeuchtigkeit Salpetersäure bilden und

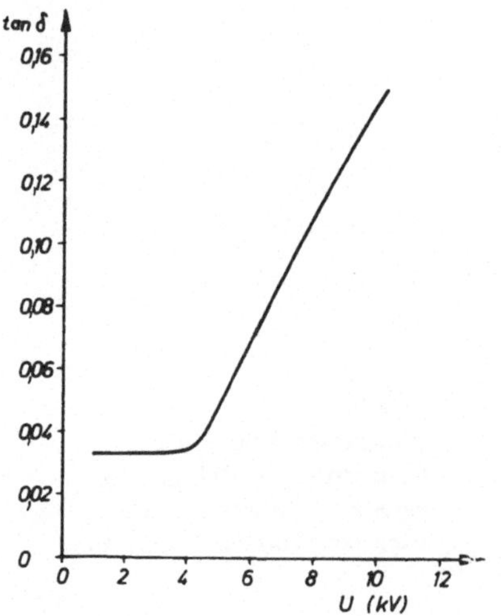

Bild 73

Verlustfaktor tan δ einer Hochspannungswicklung in Abhängigkeit von der Spannung die Isolation zerstören. Ob nun irgendwo im Innern der Isolierung solche Lufteinschlüsse vorhanden sind, zeigt sehr exakt die $\tan\delta$-Messung. Bild 73 möge das an einem Beispiel erläutern: An der Wicklung einer Hochspannungsmaschine wurde der $\tan\delta$ bei konstanter Frequenz und Temperatur, aber wachsender Spannung aufgenommen. Die Kurve, die bis 4 kV keinen Anstieg des Verlustfaktors zeigt, hat dort einen ausgeprägten Knick und geht dann steil nach oben. Hier macht sich also ein mit der Spannung rasch ansteigender zusätzlicher innerer Verlust bemerkbar, der auf das Einsetzen von Glimmentladungen in einer oder mehreren eingeschlossenen Luftblasen zurückgeht. Eine Beanspruchung einer solchen Wicklung mit Spannungen von mehr als 4 kV würde bald zur Zerstörung führen, es sei denn, die Isolierung besteht aus einem hinreichend großen Anteil von „glimmfestem", d. h. gegen den Säureangriff beständigem Material, z. B. aus Glimmer. In der modernen Hochspannungstechnik gelingt es, die Isolationsschichten praktisch luftfrei zu gestalten, so daß dieser Anstieg des $\tan\delta$ im interessierenden Spannungsbereich nicht auftritt; immerhin dient seine Messung zur Kontrolle und Überwachung der Isolierung im Lauf des Betriebs.

17.4.7. Die komplexe Dielektrizitätszahl (Permittivitätszahl, Fußnote S. 182)

In der theoretischen Elektrotechnik schreibt man bekanntlich im Sinne übersichtlicher Formulierungen den Scheinwiderstand einer Kombination von Wirk- und Blindwiderständen häufig als komplexe Größe. Deren Realteil stellt dabei die Wirkwiderstände, der Imaginärteil die Blindwiderstände dar. Der verlustbehaftete Kondensator als Parallelschaltung einer Kapazität C und eines Ohmschen Widerstandes R hat dann einen Widerstand $\underline{Z}$, der durch die Gleichung bestimmt ist

$$\frac{1}{\underline{Z}} = \frac{1}{R} + j\omega C \tag{1}.$$

Im Sinne einer solchen Schreibweise ist es oft zweckmäßig, die kapazitätssteigernde Wirkung des Dielektrikums und seine Verlusteigenschaften gemeinsam in einer komplexen Dielektrizitätszahl $\bar{\epsilon}_r$ zum Ausdruck zu bringen. Der Scheinwiderstand eines Kondensators mit der Leerkapazität C_0 erhält dann durch Füllung mit diesem Dielektrikum den Wert $\underline{Z} = \dfrac{1}{j \cdot \bar{\epsilon}_r \cdot C_0 \cdot \omega}$. In Verbindung mit Gleichung (1) wird also:

$$\frac{1}{\underline{Z}} = j \cdot \bar{\epsilon}_r \cdot C_0 \cdot \omega = \frac{1}{R} + j\omega C.$$

Daraus ergibt sich für die komplexe Dielektrizitätszahl (komplexe Permittivitätszahl)

$$\bar{\epsilon}_r = \frac{C}{C_0} - \frac{j}{R\omega \cdot C_0}$$

Diese Beziehung enthält im Realteil den Ausdruck einer reinen Kapazitätssteigerung in Form des Quotienten $\dfrac{C}{C_0}$ und im Imaginärteil die für die Verluste maßgebende Größe $\dfrac{1}{R\omega C_0}$ (vgl. die Formulierung der Verluste in Kap. 17.4.3).

Die Handhabung dieser komplexen Dielektrizitätszahl in den Gleichungen der theoretischen Elektrotechnik hier näher zu erläutern, ginge über den Rahmen einer einführenden Werkstoffkunde hinaus. Hier soll lediglich erkennbar werden, in welcher Weise die kennzeichnenden Werkstoffeigenschaften zur mathematischen Weiterverarbeitung darin untergebracht sind.

17.4.8. Oberflächenwiderstand, Kriechstromfestigkeit

Leitfähigkeit, Durchschlagfestigkeit, Permittivitätszahl ϵ_r und der Verlustfaktor $\tan\delta$ sind die wichtigsten Größen, die für die elektrischen Vorgänge im Innern eines Isolierstoffes kennzeichnend sind. Daneben spielen auch Oberflächeneigenschaften eine Rolle. Zunächst wird z. B. bei hygroskopischen Stoffen durch Bildung eines äußeren Feuchtigkeitsfilms der Widerstand oft kleiner sein als man auf Grund einer Messung am kompakten Material annimmt. Auch andere Einflüsse aus der umgebenden Atmosphäre können in dieser Richtung wirken. Hiermit zusammen hängt der Begriff der *Kriechstromfestigkeit*, die vor allem im Bereich höherer Spannungen oberhalb von 100 V bedeutungsvoll ist. Kriechströme sind zunächst sehr stromschwache Leitungsvorgänge auf der Oberfläche eines Isolierstoffs zwischen spannungsführenden Leitern, also z. B. bei Anschlußklemmen, blank verlegten Leitungen und dergleichen. Sie finden durch Verschmutzung, Feuchtigkeitsniederschlag, Anlagerung von Rußpartikeln, Abrieb von Kohlebürsten oder sonstwie leitenden Staub Möglichkeiten, sich langsam zu entwickeln. Sind sie auch anfangs ganz unscheinbar, können sie doch auf die Dauer zu einer lokalen Erwärmung, schließlich auch zur Ausbildung eines Funkenspiels führen, mit langsamer Zersetzung des isolierenden Materials und allmählicher Erzeugung einer leitenden Schicht. Diese Gefahr besteht vor allem bei allen organischen Isolierstoffen, z. B. auf der Basis von Zellulose mit Phenol- oder anderen Harzen, von Ölen, Lacken etc., also Hartpapier, Hartgewebe, Bakelit usw.; denn sie alle gruppieren sich in ihrem chemischen Aufbau um das Element Kohlenstoff, das bei Überhitzung, teilweiser Verbrennung und Verkohlung letzten Endes als Ruß oder Graphit zurückbleibt, der mehr oder minder zusammenhängende leitende Bahnen auf der Oberfläche bildet. Kriechstromfest dagegen sind beispielsweise Glimmer, Quarz und andere anorganische Isolierstoffe, die durch solche Oberflächenströme nicht verändert werden. Zur Unterscheidung und Bewertung dieser Eigenschaft sind genormte Methoden geschaffen worden. Dabei wird das Verhalten eines Isolierstoffs bei definierter künstlicher Verschmutzung der Oberfläche und gleichzeitiger Spannungsbeanspruchung nach verschiedenen Kriechstromfestigkeits-Stufen klassifiziert.

17.5. Zusammenfassender Auszug aus Kapitel 17.1. bis 17.4.
Sonstige Forderungen an Isolierstoffe

Im folgenden sind nochmals die für einen Isolierstoff kennzeichnenden Qualitätsmerkmale zusammengestellt. Sie sind je nach Verwendungszweck bei Nieder- oder Hochspannung, im niederen, mittleren oder hohen Frequenzbereich von unterschiedlicher Bedeutung.

1. *Spezifischer Widerstand*: siehe Tabelle 14. (10^6 bis $> 10^{14}$ $\Omega \cdot$ m)

2. Die *Durchschlagfestigkeit* in kV/mm mit Angabe der Schichtdicke, an der gemessen wurde. Sie beträgt bei Luft einige kV/mm, bei festen und flüssigen Isolierstoffen liegt sie um 1 bis 2 Größenordnungen höher, ist allgemein an dünnen Schichten größer als an dicken, außerdem in der Praxis abhängig von der Belastungs*dauer*.

3. Die *Dielektrizitätszahl* ϵ_r[1]). Bei unpolaren gebräuchlichen Isolierstoffen liegt sie meist zwischen 2 und 10, bei polaren (Wasser) eine Größenordnung höher, bei ferroelektrischen Stoffen um 1000 und darüber. Je nach dem molekularen Aufbau des Materials hat sie im Bereich niederer, mittlerer oder hoher Frequenzen eine Grenzfrequenz, bei deren Überschreitung sie stark absinkt.

4. *Verlustfaktor*: $\tan\delta = P/P_q$ liegt bei guten Isolierstoffen zwischen 10^{-1} und 10^{-4}, in gewissen, für den jeweiligen Stoff typischen Frequenzbereichen ist er stark abhängig von Frequenz und Temperatur im Sinne einer Resonanzkurve. Bei Hochspannungsisolierungen ist zudem seine Spannungsabhängigkeit von Bedeutung, insbesondere zur Anzeige innerer Glimmentladungen.

5. *Oberflächenwiderstand* und *Kriechstromfestigkeit* sind vor allem im Bereich höherer Spannungen wichtig.

6. Bei Hochspannungsanwendungen hat der Begriff der *Glimmfestigkeit* Bedeutung.

Zur vollständigen Bewertung gehören sodann noch Aussagen über einige allgemeine Eigenschaften, die sich z.B. auf die Widerstandsfestigkeit gegen Umgebungseinflüsse beziehen, also je nach Art des Einsatzes mehr oder minder wichtig sind, nämlich:

7. *Wärmebeständigkeit*: siehe hierzu Kapitel 17.7.

8. *Beständigkeit gegen Witterungseinflüsse*, geringe Feuchtigkeitsaufnahme, gegebenenfalls Resistenz gegen chemische Agenzien.

9. *Mechanische Festigkeit*

10. *Widerstandsfestigkeit gegen Strahlung*

11. *Gute Verarbeitbarkeit*

12. Geringer Preis

---

[1]) s. Fußnote auf S. 182

17.6. Gebräuchliche Isolierstoffe und ihre wichtigsten Eigenschaften, Isolierverfahren

Die zahlreichen Varianten und Kombinationsmöglichkeiten von Vorzügen und Män-
geln, die sich aus der Aufstellung im vorhergehenden Kapitel ergeben, führen auch
auf diesem Gebiet zu einer schwer übersehbaren Fülle angebotener Produkte; denn
gerade hier muß man zur Verbesserung einer Werkstoffeigenschaft fast immer eine Minderung oder Erschwerung in anderer Hinsicht in Kauf nehmen und Kompromisse
schließen. Zu einer Erleichterung der Übersicht bietet sich die Möglichkeit einer Un-
terteilung in zwei Gruppen, die *anorganischen* und die *organischen* Isolierstoffe. Die
ersteren sind bevorzugt Metalloxyde und Silikate. Hier steht neben den Gläsern, dem
Quarz, Porzellan, Keramik und Asbest vor allem der Glimmer als Hauptbestandteil
hochwertiger Isolierungen. Viele anorganische Isolierstoffe besitzen fast sämtliche Vorzüge, die man nach der obigen Aufstellung wünschen kann: großen spezifischen Widerstand, hohe Durchschlagfestigkeit, Permittivitätszahlen, die je nach Auswahl des
Stoffes kleine oder extrem große Werte haben können und in einem weiten Frequenzbereich konstant sind, kleinen tanδ (ebenfalls in einem weiten Frequenzbereich), hohen Oberflächenwiderstand, absolute Kriechstromfestigkeit, Wärmebeständigkeit, gute Resistenz gegen chemische Angriffe, insbesondere Glimmfestigkeit und schließlich
geringe bis gar keine Feuchtigkeitsaufnahme. Erst ganz am Schluß dieser Aufzählung
kommt der Pferdefuß: Sie haben zwar durchweg gute mechanische Festigkeit, sind
aber meist spröde und damit hinsichtlich Formgebung schwer zu verarbeiten sowie
auch bezüglich der Verbindungstechnik nicht einfach zu handhaben. Eine Ausnahme
ist der Asbest, der sich in Form von Fasern zu Geweben und Umspinnungen verarbeiten läßt. Auch die übrigen werden in sehr dünnen Schichten und Fäden flexibel, was
die Technik sich zur Herstellung mannigfacher Arten von anorganischen Textilien,
Papieren und Überzügen, wie Glasseide, Glasmatten, großflächigen Glimmerfolien
und -Beschichtungen zunutze macht. Zu den letzteren sei noch das elektrophoretische
Verglimmern und das Flammspritzen keramischer Pulver erwähnt. Mäßig-gut flexibel
sind auch die isolierenden Oxydschichten auf Aluminiumleitern, auf Elektroblechen
(in Konkurrenz zur Wasserglasisolation), auf Folien, Heizdrähten und -Bändern
(S. 130).

Abgesehen von diesen Sonderfällen, ist die begrenzte Verarbeitbarkeit der spröden anorganischen Stoffe einer der Hauptgründe für die Verbreitung organischer Produkte in
der Isoliertechnik. Als häufig verwendete Vertreter dieser letzteren Gruppe seien genannt — ohne nur entfernt Vollständigkeit anzustreben: zunächst die reinen Naturstoffe Seide, Baumwolle, Schellack, Naturkautschuk, Guttapercha und Öl, sodann die
umgewandelten Naturstoffe Zellulose (Triacetatfolie), Papier, Textilien und Asphalt
sowie schließlich die Kunststoffe, wie Polyäthylen, Polystyrol, Polyvinylchlorid (PVC)
und viele andere; nicht zu vergessen sind die zahllosen Harze, die als Bestandteil von
Lacken, in Kombination mit Papier und Textilien oder sonstwie in flüssiger oder
fester Form als Tränkmittel, Überzüge, Folien, Platten usw. verwendet werden.

Sie alle gruppieren sich in ihrem molekularen Aufbau um den Kohlenstoff. Seine
Atome treten aber hier im allgemeinen nicht wie bei Diamant oder Graphit zu ausgeprägten Kristallstrukturen zusammen, sondern bilden häufig lange Fäden oder
Ketten miteinander, wobei sie seitlich an ihren freien Valenzen Wasserstoffatome
oder auch kompliziertere Gruppen tragen. Besonders übersichtlich erscheint das in
der Strukturformel des Polyäthylens. Das Mittelfeld des Bildes 74 zeigt sie und eine
Reihe weiterer daraus abgeleiteter Strukturen: Ist ein Teil der H-Atome durch
Methylgruppen (CH_3) oder durch Chloratome ersetzt, so haben wir das Polypropylen bzw. das Polyvinylchlorid, treten Fluoratome an die entsprechenden Plätze, das
Polytetrafluoräthylen, und sind es Phenylreste (C_6H_5) mit der Struktur des Benzol-
ringes, so erscheint das Bild des Polystyrols.

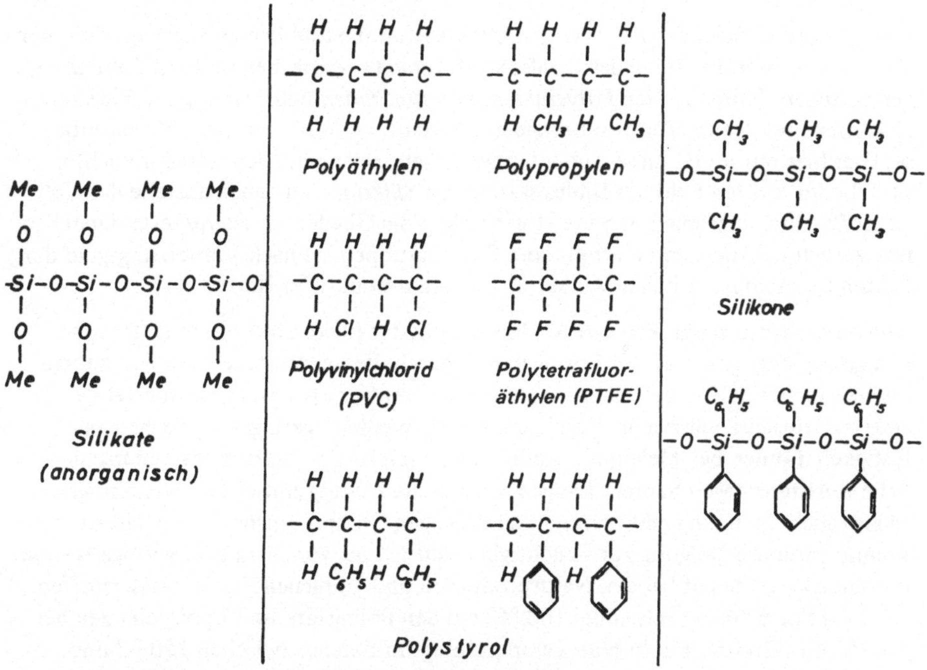

Poly äthylen — *Polypropylen* — *Silikone* — *Polyvinylchlorid (PVC)* — *Polytetrafluoräthylen (PTFE)* — *Silikate (anorganisch)* — *Polystyrol*

Bild 74. Einige Isolierstoffe: anorganische, organische, Silikone

Die Werkstoffeigenschaften solcher „Hochpolymeren" hängen natürlich u.a. entscheidend davon ab, wie sich diese — durch wiederholten Anbau gleichartiger Gruppen entstandenen — Makromoleküle weiterhin zu größeren Verbänden zusammenfügen. Je nach Herstellungsbedingungen ergeben sich dabei mannigfache Übergänge
zwischen den Strukturen kristalliner Festkörper und dem amorphen Zustand. Ohne
auf die Besonderheiten der zahlreichen speziellen Kristallstrukturen hier näher
eingehen zu können, seien einige allgemeine Zusammenhänge angedeutet:

Sind die Fäden oder Ketten, z.B. eines Polyäthylens, ohne gegenseitige Querverbindungen einfach regellos miteinander verknäuelt, so haben wir ein Gebilde, das bei zunehmender Temperaturbewegung rasch seinen inneren Zusammenhalt verliert, also erweicht und schmilzt, einen sogenannten *Thermoplasten.* Bestehen aber durch zwischengelagerte weitere Atome, z.B. Sauerstoff, oder Atomgruppen an einzelnen Stellen Brücken von einer Kette zur anderen, so kommt man je nach der Anzahl solcher Querverbindungen entweder zu den gummiartigen Stoffen, „Elastomeren", oder mit steigender „Vernetzung" schließlich zu den „Duroplasten". Diese verlieren erst bei wesentlich höherer Erwärmung ihre Festigkeit, soweit sie nicht überhaupt schon vorher durch Oxydation oder andere temperaturbedingte Alterungsprozesse zerstört werden. Hierher gehören z.B. die Polyester- und Epoxydharze (siehe unten).

Kompliziertere Strukturen, bei denen Stickstoffatome und benzolringartige Gruppen als Kettenglieder die Reihe der Kohlenstoffatome unterbrechen und mit Seitenzweigen versehen, führen zu den *Polyamiden, Polyurethanen* und *Polyimiden.* Sie sind elektrotechnisch zum Teil von besonderer Bedeutung, ihre chemische Konstitution sei aber hier nur durch diese Andeutungen gekennzeichnet. Nicht minder wichtig sind die im rechten Feld des Bildes skizzierten *Silikone,* bei denen anstelle des Kohlenstoffs Siliciumatome mit Sauerstoffbrücken die Glieder der Hauptkette darstellen, mit seitlich anhängenden Methyl- oder Phenylgruppen. Je nach Vernetzungsgrad der Ketten untereinander haben wir sie als Öle, Kautschuk oder Harze.

Alle diese Stoffe verdanken ihre Verbreitung in der Elektrotechnik in erster Linie den guten Möglichkeiten der Formgebung, durch die sie sich gegenüber den anorganischen Isolierstoffen auszeichnen. Mehr oder weniger unangenehme Mängel in anderer Hinsicht müssen in Kauf genommen werden: geringere Kriechstromfestigkeit (außer bei Melamin-, Anilin- und einigen Epoxydharzen), unterschiedliche Resistenz gegen Säuren, Laugen, organische Lösungsmittel und Witterungseinflüsse (auch Spannungsrißkorrosion) sowie gegen Glimmbeanspruchung. Hinzu kommt mitunter Neigung zur Feuchtigkeitsaufnahme, vor allem aber geringe Wärmebeständigkeit. Sie hat bei den Naturprodukten und einfachen Kohlenwasserstoffen, wie dem Polyäthylen, schon bei 100 °C, bei den Polyestern und Epoxydharzen bei 150 °C ihre Grenze. Für höhere Temperaturen im Bereich zwischen 150 °C und 250 °C bleiben gewisse Poly-Amide, Poly-Imide und die Silikone, letztere auch ausgezeichnet durch ihre für die Isoliertechnik oft erwünschte Fähigkeit, Wasser abzuweisen. Die Spitze schließlich hält das Polytetrafluoräthylen mit der oberen Grenze von 300 °C, wo eine Abspaltung von Fluor beginnt. Hier zeigen sich aber schon wieder beginnende Schwierigkeiten in der Verarbeitung.

Ein Rückblick auf Bild 74 möge die Übersicht ergänzen. Zu beiden Seiten der organischen Stoffe, von denen in der Mitte einige Vertreter skizziert sind, haben wir rechts die Silikone, links als Repräsentanten der anorganischen Isolatoren die Silikate. Hier sind es Metallatome, die über Sauerstoffbrücken am Silicium hängen, dort organische Gruppen. Der Erfolg ist höhere Wärmebeständigkeit bei den Silikaten, bessere Möglichkeit der Formgebung bei den Silikonen. Daß es auf beiden Seiten Ausnahmen von der Regel gibt, ändert nichts an der Grundtendenz.

17.7. Die Wärmebeständigkeit technischer Isolierstoffe. Die Einteilung in Wärmeklassen

Wegen der zunehmenden Bedeutung der Wärmebeständigkeit von Isolierstoffen ist es angemessen, sie hier in einem besonderen Kapitel zu behandeln. Das ständige Bestreben in der technischen Entwicklung, zu immer kleineren Abmessungen bei steigender Leistung, also zu wachsender Ausnutzung von Raum und Material zu kommen, führt zwangsläufig auf höhere Betriebstemperaturen von Maschinen, Transformatoren und anderen Geräten. Nicht selten besteht auch die Notwendigkeit, Isolierstoffe in der Umgebung von Wärmequellen einzusetzen, nahe an Schaltlichtbögen, in Öfen und dergleichen. Dadurch gelangt häufig die Forderung nach hoher Wärmebeständigkeit in den Vordergrund. Zunächst sei einiges über gebräuchliche Untersuchungsmethoden gesagt.

In zweierlei Hinsicht kann ein Isolierstoff bei steigender Temperatur unbrauchbar werden, einerseits durch Erweichen (Thermoplast) und andererseits durch den meist mit Versprödung verbundenen chemischen Abbau, vorwiegend infolge von Oxydation, im Extremfall durch Verbrennung. Zur Prüfung und Auswahl beobachtet man demnach im Verlauf langfristiger Dauerversuche bei festgelegten Temperaturen die Formbeständigkeit – oder wir ermitteln umgekehrt nach einer Methode von *Martens* die Temperatur, bei der genormte Prüfstäbe unter einer bestimmten Last sich in definierter, meßbarer Weise durchbiegen; weiterhin untersucht man in bestimmten Zeitabständen bei Wärmealterung kennzeichnende, meßbare Eigenschaften, wie Durchschlagspannung, mechanische Festigkeit und anderes oder kontrolliert auf einfachste Weise mit Hilfe der Waage, ob irgendwelche Substanzverluste eingetreten sind, die auf stoffliche Veränderung des Prüflings hindeuten. Meist wird man mehrere Proben des gleichen Materials auf verschiedene Eigenschaftsänderungen untersuchen, um ein vollständiges Bild zu erhalten. Die Bilder 75 und 76 zeigen Beispiele aus der Praxis: Die Durchschlagfestigkeit eines Isolierlackes (Bild 75) ist nach einer sich über 15 Wochen erstreckenden Temperaturbeanspruchung bei 175 °C praktisch auf Null abgesunken, der Lack ist zerstört (der anfängliche Anstieg geht auf das Abdampfen flüchtiger Bestandteile und restliche Aushärtung zurück). Bei 140 °C zeigt sich aber nach der gleichen Zeit noch keine bedenkliche Veränderung. Die Substanzverluste in Bild 76 ergänzen dieses Bild und zeigen, daß bei 175 °C nach 16 Wochen von dem Material nicht mehr viel übrig ist, daß dagegen bei 140 °C und erst recht bei 120 °C sich der Abbau in erträglichen Grenzen hält. Der Lack kann also bis zu diesen Temperaturen im Dauerbetrieb eingesetzt werden.

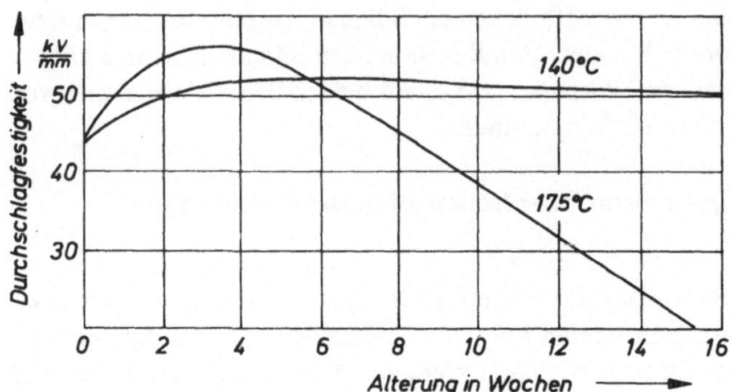

Bild 75. Durchschlagfestigkeit eines Isolierlackes nach Wärmealterung

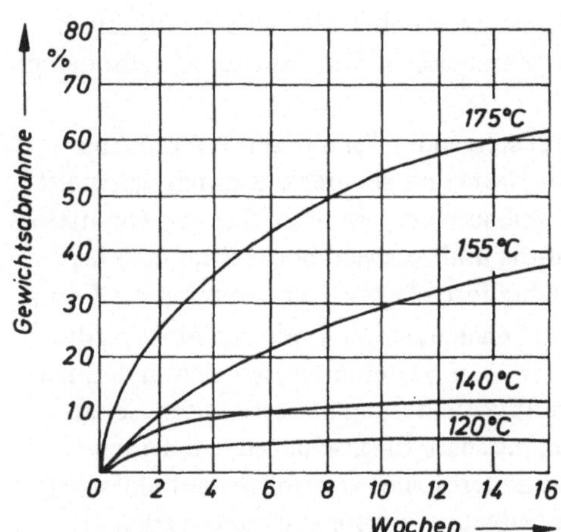

Bild 76

Substanzverluste eines Isolierlackes bei Wärmealterung

Anhaltspunkte zu einer Extrapolation auf längere Zeiträume liefert häufig die „Mont-singer-Regel", die in allgemeiner Form auf *Arrhenius* zurückgeht. Sie besagt, daß bei vielen chemischen Prozessen, darunter auch bei der Alterung organischer Stoffe, die Geschwindigkeit, mit der sie ablaufen, sich verdoppelt, wenn die Temperatur um 10 °C ansteigt. Bei einer Temperaturerhöhung um 20 °C sinkt also die Lebensdauer einer Isolation auf den vierten Teil. In der Tat zeigen die Kurven in Bild 76, daß bei einer Dauererwärmung auf 175 °C nach 1, 2, 3 und 4 Wochen jeweils schon der gleiche Substanzverlust eingetreten ist wie bei 155 °C erst nach 4, 8, 12 und 16 Wochen. (Die Kurve von 140 °C ist zum Vergleich ungeeignet, da hier noch kaum ein merklicher Abbau eingesetzt hat.)

Zur eindeutigen Festlegung der Verwendungsmöglichkeit von Isolierstoffen in verschiedenen Temperaturbereichen hat man sie in *Wärmeklassen* eingeteilt. Eine Übersicht dazu gibt Tabelle 15.

Tabelle 15. Wärmebeständigkeit von Isolierstoffen (Auszug aus VDE 0530)

Klasse	Grenztemperatur	Isolierstoffe
Y	90 °C	Baumwolle, Seide, Papier und daraus hergestellte Isolierstoffe (Preßspan, Vulkanfiber u.ä.), Holz, Polyäthylen, Polystyrol, PVC, Naturgummi
A	105 °C	Baumwolle, Seide, Papier u.ä., imprägniert oder getränkt mit flüssigen Isoliermitteln
E	120 °C	Phenolharz (-Hartpapier), Melaminharz-Schichtpreßstoff, Polyesterharze; Polyamid- oder Epoxyd- oder Polyurethanharze für Drahtlacke. Triacetatfolie
B	130 °C	Mikanite, Mikafolium, Glas-, Asbestfaserstoffe, gebunden mit Schellack, Asphalt oder einem der vorstehenden Harze
F	155 °C	Glimmer, Glasfaser, Asbest, gebunden mit Alkydharzen, Polyester- oder Polyurethanharzen, Silikon-Alkydharze. Drahtlacke auf Imid-Polyester oder Imid-Terephthal-Basis
H	180 °C	Silikone, Silikon-Kombinationen mit Glimmer oder Glas- (oder Asbest-) Faserstoffen, Polyimide, aromatische Polyamide
C	>180 °C	Glimmer, Glas, Porzellan, Quarz, Steatit, Polytetrafluoräthylen, spezielle Silikonharze

Bild 77 gibt als kennzeichnendes Beispiel einen Rückblick auf die Entwicklung der Lacke zur Drahtisolation in den Jahren 1910 bis 1965 jeweils mit den zulässigen Grenztemperaturen.

Die Weiterentwicklung in der Isolierstofftechnik wird nach der vorausgegangenen Darstellung bevorzugt darauf ausgerichtet sein, in der anorganischen Gruppe Verarbeitbarkeit und Formgebung zu erleichtern, in der organischen die Wärmebeständigkeit zu erhöhen. Bei mittleren Temperaturen greift man vielfach zu Kompromißlösungen, indem man organische und anorganische Bestandteile so kombiniert, daß der eine die Flexibilität bei der Herstellung, der andere die elektrische Sicherheit der Isolierung auch bei vorübergehender thermischer Überlastung gewährleistet. Beispiele sind: mit Glasseide umsponnene Lackdrähte, Schichtstoffe aus Glimmer mit Papier oder Kunststoffolien usw. Zu verbesserten Kombinationen führt auch das Imprägnieren von Papier und Textilien mit flüssigen Isoliermitteln oder das Tränken ganzer Wicklungen mit Harz, Lack oder Öl. Die Aufbereitung und Anwendung von Öl für solche Zwecke spielt vor allem im Transformatorenbau eine wesentliche Rolle. An

seine Stelle tritt gelegentlich das nicht entflammbare Clophen, das z. B. wegen seiner
hohen Permittivitätszahl sich auch zum Imprägnieren von Kondensatoren empfiehlt.

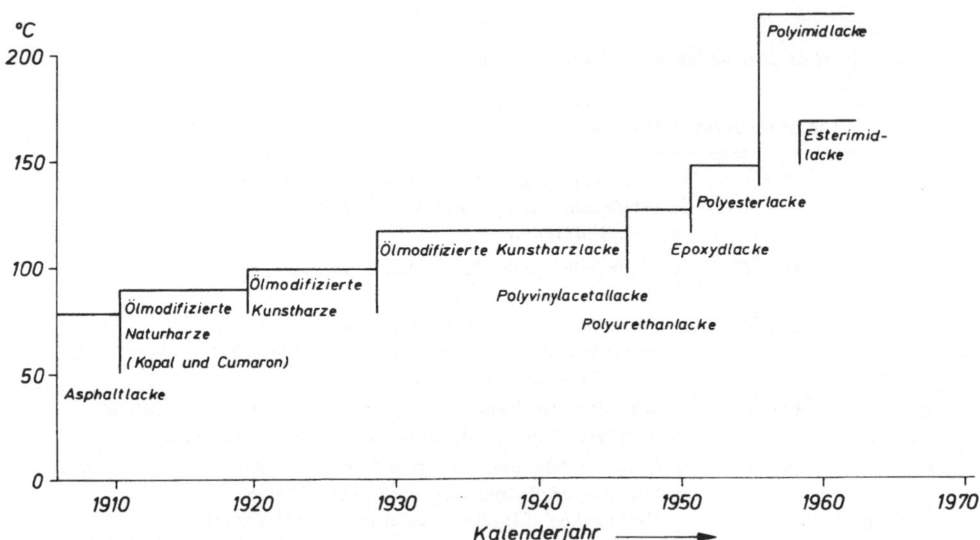

Bild 77. Entwicklung der Drahtlacke in den letzten 50 Jahren (Grenztemperaturen)

17.8. Sonstige Kunststoffanwendungen, die Gießharztechnik

Die Formgebung von Kunststoffen geschieht in mannigfacher Weise: Dünne Überzüge erhält man durch Aufstreichen wie auch durch Spritzen oder Tauchen in ge-
löster Masse mit nachträglichem Verdunsten des Lösungsmittels, dickere durch Auf-
spritzen von Partikeln, elektrostatische oder elektrophoretische Beschichtung oder
Aufsintern pulverförmiger Substanzen auf erhitzten Werkstücken (*Wirbelsintern*).
Zur Herstellung massiver Teile bieten sich ähnliche Möglichkeiten wie bei Metallen
durch Gieß- und Spritzverfahren aus geschmolzenem Material oder auch aus Kör-
nern oder Fasern von Preßstoffen unter gleichzeitiger Anwendung von Druck und
Temperatur. Zunehmende Bedeutung haben seit einigen Jahren die Gießharze. Um
den Mechanismus ihrer Verarbeitung zu verstehen, erinnere man sich daran, daß Öle,
Thermoplaste, Elastomere und Duroplaste sich durch die Zahl und Stärke von verbindenden Brücken zwischen den einzelnen Molekülketten unterscheiden. Bei vielen
Harzen gelingt es, künstlich solche Querverbindungen im Innern des zunächst flüssigen Materials zu schaffen. Zu diesem Zweck fügt man z. B. eine zweite Komponente,
den sogenannten Härter, hinzu, dessen Moleküle mit einzelnen Gliedern nebeneinan-

derliegender Ketten hüben und drüben reagieren und so eine *Vernetzung* zwischen ihnen herbeiführen. In anderen Fällen genügt die Zugabe eines Katalysators, um benachbarte Ketten unmittelbar zur Bildung verbindender Brücken zu befähigen. Das kann sich im Kalten oder auch bei erhöhter Temperatur abspielen und ist im allgemeinen von mehr oder minder starker Eigenerwärmung begleitet. Je nachdem, wie weit der Prozeß vor sich geht, bis er zum Stillstand kommt, ist das Endergebnis eine kautschukartige Masse oder ein harter Duroplast. Die Verarbeitungstechnik geht also von zwei oder mehr flüssigen Komponenten aus, die jede für sich im allgemeinen stabil und auch bei längerer Lagerzeit unveränderlich sind. Unmittelbar nach ihrer Vermischung beginnen sie jedoch mehr oder minder rasch miteinander zu reagieren im Sinne einer zunehmenden Vernetzung. Diese läßt ohne Zugabe oder Abdampfen von Lösungsmitteln im Laufe von Stunden oder Tagen den elastischen oder auch starren, nicht mehr schmelzbaren Körper aus der Form entstehen.

Bevorzugt geeignet für diese Art von Härtungsreaktionen, also zur Herstellung eines festen Werkstoffes aus flüssigen Komponenten, sind die Polyester- und die Epoxydharze. Bei den ersteren sind es Doppelbindungen zwischen Kohlenstoffatomen, $C = C$, die durch die Einwirkung eines Katalysators gesprengt werden, so daß Ansatzpunkte zur Anlagerung von Atomen und Atomgruppen mit Brückenschlag zu den Nachbarketten entstehen.

$$R - C = C - R$$
$$\quad\; | \quad\; |$$
$$\quad\; H \quad H$$

Bei den Epoxydharzen ist es die nebenstehende charakteristische Gruppe, bei der die Sauerstoffbindung zu einem der beiden Kohlenstoffatome aufbricht. Über die so entstehenden freien Valenzen werden dann weitere Molekülverknüpfungen und Vernetzungen möglich.

$$\quad\; H \quad H$$
$$\quad\; | \quad\; |$$
$$-C - C - H$$
$$\quad \backslash / $$
$$\quad\; O$$

Polyesterharze und Epoxydharze gibt es in vielfältigen Variationen, die sich durch elektrische Eigenschaften, Temperaturbeständigkeit, Verarbeitbarkeit und Preis unterscheiden und dementsprechend eingesetzt werden. Man verwendet sie vielfach in Kombination mit Füllstoffen und Versteifungsmitteln, wie Quarzmehl, Glasgewebe und dergleichen zur Herstellung von Isolierkörpern, zum Ausgießen, Verkleben und Verfestigen von Wicklungen und Bauelementen, aber auch für massive tragende Bauteile in Konkurrenz zu metallischen Werkstoffen. Dabei werden z. B. in Verbindung mit Glasfasern Festigkeitswerte erreicht, die mit denen guter Stähle vergleichbar sind. Die Bilder 78 und 79 mögen einige Einblicke in die Verarbeitungstechnik bieten. Bild 78 zeigt, daß man bei Glasanteilen von 50 % schon in den Festigkeitsbereich hochwertiger Stähle kommt, Bild 79 beschäftigt sich mit einem vielfach auftretenden Problem der Kombinationstechnik, bei der u. a. metallische Bauteile in Gießharz eingebettet werden: Der Unterschied in den Ausdehnungskoeffizienten führt bei Temperaturwechsel leicht zu Rissen. Man sieht, wie weit sich durch Zugabe von Füllstoffen, z.B. Quarzpulver, die Ausdehnung eines Harzes, die meist um ein Vielfaches größer ist als die von Metallen, den letzteren angleichen läßt.

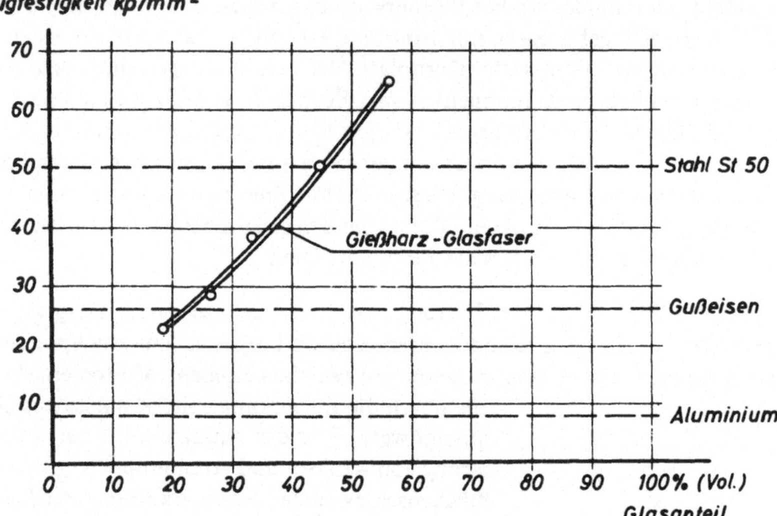

Bild 78. Zugfestigkeit von glasfaserverstärktem Gießharz und von Metallen

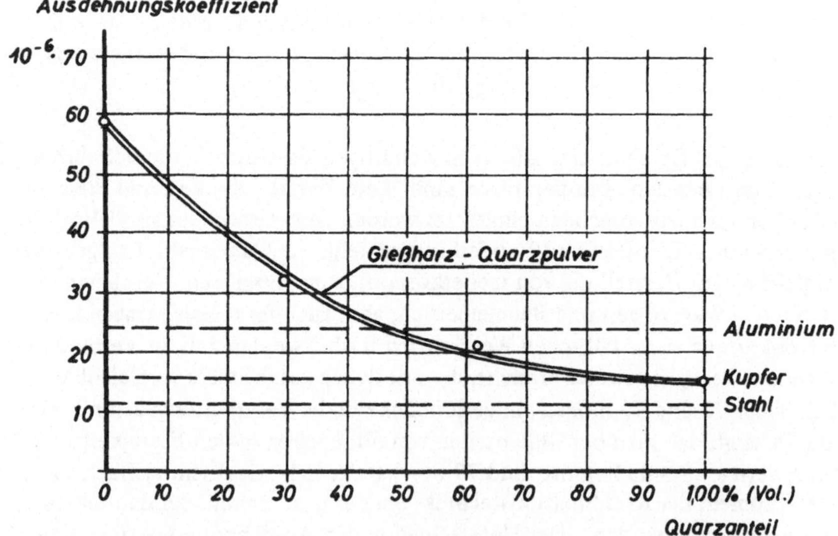

Bild 79. Ausdehnungskoeffizient von Gießharz-Quarz-Mischungen und von Metallen

18. Die Wärmeleitfähigkeit gebräuchlicher Werkstoffe

Bei Metallen und Halbleitern wurde gelegentlich auf die Bedeutung des Wärmeleitvermögens hingewiesen, z. B. bei Behandlung der Peltier-Kühlelemente. Nicht minder bedeutend ist diese Eigenschaft häufig bei Isolierstoffen, von denen man in vielen Anwendungsfällen verlangt, daß sie elektrisch möglichst schlecht oder gar nicht, thermisch dagegen möglichst gut leiten sollen. Beispielsweise muß die Verlustwärme, die im Innern von Spulen, Maschinen, Transformatoren und dgl. entsteht, an die Oberfläche gebracht und dort abgeführt werden, um Überhitzungen zu vermeiden. Der Weg dieses Wärmeflusses führt aber zwangsläufig durch die Isolierung hindurch. Das Eingießen von Wicklungen in Harz hat in diesem Zusammenhang vielfach nicht nur den Zweck einer mechanischen Festlegung, sondern man will zugleich die thermisch schlecht leitende ruhende Luft zwischen Wicklung und Gehäuse durch den besser leitenden festen Kunststoff verdrängen.

Bild 80 gibt eine Zusammenstellung von Zahlenwerten für die Wärmeleitfähigkeit der bisher behandelten Stoffgruppen. Sie wird bekanntlich analog zur elektrischen Leitfähigkeit definiert: Während diese als $\kappa = \dfrac{I}{l \cdot U}$ mit der Einheit $\dfrac{A}{m \cdot V} = \dfrac{S}{m}$ (Siemens/Meter) angegeben wird, erscheint die Wärmeleitfähigkeit als entsprechender Quotient $\lambda = \dfrac{P}{l \cdot \vartheta}$ (P=Leistung) mit der Einheit $\dfrac{W \text{ (Watt)}}{m \cdot \text{grad}}$ (die Wärmemenge, die in der Sekunde durch eine Fläche von 1 m^2 bei einem Temperaturgefälle von 1 grad/m hindurchströmt).

Wie schon früher bemerkt, wird bei den Metallen die Wärme durch die gleichen Leitungselektronen transportiert, die bei ihrer Bewegung auch den elektrischen Strom darstellen. Infolgedessen sind hier λ und κ einander proportional. Bild 80 bestätigt das, zeigt aber zugleich, daß der Sprung zu den meisten Halbleitern und Isolatoren im Wärmeleitvermögen viel geringer ist als in der elektrischen Leitfähigkeit. Auch liegt der bei Raumtemperatur elektrisch isolierende Diamant in der Wärmeleitung viel höher als das elektrisch relativ gut leitende (halbleitende) PbTe. Innerhalb der Gruppen der Halbleiter und der Isolatoren ist also die Reihenfolge nach elektrischer Leitfähigkeit geordnet ganz anders als nach dem Grade der Wärmeleitung. Hier ist es eben nicht die mehr oder minder kleine Anzahl von Leitungselektronen, die die Wärme weiterträgt, sondern die an der erwärmten Stelle angeregte Gitterschwingung, die sich als materielle Bewegung durch die Struktur hindurch fortpflanzt und dabei von ganz anderen Gegebenheiten abhängt. Wenn auch diese schwingungsfähigen Gitterbausteine fehlen, wie bei den Gasen, sind es nur noch Stoßprozesse, welche die kinetische Energie von den thermisch schneller bewegten Molekülen auf die langsameren, also von der heißeren zur kälteren Stelle, übertragen. Dann liegt das zugehörige λ je nach der Anzahl und freien Weglänge der stoßenden und gestoßenen Masseteilchen um ein bis zwei weitere Größenordnungen tiefer.

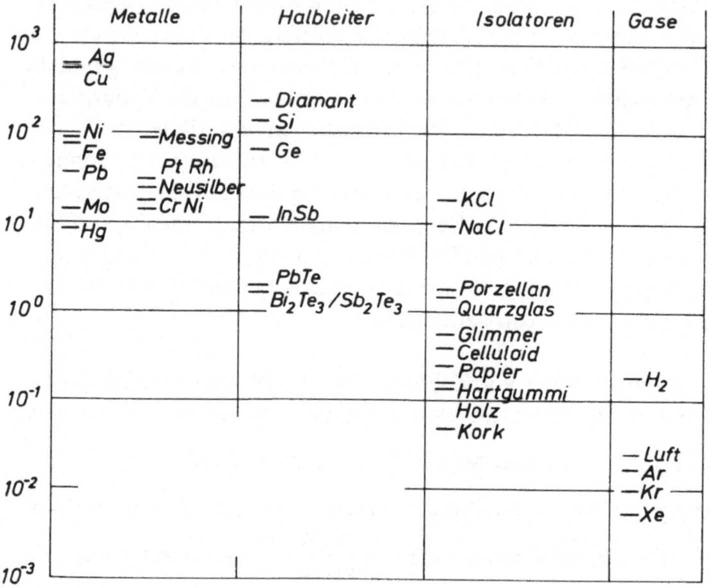

Bild 80. Wärmeleitfähigkeit λ verschiedener Stoffe in Watt $\cdot$ m^{-1} $\cdot$ grad^{-1} (s. Randbemerkung zu Tab. 9 und 10, Seite 130)

19. Magnetische Werkstoffe

19.1. Begriffe und Definitionen

Auch dieses Kapitel soll nicht alle einschlägigen Werkstoffe aufzählen und beschreiben, umso mehr aber die Gesichtspunkte herausstellen, nach denen man sie wertet und für die sehr unterschiedlichen Zwecke der Praxis auswählt oder zu verbessern sucht. Zur übersichtlichen Formulierung der Zusammenhänge und im Hinblick auf die später zu beschreibende Meßtechnik sei an einige Begriffe und Festlegungen von Dimensionen und Einheiten erinnert:

Am Anfang einer magnetischen Werkstoffkunde steht die bekannte Beziehung

$$B = \mu \cdot H = \mu_r \cdot \mu_0 \cdot H \qquad\qquad (1)$$

Dabei ist H die erregende Feldstärke, B die damit verknüpfte Flußdichte[1]) und μ_o eine dimensionsbehaftete Größe, die sogenannte magnetische Feldkonstante (oder Induktionskonstante), deren Zahlenwert vom verwendeten Maßsystem abhängt. Was für die folgenden Betrachtungen in erster Linie interessiert, ist die „Permeabilitätszahl" μ_r, die auf die Anwesenheit von Materie im Magnetfeld hinweist und die magnetischen Eigenschaften dieser Materie beinhaltet. Die (absolute) „Permeabilität" $\mu = \mu_r \cdot \mu_o$ stellt also das Produkt dar aus dieser werkstoffbedingten Permeabilitäts*zahl* und der Feldkonstanten.

Zur Definition der Einheiten und Meßgrößen diene zunächst die Gleichung (1) in der Form, wie sie für den leeren Raum gilt, in dem $\mu_r = 1$ ist:

$$B_o = \mu_o \cdot H \qquad\qquad (1a)$$

Die beiden Ausdrücke auf ihrer rechten und ihrer linken Seite sind die Ergebnisse zweier verschiedener Betrachtungsweisen ein und desselben Objektes, nämlich des Magnetfeldes: rechts steht seine erregende Ursache H, und zwar finden sich solche Felder ja als Begleiterscheinung von elektrischen Strömen, in der Elektrotechnik also in erster Linie in der Umgebung von stromdurchflossenen Spulen. H stellt sich demnach quantitativ dar als das Produkt aus einer Stromstärke I und einer Angabe über Anzahl und Lage von Windungen. Im einfachsten Fall eines homogenen Feldes im Innern einer Spule der Länge *l* mit der Windungszahl n wird dann angenähert:

$$H = I \cdot \frac{n}{l}\,, \text{ ausgedrückt in A/m oder A/cm} \qquad (2)$$

Wir messen also auf der rechten Seite der Gleichung mit *Strommesser* und Metermaß.

Auf der linken Seite wird im Gegensatz dazu nicht die primäre Ursache des Magnetfeldes, sondern seine sekundäre Wirkung betrachtet; das sind die Spannungsstöße, die beim Entstehen oder Vergehen der Felder in benachbarten Leitern, speziell in einer senkrecht und homogen durchsetzten Sekundärwicklung oder Meßspule *induziert* werden. Diese elektrischen Impulse stellen sich in allgemeiner Form dar als das Integral einer Spannung über der Zeit, und zwar ist, wenn n die Windungszahl der Meßspule und A die Größe der von ihr umrandeten Fläche bezeichnet, der induzierte Spannungsstoß

$$\int U \cdot dt = B \cdot n \cdot A.$$

Die damit definierte Flußdichte[1]) wird dann

$$B = \frac{\int U \cdot dt}{A \cdot n} \ \text{ in } \ \frac{Vs}{m^2} \qquad\qquad (3)$$

Auf der linken Seite der Gleichung (1a) messen wir also mit *Spannungsmesser* und Metermaß.

---

[1]) häufig als Induktion bezeichnet

Setzt man der Einfachheit halber die Windungszahl n = 1 und schreibt gemäß Gleichung (3) B · A = ∫ U · dt, so steht links der gesamte magnetische Fluß durch die Spulenfläche A. Bezeichnen wir ihn in üblicher Weise mit B · A = ϕ, so leitet sich daraus die bekannte differentielle Form des Induktionsgesetzes ab, $\frac{d\phi}{dt}$ = U, mit der Aussage, daß die induzierte Spannung in ihrem Absolutbetrag gleich der Änderungsgeschwindigkeit des Flusses ist.

Verwendet man die in den Gleichungen (2) und (3) benutzten Einheiten, so erscheinen die Größen der Gleichung (1a) links in V · s/m^2 und rechts in A/m. Dadurch sind Volt und Ampère über die Größe μ_0 miteinander sowie mit Meter und Sekunde verknüpft. Eine zweite Verbindung findet sich in der elementaren Definition:

$$1 \text{ Volt} \times 1 \text{ Ampère} = 1 \text{ Watt} (= 1 \text{ N} \cdot \text{m/s})$$

Beide Beziehungen zusammen liefern in Angliederung an das Maßsystem der Mechanik eine eindeutige Festlegung der Einheiten Volt und Ampère, sobald μ_0 quantitativ fixiert ist. Hierfür hat man sich in internationaler Übereinkunft auf den Zahlenwert $4\pi \cdot 10^{-7}$ geeinigt. Er stellt in möglichst enger Annäherung an früher gebräuchliche Definitionen und Größen der Einheiten einen absoluten, allgemein anerkannten Bezugspunkt dar. μ_0 hat dabei offensichtlich die Dimension von B_0/H, ausgedrückt in $\frac{Vs}{m^2} / \frac{A}{m} = Vs/Am$.

Gleichung (1a) lautet damit als Zahlenwertgleichung:

$$B_0 = 4\pi \cdot 10^{-7} \cdot H$$

Die Einheit, d. h. die Flußdichte B von 1 Vs/m^2 (1 Weber/m^2) bezeichnet man als 1 Tesla (T). In der Praxis wird man allen Anforderungen an Genauigkeit gerecht, wenn man $4\pi = 12{,}56$ setzt, also mit $\mu_0 = 1{,}256 \cdot 10^{-6}$ Vs/Am rechnet und in den genannten Einheiten schreibt: $B_0 = 1{,}256 \cdot 10^{-6} \cdot H$. Vielfach finden wir noch die früher allgemein gebräuchlichen Einheiten, für die Flußdichte (Induction) das Gauß (G) = 10^{-4} Tesla und für die Feldstärke das A/cm und das Oersted. Dabei ist 1 Oersted (Oe) = $\frac{1}{1{,}256}$ A/cm gesetzt. Dadurch wird der Zahlenwert von μ_0 gleich 1 und die Gleichung lautet: B_0 in Gauß = 1 · H in Oersted. Dieser Vorteil der einfacheren Formulierung wird aber mit dem Nachteil einer Abweichung von dem sonst in Physik und Technik üblichen Einheitensystem erkauft.

Nach diesen Festlegungen möge die Gleichung (1) Ausgangspunkt unserer weiteren Betrachtungen sein. Sie unterscheidet sich von der für den leeren Raum gültigen Beziehung (1a) durch die dimensionslose Permeabilitätszahl μ_r, die alles enthält, was die Anwesenheit von Materie in die Beziehung zwischen Feldstärke H und Flußdichte B hineinbringt. Wird z. B. die Flußdichte in einer leeren ringförmigen Spule, B_0, durch das Einbringen eines Eisenkerns um den Betrag J additiv verstärkt, so ist offenbar ihr Gesamtwert jetzt $B = B_0 + J$. Die vom Werkstoff, in diesem Falle vom Eisen, eingebrachte zusätzliche Flußdichte J bezeichnet man als seine *magnetische Polarisation*. Sie schreibt sich demnach:

$$J = B - B_0 = \mu_r \cdot \mu_0 \cdot H - \mu_0 \cdot H = (\mu_r - 1) \cdot \mu_0 \cdot H \tag{4}$$

Für $(\mu_r - 1)$ ist die Bezeichnung „magnetische Suszeptibilität" gebräuchlich mit dem Buchstaben κ, also $J = \kappa \cdot \mu_0 \cdot H$.

An dieser Stelle sei an die entsprechenden Verhältnisse im *elektrischen* Feld sowie die Ähnlichkeit der Zusammenhänge und Formulierungen erinnert: Dort ist bekanntlich im leeren Raum die „elektr. Flußdichte" oder „Verschiebungsdichte"

D_0 (gemessen in $\frac{As}{m^2}$) mit der Feldstärke E (gemessen in $\frac{V}{m}$) verbunden durch die Gleichung

$$D_0 \text{ in } \frac{As}{m^2} = \epsilon_0 \cdot E \text{ in } \frac{V}{m} .$$

Die entsprechende Gleichung des Magnetfeldes lautet:

$$B_0 \text{ in } \frac{Vs}{m^2} = \mu_0 \cdot H \text{ in } \frac{A}{m} .$$

Demnach stehen einander gegenüber:

Im elektrischen Feld	*Im magnetischen Feld*
E = Feldstärke in V/m	H = Feldstärke in A/m
D = elektr. Flußdichte in $\frac{As}{m^2}$	B = magn. Flußdichte in $\frac{Vs}{m^2}$ (Tesla)
Feldkonstante (Influenzkonst.) ϵ_0 in	Feldkonstante (Induktionskonst.) μ_0 in
$\frac{As}{m^2} / \frac{V}{m} = \frac{As}{Vm}$	$\frac{Vs}{m^2} / \frac{A}{m} = \frac{Vs}{A \cdot m}$
(Zahlenwert $8{,}9 \cdot 10^{-12}$)	(Zahlenwert $4\pi \cdot 10^{-7}$)

Für das Verhalten eines Werkstoffs in dem einen und in dem anderen Feld sind dann folgende Zahlen und Größen kennzeichnend:

Im elektrischen Feld	*Im magnetischen Feld*
$D = \epsilon_r \cdot \epsilon_0 \cdot E$	$B = \mu_r \cdot \mu_0 \cdot H$
Dielektrizitätszahl (Permittivitätszahl) ϵ_r	Permeabilitätszahl μ_r
Dielektrizitätskonst. (Permittivität) $\epsilon = \epsilon_r \cdot \epsilon_0$	Permeabilität $\mu = \mu_r \cdot \mu_0$
Elektrische Polarisation:	Magnetische Polarisation:
$P = D - D_0 = \epsilon_r \cdot \epsilon_0 E - \epsilon_0 \cdot E = (\epsilon_r - 1) \epsilon_0 \cdot E$	$J = B - B_0 = \mu_r \mu_0 H - \mu_0 \cdot H = (\mu_r - 1) \mu_0 \cdot H$
Elektr. Suszeptibilität $\chi = (\epsilon_r - 1)$	Magn. Suszeptibilität $\kappa = (\mu_r - 1)$

19.2. Diamagnetismus und Paramagnetismus

Eine Kennzeichnung aller bekannten Elemente und Verbindungen nach dem Wert ihrer Permeabilitätszahl μ_r oder auch ihrer Suszeptibilität κ ergibt zunächst, wenn man von Eisen, Nickel und Kobalt absieht, eine grobe Einteilung in zwei Gruppen: die diamagnetischen Stoffe, bei denen $\mu_r < 1$, $\kappa = (\mu_r - 1)$ also negativ ist und die paramagnetischen mit einem $\mu_r > 1$, d. h. positivem κ. In beiden Fällen handelt es sich nur um eine sehr schwache magnetische Polarisation, κ ist also sehr klein, die Permeabilitätszahlen μ_r unterscheiden sich kaum von 1,00. Abweichungen machen sich erst nach mehreren Stellen hinter dem Komma bemerkbar.

Eine qualitative Deutung ergibt sich wie folgt: Nach bekannten Modellvorstellungen kreisen im Innern der Atome aller Stoffe Elektronen in verschiedenen Ebenen und Richtungen um positiv geladene Kerne. Gleichzeitig rotieren sie dabei um ihre eigene Achse. Der Umlauf in der Bahn sowie der eigene Drehimpuls (Spin) liefern, wie alle Kreisströme, jeweils ein magnetisches Moment. In *diamagnetischen Stoffen* sind jedoch in der Gesamtheit der Elektronen diese Bewegungen paarweise gegenläufig gerichtet, so daß sich ihre magnetischen Wirkungen untereinander aufheben und das Atom nach außen unmagnetisch erscheint. Durch den Einfluß eines äußeren Magnetfeldes auf diese atomaren Kreisströme werden aber in Mikrobereichen zusätzliche Momente induziert, die dem erregenden Feld entgegengerichtet sind, es also abschwächen: daher negative Suszeptibilität κ, die Permeabilitätszahl $\mu_r < 1$. Dieses von 1 wenig abweichende *diamagnetische* μ_r ist eine echte, für den jeweiligen Stoff kennzeichnende Konstante, die unabhängig von der Größe des erregenden Feldes ist und sich auch mit der Temperatur nicht ändert. Die Gleichung (1) stellt also hier mit konstantem μ_r eine Gerade dar. In diese Gruppe gehören z. B. Kupfer, Wismut, Wasserstoff, aber auch Verbindungen, wie H_2O, NaCl und andere.

Bei den *paramagnetischen* Stoffen wird — ähnlich wie bei Substanzen mit Dipolcharakter im elektrischen Feld- in erster Näherung die Vorstellung richtig sein, daß sie Atome enthalten, deren innere Kreisströme sich nicht nach außen kompensieren, sondern schon im Normalzustand ein permanentes magnetisches Moment erzeugen. Bei Anlegen eines äußeren Magnetfeldes tritt zwar auch hier der bei den diamagnetischen Stoffen angedeutete Effekt ein, daß nämlich durch *induzierte* Momente eine negative Suszeptibilität κ erzeugt wird; er wird aber dadurch überdeckt, daß zugleich die *vorhandenen* Momente sich zur Feldrichtung hin drehen, so daß sie die Flußdichte verstärken: $\kappa > 0$, $\mu_r > 1$. Auch dieses *paramagnetische* μ_r ist im Bereich technisch herstellbarer Magnetfelder eine von der äußeren Feldstärke unabhängige Konstante, die allerdings mit steigender Temperatur allmählich abnimmt. Zu dieser Gruppe gehören z. B. Aluminium, Platin, Sauerstoff und andere.

19.3. Der Ferromagnetismus und Ferrimagnetismus

19.3.1. Grundsätzliches über Aufbau und Eigenschaften ferromagnetischer Werkstoffe

Die diamagnetischen oder paramagnetischen Eigenschaften gebräuchlicher Elemente und Verbindungen sind für die Elektrotechnik im allgemeinen nicht von unmittelbarem Interesse. Trotzdem wurden sie hier kurz skizziert, um in Gegenüberstellung dazu die wichtige Gruppe der ferromagnetischen und der ferrimagnetischen Werkstoffe in ihren Merkmalen klarer kennzeichnen und abgrenzen zu können.

Die Ferromagnetika verdanken ihre besondere Rolle in der Technik bekanntlich der Tatsache, daß ihre Permeabilitätszahl $\mu_r \gg 1$ sein und Werte bis zu 10^6 annehmen kann. Typisch ist dabei, daß im Gegensatz zum paramagnetischen und diamagnetischen Fall dieses ferromagnetische μ_r keineswegs als *Materialkonstante* auftritt, sondern in hohem Maße von der Feldstärke und der Temperatur sowie auch von der Vorgeschichte des Werkstoffs abhängt. Dementsprechend wird das Bild der Gleichung (1) jetzt nicht mehr eine Gerade, da μ_r nicht konstant, sondern selbst eine zunächst undefinierte Funktion von H ist. Der Zusammenhang zwischen Flußdichte und Feldstärke stellt sich demnach in mannigfach gestalteten Kurven dar, die im Einzelfall nur empirisch zu bestimmen sind. Einige typische Beispiele werden in den folgenden Kapiteln gezeigt und erläutert.

19.3.1.1. Weiss'sche Bezirke und Blochwände

Um zu einer Erklärung und Beherrschung der Zusammenhänge zu kommen, geht man von der Erfahrung aus, daß es niemals einzelne Moleküle und Atome sind, denen wir die charakteristischen Eigenschaften des Ferromagnetismus zuschreiben können. Vielmehr zeigen sich in solchen Werkstoffen stets wesentlich größere, mikroskopisch oder sogar makroskopisch sichtbare Kristallbereiche, innerhalb deren spontan, also schon ohne äußeres Magnetfeld, alle elementaren magnetischen Momente durch Kopplungskräfte zwischen benachbarten Atomen einheitlich ausgerichtet sind. Sie schwenken daher nicht unabhängig voneinander, sondern in mehr oder minder großer Anzahl durch gemeinsame Umklapp- oder Drehprozesse auf ein von außen angelegtes Feld ein. Das heißt, einzelne Atome und Moleküle können immer nur diamagnetisch oder paramagnetisch sein, der Ferromagnetismus aber hat als kleinste Einheit größere Komplexe von Gitterbausteinen im Innern der Festkörperstruktur. Infolgedessen gibt es keine ferromagnetischen Gase oder reine Flüssigkeiten, sondern nur feste Körper, wie Eisen, Nickel und Kobalt, deren einzelne Atome, z. B. als Ionen in Lösungen, bestenfalls paramagnetisch sein können und erst beim Zusammentritt zu bestimmten Gitterstrukturen ferromagnetische Bezirke bilden. Charakteristisch ist andererseits, daß auch manche Elemente, die für sich allein nur Diamagnetismus oder Paramagnetismus zeigen, als feste Legierungen in Kombination miteinander zu einem ferromagnetischen Gefüge erstarren, wie z. B. Mangan mit Kupfer.

14 Guillery

Ferromagnetische Werkstoffe sind also gemeinsam dadurch gekennzeichnet, daß jeder ihrer Kristallite in größere oder kleinere Bereiche mit gruppenweise gleichgerichteten magnetischen Momenten unterteilt ist. Durch Aufbringen einer kolloidalen Suspension feinster Fe_2O_3-Teilchen lassen sich diese „Weiss'schen Bezirke" (nach *P. Weiss*) mikroskopisch sichtbar machen. Sie haben offenbar die Form von Würfeln, Quadern oder Lamellen, deren lineare Abmessungen normalerweise in der Größenordnung von 0,1 mm liegen. Je nach Reinheit des Materials und Größe der Kristallite können sie aber auch wesentlich darüber hinausgehen. Ihre Ausbildung und Veränderung während des Auf- und Abmagnetisierens ist so bedeutungsvoll für das Verständnis dieser Vorgänge, daß wir sie in der Form, wie sie etwa im Eisen sich abspielen, etwas näher betrachten wollen.

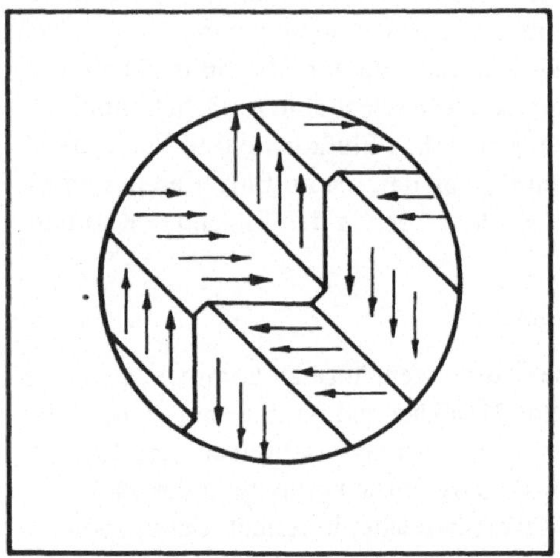

Bild 81
Würfel-Ebene mit Weiss'schen Bezirken

Eisen kristallisiert bekanntlich in kubischer Elementarzelle. Im Rahmen dieser Würfelgitter-Struktur kommt beim Auftreten des Ferromagnetismus ein weiteres Ordnungsprinzip hinzu, nämlich die bezirksweise gemeinsame Ausrichtung der atomaren magnetischen Momente. Im Fall des Eisens vollzieht sich nach der Erstarrung bei weiterer Abkühlung im Wandel vom γ- über das β- zum α-Gitter (Kapitel 4.2.) innerhalb jedes einzelnen Kristalliten die Ausbildung dieser Weiss'schen Bezirke mit einer Orientierung der Elementarmagnete. Letztere stellen sich dabei parallel zu den kristallographisch schon vorgegebenen Würfelkanten. Bild 81 zeigt schematisch eine solche Würfelfläche und darin in einem vergrößerten Ausschnitt die Lage der Bezirke unterschiedlicher Ausdehnung mit ihren verschiedenen magnetischen Vorzugsrichtungen (Pfeile). Da alle magnetischen Momente parallel zu den Würfelkanten stehen, sind sie in ihrer Orientierung entweder um 90° oder 180° gegeneinander verdreht.

Die dazwischen liegenden Striche sind dünne Übergangsschichten, die sogenannten Blochwände(nach *F. Bloch*),mit einer Dicke von 100 bis 1000 Atomabständen, innerhalb deren die atomaren Magnete in schraubenförmiger Anordnung aus der einen Richtung in die andere übergehen (Bild 82a).

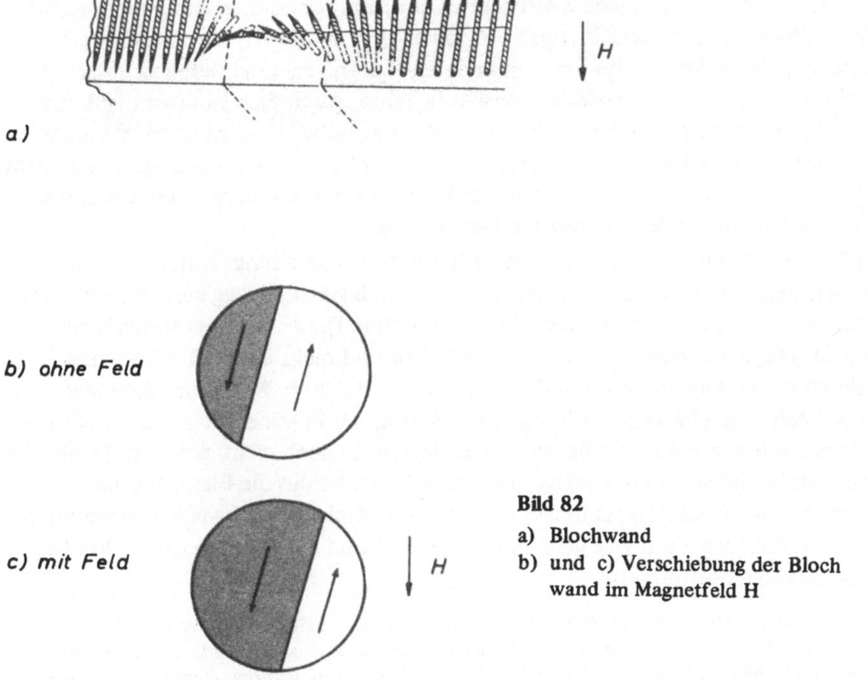

Bild 82
a) Blochwand
b) und c) Verschiebung der Bloch
wand im Magnetfeld H

19.3.1.2. Die Vorgänge bei der Auf- und Abmagnetisierung (Wandverschiebungen, Drehprozesse, Magnetostriktion)

In einem normalen Werkstück, also einem Konglomerat unregelmäßig und ohne gemeinsame Orientierung neben- und übereinander gewachsener Kristallite, treten die magnetischen Vorzugsrichtungen der zahlreichen ungeordneten Weiss'schen Bezirke nach außen ebenso wenig in Erscheinung wie andere Merkmale der Kristallanisotropie. Das Material erscheint unmagnetisch. Was geschieht, wenn es einem langsam anwachsenden äußeren Magnetfeld ausgesetzt wird, das z. B. in unserem Bild 82a vertikal von oben nach unten zielt? Für die Elementarmagnete in der linken Hälfte des Bildes, deren Orientierung nur wenig von dieser Feldrichtung H abweicht, ist das noch

kein Grund, sich zu drehen. Denn ihre Lage ist ihnen ja durch die innere Struktur
des Kristalles entlang der Würfelkante vorgeschrieben und sie müssen daher bei einer
Veränderung bindende Kräfte überwinden. Das heißt, daß Zwischenrichtungen, die
nicht mit einer der Würfelkanten des Kristalliten übereinstimmen, nur widerstrebend
eingenommen werden. Einem stärkeren Angriff dagegen sind die Magnete der rechten
Hälfte ausgesetzt, die dem Feld fast um $180°$ entgegenstehen. Sie geben diesem Zuge
nach, vermeiden aber auch jede Zwischenrichtung und schwenken daher nicht exakt
in die Feldlinien ein, sondern klappen um genau $180°$ in die kristallographische Vorzugsrichtung der linken Hälfte um; mit anderen Worten, sie orientieren sich nach der
der Feldrichtung am nächsten liegenden Würfelkante. Auch dieses tun sie nicht alle
gleichzeitig, sondern zuerst die der Blochwand unmittelbar benachbarten, die anderen erst später bei weiterem Anwachsen des äußeren Feldes. Die Blochwand verschiebt
sich gleichsam von links nach rechts, der linke Bezirk mit den nach unten gerichteten
Spitzen wächst auf Kosten des rechten Bezirkes an.

Bild 82b/c zeigt den Vorgang wieder in verkleinerter Darstellung; Unter dem Einfluß
von H wandert die Wand nach rechts, der magnetisch günstiger liegende Bereich vergrößert sich auf Kosten des entgegengesetzt orientierten. Dieser wird bei weiterer Steigerung der Magnetisierung von dem anderen mehr und mehr aufgezehrt und muß
schließlich verschwinden, mit ihm die Blochwand. Auf diese Weise wird dann der
ganze Kristallit ein einheitlicher Weiss'scher Bezirk, der in seiner magnetischen Orientierung der äußeren Feldrichtung zwar nahe liegt, aber noch nicht gleich ist. Dann
erst werden bei noch weiterer Steigerung des äußeren Feldes die Elementarmagnete
aus ihrer den Würfelkanten parallelen Lage hinausgedreht und schwenken gemeinsam
auf die Feldrichtung zu, bis sie ganz in dieser liegen und damit ein magnetischer Sättigungszustand eingetreten ist.

Prinzipiell müßte auch in paramagnetischen Stoffen ein solcher Sättigungszustand erreichbar
sein, bei dem alle atomaren Magnete in die äußere Feldrichtung eingestellt sind. Hierzu wären
aber im allgemeinen Feldstärken erforderlich, die über dem liegen, was sich technisch erreichen
läßt. Im ferromagnetischen Fall dagegen ist durch die bereits spontan eingetretene Ordnung und
gemeinsame Vororientierung in den Weiss'schen Bezirken das weitere Magnetisieren erleichtert,
so daß sie sich mit praktisch darstellbaren Feldern bis zu Sättigung treiben läßt.

In kleinen äußeren Feldstärken sind die Bewegungen der Blochwände reversibel.
Sie wandern bei wechselnder Erregung ohne merklichen Widerstand vor und zurück.
Bei stärker werdender Magnetisierung, also größeren Wegen, können sie aber durch
Fremdbeimengungen, Verspannungen oder sonstige Gitterstörungen behindert
werden: sie werden verzögert, bleiben hängen und rücken dann wieder sprunghaft
vor, was zu entsprechenden ruckartigen Änderungen der Flußdichte führt. Diese
„Barkhausen"-Sprünge in der Magnetisierungskurve sind auf mannigfache Weise
wahrnehmbar. Insbesondere kommt es dabei zur „Hysterese", d.h. im Rückgang
des äußeren Feldes nimmt die Flußdichte nicht ihre Ausgangswerte ein, sondern
behält relativ überhöhte Beträge bei.

Die Richtungsänderung der spontanen Magnetisierung im Innern des Werkstoffes, die bei der Aufmagnetisierung vor sich geht, führt zugleich zu einer Änderung der äußeren Abmessungen, der *Magnetostriktion*. Ein Nickelstab beispielsweise, der in seiner Längsrichtung magnetisiert wird, erfährt dabei eine Verkürzung, während er sich im Querschnitt etwas aufweitet. Ein Eisenstab zeigt den entgegengesetzten Effekt. Er wird im longitudinalen Magnetfeld etwas länger und dünner. Umgekehrt ist zu erwarten, daß mechanische Zug- und Druckspannungen, die die Atomabstände reversibel oder irreversibel verändern, auch die Magnetisierbarkeit eines Werkstückes beeinflussen. Das ist in der Tat häufig in starkem Maße der Fall.

Im Zustand der Sättigungsmagnetisierung liegt die Magnetostriktion als relative Längenänderung $\frac{\Delta l}{l}$ bei den meisten ferromagnetischen Stoffen in der Größenordnung 10^{-4} bis 10^{-5}. Im Wechselfeld äußert sie sich in Form von mechanischen und akustischen Schwingungen, sinnfällig z. B. im Brummgeräusch von Transformatoren. Andererseits dienen entsprechend geformte magnetostriktive Schwinger als Sender für Schall- und Ultraschallwellen.

19.3.2. Antiferromagnetismus und Ferrimagnetismus

Vor einer Besprechung weiterer Einzelheiten sei das Gegenstück zum Ferromagnetismus behandelt: der Antiferromagnetismus. Auch er ist technisch interessant. Kommt der Ferromagnetismus dadurch zustande, daß die atomaren Elementarmagnete sich bezirksweise spontan gleichmäßig ausrichten, so stehen bei antiferromagnetischen Stoffen die magnetischen Momente benachbarter Atome abwechselnd um 180° entgegengesetzt, also antiparallel. Die Kristallstruktur solcher Antiferromagnetika kann man sich aus zwei ineinandergeschachtelten Teilgittern zusammengesetzt denken, von denen jedes für sich einheitliche Orientierung der Momente hat, die aber gegenüber der des anderen um 180° verdreht ist. Bild 83a und b zeigt das schematisch am Beispiel eines kubisch-raumzentrierten Gitters, das als Kombination aus zwei ineinandergestellten Teilgittern mit parallelen bzw. antiparallelen Bezirken aufzufassen ist. Die Würfelecken des einen liegen in den Schnittpunkten der Raumdiagonalen des anderen. Statt der Atome sind in den jeweiligen Gitterpositionen nur ihre magnetischen Momente eingezeichnet: Bild 83a zeigt einen ferromagnetischen Bereich (Eisen), b einen antiferromagnetischen, dessen resultierendes magnetisches Moment offensichtlich Null ist.

Ein bekannter antiferromagnetischer Stoff ist das MnO. Weitere Beispiele finden sich bei den seltenen Erden und manchen Verbindungen.

Technisch interessant werden solche Strukturen, wenn die beiden Teilgitter zwar gegenläufig ausgerichtet, aber im absoluten Betrag ihrer Momente verschieden sind. Bild 83c zeigt ein solches Schema. Hier überwiegen die nach oben gerichteten Momente die abwärtszeigenden, es bleibt also für den Gesamtbereich ein Überschuß im

Sinne der schwarzen Pfeile. Solche Stoffe, deren spontane Magnetisierung eine Differenz darstellt aus den verschieden starken Teilbeträgen zweier antiparalleler Gruppen von Elementarmagneten, bezeichnet man als *„ferrimagnetisch"*. Zu ihnen gehören vor allem die meisten Ferrite. Das sind Verbindungen mit der allgemeinen Formel $MeO \cdot Fe_2O_3$, wo Me ein zweiwertiges Metall darstellt, z. B. Ni, Zn, Mn, Mg, Fe, Cu, Co, Ba, Sr u. a. (nicht zu verwechseln mit dem Ferrit des Kapitels 4.2, dem praktisch kohlenstofffreien α-Eisen). Ihre Eigenschaften ähneln weitgehend denen der Ferromagnetika, jedoch haben sie eine geringere Sättigungspolarisation entsprechend den kleineren, nur aus Differenzbeträgen resultierenden Momenten ihrer Bereiche. Trotzdem sind sie aus verschiedenen Gründen von großer technischer Bedeutung. Spätere Kapitel bringen entsprechende Hinweise.

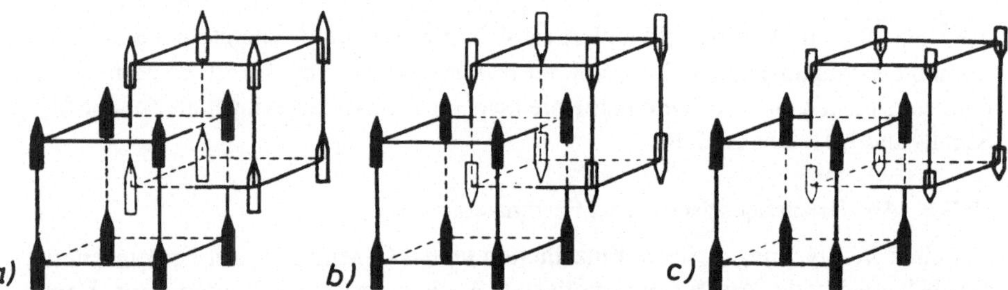

Bild 83. Schema zur Beschreibung antiferromagnetischer und ferrimagnetischer Werkstoffe. a) ferromagnetische, b) antiferromagnetische Ordnung der atomaren magnetischen Momente in einem kubisch raumzentrierten Kristallgitter. – c) Schema zur Beschreibung ferrimagnetischer Stoffe

19.4. Definition und meßtechnische Erfassung der Eigenschaften magnetischer Werkstoffe

19.4.1. Die Magnetisierungskurve

Quantitativ wird das Verhalten magnetischer Werkstoffe in einem äußeren Feld vor allem ersichtlich durch die Magnetisierungskurve und die Hystereseschleife. Die erstere, „Neukurve", stellt die Aufmagnetisierung eines vorher völlig unmagnetischen, z.B. frisch ausgeglühten Materials dar, und zwar meist die Flußdichte B in Abhängigkeit von der Feldstärke H, also den Zusammenhang der Gleichung (1). Meßobjekt ist im Idealfall ein homogener magnetischer Kreis, etwa in Form eines fugenlosen Ringes, der mit einer Erregerspule bewickelt ist (4 in Bild 84). Mit einer Stromstärke I aus der Spannungsquelle 1 beschickt, liefert diese bei bekannter Windungszahl n die Feldstärke $H = \dfrac{I \cdot n}{l}$ wobei l der Umfang des Ringes 4 ist. Beim Einschalten des Stromes ergibt sich die zugehörige Flußdichte $B = \dfrac{\int U \cdot dt}{A \cdot n'}$ als Spannungsstoß in der Sekundärspule (Windungszahl n'), die den Querschnitt A des Ringes eng umschließt.

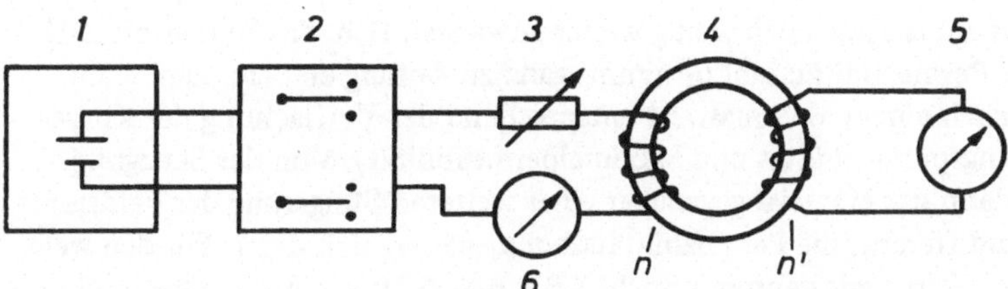

Bild 84. Meßanordnung zur Aufnahme der Magnetisierungskurve oder der Hystereseschleife

1 Stromversorgung
2 Polwender
3 Regelwiderstand

4 Probetransformator, z. B. Ring oder Epstein-Rahmen (S. 218)
5 Flußmesser
6 Strommesser zur Feldstärke-Einstellung

Zur Messung dient dabei ein ballistisches Galvanometer oder ein Kriechgalvanometer (Flußmesser, 5 in Bild 84). Schrittweises Steigern des Spulenstromes und damit der Feldstärke liefert beim jeweiligen Hinzuschalten der Steigerungsbeträge $(\Delta H)_1$, $(\Delta H)_2$ usw. gemäß Bild 85 die dazugehörigen Einschaltstöße, also die Werte $(\Delta B)_1$, $(\Delta B)_2$ usf. So erhält man stufenweise die ganze Kurve. In ihrer typischen Gestalt, in der sie hier abgebildet ist, zeigt sie zunächst bei kleinem H ein allmähliches, dann steileres Ansteigen der Flußdichte B, die schließlich, wenn das Material

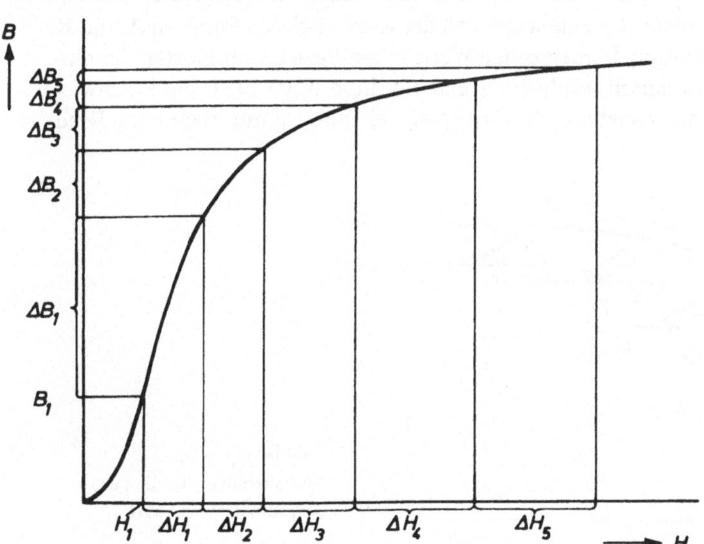

Bild 85. Magnetisierungskurve

magnetisch gesättigt ist, nur noch wenig weiter anwächst. D.h. das Verhältnis B/H und mit ihm die Permeabilitätszahl μ_r nimmt ganz zu Anfang erst langsam, dann rascher zu und nach einem Maximalwert entsprechend der Verflachung der Kurve wieder ab (Anfangspermeabilität und Maximalpermeabilität). Von der Sättigung an verhält sich dann das Material gegenüber einer weiteren Steigerung der Feldstärke magnetisch indifferent, die Permeabilitätszahl μ_r nähert sich der 1. Für den weiteren Anstieg der Kurve gilt dann nur noch $\Delta B = \mu_o \cdot \Delta H$, wie für den leeren Raum.

Nicht selten wird statt der Flußdichte B als reine Materialeigenschaft die Polarisation J des Werkstoffs in Abhängigkeit von H aufgetragen. J ist gegenüber B lt. Gleichung (4) S. 207 nur um den auf den leeren Raum bezüglichen Differenzbetrag $B_o = \mu_o \cdot H$ kleiner. Im unteren und mittleren Bereich der Magnetisierung, also bei $\mu_r \gg 1$, ist der Zuwachs an magnetischer Polarisation des Materials so überwiegend, daß die Flußdichte des leeren Raumes ganz dagegen zurücktritt. Die Kurven B = f (H) und J = f (H) fallen hier also praktisch zusammen. Erst bei Annäherung an die Sättigung, wenn μ_r kleiner wird, beginnen sie, sich zu trennen. Die J-Kurve, die nur den materialbedingten Teil der Flußdichte darstellt, steigt nach Erreichen der Sättigung nicht weiter an, sondern verläuft exakt parallel zur H-Achse. Die B-Kurve zeigt jedoch weiterhin eine allmähliche Steigung, da sie noch den auf den leeren Raum bezüglichen Anteil $B_o = \mu_o \cdot H$ als Summanden enthält.

Bild 86 zeigt eine solche Magnetisierungskurve J = f (H); daneben sind die verschiedenen Stadien der magnetischen Polarisation angedeutet. An einer Würfelfläche in einem Felde H, das entsprechend den Pfeilen von links nach rechts gerichtet ist, erkennt man, wie zunächst im steileren Teil der Kurve bei den Punkten A und B die mehr zur Feldrichtung hinneigenden Weiss'schen Bezirke auf Kosten der entgegengerichteten anwachsen; schließlich sind auf diese Weise bei C die Blochwände verschwunden und mit zunehmender Sättigung bei D und E nur noch reine Drehprozesse im Spiel.

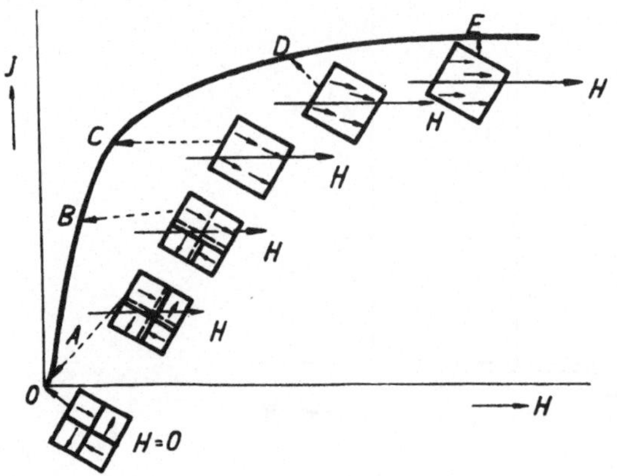

Bild 86
Die einzelnen Stadien der
Magnetisierungskurve

19.4.2. Die Hystereseschleife und die Hystereseverluste

Daß nach stärkerer Magnetisierung die Blochwände nicht ungehindert in ihre Ausgangslage zurückkehren, die Flußdichte also bei Rückgang der Feldstärke teilweise im Material steckenbleibt, wurde erwähnt. Stellt in Bild 87 Kurve 1 die Magnetisierung eines durch die Feldstärke H_1 bis zur Flußdichte B_1 erregten Werkstoffes dar, so liegen mit allmählich wieder abnehmender Feldstärke die zu jedem H gehörigen B-Werte höher als vorher beim Aufmagnetisieren. Sie durchlaufen dann z. B. die Kurve 2. Insbesondere ist bei H = 0 noch ein mehr oder minder erheblicher Restbetrag der Flußdichte als „Remanenz" B_r im Material zurückgeblieben. Um sie ebenfalls wieder zum Verschwinden zu bringen, bedarf es einer umgekehrten Erregung – H_c, der sogen. *Koerzitiv-Feldstärke*. Fortschreitende Ummagnetisierung führt bei – H_1 zur Flußdichte – B_1 und bei abermaligem Rückgang auf 0 und Vorzeichenwechsel von H zu einem in sich geschlossenen Linienzug, der *Hystereseschleife*, die bei Erregung mit Wechselstrom immer wieder durchlaufen wird. Da die Form der Hystereseschleife eines Werkstoffes maßgebend für seine technische Verwendbarkeit ist, sei hier zunächst das Wesentliche der dazugehörigen Meßtechnik kurz geschildert.

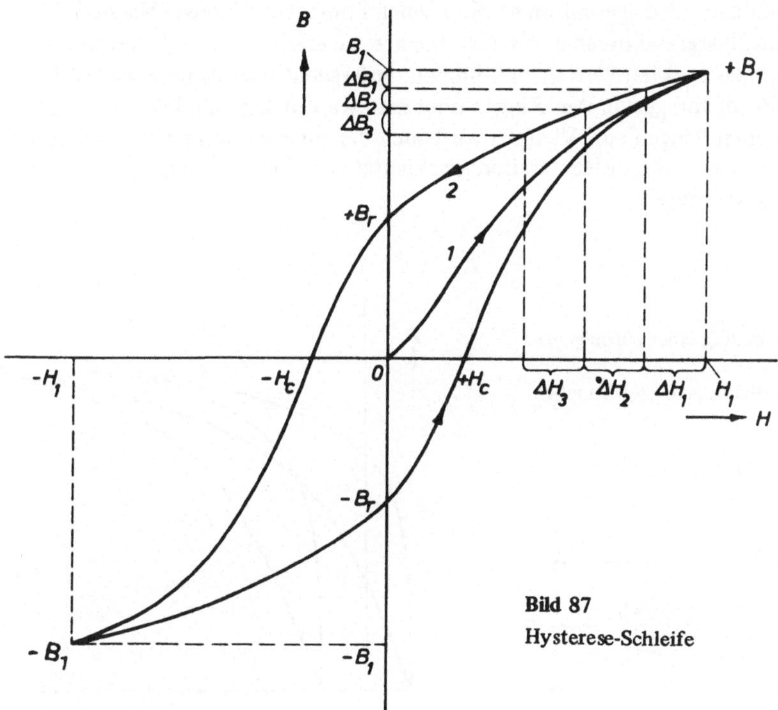

Bild 87
Hysterese-Schleife

Anhand der Bilder 84 und 85 wurde beschrieben, wie man durch schrittweises Hinzuschalten eines Steigerungsbetrages des Erregerstromes, also der Feldstärke, die
einzelnen dazugehörigen B-Werte und damit die Punkte der Magnetisierungskurve
erhält. Auf diese Art sei z. B. die Kurve 1 in Bild 87 entstanden. Beim stufenweisen
Zurückschalten um die gleichen Beträge $(\Delta H)_1$, $(\Delta H)_2$ usw. gibt es kleinere Spannungsstöße infolge der im Material steckengebliebenen Flußdichte, der Hysterese,
d. h. es ergeben sich nur die Differenzbeträge $(\Delta B)_1$, $(\Delta B)_2$ usw. Man kommt auf
diese Weise von der Magnetisierungskurve auf dem Rückweg zur punktweisen sta-
tischen Aufnahme der Hystereseschleife.

Das Meßobjekt ist in der voraufgegangenen Darstellung ein fugenlos in sich geschlos-
sener Ring aus dem zu untersuchenden Werkstoff. Wird er durch einen Luftspalt
unterbrochen oder im Extremfall zu einem geraden Stab aufgebogen, so bilden sich
an dessen Enden bekanntlich Pole, von denen zusätzliche Kraftlinien in den Raum
ausgehen (Bild 88a). Diese überlagern sich gegenläufig dem äußeren Feld und führen so zu einer teilweisen „Entmagnetisierung“. Das wahre innere Feld ist dadurch
um den Betrag dieser entmagnetisierenden Feldstärke kleiner als das äußere erregende Feld. Die zu den einzelnen Werten der äußeren Feldstärke gemessenen Flußdichten liegen daher niedriger als im geschlossenen homogenen Kreis: Magne-
tisierungs- und Hysteresekurven erscheinen flacher, sie erfahren eine „Scherung“
(Bild 88b). Um zu exakten Werten zu kommen, untersucht man daher z. B. Bleche
entweder in Form von gestanzten Ringen oder man wickelt schmale Bänder zu in
sich geschlossenen Ringen auf. Vielfach wird auch der sogenannte Epstein-Rahmen
verwendet, ein aus geraden Blechstreifen geschichtetes und überlappend zusammen-
geschachteltes Rechteck.

Bild 88

a) Entmagnetisierung eines aufmagneti-
   sierten Stabes
· b) Hystereseschleife, gemessen an einem
   Ring:
   1 ohne
   2 mit Luftspalt (Scherung)

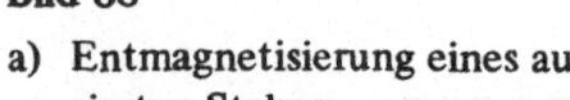
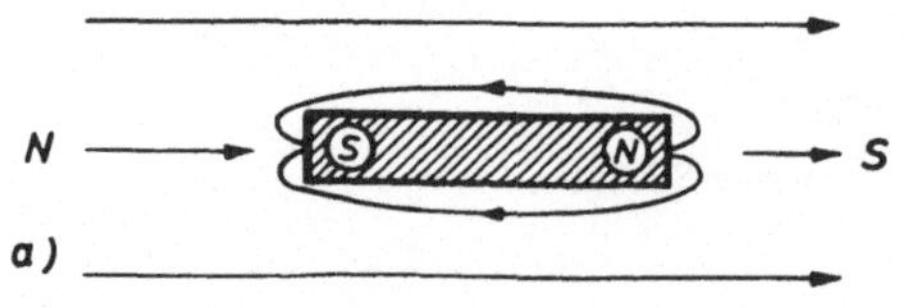
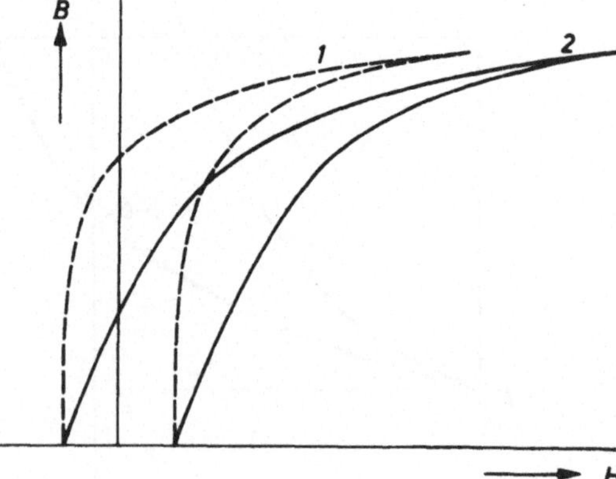

Permeabilität, Sättigung, Remanenz und Koerzitivfeldstärke sind die ins Auge springenden Werte, die sich aus Magnetisierungskurve und Hystereseschleife ablesen lassen. Die Form der letzteren liefert eine weitere wesentliche Bestimmungsgröße zur Bewertung magnetischer Werkstoffe: die *Hystereseverluste*. Sie beinhalten die Tatsache, daß bei Erregung mit Wechselstrom Aufbau und Rückgang der Flußdichte mit dem Überwinden von Hindernissen im Material verbunden sind. Das bedeutet einen verlorenen Energieaufwand, der sich in Erwärmung äußert. Anhand des Bildes 89 finden wir dazu folgendes: Es sei als bekannt vorausgesetzt, daß die Energiedichte eines Magnetfeldes oder die Arbeit, die man braucht, um es zu erzeugen, durch den Ausdruck $\int H\,dB$ dargestellt wird, wobei das Integral über den ganzen Verlauf des Magnetisierungsvorganges von Null bis zum Endwert der Flußdichte zu erstrecken ist. Der Linienzug 0 bis P stelle ein Stück der Magnetisierungskurve eines . ferromagnetischen Werkstoffes dar. Gäbe es keine Hysterese, würde bei Rücknahme der Feldstärke von H_1 bis 0 die Magnetisierungskurve von P bis 0 rückläufig durchwandert. Die vorher aufgebrachte magnetische Energie, dargestellt als $\int H\,dB$, also durch die Fläche $0\,P\,B_1$, käme in Form eines entsprechenden Spannungsstoßes völlig an die Feldspule zurück. Verläuft aber der Rückweg entlang der Hystereseschleife $P\,B_r$, so wird nur der zur Fläche $P\,B_r\,B_1$ gehörige Energiebetrag zurückfließen, der zwischen den Kurvenstücken $P - B_r$ und $P - 0$ vorhandene Rest dagegen im Material steckenbleiben. Fortführung dieses Gedankenganges führt zu der Erkenntnis, daß beim völligen Durchlaufen einer ganzen Schleife gemäß Bild 87 von $+B_1$ nach $-B_1$ und zurück die gesamte umschlossene Fläche ein Maß für die im Werkstoff verbliebenen und dort in Wärme umgesetzten Energieverluste ist. Bei periodischem Wechsel fällt dieser Betrag bei jedem Umlauf an, vervielfacht sich also *linear* mit der *Frequenz*. Seine Dimension und Einheit ergibt sich aus dem

Produkt $H \cdot dB$, wenn H in A/m und B in V s/m² gemessen ist, zu $\dfrac{V \cdot A \cdot s}{m^3}$, d.h.

$W \cdot s/m^3$. Die Hysteresverluste pro sec. erscheinen also bei periodischen Vorgängen

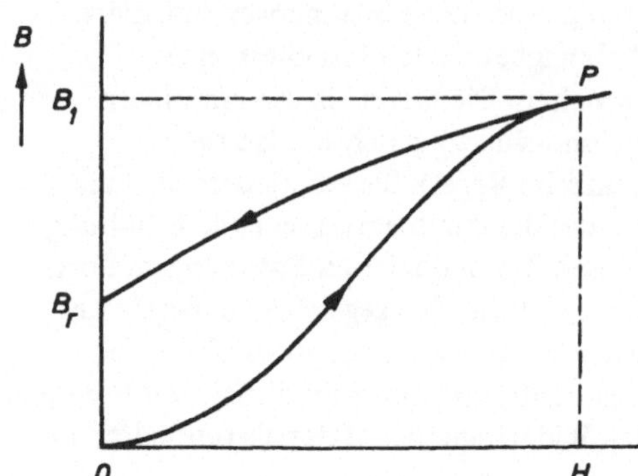

Bild 89
Zur Erläuterung der Hysterese-Verluste

als eine Leistung ausgedrückt in Watt, bezogen auf die Volumeneinheit oder bei bekannter Dichte auf die Masseneinheit des Materials in W/kg. Das Meßverfahren besteht einfach im Ausplanimetrieren der von der Hystereseschleife umschlossenen Fläche und Multiplikation mit der Frequenz.

Die Form der Schleife hängt stark von der Maximal-Flußdichte ab, bis zu der sie ausgefahren wird. Bild 90 zeigt schematisch einige Beispiele. Die Hystereseverluste (Flächeninhalte) wachsen dabei im Bereich zwischen 1 und 2 T ungefähr mit dem Quadrat der maximalen Flußdichte.

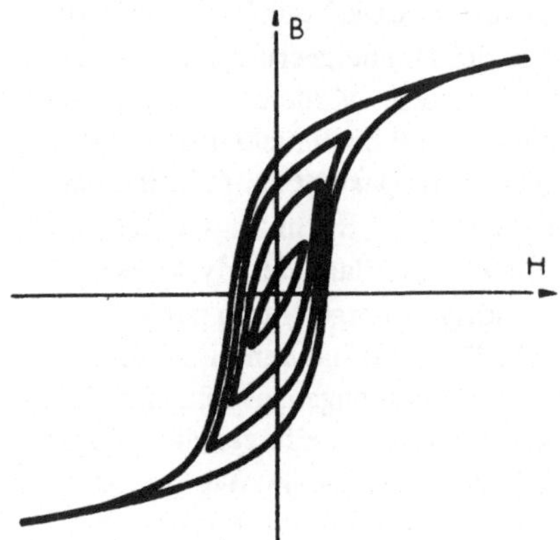

Bild 90
Hysterese-Schleifen

19.4.3. Die Wirbelstromverluste

In metallischen, also gut leitenden ferromagnetischen Werkstoffen, kommt bei wechselnder Magnetisierung ein weiterer wesentlicher Verlustanteil hinzu. Da jede Änderung eines Magnetflusses in der Umgebung elektrische Spannungen induziert, muß das gleiche natürlich auch im auf- und abmagnetisierten Eisenkern einer von Wechselstrom durchflossenen Spule geschehen. Die hierbei in seinem Innern entstehenden Wirbelströme erzeugen Wärme und sind so gerichtet, daß sie dem erregenden Wechselfeld entgegenwirken (Lenzsche Regel). Sie vermindern also die wirksame Permeabilität und stellen Verluste dar, die durch entsprechende Erhöhung der Erregung von außen gedeckt werden müssen. Die induzierten Spannungen, durch die sie entstehen, sind laut Induktionsgesetz $U = d\phi/dt$, bei gegebenen äußeren Abmessungen also sowohl der Flußdichte wie der Frequenz proportional. Demnach steigt ihre Leistung U^2/R in erster Näherung quadratisch mit Flußdichte und Frequenz an, nimmt andererseits mit dem spezifischen Widerstand des Materials (enthalten in R) linear ab.

Bei Verwendung von metallischen Magnetwerkstoffen mit ihrem relativ niedrigen spezifischen Widerstand ist es zur Unterdrückung der Wirbelströme meist unerläßlich, wechselstromerregte Kerne statt aus massiven Material aus geschichteten und voneinander isolierten Blechen herzustellen. In normalen Elektroblechen wachsen dabei die Wirbelstromverluste ungefähr mit dem Quadrat der Blechdicke. Da sie auch angenähert mit dem Quadrat der Frequenz ansteigen, zwingt der Einsatz bei hohen Frequenzen zur Verwendung extrem dünner Bleche und Bänder. Dabei sind prinzipiell die quadratischen Abhängigkeiten der Wirbelstromverluste von Blechdicke und Frequenz nicht ganz exakt. Dazu wäre erste Bedingung, daß der magnetische Fluß den Werkstoff homogen durchsetzte und der Skin-Effekt zu vernachlässigen wäre. Ist insbesondere die Permeabilität nicht gleichmäßig über den Querschnitt konstant oder kommt bei dünnen Blechen der Abstand der Blochwände in die Größenordnung der Blechdicke, so treten Anomalien der Wirbelstromverluste auf, deren Ursachen nicht immer eindeutig anzugeben sind, die jedenfalls eine Vorausberechnung nur mit Vorbehalt gestatten. In anisotropen Werkstoffen (Blechen mit magnetischer Vorzugsrichtung, S. 228) gibt es u. U. weitere Komplikationen.

19.4.4. Die Nachwirkungsverluste

Im Bereich kleiner Feldstärken, vor allem bei Werkstoffen mit hohem spezifischem Widerstand, wo die Wirbelströme zurücktreten, macht sich noch eine dritte Art von Verlusten in der Unmagnetisierung stark bemerkbar, die sogenannten Nachwirkungsverluste. Sie entstehen dadurch, daß die im Werkstoff bei der Magnetisierung ausgelösten materiellen Bewegungen nicht ohne eine gewisse Verzögerung (Relaxation) den Änderungen der Feldstärke folgen. Die dabei sich abspielenden Vorgänge sind je nach Werkstoffzusammensetzung unterschiedlicher Natur; Messung ihrer Frequenzabhängigkeit, in der auch Resonanzerscheinungen auftreten können, gibt darüber nähere Aufschlüsse.

19.4.5. Die Ummagnetisierungsverluste in ihrer Gesamtheit

Hysterese-, Wirbelstrom- und Nachwirkungsverluste ergeben zusammen die *Ummagnetisierungsverluste*. Man mißt ihren Gesamtbetrag z. B. mittels Wattmeter an geschlossenen Ringen oder am Epstein-Rahmen. Dabei liegt der Strompfad des Instruments im Kreis der Erregerwicklung, sein Spannungspfad, um die Kupferverluste nicht mitzumessen, an den Enden einer Sekundärspule. Darüber hinaus gelingt es aber auch, am wechselstrom-magnetisierten Ring Schritt für Schritt die in jedem Zeitpunkt zu der jeweiligen Feldstärke gehörige Flußdichte zu bestimmen. Man erhält dann als Gegenstück zur statisch ermittelten Hystereseschleife des Abschnitts 19.4.2 die dynamisch aufgenommene „Ummagnetisierungsschleife". Verfahren dieser Art bedienen sich eines mechanischen Gleichrichters, der im Takt des Wechselstroms mit einstellbarer Phasenlage und Kontaktzeit erregt wird und exakt im

Rhythmus einer Halbwelle schließt. Als integrierendes Meßinstrument dient dabei ein Drehspul-Millivoltmeter. Mit dieser Anordnung bestimmt man nacheinander die in der Phasenlage zusammengehörigen Werte von Feldstärke und Flußdichte. Durch schrittweises Verstellen des Phasenwinkels erhält man die ganze Kurve. Mit geringerer Genauigkeit, aber sehr anschaulich, läßt sich die gesamte Ummagnetisierungsschleife am Katodenstrahl-Oszillographen abbilden (Bild 91): Dabei werden durch einen niederohmigen Abgriff vom Erregerstrom (R_1) Relativwerte der wechselnden Feldstärke auf die horizontalen Ablenkplatten übertragen. Auf der Vertikalen erscheint eine der Flußdichte proportionale Größe, die als Bruchteil der Spannung einer Sekundärspule hinter einem großen Widerstand R_2 an einem Kondensator phasengleich mit der Flußdichte abgenommen wird. Horizontale und vertikale Ablenkungen zeichnen im gemeinsamen zeitlichen Ablauf die Schleife. Man erkennt anhand solcher Aufnahmen, daß die Ummagnetisierungsschleife eines mit Wechselstrom erregten Werkstoffes gegenüber der statisch aufgenommenen Hystereseschleife infolge der Wirbelströme verbreitert ist und eine um den Betrag der Wirbelstromverluste vergrößerte Fläche umschließt. Sie verbreitert sich weiter durch das quadratische Anwachsen der Wirbelstromverluste mit steigender Frequenz, während die Gestalt der reinen Hystereseschleife frequenzunabhängig ist.

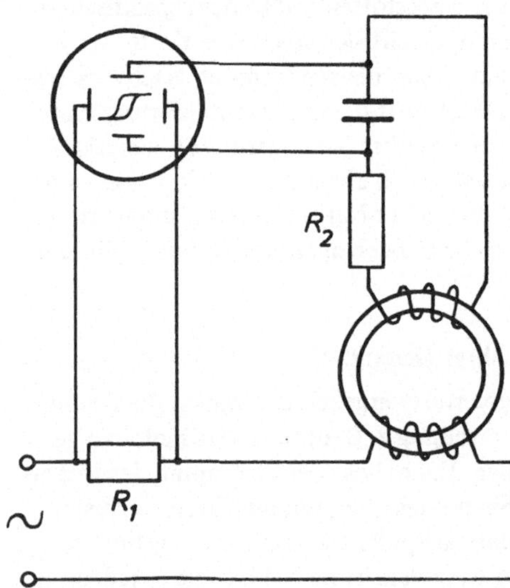

Bild 91
Anordnung zur Aufnahme
der Ummagnetisierungs-Schleife
am Oszillographen

Hysterese, Wirbelströme und Nachwirkung hängen in unterschiedlichem Maße von Flußdichte und Frequenz ab. Sind diese Funktionen im einzelnen bekannt, so lassen sich durch Variation von Feldstärke und Frequenz die Anteile der Verlustarten am Gesamtverlust getrennt voneinander erkennen. Die Erörterung von Einzelheiten

dieser Meßtechnik würde jedoch hier zu weit führen. In jedem Fall liefert das Ausplanimetrieren der Ummagnetisierungsschleife, wie in Kapitel 19.4.2 abgeleitet,
die Gesamtverluste in Watt, bezogen auf ein Kilogramm des betreffenden magnetischen Werkstoffs. Zur eindeutigen Kennzeichnung bedarf es dabei der Angabe der
Frequenz und der Maximal-Flußdichte, bis zu der die Schleife bei der Messung ausgefahren wurde (vgl. Bild 90). So pflegt man z. B. bei Elektroblechen die Werte P1,0
oder P1,5 anzugeben, d. h. die Verluste bei einer Maximal-Flußdichte von 1,0 bzw.
1,5 Tesla, bezogen auf ein Kilogramm Material. Die Meßfrequenz ist dabei normalerweise 50 Hz. S. Fußnote S. 237.

Statt der Angabe der Verluste in W/kg ist vor allem bei kleinen Bauelementen und
schwacher Aussteuerung eine andere Bezeichnungsart üblich: Im Ersatzschaltbild
erscheint eine Spule mit verlustbehaftetem Kern als Reihenschaltung einer Induktivität und eines ohmschen Widerstandes. Letzterer stellt die Ummagnetisierungsverluste dar, entstanden aus Hysterese, Wirbelströmen und Nachwirkung. Im gleichen
Sinne wie beim verlustbehafteten Kondensator läßt sich dann ein Verlustfaktor $\tan\delta$
als Quotient aus Verlustwiderstand und induktivem Widerstand, $R/\omega L$, definieren,
der als Qualitätsmerkmal des Magnetwerkstoffes angegeben wird. Zu seiner Messung bedient man sich z. B. ähnlicher Brückenmethoden wie bei der $\tan\delta$-Bestim-
mung an Isolierstoffen. Grundsätzlich muß dabei ebenso wie bei P1,0 und P1,5 die
Meßfrequenz sowie die Maximal-Flußdichte oder die Meßfeldstärke, von der die
Verluste ja abhängig sind, angegeben werden.

19.4.6. Abhängigkeit der Gesamtverluste und der Permeabilitätszahl von der Fre- quenz

Den stärksten Frequenzgang von allen kennzeichnenden Daten der Magnetwerkstoffe haben die mit der Frequenz quadratisch zunehmenden Wirbelstromverluste. Je
mehr man sie durch Verwendung dünner Bleche unterdrückt oder durch schlecht
leitende Werkstoffe (Ferrite) von vornherein ausschließt, umso stärker treten Hyste-
rese- und Nachwirkungsverluste in den Vordergrund. Je nach dem also, welche der
drei Verlustarten materialbedingt im jeweiligen Flußdichte- und Frequenzbereich
vorherrscht, wird ihre unterschiedliche Frequenzabhängigkeit z. B. im Frequenzgang
des $\tan\delta$ zum Ausdruck kommen.

Unmittelbar damit in Verbindung steht ein mit steigender Frequenz einsetzender
Rückgang der Permeabilitätszahl. In metallischen Werkstoffen ist er vor allem bedingt durch die Wirbelströme, die dem Wechselfeld im Werkstoff entgegengerichtet
sind und damit die Permeabilitätszahl herabsetzen. Wie weit man im Bereich hoher
Frequenzen durch Anwendung sehr dünner Bleche aus entsprechenden Legierungen
diesen Rückgang verhindern kann, zeigt Bild 92. Bei geringsten Blechdicken kommt
man auch unabhängig von Wirbelströmen schließlich an eine Grenze, wo die Relaxation der Magnetisierungsvorgänge im Werkstoffinnern sich in einem mehr oder minder

raschen Abfall der Permeabilität und im Ansteigen der Nachwirkungsverluste äußert.
Das wird besonders deutlich bei Ferriten, die infolge ihres hohen spezifischen Widerstandes sowieso frei von Wirbelströmen sind und daher als massive Kerne verwendet
werden können. Das Frequenzverhalten ihrer Permeabilität zeigt Bild 93. Die Grenzfrequenz liegt bei Blechen so wie bei Ferriten im allgemeinen umso höher, je kleiner
die Anfangspermeabilität des Materials ist. Man muß also in diesem Frequenzbereich auf den Einsatz hochpermeabler Werkstoffe verzichten.

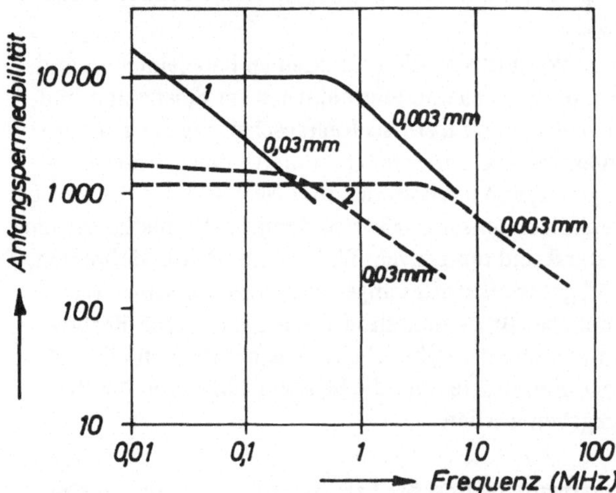

Bild 92. Frequenzabhängigkeit der Permeabilität zweier Eisennickellegierungen verschiedener
Zusammensetzung in zweierlei Banddicken. Das mit 1 bezeichnete Kurvenpaar gehört zu einer
Legierung mit 70 bis 80 % Ni, 2 zu einer solchen mit 36 % Ni

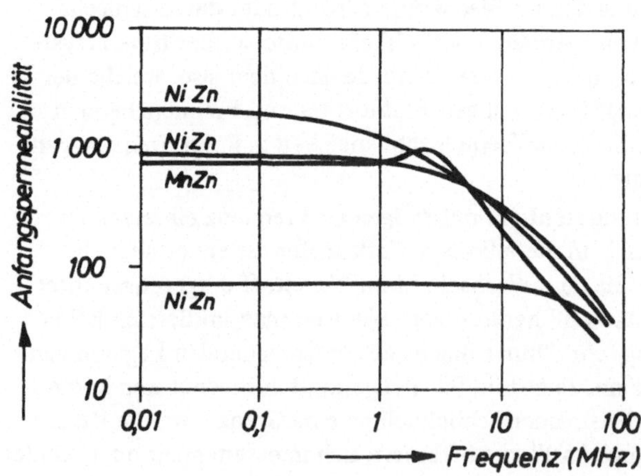

Bild 93
Frequenzabhängigkeit der
Permeabilität einiger Ferrite

19.4.7. Die komplexe Permeabilitätszahl

Analog zum Begriff der komplexen Dielektrizitätszahl führt die komplexe Schreibweise des Scheinwiderstandes bei Magnetwerkstoffen zur Einführung einer komplexen Permeabilitätszahl. Dabei erscheint zunächst die Reihenschaltung von Induktivität und Verlustwiderstand als komplexer Widerstand in der Form $\underline{Z} = j \cdot \omega L + R$.

Andererseits sei L_0 die verlustfreie Induktivität der leeren Spule. Nach Füllung mit dem verlustbehafteten magnetischen Material mit der komplexen Permeabilitätszahl $\overline{\mu}_r$ ist ihr Scheinwiderstand dann $\underline{Z} = j \cdot \omega \, \overline{\mu}_r \cdot L_0$.

Da beide Ausdrücke für $\underline{Z}$ einander gleich sein müssen, lautet der Schluß:

$$\underline{Z} = j\omega \, \overline{\mu}_r \cdot L_0 = j\omega L + R, \qquad \text{daraus also:}$$

$$\overline{\mu}_r = L/L_0 - j \cdot \frac{R}{\omega L_0}.$$

Der Realteil dieser Permeabilitätszahl, L/L_0, stellt die vom Material herrührende Steigerung der Induktivität dar, beinhaltet also dessen magnetische Polarisation, während der imaginäre Teil mit dem Zahlenwert $R/\omega L_0$ für die Verluste maßgebend ist. Angaben der Eigenschaften magnetischer Werkstoffe bedienen sich mitunter dieser Schreibweise.

19.5. Eigenschaften gebräuchlicher Magnetwerkstoffe

19.5.1. Allgemeiner Überblick

19.5.1.1. Sättigungspolarisationen und Curie-Temperaturen

Ein Magnetwerkstoff von chemisch definierter Zusammensetzung hat bei Raumtemperatur eine bestimmte Sättigungspolarisation als eindeutig kennzeichnende Materialeigenschaft. Hierzu einige Zahlenangaben:

Sie beträgt bei

reinem Eisen	2,15 T
Kobalteisen maximal	2,35 T
Reinnickel	0,65 T.

Eisen-Nickel-Legierungen haben Werte, die zwischen denen der beiden Metalle liegen. Bei Zusätzen anderer Art geht sie auf jeden Fall zurück, z.B. bei Eisen mit 3 % Silicium auf 2 T. Bei Ferriten findet man Werte von maximal 0,7 T, meist aber darunter.

Die spontane Ausrichtung der atomaren magnetischen Momente innerhalb der Weiss'schen Bezirke, die in der Sättigungspolarisation zum Ausdruck kommt, fällt, wie alle zusätzlichen Ordnungszustände in der Kristallstruktur, mit steigender Erwärmung der zunehmenden thermischen Unruhe im Gitter zum Opfer. Die Temperatur, bei der sie sich auflöst und Ferro- und Ferrimagnetismus verschwinden, ist bekanntlich nach Curie benannt und ebenfalls eine charakteristische Materialkonstante. Bei Eisen ist die Curie-Temperatur 768 °C, bei Kobalt 1121 °C und bei Nikkel 358 °C. Einige Prozent Silicium senken den Curie-Punkt des Eisens um etwa 20 °C, für die gängigen Eisen-Nickel-Legierungen findet man Angaben von ca. 500 °C bis herab fast auf Raumtemperatur. Auch gebräuchliche Ferrite liegen in diesem Bereich. Nach unten setzt sich die Skala fort durch Elemente und Verbindungen, z.B. aus der Gruppe der Seltenen Erden, die bei Raumtemperatur paramagnetisch sind, aber weit unter 0 °C einen Curie-Punkt unterschreiten und ferro- oder ferrimagnetisch werden.

Die Temperaturabhängigkeit der magnetischen Eigenschaften – außer der Sättigungspolarisation z. B. auch der Permeabilität – ist mitunter für die technische Anwendung eine unangenehme Beigabe. Sie bietet andererseits Möglichkeiten, die Verhältnisse in magnetischen Kreisen gezielt zu beeinflussen. Sonderwerkstoffe für diesen Zweck finden sich ebenfalls unter den Eisen-Nickel-Legierungen wie auch unter den Ferriten.

19.5.1.2. *Hystereseschleifen von isotropen Werkstoffen*

Liegt also die Höhe der Magnetisierungskurve und der Hystereseschleife bei gegebener Temperatur durch die Sättigungspolarisation eindeutig fest, so ist die übrige Form der Kurven außer von der Zusammensetzung in starkem Maße vom Zustand des Kristallgefüges abhängig. Innere Spannungen, Verformung, Fremdkörper, Ausscheidungen, Gitterstörungen jeglicher Art, die die Bewegung der Blochwände, d. h. die Vorgänge des Auf- und Abmagnetisierens, behindern, müssen zu einer Verringerung der Permeabilität und Vergrößerung der Koerzitivfeldstärke führen. Sie machen also die Hystereseschleife relativ flach und breit. Bei Legierungen, die in dieser Hinsicht besonders empfindlich sind, kann z. B. einfaches leichtes Kaltwalzen die Permeabilitätszahlen im Bereich kleiner Feldstärken um mehrere Größenordnungen herabsetzen. Umgekehrt muß nach reinigender und rekristallisierender Glühbehandlung die Schleife steiler und schmaler werden im Sinne einer Verbesserung der Magnetisierbarkeit und Verringerung der Verluste. Bild 94 bringt eine schematische Gegenüberstellung der entsprechenden Kurven eines magnetisch harten, schwer ummagnetisierbaren und eines magnetisch weichen Werkstoffes. Ersterer wäre also geeignet für Permanentmagnete, letzterer für Kerne, die leicht erregt und verlustarm ummagnetisiert werden sollen. Die Größe des Bereiches, innerhalb dessen die Eigenschaften variiert werden können, wird erkennbar durch die Grenzwerte der Koerzitivfeldstärke, die sich praktisch erreichen lassen. Je nach Zusammensetzung und Behandlung des Materials kann sie zwischen 300 000 A/m (ca. 3 000 Oersted) bei permanentmagnetischen Ferriten und 0,4 A/m (ca. 0,005 Oersted) bei besonders verlustarmen Legierungen liegen. Sie überdeckt also einen Bereich von etwa sechs Zehnerpotenzen. Wenn demnach im Maßstab des Bildes 94 die Koerzitivfeldstärke der breiten Kurve (h) 10^5 A/m wäre, so würden Hystereseschleifen spezieller Nickel-Eisen-Legierungen mit 70 bis 80 % Nickel nur als eine einzige dünne Linie erscheinen, deren Strichbreite kleiner als 0,1 μm sein müßte.

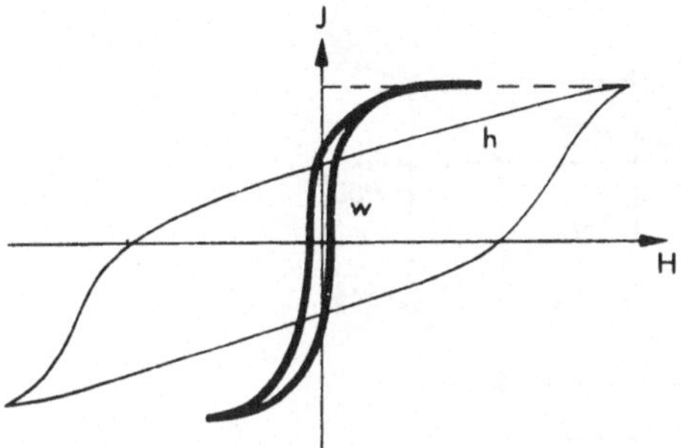

Bild 94

Hysterese-Schleifen eines magnetisch harten (h) und eines magnetisch weichen (w) Werkstoffes

19.5.1.3. Hystereseschleifen von anisotropen Werkstoffen

Besondere Maßnahmen zur Steuerung des Wachstumsprozesses der Kristallite in bestimmter Orientierung oder in bestimmten Formen können zu magnetischen Vorzugsrichtungen und zu extrem abgewandelter Gestalt der Hystereseschleife führen. Da Vorgänge dieser Art bei der Technologie vieler magnetischer Werkstoffe eine große Rolle spielen, seien sie anhand einiger Beispiele etwas näher betrachtet. Daß die spontane Magnetisierung innerhalb der Weiss'schen Bezirke sich nach den kristallographisch bevorzugten Richtungen orientiert, im kubisch-raumzentrierten Gitter des Eisens z.B. entlang den Würfelkanten, wurde in Abschnitt 19.3.1 als besonderes Kennzeichen ferromagnetischer Strukturen erläutert. Nimmt man einen Einkristall aus Eisen, so wird man demnach erwarten, daß er in den drei zueinander senkrechten Richtungen der Würfelkanten besonders leicht, in jeder anderen wesentlich schwieriger zu magnetisieren ist; denn bei Magnetisierung entlang den Würfelkanten müssen nur Wandverschiebungen zwischen den um 90° oder 180° gegeneinander versetzten Weiss'schen Bezirken vorgenommen werden; bei jeder anderen Lage des äußeren Feldvektors kommen aber anschließend noch Drehprozesse hinzu, die besonderen Energieaufwand erfordern. Bild 95 zeigt die Magnetisierungskurven eines Eisen-Einkristalls, einmal in Richtung einer Würfelkante, sodann in der Flächendiagonalen, schließlich in der Raumdiagonalen. Die Sättigungspolarisation ist in allen Fällen gleich groß als eine nur von der Reinheit abhängige Materialkonstante des Eisens; die aufzuwendenden Feldstärken, um sie zu erreichen, und mit ihnen die Permeabilitätszahlen, sind aber sehr unterschiedlich.

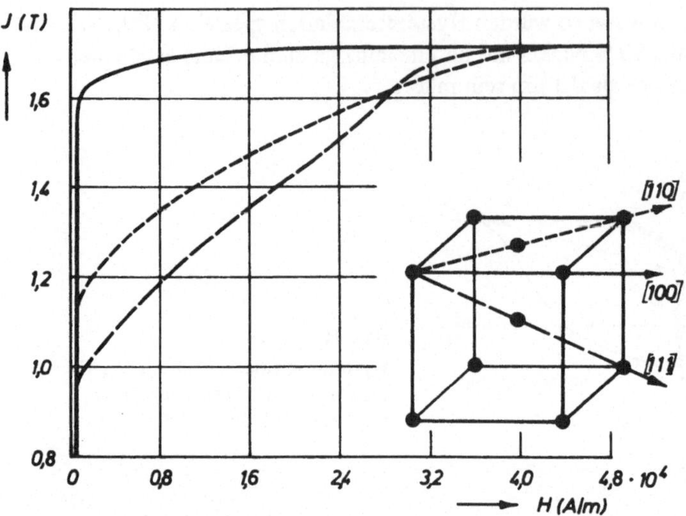

Bild 95. Magnetisierungskurve eines Eisen-Einkristalls in drei verschiedenen Richtungen

Mannigfache Verfahren bei der Herstellung spezieller Magnetwerkstoffe zielen darauf ab, diese Eigenschaften des Einkristalls auch im polykristallinen Material zu erhalten. So gelingt es beispielsweise bei Elektroblechen, während des Walzens und Glühens eine Orientierung des sich entspannenden und wieder neu bildenden Gefüges herbeizuführen, also eine Textur, bei der die Würfelkanten über die ganze Bandlänge hin in eine gemeinsame Richtung weisen. Diese wird dann bevorzugt magnetisierbar. Bild 96a zeigt schematisch eine solche Textur mit vier Würfelkanten in Walzrichtung, und der Flächendiagonalen quer dazu. Der Pfeil kennzeichnet also zugleich eine magnetische Vorzugsrichtung, in der solche „kornorientierten" Bleche

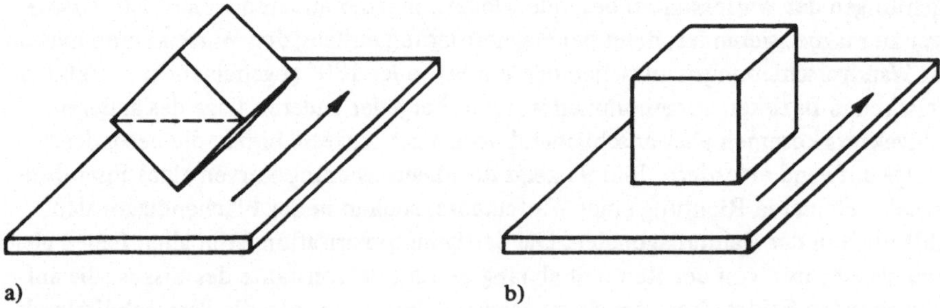

a)   b)

Bild 96. Texturen

besonders hohe Permeabilität und geringe Hystereseverluste haben. Jede andere
Richtung ist gegenüber der Walzrichtung in der Magnetisierbarkeit benachteiligt. In
der daneben dargestellten „Würfeltextur" (b) liegen aber sowohl in Walzrichtung wie
senkrecht dazu Würfelkanten. Hier besteht also eine erhöhte Magnetisierbarkeit
in beiden Richtungen. Schließlich läßt sich erreichen, daß die Kristallite zwar nicht
mit ihren Würfel*kanten* gleichmäßig ausgerichtet sind, aber immerhin mit jeweils
einer Würfel*fläche* in der Blechebene liegen, mit den dazugehörigen Kanten jedoch
innerhalb dieser Ebene regellos gegeneinander verdreht sind. Dadurch entsteht in
allen Richtungen der *Blechebene* eine gleichmäßig verbesserte Magnetisierbarkeit.

Außer durch Walzen und Glühen lassen sich magnetische Anisotropien bei entsprechender Zusammensetzung des Materials auch durch Abkühlen oder Tempern
im Magnetfeld erzeugen, z. B. bei Nickel-Eisen und Kobalt-Eisen. Je vollkommener
man dabei durch Kombination der verschiedenartigen Prozesse die Orientierung
möglichst vieler Kristallite erreicht, umso mehr findet die Magnetisierung in der Vorzugsrichtung nur durch Wandverschiebungen statt. Die Drehprozesse sind durch die
Ausrichtung der Kristallite bereits vorweggenommen. Man erhält dadurch Hysterese-
schleifen, die steil bis zur Sättigungsnähe ansteigen. Ebenso ergibt sich hohe Remanenz, weil die spontane Polarisation wegen des Fehlens von Drehprozessen nach
Wegnahme des Feldes weitgehend in Sättigungsrichtung liegen bleibt. Im Grenzfall
treten Rechteckschleifen auf, wie Bild 97 schematisch zeigt. Kerne aus solchem
Material sind also in der Lage, bei kleinsten Feldstärkeschwankungen erhebliche
Induktionssprünge aufzunehmen oder abzugeben.

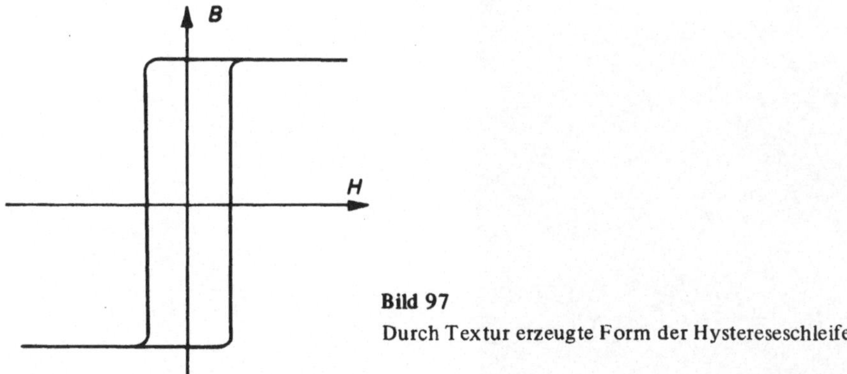

Bild 97
Durch Textur erzeugte Form der Hystereseschleife

Verfahren mit dieser Zielsetzung beschränken sich keineswegs auf Metalle. Auch bei
den nichtmetallischen Magnetwerkstoffen, den Ferriten, läßt sich Gleichartiges erreichen. Unter den zahlreichen Zusammensetzungen gibt es solche, die schon spontan rechteckähnliche Schleifen haben (MnMg-Ferrite, NiZn-Ferrite, MnCu-Ferrite,

NiMnMg-Ferrite, MgCd-Ferrite, MgCu-Ferrite und andere). Zusätzliche Maßnahmen
sind gegebenenfalls die Anwendung mechanischer Spannungen und Magnetfeldbe-
handlung.

Dauermagnetwerkstoffe mit magnetischer Vorzugsrichtung zeigen sowohl die oben
erwähnte Erhöhung der Remanenz wie auch eine Steigerung der Koerzitivfeldstärke.
Legierungen für Permanentmagnete erhalten ihre mechanische und magnetische Härte meist durch *Ausscheidungs*vorgänge. Bei einer Reihe von ihnen ist es möglich,
durch Einwirkung eines Magnetfeldes im Lauf der Abkühlung während des Durch-
schreitens des Curie-Punktes diese Vorgänge bevorzugt in einer bestimmten Richtungs-
orientierung sich abspielen zu lassen und damit eine Anisotropie zu erzeugen. Insbesondere erreicht man bei Legierungen aus Aluminium, Nickel und Kobalt mit
entsprechender Führung des Erstarrungsprozesses aus der Schmelze und zusätzlicher
Beeinflussung des Kristallisationsvorgangs durch ein Magnetfeld, daß ferromagnetische Bestandteile aus Eisen und Kobalt sich in stengelförmigen Gebilden gleich-
gerichtet ausscheiden. Eine solche Struktur zeigt Bild 98. Auf anderem Wege entsteht Anisotropie bei der Herstellung von Dauermagneten aus Ferriten, wenn z. B.
das pulverförmige Material während des Pressens und Vorsinterns einem Magnetfeld
ausgesetzt wird. Man erhält so einen anisotropen Werkstoff, dessen Remanenz in der
Vorzugsrichtung wesentlich angehoben ist. Beispiele siehe Kapitel 19.5.2.

Bild 98
Stengelförmige Ausscheidungen mehrerer
Phasen in einem Alnico-Dauermagnetwerk-
stoff mit magnetischer Vorzugsrichtung

19.5.2. Hartmagnetische Werkstoffe

dienen sinngemäß in erster Linie zur Herstellung von Permanentmagneten in Lautsprechern, Meßinstrumenten, Kleinmotoren und -Generatoren, magnetischen Kupplungen, als Bremsmagnete in Elektrizitätszählern usw. Angestrebt wird in den meisten Fällen ein möglichst starkes und konstantes Magnetfeld in einem mehr oder
weniger weiten Luftspalt, d.h. möglichst hohe Remanenz mit großer Koerzitivfeldstärke zur Stabilisierung gegenüber entmagnetisierenden Feldern. Letztere können
von außen aufgeprägt sein, vor allem ist aber darunter das eigene entmagnetisierende Feld zu verstehen, das auftritt, wenn z. B. ein magnetisierter Ring durch einen
Luftspalt unterbrochen wird. Es geht von den sich dort bildenden Polen aus, die
mit ihrem Streufeld teilweise der Magnetisierung entgegenwirken (vgl. den Stab in
Bild 88). Das ist in umso stärkerem Maße der Fall, je breiter der Luftspalt im Verhältnis zum Gesamtumfang des Ringes ist.

Da im Permanentmagneten definitionsgemäß eine äußere erregende Feldstärke fehlt,
befinden sich in seinem Innern nur die bei der vorangegangenen Aufmagnetisierung
aufgespeicherte Polarisation und die in negativem Sinne wirkende Entmagnetisierungsfeldstärke. Sein Magnetisierungszustand ist also durch irgendeinen Punkt im 2. Quadranten der Hystereseschleife von $+ B_r$ bis $-H_c$ z. B. in Bild 87 gekennzeichnet. Dieser
Teil der Schleife führt die naheliegende Bezeichnung „Entmagnetisierungskurve".
Er ist für einen Werkstoff mit großer Koerzitiv-Ferldstärke in Bild 99 nochmals gesondert dargestellt: Die Remanenz B_r kennzeichnet den Magnetisierungszustand
eines geschlossenen Ringes nach Aufmagnetisierung bis zur Sättigung und Wegnahme
des äußeren Feldes. Trennt man ihn radial auf, so wächst mit steigender Luftspaltbreite, wie oben ausgeführt, die negativ gerichtete Entmagnetisierungsfeldstärke
von Null in Richtung $-H_c$, die Flußdichte sinkt entsprechend dem Kurvenlauf von
B_r an abwärts. Dieses Absinken ist offenbar umso geringer, je flacher die Kurve verläuft, d.h. je größer bei gegebenem B_r das zugehörige H_c ist.

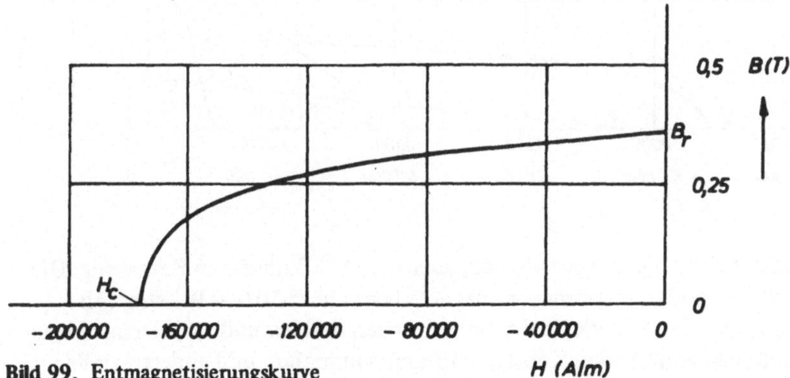

Bild 99. Entmagnetisierungskurve

Daran läßt sich bezüglich der günstigsten Form der Entmagnetisierungskurve folgende Betrachtung anknüpfen: bei kleinem Luftspalt haben wir kleine Entmagnetisierungsfeldstärke, befinden uns also auf einem Punkt der Kurve nahe der Ordinatenachse. Man kann sich demnach hier auf die Forderung nach möglichst hohem B_r bei mäßigem H_c beschränken, etwa entsprechend der Kurve 1 in Bild 100. Je größer die relative Luftspaltbreite, also die Entmagnetisierungsfeldstärke wird, umso mehr wandert der Arbeitspunkt auf der Kurve nach links, d. h. umso mehr tritt die Notwendigkeit eines flachen Verlaufs, also eines großen H_c, in den Vordergrund (z. B. Kurve 10 in Bild 100). Im extremen Fall des Stabmagneten wird man umso gedrungenere Formen verwenden können, je größer die Koerzitivfeldstärke des Materials ist. Das Produkt $(B \cdot H)_{max}$, das sich maximal mit einem hartmagnetischen Werkstoff am günstigsten Punkt der Kurve erreichen läßt, ist ein Maß für die mit gegebenem Werkstoffaufwand im Luftspaltvolumen erreichbare magnetische Energie. Es

hat die Dimension von $\dfrac{V \cdot s}{m^2} \cdot \dfrac{A}{m} = \dfrac{W \cdot s}{m^3}$, also eines Energieinhaltes, bezogen auf

die Volumeneinheit des Werkstoffes.

Bild 100 zeigt die Entmagnetisierungskurven einiger praktisch verwendeter Dauermagnetwerkstoffe; einzelne davon sind nur noch historisch interessant, vervollständigen aber das Bild der geschichtlichen Entwicklung während der letzten Jahrzehnte. Wie man sieht, konnte z. B. die Koerzitivfeldstärke von etwa 5 000 A/m bis in die

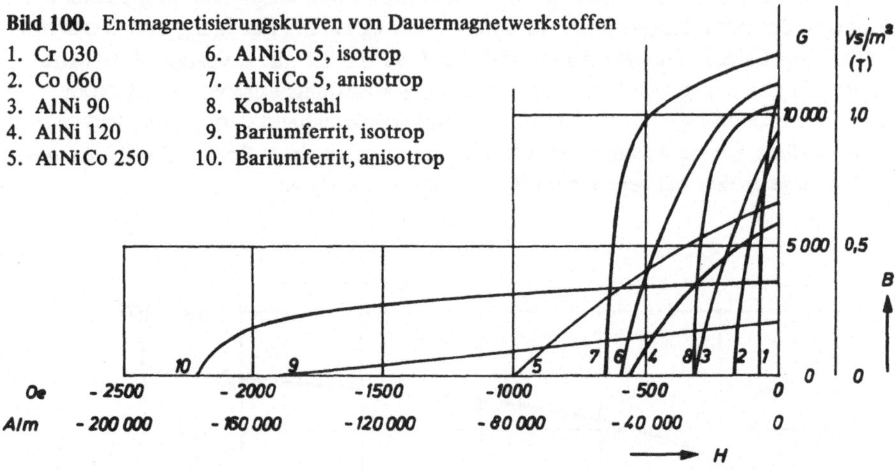

Bild 100. Entmagnetisierungskurven von Dauermagnetwerkstoffen

1. Cr 030	6. AlNiCo 5, isotrop
2. Co 060	7. AlNiCo 5, anisotrop
3. AlNi 90	8. Kobaltstahl
4. AlNi 120	9. Bariumferrit, isotrop
5. AlNiCo 250	10. Bariumferrit, anisotrop

Nähe von 200 000 A/m gesteigert werden, allerdings bei Einbuße an Remanenz. Die $(B \cdot H)_{max}$-Werte moderner Permanentmagnete liegen über 50 000 W · s/m³. In großen Zügen führt der Weg von den martensitischen Stählen und solchen mit Legierungsbestandteilen von Chrom, Kobalt, Wolfram, Aluminium und anderen zu den

modernen Fe-Al-Ni- und Fe-Al-Ni-Co-Legierungen, von denen z. B. das Alnico 250
aus 19 Ni, 8 Al, 24 Co, 5 Ti und dem Rest Eisen besteht. Nachteilig ist dabei die
schwierige Verarbeitbarkeit dieser Werkstoffe, die nur durch Gießen, Sintern und
Schleifen geformt werden können. Kompromißlösungen, bei denen man Formteile
aus pulverisiertem Werkstoff dieser Art unter Zugabe von Bindemittel herstellt,
sind gebräuchlich; natürlich liegen die $(BH)_{max}$-Werte durch den Anteil an unmagnetischem Material entsprechend tiefer. Für Sonderzwecke sind Silber-Mangan-
Aluminium sowie Platin-Eisen, Platin-Nickel, Platin-Kobalt und neuerdings Legierungen auf der Basis von SE Co_5 entwickelt worden. Dabei bedeutet SE eine der
Seltenen Erden Yttrium, Lanthan, Cer, Praseodym, Neodym oder Samarium. Hier-
für werden $(BH)_{max}$-Werte bis 185 000 Ws/m^3 und Koerzitivfeldstärken bis $2 \cdot 10^6$ A/m
angegeben. Hemmend für den Großeinsatz ist der hohe Preis, wenn er auch unter
dem von Platin-Kobalt liegt. Als interessante Variante sei noch die Herstellung von
Permanentmagneten aus feinstem ferromagnetischem Pulver genannt, bei denen die
Pulverkörner so klein sind, daß jedes nur einen einzigen Weiss'schen Bezirk darstellt
(lineare Abmessungen ca. 10^{-5} mm). Wandverschiebungen können also nicht auftreten, da keine Blochwände da sind; vielmehr müssen alle atomaren magnetischen
Momente jedes Korns gleichzeitig und einheitlich umklappen, was eine entsprechend
hohe Koerzitivfeldstärke zur Folge hat.

Unter den Ferriten zeichnen sich durch hohe Koerzitivkraft bei relativ billigem Aus-
gangsmaterial die „Oxydmagnete" aus (Bild 100), außer dem genannten Bariumferrit auch Strontiumferrit und andere. Sie eignen sich also für flache Bauformen
von Magneten großer Stabilität. Die hohe Koerzitivfeldstärke verleiht ihnen ein
großes Energieprodukt $(BH)_{max}$, obwohl ihre Remanenz relativ niedrig ist.

Um die Gütesteigerung erkennbar zu machen, die sich durch eine eingeprägte magnetische Vorzugsrichtung erreichen läßt, sei auf die Kurven 6 und 7 verwiesen.
Sie gehören beide zu einem Werkstoff gleicher chemischer Zusammensetzung
(AlNiCo 5), Kurve 6 aber zu dem isotropen Material, Kurve 7 zu dem anisotropen,
das bei der Abkühlung einem Magnetfeld ausgesetzt war. Remanenz sowie Koerzitivfeldstärke sind dadurch erhöht, das Energieprodukt $(BH)_{max}$ von 17 600 auf
41 600 W $\cdot$ s/m³ gesteigert. Ähnliches zeigt ein Vergleich der Kurven 9 und 10 bei
isotropem und anisotropem Bariumferrit, wo die Remanenz durch das Einprägen
der Vorzugsrichtung fast verdoppelt ist. Für solche Oxydmagnete werden $(BH)_{max}$
Werte zwischen 30 000 und 35 000 W $\cdot$ s/m³ angegeben (anisotropes Strontium-Fer-
rit).

19.5.3. Weichmagnetische Werkstoffe

Bei den Dauermagnetwerkstoffen ist die technische Aufgabe im allgemeinen eindeutig und durch wenige einfache Angaben zu kennzeichnen: möglichst hohes
und (oder) möglichst stabiles Magnetfeld in einem mehr oder weniger breiten Luft-

spalt; das heißt, großes, von Temperatur und anderen Einflüssen möglichst unabhängiges Energieprodukt $(BH)_{max}$, gegebenenfalls mit Betonung höherer Remanenz oder größerer Koerzitivfeldstärke. Demgegenüber sind die Forderungen der Technik an einen weichmagnetischen Werkstoff wesentlich differenzierter ebenso wie die Möglichkeiten, diese Wünsche mehr oder weniger gut zu erfüllen. So wird zur Erfassung schwacher Signale in empfindlichen Aufnahmegeräten und Meßanordnungen bei Übertragern, Meßwandlern, Drosseln usw. steiler Anstieg der Flußdichte im Bereich kleiner Feldstärken, also hohe *Anfangspermeabilität* benötigt. Zur frequenzgetreuen Verarbeitung von Meßwerten oder zur Klangübertragung mit geringem Klirrfaktor muß man auf einem hinreichend langen Stück der Kurve möglichst *linearen* Verlauf, also konstantes μ_r verlangen. Weniger interessant ist in diesen Fällen die Sättigungspolarisation, da man ja im unteren und mittleren Teil der Hystereseschleife arbeitet. Bei Schalt- und Speicherkernen bieten Werkstoffe mit *Rechteckschleife* besondere Möglichkeiten. Allgemein kommt im Wechselfeld die Forderung nach geringen *Ummagnetisierungsverlusten* hinzu und tritt gegebenenfalls in den Vordergrund. Das ist einerseits der Fall in der Hochfrequenztechnik, da die Verluste ja mit der Frequenz ansteigen und damit der Verwendbarkeit jedes Magnetwerkstoffes in höheren Frequenzbereichen irgendwo eine Grenze setzen. Grenzen ziehen sie aber auch auf der anderen Seite bei den großen Einheiten der niederfrequenten Energietechnik, Transformatoren und elektrischen Maschinen, durch die steigenden Betriebskosten und die mit der Baugröße zunehmenden Schwierigkeiten, die entstehende Wärme abzuführen. Hier gewinnt dann das Anwachsen der Verluste mit dem Quadrat der *Flußdichte* an Bedeutung, da man große Energiedichte im Werkstoff unterbringen, d. h. die Hystereseschleife bis zu hohen Flußdichten hin- und rücklaufend ausfahren will. Dabei wird also vorwiegend der *obere* Verlauf der Schleife in der Nähe der *Sättigungs*polarisation interessant; das gilt umso mehr, als zu den Verlusten im Eisen noch die Kupferverluste hinzukommen, die entsprechend der starken Zunahme des Durchflutungsbedarfs, also der erforderlichen Feldstärke, mit steigender Flußdichte unverhältnismäßig stark anwachsen.

Nehmen wir zu diesen unterschiedlichen Anforderungen an die magnetischen Eigenschaften noch die Fragen der Verarbeitbarkeit, Beschaffungsmöglichkeit und Wirtschaftlichkeit hinzu, so erklärt sich die reichhaltige Fülle angebotener weichmagnetischer Werkstoffe, die durch Neuentwicklungen laufend ergänzt wird. Ein kleiner Bruchteil davon sei hier ausgewählt, um einige wichtige Variationsmöglichkeiten im Hinblick auf technische Anwendungen zu veranschaulichen.

Sieht man von Werkstoffen für Sonderzwecke ab, handelt es sich im wesentlichen um drei Gruppen:

die *Silicium-Eisen* und die *Nickel-Eisen*-Werkstoffe auf der metallischen und die *Ferrite* (NiZn-, MnZn-, MgMn-Ferrite und andere) auf der nichtmetallischen Seite.

Reinstes, insbesondere kohlenstofffreies Eisen wäre mit seiner Koerzitivfeldstärke von weniger als 10 A/m in vielen Fällen ein geeignetes weichmagnetisches Material. Reineisen-Werkstoffe, im Vakuum erschmolzen und aus Pulvern gesintert, werden auch für Sonderzwecke eingesetzt. *Bleche* aus reinstem Eisen sind aber für die Verarbeitung meistens zu weich, zudem begünstigt die relativ gute Leitfähigkeit des reinen Metalls das Auftreten entsprechend hoher Wirbelstromverluste. Gegen beides hilft als billigste Maßnahme Zugabe von Silicium in Anteilen bis zu ca. 4 %. Es vermindert die Leitfähigkeit bis auf ein Viertel, verringert außerdem die Löslichkeit vorhandener Kohlenstoffreste und drängt sie an die Korngrenzen, wo sie in magnetischer Hinsicht nicht stören. Höhere Siliciumgehalte machen das Material zu spröde, setzen außerdem die Sättigungspolarisation in meist unerwünschtem Maße herab. Silicium-Eisenbleche, in denen mitunter ein Teil Silicium durch Aluminium ersetzt ist, haben in Dicken von 0,5 und 0,35 mm verbreitete Anwendung beim Bau von Transformatoren und elektrischen Maschinen jeder Größe. Von der Möglichkeit, durch Kornorientierung (Textur) in bestimmter Vorzugsrichtung bessere Magnetisierbarkeit und kleine Verluste zu bekommen, macht man dabei vor allem im Transformatorenbau vielfach Gebrauch.

Bei wesentlich höheren Ansprüchen an große Permeabilität und kleine Verluste herrschen die Nickel-Eisen-Legierungen vor, mit Nickel-Anteilen bis zu 80 %. Je nach Zusammensetzung und Behandlung des Materials erhält man dabei sehr steile und schmale oder besonders flache Hystereseschleifen, gegebenenfalls auch Rechteckschleifen mit sprunghaftem Anstieg und hoher Remanenz nahe der Sättigung. Entsprechend breit ist ihr Anwendungsgebiet in jeglicher Technik der Übertragung, Verstärkung und Speicherung von Signalen und Daten, der Tonaufnahme und -Wiedergabe, als Schaltelemente usw. Der Einsatz im Hochfrequenzgebiet erfordert zur Unterdrückung der Wirbelstromverluste den Übergang zu sehr geringen Blechstärken und den Verzicht auf hohe Anfangspermeabilität (Bild 92).

Zu sehr verlustarmen Hochfrequenz-Bauelementen kommt man mit Pulver- oder Massekernen, die aus feinkörnigem ferromagnetischem Werkstoff, meist mit Bindemittel, unter hohem Druck hergestellt werden. Durch den relativ großen Anteil an unmagnetischem isolierendem Material ist dabei die Magnetisierbarkeit der Gesamtmasse entsprechend herabgesetzt. Was hier durch Aufteilung des Werkstoffs in feine Pulverkörner unter Verzicht auf andere magnetische Eigenschaften erreicht wird, bieten die modernen gesinterten Ferritkerne von vornherein durch den hohen spezifischen Widerstand des Ausgangsmaterials, der in der Größenordnung der Halbleiter liegt. Kompakte Ferritkerne mit guten Werten der Permeabilität sind daher bis in den MHz-Bereich einsetzbar. Auch sonst bieten sie in ihrer großen Zahl von Kombinationen vielseitige Möglichkeiten zur Anpassung der magnetischen Kennwerte und der Form der Hystereseschleife an den jeweiligen Zweck. Die Anwendungsge-

biete überschneiden sich daher weitgehend mit denen metallischer weichmagnetischer Werkstoffe, nicht nur als Hochfrequenzkerne, sondern auch als Schalt- und
Speicherkerne, als Magnetverstärker usw.

Tabelle 16 bringt eine Zusammenstellung der kennzeichnenden Daten einiger weichmagnetischer Legierungen. Sie soll einen Eindruck von der Variationsbreite der
Eigenschaften vermitteln, die grundsätzlich erreichbar ist.

Es wurde bewußt vermieden, etwa auch Ferrite in diese Tabelle mitaufzunehmen, da
das zu Vergleichen nach einseitigen Gesichtspunkten verleiten könnte. Z. B. käme
dabei nicht zum Ausdruck, daß sie frei von Wirbelstromverlusten arbeiten. Einige
Zahlen mögen aber die Darstellung ergänzen: So finden wir in dem weiten Eigenschaftsspektrum weichmagnetischer Ferrite Angaben für die Sättigungspolarisation
von etwa 0,4 T bei einer Anfangspermeabilität bis zu 10 000 und für die Koerzitivfeldstärken Werte um einige A/m. Ob man im konkreten Fall zu einem metallischen
Werkstoff oder einem Ferrit greifen wird, kann außer von den magnetischen Eigenschaften von Fragen der Dimensionierung, der Formgebung und Miniaturisierung
von Bauelementen und der Wirtschaftlichkeit abhängen.

19.6. Zusammenfassung von Kapitel 19.2. bis 19.5.

Die Mehrzahl aller Stoffe ist entweder *diamagnetisch* oder *paramagnetisch*. Die
diamagnetischen besitzen eine Permeabilitätszahl < 1, da ein äußeres Magnetfeld
in ihren Atomen magnetische Momente induziert, die ihm entgegengerichtet sind.
In paramagnetischen dagegen bestehen ohnehin atomare magnetische Momente,
die sich in einem äußeren Feld so ausrichten, daß sie es verstärken: Die Permeabilitätszahl ist > 1. In beiden Fällen ist die Abweichung von 1 allerdings nur gering.
Demgegenüber sind in *ferromagnetischen* festen Metallen *(Eisen, Nickel, Kobalt)*
größere Molekülkomplexe mit ihren magnetischen Momenten spontan einheitlich
ausgerichtet, die durch *Blochwände* getrennten *Weiss'schen* Bezirke. *Wandverschiebungen* zwischen diesen Bezirken und *Drehprozesse in* ihnen sind das Kennzeichen
des Magnetisierungsvorgangs in seinen verschiedenen Stadien. Die Permeabilitätszahl ist bei schwacher Erregung sehr viel größer als 1, nimmt aber mit steigender
Feldstärke bei Annäherung an die Sättigung bis auf 1 ab. Bei Rückgang der Feldstärke zeigt sich eine mehr oder minder starke Hysterese, d. h. die Flußdichte durchläuft höhere Werte als bei der Aufmagnetisierung. Die Magnetisierungsvorgänge sind
von geringfügigen, aber meßbaren Veränderungen der äußeren Abmessungen begleitet (Magnetostriktion).

Nicht minder wichtige magnetische Werkstoffe sind die *ferrimagnetischen,* deren
magnetisches Moment als Differenz von antiparallel gerichteten, aber verschieden
starken Einzelmomenten zustandekommt. Bekannteste Vertreter dieser Werkstoffgruppe sind die meisten *Ferrite.*

Tabelle 16. Weichmagnetische metallische Werkstoffe

Werkstoff	Zusammensetzung (Richtwerte in %; Rest vorwiegend Fe)	Blechdicke (mm)	Ummagnetisie-rungs-Verlust P1,0 u. P0,5 in W/kg bei 50 Hz [1])	Permeabili-tätszahl μ_r (max)	Anfangs-permeabilität (bei 0,4 A/m)	Sättigungs-polarisation J_{max} in T	Koerzitiv-feldstärke H_c in A/m	Anwendungsbeispiele
Reineisen	–		–	30 000 – 40 000	1 500 – 2 000	2,15	$\geqq 6{,}4$	Abschirmungen, Relaisteile, Polschuhe, Joche
Fe-Si-Legierungen warm- oder kaltgewalzt	0,5 Si 4 Si	0,5 0,35	~3 ~1	6 000 9 000	– –	2,1 1,95	48 16	Elektrische Maschinen Transformatoren
kornorientiert, kaltgewalzt	3 Si	0,35 0,3	~0,5 ~0,4	60 000	3 000	2,0	8	Transformatoren
Ni-Fe-Legierungen	ca. 36 % Ni	0,3	0,5 – 1	8 000 – 20 000	2 000 – 3 000	1,3	20 – 50	Übertrager, Drosseln, Filter
	47–50 % Ni	0,2	~0,25	60 000	6 000	1,55	5	Teile f. Relais, Meßsysteme, Abschirmungen, Stromwandler
	50–65 % Ni	0,2	~0,15	90 000	45 000	1,5	1,5	Übertrager, Meßwandler; mit Rechteckschl.: Magnetverstärker, Zähl- und Speicherkerne
	70–80 % Ni	0,2	$\frac{P0{,}5}{0{,}025}$	120 000	45 000	0,8	1,5	Übertrager, Magnetverstärker, Abschirmungen, Teile f. Relais und Meßsysteme.
	"	0,05	0,01	300 000	130 000	0,8	0,5	Mit Rechteckschl.: Schalt- und Speicherkerne

---

[1]) P1,0 oder P0,5 heißt: Verluste bei 1,0 Tesla oder 0,5 Tesla. Bei Verwendung der älteren Einheit Gauß (10 000 Gauß = 1 Tesla) sind das also die Verluste bei 10 000 Gauß oder 5 000 Gauß mit der älteren Bezeichnung V_{10} und V_5.

Quantitativ erfaßt und dargestellt ist das Verhalten magnetischer Werkstoffe im
Magnetfeld durch die *Magnetisierungskurve* und die *Hysterese-* bzw. *Ummagnetisierungsschleife.* Dabei wird entweder die Flußdichte oder die magnetische Polarisation des Materials über der erregenden Feldstärke aufgetragen. Folgende kennzeichnende Größen sind aus diesen Kurven abzulesen: Die *Permeabilitätszahl* in den
verschiedenen Stadien des Magnetisierungsvorgangs, $\mu_r = \dfrac{B}{\mu_0 \cdot H}$, die *Sättigungspo-*
larisation, die *Remanenz,* die *Koerzitivfeldstärke* und die *Ummagnetisierungsverluste,* die sich bei metallischen Magnetwerkstoffen vor allem aus *Hysterese-* und
Wirbelstromverlusten zusammensetzen. Erstere wachsen linear mit der Frequenz
und nahezu quadratisch mit der Flußdichte letztere nahezu quadratisch mit Frequenz und Flußdichte.

Eine dritte Verlustart spielt umso mehr eine Rolle, je geringer Hysterese- und Wirbelstromverluste sind, d. h. in schwachen Feldern oder bei hohem spezifischem
Widerstand des Materials, nämlich die durch die Relaxation entstehenden *Nachwirkungsverluste.*

Die Verluste als Werkstoffeigenschaft werden entweder in W/kg angegeben oder
durch den Verlustfaktor $\tan\delta$ (für bestimmte Flußdichte und Frequenz).

Der Wirbelstromanteil wird bei metallischen Magnetwerkstoffen durch Verwendung
dünner Bleche herabgesetzt, bei den hochohmigen Ferriten ist er sowieso verschwin-
dend klein. Mit steigender Frequenz sinken die Permeabilitätszahlen zunächst durch
die Wirbelströme, später — im MHz-Bereich — durch die Relaxation stark ab.

Die Sättigungspolarisation ist, abgesehen von der Temperatur, nur durch die
chemische Zusammensetzung des Materials bestimmt. Bei Raumtemperatur liegt
sie bei gebräuchlichen Magnetwerkstoffen in der Größenordnung zwischen 0,1 und
2 T. Sie verschwindet beim Curie-Punkt. Die Form der Hystereseschleife dagegen
hängt außer von der Zusammensetzung stark vom Zustand des Kristallgefüges ab'
(praktische Werte der Koerzitivkraft zwischen 300 000 A/m und 0,4 A/m). Künst-
liche Anisotropie schafft magnetische Vorzugsrichtungen, im Extremfall Rechteckschleifen.

Hartmagnetische Werkstoffe sind vor allem Legierungen auf der Basis Fe-Al-Ni und
Fe-Al-Ni-Co sowie Barium- und Strontiumferrit. Weichmagnetische Werkstoffe für
elektrische Maschinen und Transformatoren sind in erster Linie Eisen-Silicium-
bleche, für Kerne von Bauelementen der Nachrichten- und Hochfrequenztechnik,
Datenverarbeitung usw. vorwiegend Eisen-Nickellegierungen und Ferrite, z. B.
NiZn- und MnZn-Ferrite.

Literatur

Grundlagen aus Chemie und Physik

E. Brandenberger: Chemie des Ingenieurs. Springer-Verlag Berlin, Göttingen, Heidelberg 1958.

W. Finkelnburg: Einführung in die Atomphysik. Springer-Verlag Berlin, Göttingen, Heidelberg 1964.

R. W. Pohl: Einführung in die Physik, Elektrizitätslehre. Springer-Verlag Berlin, Göttingen, Heidelberg 1966.

Allgemeine Metallkunde

H. Borchers: Metallkunde I und II. Sammlung Göschen, de Gruyter, Berlin 1968, 1969.

H. Lüpfert: Metallische Werkstoffe. C. F. Wintersche Verlagshandlung, Braunschweig 1966.

G. Masing: Lehrbuch der allgemeinen Metallkunde. Springer-Verlag Berlin, Göttingen, Heidelberg 1950.

K. Wellinger und *P. Gimmel:* Werkstofftabellen der Metalle. Alfred Kröner-Verlag, Stuttgart 1963.

D. Horstmann: Das Zustandsschaubild Eisen-Kohlenstoff und die Grundlagen der Wärmebehandlung der Eisen-Kohlenstoff-Legierungen. Verlag Stahleisen mbH, Düsseldorf August 1961. (Bericht Nr. 180 des Werkstoffausschusses des Vereins Deutscher Eisenhüttenleute)

Werkstoffhandbuch Nichteisenmetalle, herausgegeben von der Deutschen Gesellschaft für Metallkunde und vom VDI, bearbeitet von *Hans Steudel*, VDI-Verlag, Düsseldorf 1960.

Aluminiumtaschenbuch der Aluminiumzentrale e. V., bearbeitet von *J. Reiprich, Herwig Nielsen* und *Wilhelm von Zwehl*, Aluminiumverlag Düsseldorf 1963.

Kunststoffe

H. Hagen: Glasfaserverstärkte Kunststoffe. Springer-Verlag Berlin, Göttingen, Heidelberg 1956.

R. Nitsche und *K. A. Wolf:* Kunststoffe. Springer-Verlag Berlin, Göttingen, Heidelberg 1961.

M. Michel: Adhäsion und Klebtechnik (Klebstoffe auf der Basis von Kunststoffen). Carl Hanser-Verlag, München 1969.

H. Schwarz und *H. Schlegel:* Metallkleben und glasfaserverstärkte Kunststoffe in der Technik. VEB Verlag Technik, Berlin 1961.

Elektrizitätsleitung in festen Stoffen und ihre Anwendung

E. Justi: Leitungsmechanismen und Energieumwandlung in Festkörpern. Vandenhoeck & Ruprecht, Göttingen 1965.

K. Koch und *R. Reinbach:* Einführung in die Physik der Leiterwerkstoffe. Verlag Franz Deuticke, Wien 1960.

E. Tuschy: Kupferwerkstoffe für die Elektrotechnik. ETZ-B, 16 (1964) 10, Seite 274 ff.

K. Seiler: Physik und Technik der Halbleiter. Wissenschaftliche Verlagsgesellschaft mbH, Stuttgart 1964.

E. Spenke: Elektronische Halbleiter. Springer-Verlag Berlin, Heidelberg, New York 1965.

H. Teichmann: Halbleiter. Bibliographisches Institut, Mannheim 1961.

H. P. J. Wijn und *P. Dullenkopf:* Werkstoffe der Elektrotechnik. Springer-Verlag, Berlin, Heidelberg, New York 1967.

E. Gelder und *W. Hirschmann:* Schaltungen mit Halbleiter-Bauelementen, Band 1–3. Siemens & Halske AG, 1961, 1965, 1967.

A. Hoffmann und *K. Stocker:* Thyristor-Handbuch. Siemens AG, 1968.

M. Meyer und *G. Möltgen:* Thyristoren in der technischen Anwendung, Band 1: *(M. Meyer;* Band 2: *G. Möltgen)* Siemens AG, 1969.

F. Kuhrt und *H. J. Lippmann:* Hallgeneratoren. Springer-Verlag, Berlin, Heidelberg, New York 1968.

VDE-Buchreihe, Band 7: Halbleiter-Bauelemente in der Meßtechnik. VDE-Verlag, Berlin 1961.

Kontaktwerkstoffe

R. Holm: Electric Contacts Handbook. Springer-Verlag, Berlin, Göttingen, Heidelberg 1958.

A. Keil: Werkstoffe für elektrische Kontakte. Springer-Verlag, Berlin, Göttingen, Heidelberg 1960.

H. Schreiner: Pulvermetallurgie elektrischer Kontakte. Springer-Verlag, Berlin, Göttingen, Heidelberg 1964.

Isolierstoffe

A. Imhof: Elektrische Isolierstoffe. Orell Füssli Verlag, Zürich 1949.

H. Meyer: Die Isolierung großer elektrischer Maschinen. Springer-Verlag, Berlin, Göttingen, Heidelberg 1962.

H. J. Martin: Die Ferroelektrika. Akademische Verlagsgesellschaft Geest & Portig KG, Leipzig 1964.

H. Sachse: Ferroelektrika. Springer-Verlag, Berlin, Göttingen, Heidelberg 1956.

Sonderheft Isolierstoffe. ETZ-B 15, Heft 21, 1963.

Magnetische Werkstoffe

R. M. Bozorth: Ferromagnetism. *Van Nostrand,* Toronto, New York, London 1951

C. Heck: Magnetische Werkstoffe und ihre technische Anwendung. Hüthig-Verlag, Heidelberg 1967.

E. Kneller: Ferromagnetismus. Springer-Verlag, Berlin, Göttingen, Heidelberg 1962.

K. H. Koch und *W. Jellinghaus:* Einführung in die Physik der magnetischen Werkstoffe. Verlag Franz Deutike, Wien 1957.

F. Pawlek: Magnetische Werkstoffe. Springer-Verlag, Berlin, Göttingen, Heidelberg 1952.

E. Schaefer: Magnettechnik. Vogel-Verlag, Würzburg 1969.

H. P. J. Wijn und *P. Dullenkopf:* Werkstoffe der Elektrotechnik, Springer-Verlag, Berlin, Heidelberg, New York 1967.

C. Heck: Über die Anforderungen an die magnetischen Werkstoffe der Nachrichtentechnik. Elektro-Anzeiger Nr. 2, Ausgabe für die gesamte Industrie vom 26.1.1966, Verlag W. Girardet, Essen.

H. Keuth: Anforderungen an die weichmagnetischen Werkstoffe der Starkstromtechnik. Zeitschrift für Angewandte Physik 21, Heft 4, S. 331–337, 1966.

Lehr- und Nachschlagebücher mit Kapiteln aus verschiedenen Teilen der Werkstoffkunde

Fischer-Lexikon, Band „Physik" und Band „Technik I–IV". Fischer Taschenbuchverlag, Frankfurt/M.

H. Meinke und *F. W. Gundlach:* Taschenbuch der Hochfrequenztechnik. Springer-Verlag, Berlin, Göttingen, Heidelberg 1968.

E. Meyer und *R. Pottel:* Physikalische Grundlagen der Hochfrequenztechnik. Vieweg, Braunschweig 1969.

F. Moeller: Taschenbuch für Elektrotechniker. Teubner, Stuttgart 1953.

E. v. Rziha und *R. Genthe:* Starkstromtechnik, Taschenbuch für Elektrotechniker. Ernst & Sohn, Berlin 1955.

Sachwortverzeichnis